水利工程运行

系统安全

唐荣桂　马中飞　赵林章　莫根林　编著

江苏大学出版社
JIANGSU UNIVERSITY PRESS

镇　江

图书在版编目(CIP)数据

水利工程运行系统安全 / 唐荣桂等编著. — 镇江：
江苏大学出版社，2020.10
ISBN 978-7-5684-1394-7

Ⅰ．①水… Ⅱ．①唐… Ⅲ．①水利工程－安全管理
Ⅳ．①TV513

中国版本图书馆 CIP 数据核字(2020)第 170625 号

水利工程运行系统安全

Shuili Gongcheng Yunxing Xitong Anquan

编　　著/唐荣桂　马中飞　赵林章　莫根林
责任编辑/李经晶
出版发行/江苏大学出版社
地　　址/江苏省镇江市梦溪园巷 30 号(邮编：212003)
电　　话/0511-84446464(传真)
网　　址/http://press.ujs.edu.cn
排　　版/镇江市江东印刷有限责任公司
印　　刷/江苏凤凰数码印务有限公司
开　　本/787 mm×1 092 mm　1/16
印　　张/17
字　　数/402 千字
版　　次/2020 年 10 月第 1 版　2020 年 10 月第 1 次印刷
书　　号/ISBN 978-7-5684-1394-7
定　　价/68.00 元

如有印装质量问题请与本社营销部联系(电话：0511-84440882)

前　言

水利工程在兴水除害、防汛防旱、水生态水环境保护等方面发挥了重要作用，水利工程管理单位在确保水利工程安全运行、保障水利工程效益充分发挥方面占有重要地位。

本书旨在运用安全系统的观点、理论和方法对水利工程安全管理活动进行整体、全面的研究和分析，既要把涉及水利安全生产的各个要素结合起来看作一个系统，也要把各个要素看作整个管理系统的有机组成部分，系统、全面地进行安全分析、评价，制定综合性的安全措施，以实现水利工程系统安全为最终目的。

本书共 10 章，主要内容包括：水利工程运行系统安全基本原理、安全管理制度与教育培训、安全目标管理、水利工程管理单位安全文化建设与安全形象塑造、安全风险管控及隐患排查治理、典型设备设施安全风险防范与控制、水利工程运行生产安全风险防范与控制、应急救援与事故管理、职业健康、安全生产标准化和信息化建设等。本书力图阐述水利工程运行安全管理的基本原理、方法及手段，同时，对泵闸水利工程设施设备运行安全进行了重点阐述。本书由马中飞负责编写第 1、2、3、4 章，莫根林负责编写第 8、9、10 章，赵林章负责编写第 5、6、7 章和全书修改、统稿，杨秀莉参加了第 4、8、9、10 章的编写，唐荣桂对全书进行审核，江苏省泰州引江河管理处工程技术人员李频、刘华进、李爱华、王霞、乔磊、廖月、朱增伟等对全书的审校及修改做了大量工作。

本书在编写过程中，引用了大量文献资料，谨向相关作者表示诚挚的谢意。

由于水平有限，时间仓促，难免存在疏漏和不足，敬请有关专家和广大读者批评指正。

编　者

2020 年 9 月 20 日

目　录

1 水利工程运行系统安全基本原理

水利工程是指为除害兴利而修建的控制和调配自然界地表水及地下水的且包含各种功能设备设施的工程。水利工程建成运行后，要充分发挥水利工程的综合效益，就必须保证水利工程运行中的设备设施、环境和人组成的系统安全。

1.1 水利工程运行系统安全及其内容

1.1.1 水利工程运行系统安全概念

系统是由相互作用又相互依赖的若干组成部分（要素）结合的具有特定功能的有机整体，具有整体性、相关性、有序性、环境适应性、目的性等特征。水利工程运行时的系统由设备设施、环境和人组成。水利工程运行系统安全是指水利工程运行时识别评价和消除设备设施、环境和人组成的系统中的危险，或将相应的风险减少到管理部门可接受的水平，使得水利工程设备设施、环境和人组成的系统获得最佳的安全性。

1.1.2 水利工程系统运行的安全特点

系统安全与传统的技术安全目的虽然都是实现系统的安全，但它们的工作范围和实施方法都有较大的区别，具体体现在以下五个方面：一是水利工程系统运行安全是利用系统工程的方法，从系统、子系统和环境影响以及它们之间的相互关系来研究安全问题，从而能比较深入而全面地找到潜在危险，预防事故的发生；二是水利工程运行系统安全利用危险严重性、可能性等参数和指标来定量评价安全的程度，从而使预防事故的措施有了客观的度量，安全程度更加明确；三是通过安全分析、试验、评价和优化的应用，可以找出最佳的减少和控制危险的措施，使水利工程运行的系统各子系统之间，用最少投资获得最好的安全效果，从而在最大限度上提高安全水平。

1.2 水利工程运行安全管理基本原理

1.2.1 水利工程运行安全管理和系统原理与原则

水利安全管理的系统原理是指从事水利工程安全管理工作时，运用安全系统的观点、理论和方法对水利工程安全管理活动进行整体、全面的研究和分析，既要把涉及水利工程安全生产的各个要素结合起来看作一个系统，也要把它们看作整个管理系统的有机组成部分，系统、全面地进行安全分析、评价，制定综合性的安全措施，以实现水利工程系统安全为最终目的。

安全管理的系统原理的基本原则包括整分合原则、反馈原则、封闭原则、弹性原则、动态相关性原则。

（1）整分合原则。现代高效率的水利工程安全管理必须在整体规划下明确分工，在分工基础上有效组合。明确分工就是明确水利工程安全系统的构成，明确各水利工程安全系统的功能，把水利工程安全的整体目标分解为各子目标，使各方明确自身在总体安全目标中的作用，为实现整体安全最大限度地发挥作用；有效组合就是对各个局部进行强有力的组织管理，在纵向分工的基础上，建立紧密的横向联系，使各部分协调配合，平衡发展。分工是关键，没有分工，整体只是一团没有秩序的混沌物，水利工程安全系统不可能有高效率的运行；而只有分工没有协作，又必然导致各行其是，工作上相互脱节，不能保证各个局部协调配合、综合平衡地发展。

（2）反馈原则。成功、高效的水利工程安全管理，离不开灵敏、准确、迅速的反馈。反馈实质上是依据过去的情况达到调整未来行动的目的。反馈有正反馈与负反馈之分，前者导致系统运动加剧和发散，而后者则导致系统运动收敛并趋于稳定。在水利工程安全管理活动中大量存在的是负反馈机制，面对不断变化的客观实际，判断系统的管理是否有效的关键在于系统是否有灵敏、准确而有力的反馈，反馈的效果取决于接受、处理、利用这种反馈信息的程度。当受到不安全因素的干扰时就可能偏离安全目标，甚至导致事故或损失，所以必须及时捕捉、反馈不安全信息及系统运行情况，消除或控制不安全因素，以实现水利工程安全。

（3）封闭原则。水利工程安全管理对象是一个系统，对外具有输入输出关系，必须具有开放性；对内则各部分和各环节必须首尾相接形成回路，任何水利工程安全系统的管理手段、管理过程等必须构成一个连续封闭的回路，才能形成有效的安全管理活动。对于安全管理机构，不仅要有决策指挥中心、执行机构，还应有监督机构和反馈机构，这些机构应相互独立、相互制约、权责明确，形成一个闭环回路，如果水利工程安全管理系统不封闭，对执行结构不监督，或对执行情况不反馈，那么，决策机构就无从了解执行情况，不能实行有效控制，不能达到既定的安全管理目标。

（4）弹性原则。水利工程安全管理是在系统内、外部环境条件千变万化的情况下进行的，水利工程安全管理工作中的方法、手段、措施等必须保持合理的伸缩性，以保证水利工程安全管理有很强的适应性和灵活性，从而有效地实现动态管理。任何事故的发生都是一个动态过程，事故致因是很难完全预测和掌握的，安全管理必须尽可能保持好的弹性，从最危险、最严重的灾害后果，从生产、生活最安全的目标出发，采用全方位、多层次的事故防范对策。

（5）动态相关性原则。构成水利工程安全系统的各个要素是在不断地运动和发展变化的，并且是相互关联的，相互之间既有联系又相互独立，既相互协调又相互制约，水利工程安全管理活动应是灵活、动态的，重视信息反馈，注意水利工程安全系统变化，留有余地，以随时调节，以动制动、以变应变。任何事故发生的直接原因——不安全状态与不安全行为之间都是相互关联的，不安全状态（机器设备的不安全状态）可以导致人的不安全行为，而人的不安全行为又会引起或扩大不安全状态，而且受到其他间接因素的影响，并且随着时间和各种因素的变化，这种直接因素和间接因素之间的制约和影响也在随时发生变化。水利工程安全管理，一方面应有效控制导致事故的直接因素，另一方面要密切关注间接因素的干扰，注意协调好各方面的关系。

1.2.2　水利工程运行管理的人本原理原则与安全管理

1.2.2.1　人本原理与安全管理

人本原理是指以人为管理之本，以开发人的潜能，激励调动人的积极性、主动性和创造性为根本。激励是指通过管理者的行为或组织制度的规定，给被管理者以某种刺激，使其努力实现管理目标的过程，即调动人的积极性的过程，是激发人的动机的心理过程。经典的激励理论有马斯洛需要层次理论、双因素理论、期望理论、公平理论、强化理论等。

（1）马斯洛需要层次理论与安全管理。马斯洛需要层次理论的主要思想：人的基本需要可归纳为五大类，分别为生理需要、安全需要、社交需要、尊重需要和自我实现需要。这五类需要像阶梯一样从低到高排列，低层次的需要得到基本满足后，就会向高一层次需要发展，且原需要就不起激励作用了；等级层次越低的需要越易满足，反之，越难；同一时期有多种需要，但只有一种是位于主导地位，其他为从属地位，主导需要对人的行为起决定作用。该理论认为，在需要的各层次中，安全需要处于仅次于生理需要的较为基础的位置，只有解决了生活问题才有可能关注生命与健康，才能激起对生命的热爱、对健康的珍惜，当安全需要得到满足之后，则开始追求更高的新的需求，而在满足这些需求的过程中，人们将愈加注重安全。

（2）双因素理论与安全管理。双因素理论的主要思想：影响人们积极性的因素可分为激励因素和保健因素。所谓激励因素是使人得到满足感和起激励作用的因素，即满意因素，包括成就、赞赏、工作本身的挑战性、负有责任心及上进心等；激励因素的满足，能激励职工工作的积极性和热情，从而搞好工作。因此，可以说激励因素是适合个人心理成长的因素，是激发人们工作热情和促进人们进取的内在因素。所谓保健因素，是指如果缺少它就会产生意见和消极情绪的因素，即避免产生不满意的因素，如工作环境、劳动保护等；改善保健因素，消除不满情绪，能使职工维持原有的工作状况，保持积极性，但不起激励作用，不能使职工感到很满意。"保健"二字表示其像预防疾病那样，防止不满意的消极情绪产生。在安全管理中，首先要重视人的有关保健因素的满足问题。例如，注重改善劳动生产环境，设置必要的福利设施，开展文明生产，力求最大限度地满足职工的合理需要，以减少或消除职工不满的情绪。在此基础上，要充分利用激励因素对职工进行安全生产的激励。如在安全生产活动中有一定绩效者要予以确认，有突出绩效或贡献者要予以表彰和奖励，对安全工作有责任感的职工要赋予其一定的职责。要将安全生产的近期目标和发展规划以不同的形式反馈给职工，以增强职工对企业安全生产的信心等。双因素理论给我们的一个启示是：在安全管理工作中，要防止激励因素转化为保健因素的可能性。因为在一定条件下，保健因素也有激励作用。如物质奖励与职工个人在安全生产中的绩效紧密联系时，会成为激励因素并发挥激励作用；而若采取平均分配的办法或分配不合理，奖励再多也只能起到保健作用，甚至还会挫伤个别职工的积极性。因此，管理者还应善于将保健因素转化为激励因素。

（3）期望理论与安全管理。期望理论的主要思想：激发力量（积极性）＝效价×期望值，其中，效价是指结果带来的满意程度，期望值指实现结果的可能性。效价和期望值的不同结合，决定着激发力量的大小。期望值大，效价大，则激发力量大；期望值小，效价小，或二者中某一个小，则激发力量小。这一理论说明，应从提高期望值和增强实现目标的可能性两个方面去激励人的安全行为。人对安全目标的期望值受个人知识、经验、态度、信仰、价值观等因素影响，总是希望达到自己预期的一种目的，期望越大，实施目标的积极性就越高；反之，积极性就越小。但是期望过高，若最后实现不了，就会挫伤人们的积极性，而期望概率受条件、环境等因素制约。要善于运用期望值原理，既考虑到目标的先进性，又考虑到目标的可行性，以保证人们既有目标又有热情，提高人们对安全目标价值的认识，创造有利的条件和环境，增强实现安全的可能性。应用期望理论进行安全管理时应注意以下方面：一是应重视安全生产目标的结果和奖酬对职工的激励作用，既充分考虑设置目标的合理性，增强大多数职工对实现目标的信心，又设立适当的奖金定额，使安全目标对职工有真正的吸引力；二是要重视目标效价与个人需要的联系，将满足低层次需要（发奖金、提高福利待遇等）与满足高层次需要（增强工作的挑战性、给予荣誉称号等）结合运用；三是要通过宣传教育引导职工认识安全生产与其切身利益的一致性，提高职工对安全生产目标及其奖酬效价的认识水平；四是应通过各种方式为职工提高个人能力创造条件，以增加职工对目标的期望值。

（4）公平理论与安全管理。公平理论的主要思想：当等式"自己的报酬/自己贡献＝他人报酬/他人贡献"成立时，认为分配公平；否则，认为不公平，产生矛盾，并调整措施。在安全管理中，应该重视公平理论所揭示的职工安全工作行为动机的激发与职工公平感的联系，职工衡量自己的投入和获取的公平感，是在一定的可供比较的群体中产生的，受群体动力的影响。因此，水利工程安全管理单位应创造一个良好的气氛环境，减少职工之间不必要的简单的"相比"的可能性，使职工能正确地衡量自己和他人，以消除"攀比心理"的消极影响，并引导职工在安全生产活动中，尽力改善自己的投入条件，以求获得更多的报酬，预防不公平感在安全生产中带来职工的消极影响。加强职工绩效考核和奖酬制度的科学化、定量化，在对职工进行奖惩时，力求做到客观、实事求是，以避免职工心理上可能滋生的不公平感。

（5）强化理论与安全管理。强化理论即行为修正理论，其主要思想：可以采用正强化、负强化、自然消退和惩罚这四种方式对人的行为进行修正。其中，正强化指奖励所希望的行为；负强化指否定、批评不希望的行为；自然消退指对不希望的行为置之不理；惩罚指对不希望的行为进行惩罚。在安全管理中，应用强化理论来指导安全工作应注意以下几个方面：一是应以正强化为主，设置鼓舞人心的安全生产目标，并对在完成个人目标或阶段目标中做出明显绩效或贡献者，给予及时的物质和精神奖励，以求充分发挥强化作用；二是采用负强化、惩罚手段要慎重，在运用负强化时，应尊重事实，讲究方式方法，处罚依据准确公正，这样可尽量消除其副作用；三是注意强化的时效性，奖赏（报酬）应在行为发生以后尽快提供；四是注意强化方式，运用强化手段时，要随对象和环境的变化而相应调整；五是注意增强强化的效果，对所希望发生的行为应该明确规定和表述，在应用安全目标进行强化时应定期反馈，使员工了解自己参加安全生产活动的绩效及结果，这样既可使员工得到鼓励，增强信心，又有利于及时发现问题，分析原因，修正所为。

1.2.2.2 人本原理的基本原则与安全管理

人本原理的基本原则包括动力原则、能级原则、激励原则。

动力原则是指管理必须有强大动力，只有正确地运用动力，才能使管理工作持续而有效地进行下去，管理动力有物质动力、精神动力、信息动力。在水利工程安全管理工作中，要强调物质动力的积极作用。加强安全投入可带来长期的经济效益，对于职工来说，只有安全，才能得到更加丰厚而稳定的报酬。利用精神动力做好安全工作，可使企业获得较高的社会声誉，提高企业的知名度，从而加强企业的市场竞争力；对于员工来说，则可以获得较高的荣誉，受到人们的尊重。信息动力可以给员工提供各种知识，促使员工提高安全管理水平，增加声望，从而反过来又有增加物质动力和精神动力的作用。

能级原则是指在水利工程管理系统中，各种管理的功能是不同的，可根据管理的功能把管理系统分成不同的级别，把相应的管理内容和管理者分配到相应的级别中去，使其各居其位、各司其职，管理能级的层次可分为决策层、管理层、执行层、操作层。

激励原则是指以科学的手段，激发人的潜能，充分发挥人的积极性和创造性。研究表明，在正常情况下，一个人只能发挥自己能力的20%～30%，而在充分有效刺激的情况下，可发挥到80%左右，可见其作用之大，安全管理必须通过适当的手段，激发人们对于安全工作的主动性，使其发挥出内在的潜能。

1.2.3 人的安全行为的影响因素

人的安全行为是复杂和动态的，具有多样性、计划性、目的性和可塑性，并受安全意识水平的调节，受思维、情感、意志等心理活动的支配，同时也受道德观、人生观和世界观的影响。态度、意识、知识、认识决定人的安全行为水平，因而人的安全行为表现出差异性。影响水利工程安全行为的因素主要有个性心理因素、社会心理因素、社会因素和环境因素。

（1）个性心理因素。个性心理因素包括情绪、气质和性格。从安全行为的角度看，情绪处于兴奋状态时，人的思维与动作较快；处于抑制状态时，人的思维与动作显得迟缓；处于强化阶段时，人往往有反常的举动，这种情绪可能导致思维与行动不协调、动作之间不连贯，这是安全行为的忌讳。气质是人的个性的重要组成部分，气质使个人的安全行为表现出独特的个人色彩。例如，同样是积极工作，有的人表现为遵章守纪，动作及行为可靠安全；有的人则表现为蛮干、急躁，安全行为较差。因此，分析职工的气质类型，合理安排和分配工作，对保证员工工作时的行为安全有积

极作用。性格表现在人的安全管理活动目的上，也表现在达到目的的行为方式上。

（2）社会心理因素。社会心理因素包括社会知觉、价值观、角色等。人的社会知觉和客观事物的本来面目常常是不一致的，这就常常使人产生错误的知觉或者偏见，使客观事物的本来面目在自己的知觉中发生扭曲。价值观是人的行为的重要心理基础，它决定一个人对人和事是接近或回避、喜爱或厌恶，还是积极或消极。领导和职工对安全价值的认识不同，会从其对安全的态度及行为上表现出来。因此，要使人具有合理的安全行为，首先要使其具有正确的安全价值观。在社会生活的大舞台，所有人都在扮演着不同的角色，有人是领导者，有人是被领导者；有人是技术岗位，有人是工勤岗位，每一种角色都有一套行为规范，人们只有按照自己所处角色的行为规范行事，社会生活才能有条不紊地进行，否则就会发生混乱。角色实现的过程就是个人适应环境的过程。在角色实现过程中，常常会发生角色行为的偏差，使个人行为与外部环境产生矛盾。在安全管理中，需要利用人的这种角色作用为其服务。

（3）社会因素。一是社会舆论对行为的影响。社会舆论又称公众意见，它是指社会上大多数人对共同关心的事，用富于情感色彩语言所表达的态度、意见的集合。安全管理要求社会或企业人人都重视安全，有良好的安全舆论环境。一个企业、部门、行业或国家，要想把安全工作搞好，就需要利用舆论手段。二是风俗与时尚对个人行为的影响。风俗是指一定地区内社会多数成员比较一致的行为趋向。风俗与时尚对安全行为的影响既有有利的一面，也有不利的一面，通过安全文化的建设可以实现扬长避短。三是群体对个体行为的影响。由于组织中非正式群体的存在和群体压力下从众行为的特征，当整体的安全管理水平较差或安全意识不强时，个体很难突破群体压力去遵守安全规范或规程，这样就形成了恶性循环。

（4）环境因素。人的安全行为除受内因影响外，还受外因（环境）的影响。环境变化会刺激人的心理，影响人的情绪，甚至打乱人的正常行动，物的运行失常及布置不当会影响人的识别与操作，造成混乱和差错，打乱人的正常活动。国内外的最新研究表明，照明与事故具有相关性。在特定的单元作业中，事故产生的多少与环境亮度成反比关系。事故频数高于平均数的单元作业，往往是在亮度较低的场所发生的，所以，生产环境的采光和照明对于减少生产事故，保证人—机—环境具有重要意义。

1.3　水利工程事故致因模式

1.3.1　经典的事故致因模式

有代表性的经典事故致因理论包括多米诺骨牌连锁论、北川彻三事故连锁论、瑟利模型、能量转移论、变化—失误理论、轨迹交叉论。

（1）多米诺骨牌连锁论。其主要思想：事故的发生是一连串事件按一定顺序互为因果依次发生的结果，这些事件如同五块平行摆放的骨牌，第一块倒下，后面的骨牌依次倒下，五块平行摆放的骨牌依次是遗传及社会环境、人的过失、不安全行为及状态、事故、伤害。它首次提出了导致各因素的连锁关系，成为事故研究科学化的先导。

（2）北川彻三事故连锁论。其主要思想与多米诺骨牌连锁论有相似之处，不同之处在于：它的五块平行摆放的骨牌内容依次是基础原因、间接原因、直接原因、事故、伤害，即事故的模式是基础原因→间接原因→直接原因→事故→伤害，其中基础原因包括社会、历史、大众教育，间接原因包括安全生产技术、安全教育、身体、精神、管理等，直接原因包括人的不安全行为及物的不安全状态。

（3）瑟利模型。其主要思想：在人—机—环境系统中，事故发生过程分为危险出现和危险释放两个阶段，各阶段均有类似信息处理过程，即感觉、认识和行为响应，若信息处理后正确回答了问题，危险可消除或被控制，或避免释放，否则，危险迫近或转化成伤害（损害）。每个阶段的问题有六个：① 危险的出现（释放）有警告吗？② 感觉到这个警告吗？③ 认识到这个警告了吗？④ 知道如何避免吗？⑤ 决定要采取行动吗？⑥ 能够避免危险吗？其中，①②与感觉有关；③~⑤与认识有关；⑥与行为响应有关。该模型不仅分析了危险出现、释放直至导致事故的原因，还为事故预防提供了一个良好的思路，即采用技术的手段使危险状态充分显现出来，使人更好地感觉危险；应通过培训和教育手段提高感觉的敏感性；应通过培训和教育手段使人知道如何避免危险；应通过培训和教育手段使人可以迅速、正确地做出行为响应。

（4）能量转移论。其主要思想：不希望的或异常的能量转移是伤亡事故的致因，人受伤害的原因只能是某种能量向人体的转移，事故是一种能量的不正常或不希望的释放；能量引起的伤害分为两大类，一类是由施加了超过人体损伤阈值的能量引起的，另一类是由影响能量交换引起的。能量是否造成伤害及事故主要取决于：力的集中度，人接触的能量大小、时间长短、频率、受伤部位等。该理论分析事故的基本方法是：确定系统内总能量；确定能量伤害的可能人员及严重程度；确定控制方法。

（5）变化—失误理论。其主要思想：运行系统中，事故发生的根本原因是人不适应系统的变化，该变化是与能量和失误相对应的变化。人们能感觉到变化的存在，也能用基本反馈方法探测变化；众多的变化中，仅极少数引起人失误；而人失误事件中，又仅极少数导致事故；良好动机并非一定有好效果。

（6）轨迹交叉论。其主要思想：伤害事故是许多互相关联的事件顺序发展的结果，这些事件可分为人和物两大系列。当人的不安全行为与物的不安全行为在各自发展过程中，在一定时间、空间发生了接触（交叉），能量"逆流"时，伤害事故就会发生，如图 1-1 所示。

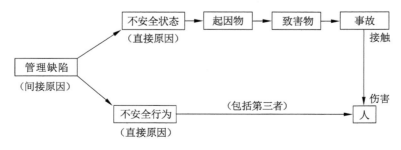

图 1-1　轨迹交叉论模型

1.3.2 水利工程事故致因模式

通过分析经典事故致因理论，研究者提出水利工程事故致因的耦合协同模式，如图 1-2 所示。

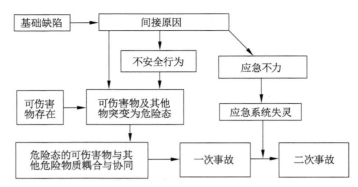

图 1-2 水利工程事故致因耦合协同模式

本模式的主要思想：危险态的可伤害物与一种及以上其他危险态物质耦合与协同是事故发生的直接原因；不安全行为是物质参量突变为危险态并协同的主要原因；不安全行为、可伤害物及相关物突变为危险态、事故单位应急控制不力、应急控制不力均有其间接原因；一次事故、应急控制不力、应急系统失灵是二次事故的主要原因；可伤害物存在、基础缺陷是造成一次事故及二次事故的基础原因。这里的"可伤害物"是指具备一定条件时，可伤害人身的物质，根据伤害容易度和严重程度可分为重大易伤害物、一般伤害物、中等伤害物和不易伤害物四种；"其他危险态物质"既可以是可伤害物，也可以是一般物质，可伤害物和一般物质均可根据其参量的变化分为相对安全态（潜伏态）、发展态和危险态三种。可伤害物不是任何情况下都会伤害人身的，而是仅处在危险态并与其他危险态物质耦合与协同时才伤害人身，水利工程的可伤害物有建筑物、机电设备、金属结构、车、船、洪涝、干旱、台风、冰冻雨雪、可燃物质、地震、电气设备、汽油、液化气等；"不安全行为"不是光指"违章"，而是包括促使物质参量变化为危险态的所有行为，包括设计、施工、管理、生产等，既包括指挥及管理行为，又包括具体行为；既包括脑力劳动，又包括体力劳动。基础缺陷主要包括学校教育、社会、历史等缺陷，间接原因主要包括人的认识偏差、物质自然变化、技术和设计上有缺陷、管理上有缺陷、教育培训不够、身体及精神有问题等。事故单位应急控制不力的主要体现有应急救援机构设置不全，应急人员配备不齐，责任不明，事故救援时各部门工作不协调；应急救援设施配备不齐全，或无法使用；重大事故应急救援预案不完善；救援人员对应急工作不熟悉；缺乏相应的应急设施等。

1.4 水利工程事故原因与事故法则

1.4.1 事故原因

从事故调查角度出发，事故原因包括事故的直接原因和间接原因。水利工程事故的直接原因包括物的不安全状态的原因和人的不安全行为的原因。据调查，全国有90%以上的事故由物的不安全状态和人的不安全行为造成。

在水利工程运行事故的直接原因中，人的不安全行为中的违章行为十分严重，其中违章作业导致的伤亡事故占事故案例总数的63.1%，而习惯性违章占41.8%，如操作错误、忽视安全、忽视警告（未经许可开动、关停、移动机器，开动、关停机器时未给信号，开关未锁紧，造成意外转动、通电或泄漏等，忘记关闭设备，忽视警告标志、警告信号，操作错误）造成安全装置失效；使用不安全设备；物体存放不当；有分散注意力的行为；在必须使用个人防护用品用具的作业场合中，忽视其作用（未戴护目镜或面罩、安全帽、安全带）。对于物的不安全状态方面的原因，主要包括：防护、保险、信号等装置有缺乏或缺陷；无防护，包括无防护罩，无限位、保险装置等，无报警装置，无安全标志，无防护栏或防护栏损坏，无安全网或安全网不符合要求，电气无保护接零或接地，绝缘不良，应防外电线路安全距离不够，防护不严密，"四口"（楼梯口、电梯井口、预留洞口、通道口）防护不符合要求，安全网未按规程设置，变配电、避雷装置不符合要求，电气装置带电部分裸露等；设备、设施、工具、附件有缺陷，设计不当，结构不符合安全要求，安全通道口不符合要求，制动装置有缺陷，安全距离不够，材质有缺陷，工件有锋利毛刺、毛边，设施上有锋利倒棱等；强度不够，包括机械强度不够，绝缘强度不够，起吊重物的绳索不合安全要求等；设备在非正常状态下运行，如设备带"病"运转，超负荷运转，限位、保险装置不灵敏，使用不合理；维修、调整不良，设备失修，地面不平，保养不当，设备失灵，无防雨设施等；个人防护用品、用具缺少或有缺陷；生产（施工）场地环境不良等。

水利工程运行事故的间接原因包括：技术上和设计上有缺陷；安全教育培训不够，如职工对安全生产方针、政策、法规和制度未认真学习，对安全生产技术知识和劳动纪律没有完全理解和掌握、对各种设备设施的工作原理和安全规范措施等没有学懂弄通，对本岗位的安全操作方法、安全防护方法、安全生产特点等一知半解；身体的原因，如眩晕、癫痫、头痛、高血压等疾病，身体过度疲劳、酗酒或药物的作用等，酗酒驾车就是典型的例子；精神的原因，如烦躁、紧张、恐怖、心不在焉、兴奋等精神状态；管理上有缺陷，如劳动组织不合理，领导对安全生产的责任心不强，作业标准不明确，缺乏检查保养制度，人事配备不完善，对现场工作缺乏检查或指导错误，没有健全的操作规程，没有或不认真实施事故防范措施等。

1.4.2　事故法则

事故法则即事故统计规律，海因里希事故法则是：重伤及以上事故次数：轻伤事故次数：无伤事故次数＝1：29：300。水利工程事故法则是：重伤及以上事故次数：无伤事故次数＝1：数百。

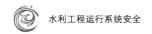

1.5　水利工程事故预防原理和原则

1.5.1　事故预防原理

水利工程事故预防原理可采用海因里希工业安全公理和事故预防工作五阶段模型。

海因里希工业安全公理提出了工业事故预防的十项原则：（1）工业生产过程中人员伤亡的发生，往往是处于一系列因果连锁之末端的事故的结果，事故常常起因于人的不安全行为或（和）机械、物质（统称为物）的不安全状态；（2）人的不安全行为是大多数工业事故的原因；（3）人员在受到伤害之前，已经经历了数百次来自物方面的危险；（4）在工业事故中，人员受到伤害的严重程度具有随机性质，大多数情况下，人员在事故发生时可以免遭伤害；（5）人员产生不安全行为的主要原因有：不正确的态度——个别职工忽视安全，甚至故意采取不安全行为；技术、知识不足——缺乏安全生产知识，缺乏经验或技术不熟练；身体不适——生理状态或健康状况不佳，如听力、视力不良，反应迟钝、疾病、醉酒或其他生理机能障碍；物的不安全状态及不良的物理环境——照明、温度、湿度不适宜，通风不良，强烈的噪声、振动，物料堆放杂乱，作业空间狭小，设备、工具缺陷等，以及操作规程不合适、没有安全规程和其他妨碍贯彻安全规程的事物；（6）防止工业事故的四种有效的方法是工程技术方面的改进、对人员进行说服和教育、调整，惩戒；（7）防止事故的方法与企业生产管理、成本管理及质量管理的方法类似；（8）企业领导者有进行事故预防工作的能力和能把握进行事故预防工作的时机；（9）专业安全人员及站所干部、班组长是预防事故的关键；（10）除人道主义外，安全可促使企业提高生产效率，事故后赔偿及医疗费用仅占总经济损失的1/5。

事故预防工作包括以下五个阶段的努力：（1）建立健全事故预防工作组织，形成由工程运行管理单位领导牵头的，包括安全管理人员和安全技术人员在内的事故预防工作体系，并切实发挥其效能；（2）通过实地调查、检查、观察及对有关人员的询问，加以认真地判断、研究，以及对事故原始记录的反复研究，收集第一手资料，找出事故预防工作中存在的问题；（3）分析事故及不安全问题产生的原因，包括弄清伤亡事故发生的频率、严重程度、场所、工种、生产工序、有关的工具、设备及事故类型等，找出故事的直接原因和间接原因、主要原因和次要原因；（4）针对分析事故和不安全问题产生的原因，选择恰当的改进措施，包括工程技术方面的改进、对人员的说服教育、人员调整、制定及执行规章制度等；（5）实施改进措施。通过工程技术措施实现机械设备、生产作业条件的安全，消除物的不安全状态；通过人员调整、教育、训练，消除人的不安全行为，同时在实施过程中要进行监督。

1.5.2　事故预防原则

水利工程事故预防应遵循以下五个原则。

（1）可预防原则。工伤事故是人灾，人灾的特点和天灾不同，要想防止发生人灾，应立足防患于未然。原则上讲人灾都是能够预防的。因而，对人灾不能只考虑发生后的对策，必须进一步考虑发生之前的对策。安全工程学中把预防灾害于未然作为重点，安全管理强调以预防为主，正是基于事故是可以预防的这一基点之上的。但是，实际上要预防全部人灾是困难的。为此，不仅必须对物的方面的原因，而且必须对人的方面的原因进行探讨。归根结底，要贯彻人灾可能预防的原则，就必须把防患于未然作为目标。在事故原因的调查报告中，常常见到记载的事故原因是不可抗拒的，也许是认为事故对于受害者本人来说是不能避免的意思，而不是从被害者的立场考虑的。如果站在防止这个事故再次发生的立场考虑，则应该考虑存在另外的原因，而且绝不是不可抗拒的，而是可以通过实施有效的对策防患于未然。因而从可能预防的原则来看，人灾的原因调查可以不使用"不可抗拒"这个字眼。过去的事故对策多倾向于采取事后对策。例如作为火灾、爆炸的对策有：建筑物的防火结构，限制危险物贮存数量、安全距离、防爆墙等，以便减少事故发生时的损害；设置火灾报警器、灭火器、灭火设备等，以便早期发现、及早扑灭；设立避难设施、急救设施等，以便在灾害已经扩大之后做紧急处理。即使这些事后对策完全实施，也不一定能够使火灾和爆炸防患于未然。为了防止火灾和爆炸，妥善管理发生源和危险物质是必需的，而且通过这些妥善管理是可能预防火灾、爆炸的发生的。当然为防备万一，采取充分的事后对策也是必要的。但是，防止灾害只着眼于事后对策的做法，可以说是从事故的发生不可避免的观点出发的。而这些则是基于把可能预防的人灾和天灾一视同仁来考虑的。

（2）偶然损失原则。"灾害"这个词的概念包含意外事故及由此而产生的损失这两层意思。所谓事故就是在正常流程图上所没有记载的事件。这些事件的结果将造成损失。所谓损失包括人的死亡、受伤、精神痛苦等，除此以外，还包括原材料、产品的烧毁或者污损，设备破坏，生产减退，赔偿金等。事件后不管有无损失，作为防止灾害的根本的重要的事情是防患于未然，因为如果完全防止了事故发生，其结果就避免了损失。

（3）因果关系原则。事故之所以发生，是有其必然原因的。亦即，事故的发生与其原因有必然的因果关系。事故与原因是必然的关系，事故与损失是偶然的关系，这是可以科学地阐明的问题。一般来讲，事故原因通常分为直接原因和间接原因。直接原因又称为一次原因，是在时间上最接近事故发生的原因，可进一步分为物的原因和人的原因。物的原因是指由设备、环境不良所引起的；人的原因则是指由人的不安全行为引起的。事故的间接原因有技术的原因、教育的原因、身体的原因、精神的原因、管理的原因、学校教育的原因、社会或历史的原因。

（4）"3E对策"原则。技术的原因、教育的原因及管理的原因，这三项是构成事故最重要的原因。与这些原因相应的防止对策为技术对策、教育对策及法制对策。通常把技术（engineering）、教育（education）和法制（enforcement）对策称为"3E"安全对策，被认为是防止事故的三根支柱。通过运用这三根支柱，能够取得防止事故发生的效果。如果片面强调其中任何一根支柱，例如单单强调法制对策，是不能得到满意的效果的，它一定要伴随技术和教育对策的进步才能发挥作用。

（5）本质安全化原则。本质安全是指通过设计等手段使水利工程设备或生产系统本身具有安全性，即使在误操作或发生故障的情况下也不会造成事故，具体包括失误—安全功能和故障—安全功能。失误—安全功能是指操作者即使操作失误也不会发生事故或伤害，或者说设备、设施和技术工艺本身具有自动防止人的不安全行为的功能；故障—安全功能是指设备、设施或生产工艺发生故障或损坏时，还能暂时维持正常工作或自动转变为安全状态。这两种安全功能应该是设备、设施和技术工艺本身固有的，即在其规划设计阶段就被纳入其中，而不是事后补偿的。本质安全是生产中"预防为主"的根本体现，也是安全生产的最高境界。实际上，由于技术、资金和人们对事故的认识等原因，目前还很难做到本质安全，只能作为追求的目标。本质安全化就是将本质安全的内涵加以扩大，是指在一定的技术经济条件下，生产系统具有完善的安全防护功能，系统本身具有相当可靠的质量，系统运行中同样具有相当可靠的质量。实现本质安全化，要求安全技术的发展必须超前于生产技术的发展。同时，还要求不断改进防护器具、安全报警装置等安全保护装置。实现安全本质化，还要求人—机—环境必须具备相当可靠的质量。因为质量不合格的系统必然存在危险因素，并潜藏着事故隐患，不论是设备故障，还是人员技能不合格，都可能酿成事故。实现安全本质化的关键，在于管理主体对管理客体实施有效的控制。因此，工程单位要实现本质安全化，必须做到以下几点：① 设备在设计和制造环节上都要考虑到应具有较完善的防护功能，以保证设备和系统能够在规定的运转周期内安全、稳定、正常地运行，达到设备本质安全要求；② 设备的运行是正常的、稳定的，并且自始至终都处于受控状态，达到运行本质安全要求；③ 作业者完全具有适应生产系统要求的生理、心理条件，具有在生产全过程中很好地控制各个环节安全运行的能力，具有正确处理系统内各种故障及意外情况的能力，达到人员本质安全要求；④ 空间环境、时间环境、物理化学环境、自然环境和作业现场环境等达到本质安全要求；⑤ 安全管理要从传统的问题发生型管理逐渐向现代的问题发现型管理转化。为此，必须运用安全系统工程原理，进行科学分析，做到超前预防，达到管理本质安全要求。

（6）危险因素防护原则。危险因素的防护原则包括：① 消除潜在危险的原则，即用高新技术或其他方法消除人周围环境中的危险和有害因素，从而保证系统的最大可能的安全性和可靠性，最大限度地减少危险因素；② 降低潜在危险因素数值的原则，即当不能根除危险因素时，应采取措施降低危险和有害因素的数量；③ 距离防护原则，即生产中的危险和有害因素的作用依照与距离有关的某种规律而减弱时，可应用距离防护的原则来减弱其危害；④ 时间防护原则，即使人处在危险和有害因素作用的环境中的时间缩短至安全限度之内；⑤ 屏蔽原则，即在危险和有害因素作用的范围内设置障碍，以防护危险和有害因素对人的侵袭；⑥ 坚固原则，即以安全为目的，提高设备结构强度，提高安全系数；⑦ 薄弱环节原则，即利用薄弱的元件，使它们在危险因素尚未达到危险值之前先被破坏，如保险丝，安全阀等；⑧ 不予接近的原则，即使人不能落入危险和有害因素作用的地带，或者在人操作的地带中消除危险和有害因素的落入，如安全栅栏、安全网等；⑨ 闭锁原则，即以某种方法保证一些元件强制发生相互作用，以保证安全操作；⑩ 警告和禁止信息原则，即以主要系统及其组成部分的人为目标，运用组织和技术，如光、声信息和标志，不同颜色的信号，安全仪表，培训工人等，应用信息流来保证安全生产。

1.5.3 水利工程系统安全管理方法和实施过程

安全管理方法。在水利工程系统安全中，采用全面安全管理方法，即在总结传统的劳动安全管理的基础上，应用现代管理方法并通过全部人员确认的全面安全目标，对全生产过程和单位的全部工作进行统筹安排和协调一致的内综合管理。具体包括四个方面内容：① 全面安全目标管理，众所周知，安全生产既针对生产作业的人、物、环境，又贯穿于企业各部门业务，无论哪一方面，都应当考虑安全，安全管理必须对这种全面安全内容进行管理，使其都有明确的目标，而且是经过努力可以达到或可能达到的目标；② 全员安全管理，即以各级领导为核心，广大职工共同参与的全员安全管理；③ 全过程安全管理，即工程管理单位应抓好每项工程全部生产过程中的各个环节的安全管理；④ 全部工作安全管理，即水利工程管理单位有很多部门和基层单位，这些部门、单位工作本身有安全问题，又或多或少地涉及安全问题，因此，这些部门和基层单位的业务工作都要有安全管理内容。

实施过程。系统安全管理的实施过程实际上就是通过管理的手段，将水利工程系统安全要求结合到系统全寿命周期的过程中。为了保证及时、有效地达到水利工程系统安全的目标，单位必须建立和实施一个系统安全大纲。该大纲的主要内容应包括管理系统和关键的系统安全人员两个部分。① 管理系统。工程单位负责建立、控制、指导和实施系统安全大纲，并保证将事故风险消除或控制在可接受风险范围内，系统中还应设事故及与安全有关的事件，包括尚未发生事故或与安全相关的事件的潜在危险条件的报告、调查、处理程序。② 关键的系统安全人员。为保证所建立的系统安全大纲达到上述目标，在管理系统中应选择合适的人选负责系统安全大纲的建立及实施管理过程，该人选即为关键的系统安全人员，通常限制为对系统安全工作有管理职责和技术认可权的人员。为保证该类关键人员能够胜任这一重要工作，根据工程或系统复杂性的高低，对该工程安全负责人的资质要求也有所差异。

1.5.4 实施水利工程系统安全的主要手段

水利工程系统安全是关系人民群众生命财产安全的大事，关系经济社会持续健康发展，关系水利现代化规划建设目标任务的实现。

由前所述，事故的原因包括事故的直接原因和间接原因。直接原因包括物的不安全状态的原因和人的不安全行为的原因。间接原因包括技术上和设计上有缺陷、安全教育培训不够、身体的原因、精神的原因、管理上有缺陷、学校教育的原因、社会历史的原因。事故预防原则包括可预防原则、偶然损失原则、因果关系原则、"3E 对策"原则、本质安全化原则、危险因素防护原则等。水利工程系统安全就是要消除物的不安全状态、人的不安全行为，消除事故的间接原因，因此，搞好水利工程运行的系统安全的主要手段包括以下方面：

（1）建立健全安全组织机构与职责。包括建立健全安全生产委员会、安全管理组织网络、安全生产责任制度。

（2）实行安全目标管理。包括安全目标制定、安全目标分解与落实、安全目标实施、安全目标检查与考核等。

（3）搞好安全制度管理与教育培训。其中，安全制度管理包括法规标准识别、安全管理规章制度、操作规程、文档管理等。

（4）建设水利安全文化与塑造安全形象。包括水利工程安全文化与建设目标任务、水利工程安全文化建设基本方略、水利工程安全精神文化建设要领、水利工程安全行为文化建设要领、水利单位安全形象及其对事故预防的作用、水利工程单位安全形象与安全文化的关系、塑造水利工程单位安全形象的基本途径等。

（5）安全风险管控及隐患排查治理。包括水利工程主要风险因素分析，安全风险评价，安全风险防范与控制，重大危险源监控与管理，隐患排查基本要素、排查方式、治理体系、运行机制等。

（6）设备设施安全控制。包括设备设施安全质量要求、设备设施安全检查、设备设施安全检测、水工建筑物安全观测、水工建筑物自动安全监测、主要设备设施的除险加固等。

（7）作业安全控制。包括过程安全控制、作业行为安全控制、安全警示标志、相关方作业安全监管等。

（8）应急救援与事故管理。包括应急救援基本原则和应急组织、应急预案、应急设施设备及物资保障、应急演练、报警与接警、分级别的应急响应、应急救援行动与现场恢复、主要应急处置措施、事故报告与调查处理等。

（9）职业健康技术与管理。包括主要职业危害检测方法、主要职业危害控制技术、职业健康管理等。

（10）安全信息管理系统建设。包括总体架构和应用支撑平台、基础平台、行为安全监管数据库、物态安全数据库、安全数据库采集、系统运行环境和软件工具、现场管理的典型功能等。

（11）安全生产标准化建设。包括安全标准化主要过程、安全标准化主要举措、安全生产标准化注意事项等。

2 安全管理制度与教育培训

2.1 安全管理组织网络

水利工程单位安全管理组织网络由安全专管网络和安全群管组织网络组成。

安全专管网络由单位安全分管领导、安全生产管理部门（如安全生产监督科）、专（兼）职安全生产管理人员组成。水利工程单位应明确安全生产管理机构，即安全生产管理的职能部门，各基层单位配备专（兼）职安全生产管理人员及消防管理人员。

安全群管组织网络由以下几部分构成：一是水利工程运行单位设立安全生产委员会（简称"安委会"）。安委会是安全生产组织领导机构，安委会成员为单位主要负责人、单位各分管负责人、各职能部门负责人等相关人员，主任由单位主要负责人担任，副主任由单位各分管负责人担任，安委会下设安委会办公室（简称"安委办"），安委办主任由安全生产管理部门负责人兼任。二是建立由事故应急领导小组（或称应急总指挥部）、现场应急指挥部和应急救援队伍组成的应急救援组织。事故应急领导小组由单位行政正职任组长（总指挥），行政副职任副组长（副总指挥），成员为安委会全体成员，下设应急办公室（或称应急指挥中心）和策划部、救援行动部、后勤保障部和各层单位应急小组等。现场应急指挥部由综合协调小组、技术支持小组、保障服务小组、信息处理小组等组成。应急救援队伍包括：与当地驻军、医院、消防队伍等签订应急支援协议，水利工程单位内兼职应急救援队伍，各基层单位的应急救援小组（下设抢险救援、安全警戒、后勤保障等应急专业组）。三是建立防洪度汛组织机构，配备防洪度汛管理人员，成立以单位主要负责人为组长的防汛抗旱领导小组，下设办公室，建立防汛抗旱组织网络，成立防洪度汛抢险队伍。四是基层单位成立安全生产领导小组，对本单位的安全生产事项做出决策，安全生产领导小组由基层单位主要负责人、分管负责人、技术人员、工会代表、安全员等组成，组长由基层单位主要负责人担任。五是建立由决策层、中间层、执行层组成的纵向到底分级管理体系，形成一级抓一级的安全生产管理组织网络，决策层由单位主要负责人、各分管负责人组成，中间层为职能科室，执行层为基层单位及班组。六是建立横向到边的分系统负责体系，按业务分成若干个安全管理子系统，由各业务分管负责人负责本业务系统的安全生产。七是纵横建立协调体系，即安全生产委员会、单位安全分管领导和安全生产管理机构负责协调。八是建立群众监督体系，由职工代表大会、工会监督和协助各级领导贯彻落实安全生产方针、政策、法规，群众监督采取批评、建议、揭发、控告、视察等方式，采用参政监督、依法监督、舆论监督、联合监督形式实现。

2.2 安全生产法律法规与识别获取

2.2.1 典型的水利工程运行系统安全法律法规

典型的水利工程运行安全法律法规包括国家法律法规、部门规章及规范性文件，规范、规程、标准和地方性法规、标准。

（1）国家法律法规、部门规章及规范性文件。典型的主要包括：《中华人民共和国宪法》《中华人民共和国安全生产法》《中华人民共和国职业病防治法》《中华人民共和国劳动法》《中华人民共和国劳动合同法》《中华人民共和国消防法》《中华人民共和国突发事件应对法》《中华人民共和国道路交通安全法》《中华人民共和国特种设备安全法》《中华人民共和国水法》《中华人民共和国防洪法》《中华人民共和国水土保持法》《中华人民共和国水污染防治法》《中华人民共和国环境保护法》《中华人民共和国社会保险法》《中华人民共和国刑法》《中华人民共和国食品安全法》《中华人民共和国保守国家秘密法》《中华人民共和国档案法》《中华人民共和国行政许可法》《中华人民共和国工会法》《中华人民共和国行政处罚法》《中华人民共和国环境噪声污染防治法》《中华人民共和国政府信息公开条例》《信访条例》《水行政处罚实施办法》《水行政许可实施办法》《中华人民共和国河道管理条例》《中华人民共和国防汛条例》《中华人民共和国抗旱条例》《中华人民共和国水文条例》《中华人民共和国安全生产许可证条例》《中华人民共和国特种设备安全监察条例》《中华人民共和国建设工程安全生产管理条例》《工伤保险条例》《危险化学品安全管理条例》《使用有毒物品作业场所劳动保护条例》《企业事业单位内部治安保卫条例》《生产安全事故报告和调查处理条例》《生产安全事故报告和调查处理条例罚款处罚暂行规定》《劳动合同法实施条例》《党政机关公文处理工作条例》《国务院关于特大安全事故行政责任追究的规定》《关于防汛抗旱工作正规化、规范化建设的意见》《防洪预案编制要点（试行）》《国务院办公厅关于加强基层应急队伍建设的意见》《国务院关于进一步加强企业安全生产工作的通知》《国家防总巡堤查险工作规定》《我国入汛日期确定办法（试行）》《用人单位劳动防护用品管理规范》《生产经营单位安全培训规定》《生产安全事故隐患排查治理暂行规定》《生产安全事故应急预案管理办法》《生产安全事故信息报告和处置办法》《工作场所职业卫生健康监督管理规定》《职业病危害项目申报办法》《特种作业人员安全技术培训考核管理规定》《建设项目安全设施"三同时"监督管理暂行办法》《安全生产培训管理办法》《用人单位职业健康监护监督管理办法》《特种设备作业人员监督管理办法》《国家安监总局等关于大力推进安全生产领域责任保险健全安全生产保障体系的意见》《安全生产监管档案管理规定》《生产经营单位瞒报谎报事故行为查处办法》《劳动防护用品配备标准（试行）》

《职业病危害因素分类目录》《中华人民共和国水上水下活动通航安全管理规定》《机关、团体、企业、事业单位消防安全管理规定》《公安机关监督检查企业事业单位内部治安保卫工作规定》《灌排泵站设备管理办法（试行）》《水利档案工作规定》《水闸注册登记管理办法》《水利工程管理考核办法及其考核标准》《水闸安全鉴定管理办法》《关于完善水利行业生产安全事故统计快报和月报制度通知》《水利工程启闭机使用许可管理办法》《水利工程启闭机使用许可管理办法实施细则》《关于贯彻落实〈中共中央国务院关于加快水利改革发展的决定〉加强水利安全生产工作的实施意见》《水利行业深入开展安全生产标准化建设实施方案》《关于贯彻落实〈国务院关于坚持科学发展安全发展促进安全生产形势持续稳定好转的意见〉进一步加强水利安全生产工作的实施意见》《关于贯彻落实〈国务院安委会关于进一步加强安全培训工作的决定〉进一步加强水利安全培训工作的实施意见》《水利部关于印发2016年水利安全生产工作要点的通知》《水利安全生产信息报告和处置规则》《特种设备注册登记与使用管理规则》《关于进一步加强特种设备安全工作的若干意见》《关于加强特种设备使用环节安全监察工作的意见》《关于〈特种设备作业人员监督管理办法〉实施意见》《中央防汛抗旱物资储备管理办法》《企业安全生产费用提取和使用管理办法》《行政事业单位内部控制规范（试行）》《事业单位会计制度》《事业单位财务规则》《财政票据管理办法》《事业单位会计准则》《会计从业资格管理办法》《因工死亡职工供养亲属范围规定》《女职工劳动保护特别规定》《火灾事故调查规定》《企业职工伤亡事故分类标准》《企业职工伤亡事故统计报表制度》《关于加强企业应急管理工作的意见》《国务院关于职工工作时间的规定》《工作场所职业卫生监督管理规定》《特种设备事故报告和调查处理规定》《船闸管理办法》《中华人民共和国航道管理条例实施细则》）。

（2）规范、规程、标准。典型的主要包括：《起重吊运指挥信号》《电力设施抗震设计规范》GB50260—2013、《带电作业用绝缘手套》GB17622—2008、《视频安防监控系统工程设计规范》GB50395—2007、《安全标志及其使用导则》GB2894—2008、《电力装置的继电保护和自动装置设计规范》GB50062—2008、《危险化学品重大危险源辨识》GB18218—2009、《机动车安全技术检验项目和方法》GB21861—2014、《国家电气设备安全技术规范》GB19517—2009、《供配电系统设计规范》GB50052—2009、《泵站更新改造技术规范》GB/T50510—2009、《泵站设计规范》GB50265—2010、《电力安全工作规程 电力线路部分》GB26859—2011、《电力安全工作规程 高压试验室部分》GB26861—2011、《水利水电工程劳动安全与工业卫生设计规范》GB50706—2011、《建筑物电子信息系统防雷技术规范》GB50343—2012、《堤防工程设计规范》GB50286—2013、《起重机械安全规程 第1部分：总则》GB6067.1—2010、《生产经营单位生产安全事故应急预案编制导则》GBT29639—2013、《内河交通安全标志》GB13851—2008、《水上安全监督常用术语》GB/T19945—2005、《水利水文自动化系统设备检验测试通用技术规范》GB/T20204—2006、《继电保护和安全自动装置技术规程》GB/T14285—2006、《化学品分类和危险性象形图标标识通则》GB/T24774—2009、《电气设备安全设计导则》GB/T25295—

2010、《卷扬式启闭机》GB/T10597—2011、《起重机械 安全监控管理系统》GB/T28264—2012、《高处作业分级》GB/T3608—2008、《个体防护装备选用规范》GB/T11651—2008、《标准化工作导则 第1部分：标准的结构和编写》GB/T1.1—2009、《工作场所职业病危害警示标识》GBZ158—2003、《职业健康监护技术规范》GBZ188—2014、《水闸技术管理规程》SL75—2014、《水工钢闸门和启闭机安全检测技术规程》SL101—2014、《水利水电工程金属结构报废标准》SL226—1998、《水利水电工程闸门及启闭机、升船机设备管理等级评定标准》SL240—1999、《泵站技术改造规程》SL254—2000、《泵站技术管理规程》GB/T30948—2014、《防汛储备物资验收标准》SL297—2004、《防汛物资储备定额编制规程》SL298—2004、《水利水电工程高压配电装置设计规范》SL311—2004、《泵站安全鉴定规程》SL316—2015、《水工金属结构防腐蚀规范》SL105—2007、《水利信息化常用术语》SL/Z376—2007、《水利水电工程施工通用安全技术规程》SL398—2007、《水利水电工程土建施工安全技术规程》SL399—2007、《水利水电工程施工作业人员安全操作规程》SL401—2007、《水利水电起重机械安全规程》SL425—2008、《水利工程压力钢管制造安装及验收规范》SL432—2008、《堤防隐患探测规程》SL436—2008、《水利系统通信工程验收规程》SL439—2009、《水利水电工程继电保护设计规范》SL455—2010、《水利水电工程电气测量设计规范》SL456—2010、《灌排泵站机电设备报废标准》SL510—2011、《水利水电工程机电设计技术规范》SL511—2011、《水工金属结构术语》SL543—2011、《泵站现场测试与安全检测规程》SL548—2012、《水工钢闸门和启闭机安全运行规程》SL722—2015、《水利水电工程技术术语》SL26—2012、《灌溉与排水工程技术管理规程》SL/T246—1999、《电力安全工作规程（发电厂和变电站电气部分）》GB26860—2011、《水电水利工程施工安全防护设施技术规范》DL5162—2013、《电力系统用蓄电池直流电源装置运行与维护技术规程》DL/T724—2000、《水工钢闸门和启闭机安全检测技术规程》SL101—2014、《电力用直流电源监控装置》DL/T856—2004、《高压配电装置设计技术规程》DL/T5352—2006、《配电变压器运行规程》DL/T1102—2009、《水工混凝土建筑物缺陷检测和评估技术规程》DL/T5251—2010、《户外配电箱通用技术条件》DL/T375—2010、《电力系统继电保护及安全自动装置运行评价规程》DL/T623—2010、《电力通信运行管理规程》DL/T544—2012、《水利水电工程施工重大危险源辨识及评价导则》DL/T5274—2012、《安全评价通则》AQ8001—2007、《企业安全文化建设导则》AQ/T9004—2008、《企业安全文化建设评价准则》AQ/T9005—2008、《企业安全生产标准化基本规范》AQ/T9006—2010、《生产安全事故应急演练指南》AQ/T9007—2011、《建筑施工高处作业安全技术规范》JGJ80—1991、《施工现场临时用电安全技术规范》JGJ46—2005、《建筑施工作业劳动保护用品配备及使用标准》JGJ184—2009、《建筑施工安全检查标准》JGJ59—2011、《建筑机械使用安全技术规程》JGJ33—2012、《建筑施工土石方工程安全技术规范》JGJ180—2009、《起重机械定期检验规则》TSGQ7015—2016、《特种设备焊接操作人员考核细则》TSGZ6002—2010、《电信网和互联网物理环境安全等级保护检测要求》YD/T1755—2008、《互联网网络安全设计暂行规定》YD5177—2009、《电工作业人员安全技术考核标准》

LD28—1992、《低压电工作业人员安全技术培训大纲和考核标准》《高压电工作业人员安全技术培训大纲和考核标准》。

（3）地方性法规、标准。如：《江苏省安全生产条例》《江苏省规范性文件制定和备案规定》《江苏省水利厅机关公文处理办法》《水利工程建设项目档案验收管理办法》《江苏省水利厅信访工作办法》《江苏省水利厅保密委员会工作规则》《江苏省水利厅保密要害部门、部位保密管理暂行规定》《江苏省水利厅涉密存储载体保密管理办法》《关于做好网站网络信息安全工作的通知》《江苏省水利厅信息系统和信息设备使用保密管理规定》《江苏省水利科学技术档案管理办法》《关于进一步加强全省水利厅新闻宣传工作的通知》《江苏省水利新闻宣传工作暂行办法》《江苏省消防条例》《江苏省防洪条例》《江苏省泵站技术管理办法》《江苏省水闸技术管理办法》《江苏省特种设备安全条例》《江苏省船闸管理实施细则》《江苏省航道管理条例》《江苏省内河交通管理条例》《江苏省湖泊保护条例》《江苏省水资源管理条例》《江苏省水利工程管理条例》《江苏省水利系统船舶过闸费征收和使用办法》《江苏省建设项目占用水域管理办法》《江苏省河道管理条例》《江苏省防洪规划》《江苏省河道管理范围内建设项目管理规定》《江苏市工伤保险管理办法》《江苏省工会劳动法律监督条例》《江苏省实施〈中华人民共和国工会法〉办法》《江苏省安全生产"党政同责、一岗双责"暂行规定》等。

2.2.2　安全生产法律法规的识别获取和评审更新

中共中央、国务院及政府各行业的主管部门，相继出台了大量的安全生产法律，为安全生产提供了法律法规保障。为保障水利工程运行的各个环节均符合安全法规要求，必须及时识别和获取适用的、有效的法律法规、标准规范及其他要求。

2.2.2.1　识别与获取

水利工程运行单位为保障法规标准识别的常态化管理，应建立安全生产法律法规、标准规范管理制度，规定识别、获取、评审、更新的流程和周期，明确专门的管理部门和人员及其职责。

识别和获取的范围包括法律法规、部门规章、地方法规、国家和行业标准、规范性文件及其他要求。

识别和获取的途径和方式主要是政府发布、上级传达、媒体检索、网站信息公开、专业学习、行业交流。

安全生产法规众多，涉及各行业、各专业，水利工程管理单位应发挥各职能部门、基层单位的专业特点和作用，根据自身的专业特点和职责及时识别和获取本部门适用的法律法规、标准规范，并上报单位法规标准识别主管部门。

2.2.2.2　评审和更新

评审和更新的目的是对识别获取的法律法规进行适宜性评价，梳理适用于本行业、本专业的条目内容，剔除过期、失效的法律法规，以保证安全生产工作按照最新的法律法规、标准规范执行。

水利工程运行单位各职能部门、基层单位对涉及本部门行业和专业的法规标准，由本部门组织评审和更新。

　　为保证水利工程运行单位使用安全生产法律法规的有效性、适宜性，主管部门应紧扣国家安全生产最新动态，定期组织审查现有安全生产法律法规、标准规范辨识情况，对安全生产法律法规、标准规范清单进行更新、补充，形成最新的包括法规名称、文号、施行时间、获取内容、适用部门的清单，以便对照清单要求进行文本更新、宣传培训、修订相关管理制度和操作规程。

2.3　典型的安全生产责任制度

　　安全生产责任制度是规定单位各级领导、各职能部门、各基层单位、各岗位及每位职工在安全生产和职业卫生方面应做的事情和应承担的责任的一种制度。水利工程运行单位应建立横向到边、纵向到底的安全责任体系，安全生产责任制要符合最新法律法规要求，根据本单位、部门、岗位实际制定，要明确具体、可操作，适时修订，并有配套的监督、检查、考核等制度，保证真正落实。

　　安全生产责任制度的建立应树立"以人为本、安全发展"的理念，坚持"安全第一、预防为主、综合治理"的方针，按照"综合监管与专业监管相结合"和"党政同责、一岗双责、齐抓共管"及"管行业必须管安全，管业务必须管安全，管生产经营必须管安全"的原则，履行相应的安全生产责任。安全生产，人人有责，每个职工都有义务在自己的岗位上认真履行自己的安全职责，实现全员安全生产责任制。

2.3.1　岗位安全生产责任制度内容

　　（1）主要负责人：认真贯彻执行国家安全生产方针、政策、法律、法规，把安全工作列入重要议事日程，亲自主持重要的安全生产工作会议，批阅上级有关安全方面的文件，签发有关安全工作的重大决定，及时研究解决和审批有关安全生产中的重大问题，对单位的安全生产和职业卫生工作全面负责；建立健全安全生产责任制，督促检查安全生产和职业卫生工作，及时消除生产安全事故隐患。不断改善职工劳动条件和工作环境，维护职工健康；组织制订安全规章制度、安全操作规程；组织制定并实施本单位安全生产教育和培训计划；保证安全生产投入的有效实施，解决安全措施费用；加强对各项安全活动的领导，决定安全生产方面的重要奖惩。督促、检查安全生产工作，消除生产安全事故隐患；每季度至少组织一次安全生产全面检查，研究分析安全生产存在的问题；组织制定并实施本单位的生产安全事故应急救援预案，每年至少组织并参与一次事故应急救援演练；发生事故时迅速组织抢救，并及时、如实向省厅报告事故情况，做好善后处理工作，配合调查处理；每年向职工代表大会报告安全生产工作和个人履行安全生产管理职责的情况，接受工会、职工对安全生产工作的监督。

　　（2）分管安全负责人：组织开展安全生产标准化建设，组织拟定安全规章制度、操作规程和安全事故应急救援预案；每季度至少组织一次安全生产全面检查，研究重大事故隐患的整改方案；审定重大工程项目的安全设施，督查"三同时"执行情况；

组织召开安全生产工作会议，分析安全生产动态，解决安全生产中存在的问题；组织拟定并实施本单位的生产安全事故应急救援预案，每年至少组织并参与一次事故应急救援演练；组织对事故的调查处理，并及时向主要负责人报告；协助单位主要负责人做好其他安全生产和职业卫生管理工作。

（3）其他分管领导：组织所分管部门建立健全安全生产规章制度、操作规程和安全事故应急救援预案；组织检查所分管部门的安全生产和职业卫生，督促查找安全隐患，及时处理生产运行过程中存在的安全问题，改善职工的劳动条件和工作环境，维护职工健康；组织协调重大安全生产活动，协助主要负责人及分管安全负责人做好其他相关安全生产和职业卫生工作。

（4）基层单位、职能部门负责人：保证国家安全生产法律法规和规章制度在本单位的贯彻执行，对本单位（部门）的安全生产和职业卫生负责，认真贯彻"五同时"原则，即在计划、布置、检查、总结、评比生产工作的同时，计划、布置、检查、总结、评比安全工作，监督检查本单位（部门）安全生产各项规章制度的执行情况，及时纠正失职和违章行为。组织制定并实施本单位（部门）安全生产管理规定、岗位安全生产职责、安全技术操作规程、安全生产规划和安全技术措施，建立健全安全生产管理网络；组织对新职工（包括实习、临时人员）进行安全教育，对职工进行经常性的安全思想、安全知识和安全技术教育，开展岗位技术练兵、安全技术考核，组织职工积极参与安全生产竞赛和安全生产月活动；组织本单位（部门）安全检查，落实隐患整改，保证生产运行设备、安全装备、消防设施、防护器材和急救器具等处于完好状态，并教育职工加强维护，正确使用；经常深入生产一线，掌握了解安全生产状态，及时解决影响安全生产的各种问题，做到防患于未然；做好职工劳动保护，努力改善职工劳动条件，保护职工在劳动中的安全与健康；及时报告本单位（部门）发生的事故，注意保护现场，参加重大事故的调查处理，做好伤亡事故的善后处理工作。

（5）机关员工：认真学习和遵守各项安全生产规章制度，严格遵守安全生产的各项规定，履行安全职责；提高安全生产意识，按照"谁用工、谁负责"的要求，负责监督被派遣劳务者的劳动安全；积极参加安全培训和安全生产活动，掌握安全知识；认真学习并执行安全用电、防火等安全管理制度和规定；妥善保管、正确使用各种防护器具和消防器材，保持工作环境整洁，文明办公；深入基层调查研究安全生产状况，发现违章作业应加以劝阻和制止。

（6）项目负责人：贯彻执行相关项目的安全生产的规定和要求，对本项目的安全工作负直接责任；负责对项目参与人员及外来务工人员进行岗位安全教育培训；认真执行"三同时"原则，即在新建、改建、扩建工程项目的安全设施，必须与主体工程同时设计、同时施工、同时投入生产和使用；负责项目实施过程的安全检查，经常深入现场查找安全隐患并及时消除，发现违章作业及时制止，发生事故立即报告，并组织抢救，保护好现场，做好详细记录。

（7）专（兼）职安全员：在主管负责人的领导下，负责安全生产具体工作，协助主管负责人贯彻上级安全生产的指示和规定，并检查督促执行；参与拟订有关安全生产管理制度、安全技术操作规程和生产安全事故应急救援预案，并检查执行情况；负责编制安全技术措施计划和隐患整改方案，落实安全生产整改措施，并及时上报落实情况；组织参与本单位（部门）安全技术教育培训和考核工作，如实记录安全生产教育和培训情况，做好安全生产档案的管理；深入生产运行一线，检查安全生产状况，及时排除生产安全事故隐患，提出改进安全生产管理的建议，制止违章作业；做好安全设备、消防器材、防护器材和急救器具的管理；组织安全生产日常检查、岗位检查和专业性检查，并每月至少组织一次安全生产全面检查；督促各岗位履行安全生产职责，并组织考核，提出奖惩意见；制止和纠正违章指挥、强令冒险作业、违反操作规程的行为；参与所在单位事故的应急救援和调查处理。

（8）消防安全管理人：拟订年度消防工作计划，组织实施日常消防安全管理工作；组织制订消防安全制度和保障消防安全的操作规程并检查督促其落实；拟订消防安全工作的组织保障方案；组织实施防火检查和火灾隐患整改工作；组织实施对本单位（部门）消防设施、灭火器材和消防安全标志的维护保养，确保其完好有效，确保疏散通道和安全出口畅通；组织管理义务消防队；在员工中组织开展消防知识、技能的宣传教育和培训，组织灭火和应急疏散预案的实施和演练；单位（部门）消防安全责任人委托的其他消防安全管理工作；定期向消防安全责任人报告消防安全情况，及时报告涉及消防安全的重大问题。

（9）班组长：贯彻执行本单位（部门）对安全生产的指令和要求，全面负责本班组的安全生产；学习并贯彻有关安全生产规章制度和安全技术操作规程，教育职工遵章守纪，制止违章行为；组织并参加班组安全活动，坚持班前讲安全、班中检查安全、班后总结安全；负责对新工人（包括临时人员）进行安全操作规程和职业卫生的教育，组织班组安全生产竞赛及安全生产月活动；负责班组安全检查，发现不安全因素及时组织力量消除，并报告上级。发生事故立即报告，组织抢救，保护好现场，做好详细记录，参加事故调查、分析，落实防范措施；负责生产设备、安全装备、消防设施、防护器材和急救器具的检查维护工作，使其保持完好和正常运行，督促教育职工合理使用劳动防护用品、用具，正确使用消防器材；提高班组生产运行管理水平，保持生产作业现场整齐、清洁，实现文明生产。

（10）生产运行操作人员：认真学习、严格遵守安全规章制度和操作规程，服从管理，不违反劳动纪律，不违章作业；积极参加安全生产教育培训和安全生产月活动，提高安全生产技能，获取相应岗位操作证书，增强事故预防和应急处理能力；正确操作，精心维护设备，严格执行安全运行规程，保持作业环境整洁，搞好文明生产；积极参加应急救援演练，正确分析、判断和处理各种事故隐患，把事故消灭在萌芽状态，如发生事故，要正确处理，及时、如实地向上级报告，并保护现场，做好详细记录；按时认真进行巡回检查，做好各项记录，发现异常情况及时处理和报告；上岗必须按规定正确佩戴劳动保护用品，妥善保管劳动防护器具；当有直接危及人身安全的紧急情况时，有权停止作业或者采取应急措施后撤离作业场所；有权拒绝违章指挥和强令冒险作业，对他人违章作业加以劝阻和制止。

2.3.2 安全机构及部门安全生产责任制度内容

（1）安委会：贯彻落实党和国家安全生产方针政策、法律法规；研究部署、指导协调、监督检查全处安全生产和职业卫生工作；根据上级安全生产工作要求和安全生产形势，研究制订管理处安全生产规划、计划，完善安全生产规章制度；组织、指导、协调工程运行管理和维修养护工作中安全事故的应急救援和调查处理；完成上级水利主管部门和地方政府部署的其他安全生产工作。

（2）事故应急领导小组：是事故应急的最高指挥机构，负责生产安全事故应急救援预案的制定和修订；检查、督促各部门组建现场生产安全事故应急救援小组，成立应急救援专业队伍；检查督促各部门制定现场生产安全事故应急救援专项预案和做好应急救援必要的资源准备；认定启动应急救援预案，组织指挥协调各应急救援小组进行应急救援行动；报告上级部门，通报事故、事件或灾害情况；根据事态发展，决定请求外部援助；监察应急操作人员的行动，保证现场救援和现场其他人员的安全；决定救援人员、员工、家属从事故区域撤离；决定请求地方政府组织周边群众从事故区域撤离；协调物资、设备、医疗、后勤等方面以支持救援小组工作；宣布应急恢复，应急结束；决定各类事故应急救援演练，监督基层单位事故应急演练。

（3）防汛防旱领导小组：领导整体防汛防旱工作，组织指挥防汛防旱抢险救灾工作，组织抗灾的督促检查、上报及灾后处置工作，负责编制方案和应急预案、成立组织机构和抢险队伍、配备防汛物资，进行专项检查，组织演练、防汛值班等工作。防汛领导小组办公室负责防汛防旱日常工作，及时传达省防办调度指令，负责编制防洪度汛方案和超标准洪水应急预案并报管理处批准后执行，协调各成员单位，做好灾情统计、检查、上报、分析和善后处理等工作，定期组织防洪度汛专项检查，对发现的问题及时督促整改，定期组织应急预案演练，对演练中存在的问题及时进行修改完善。

（4）安委会办公室（安全生产管理部门）：负责安委会日常工作，按照上级安全生产监督管理工作机构的工作部署，开展安全生产和职业卫生相关工作；检查督促安委会决定事项的落实，沟通协调成员部门安全生产监督管理工作；组织或参与拟订安全生产规章制度、操作规程和生产安全事故应急救援预案；组织或者参与安全生产教育培训和应急救援演练；组织开展安全生产检查和安全生产专项治理活动，及时排查生产安全事故隐患，制止和纠正违章指挥、强令冒险作业、违反操作规程的行为，提出改进安全生产管理的建议，督促落实安全生产整改措施；组织开展安全标准化建设与维护；组织对单位安全生产和职业卫生职责的适宜性、履职情况进行定期评估和监督考核，督促落实安全生产整改措施；协助有关部门做好生产安全事故调查处理；负责安全生产统计和信息报送工作；负责安委会会议组织和单位领导交办的其他安全生产监督管理事项。

（5）事故领导小组下设机构：应急办公室（应急指挥中心）负责安全生产应急管理综合协调、指导、检查等，传达指挥部下达的各项命令，在应急总指挥长领导下，组织协调生产安全事故应急救援和调查处理，组织开展应急救援演练，负责向上级报告事故和救援情况，必要时请求协调支援，协助和配合上级有关部门对事故进行现场勘察、调查取证；协助和配合上级有关部门对事故进行调查分析，协助和配合上级有关部门对事故进行处理。策划部负责收集、评价、分析、传达事故相关的战略信息，提出有关人员、队伍、设施、供给、物资材料和主要设备的需求计划，核实分配的人员与其他资源并建立跟踪系统，确认所分配资源的最新位置与使用现状，制定当前和后续行动所用资源的管理清单；现状分析组收集、处理和组织管理现状信息，准备现状概述报告，提出事故有关工作的未来发展方向，收集并传达用于应急行动方案的信息与情报；提出相关救援行动计划，制定行动期间应急行动方案并形成文件，在总指挥批准后下达到相关应急功能基层单位。救援行动部主要是根据应急救援预案和现场处置方案具体组织实施救援工作，协调及负责行动部门各个小组的运作，执行突发事故行动方案中确定的应急行动，负责管理事故现场战术行动，直接组织现场抢险，减少各类危害，抢救生命与财产，维护事故现场秩序，恢复正常状态。后勤保障部主要负责提供各项应急资源、资金、设施、服务及工具，包括提供人员操作事故中所需的应急资源和相关设备器材；负责现场照明线路、设施的抢修，保证事故救援用电，按指挥部命令报警恢复供电和切断电源；负责现场伤员的紧急救治工作，负责抢救人员的生活、后勤保障工作；负责组织抢救车辆，负责运送事故抢救人员和抢险物资；负责事故现场治安保卫；负责接待工作，做好伤亡职工的善后处理工作。

2.3.3 其他部门安全生产责任制度内容

（1）行政办公室：贯彻执行有关安全生产的法律、法规和各项安全生产规章制度；协助领导做好安全生产日常工作，及时印发、转发、传达安全生产文件，做好安全宣传工作；负责做好防汛防旱的宣传工作，协助领导小组做好上下联系工作，做好车辆调度、通信和后勤保障等工作；做好安全规章制度文秘处理、安全制度汇编，协调做好上级安全检查的接待、安全生产会议的相关工作；组织办公室职工、外来务工人员和来处参观学习人员的安全生产各职业健康防护教育，组织职工积极参加处各项安全活动；负责处机关职工生活区的安全工作，经常检查职工宿舍的用电、消防设施等安全，严禁封堵职工宿舍的安全出口；负责机关食堂的安全，组织制定食堂安全规章制度，经常检查食堂用电、用气和消防安全，确保食品安全卫生；认真执行交通安全的法规，做好机动车辆的年检、维修保养工作和驾驶员的年审、安全教育和考核工作，确保安全行驶；做好安全档案的管理工作。

（2）组织人事部门：贯彻执行有关安全生产、职工劳动保护的一系列法律、法规和各项安全生产规章制度；组织新职工做好三级教育培训，组织技术工人的培训、考核、奖惩及特种作业员的上岗培训和年审工作；负责防汛防旱工作的人员安排，做好应急抢险人员临时调度工作；把安全工作业绩纳入干部晋升、职工晋级和奖励考核内容；按国家有关规定，负责制订职工劳保用品的发放标准，并督促检查有关部门按规定及时发放和合理使用；参加重大事故的调查处理，认真执行对责任者的处理决定，参加工伤鉴定处理工作，会同工会做好伤亡人员的善后处理工作。

（3）财务部门：认真贯彻安全（含防洪度汛）投入经费使用的规定，专款专用，并监督执行；按有关规定落实安全（含防洪度汛）投入资金，保证必要的安全生产投入，按规定列支安全费用；编制安全生产费用使用计划，建立安全生产费用使用台账，审批程序符合规定并严格落实。

（4）工程管理部门：认真贯彻执行国家相关的安全生产方针、政策、法律法规，在处党委和安全生产委员会的领导下做好安全生产日常管理工作；组织制订、修订安全生产管理制度，负责安全项目的计划制订、申报、审批、经费下达、施工监督、竣工验收，并检查执行情况；按有关规定，定期进行工程观测，组织开展工程安全鉴定；做好防汛度汛的安全管理工作，组织好防汛人员的配备、防汛物资的调度、防汛抢险演练等管理工作；组织参加安全大检查，贯彻事故隐患整改制度，协助和督促有关部门对查出的隐患制订防范措施，检查隐患整改工作；参加新建、改建、扩建及大修项目的设计审查、竣工验收、试车投产工作，使其符合安全技术要求；深入现场检查，解决有关安全问题，纠正违章指挥、违章作业，遇有危及安全生产的紧急情况，有权令其停止作业，并立即报告有关领导处理；负责各类事故的汇总统计上报工作，并建立、健全事故档案，按规定参加事故的调查、处理工作；负责处属各单位的安全考核评比工作，会同有关部门开展各种安全活动，总结、交流安全生产先进经验，开展安全技术研究，积极推广安全生产科研成果、先进技术及现代安全管理方法。

（5）水政管理部门：定期组织水法规学习培训，领导和执法人员熟悉水法规及相关法规，做到依法管理；组织职工及被派遣劳动者开展安全生产教育培训，提高安全防范技能和应急救援能力；负责做好防汛防旱期间治安秩序维护，保障抢险救灾物资的安全保管、安全运输，依法打击违法犯罪活动，紧急情况下协调组织周边群众撤离和转移；制定水上作业应急预案，安全防护措施齐全可靠，作业船舶符合有关规定，作业人员应经培训合格，持证上岗；经常检查水上作业人员安全防护设施使用情况，发现违章作业立即制止；确保工程管理和保护范围内无违章建筑，无危害工程安全活动；无排放有毒或污染物等破坏水质的活动，水法规等标语、标牌齐全醒目；配合有关部门对水环境进行有效保护和监督，案件取证查处手续和资料齐全、完备，执法规范，案件查处结案率高；掌握处主要作业场所的火灾特点，经常深入基层监督检查火源、火险及灭火设施的管理，督促落实火险隐患的整改，确保消防设施完备和消防道路通畅。

（6）纪律监督部门：按照有关安全生产法律法规及处安全规章制度，监督检查处工程项目实施的执行情况；依法实行水利生产安全事故责任追究制度，对负有安全生产监督管理职责的部门及其工作人员履行安全生产监督管理职责实施监督，查处安全生产工作中的失职、渎职行为；参加重大事故的调查处理，监督对责任者的处理决定的执行情况，参加工伤鉴定处理工作，会同工会做好伤亡人员的善后处理工作。

（7）工会：组织职工参加安全生产工作的民主管理和民主监督，维护职工在安全生产方面的合法权益；参加制定或者修改有关安全生产的规章制度；加强对安全生产责任制落实情况的监督考核，保证安全生产责任制的落实；对建设项目的安全设施与主体工程同时设计、同时施工、同时投入生产和使用进行监督，提出意见；对违反安全生产法律、法规，侵犯从业人员合法权益的行为，有权要求纠正；发现违章指挥、强令冒险作业或者发现事故隐患时，有权提出解决的建议，并督促有关部门及时研究答复；发现危及从业人员生命安全的情况时，有权组织从业人员撤离危险场所，并督促有关部门立即处理；开展职业健康检查，定期组织职工进行健康体检；参加事故调查，向有关部门提出处理意见，并要求追究有关人员的责任。

2.3.4 安全生产责任制度考核与奖惩

安全生产委员会负责安全责任制的监督和年度考核，安委办负责下属各单位（部门）季度考核的审核，各部门负责对本部门内的安全生产责任制的落实与考核。

具体考核办法：水利工程单位与各部门、各部门与职工个人之间应每年不少于一次层层签订安全生产责任书，安全目标责任书的内容包括目的、责任部门、责任人、安全生产事故控制目标、安全生产工作目标、主要责任内容、双方权利义务、责任追究及考核奖惩、责任期限等内容。安全生产目标责任书内容与本单位、本部门、本岗位安全生产职责要相符。每季度进行自下而上的考核，水利运行单位各部门、各基层站所对职工进行考核，安委办对各部门、各基层站所进行考核。考核的主要内容分为安全生产控制目标和安全生产工作目标两部分。考核内容应与被考核部门所承担的安全工作职责相对应。安全生产控制目标就是考核下达给各职能部门、各基层单位的控制指标，工作目标包括组织保障、基础保障、日常工作。

2.4 安全生产管理制度

安全生产管理制度是防控水利工程系统安全风险，保证水利工程管理单位安全生产的制度保障。安全生产制度建设应坚持主要负责人负责的原则、安全第一原则、系统性原则、规范化和标准化原则。安全管理制度既要符合本单位工程管理实际，又要体现本单位的管理特点，还必须符合法规要求。安全生产管理制度主要包括安全生产和职业健康规章制度、操作规程。

2.4.1 安全生产和职业健康规章制度

安全生产和职业健康规章制度是以安全生产责任制为核心，指引和约束安全生产行为的准则，目的是明确各岗位安全职责、规范安全生产行为、建立和维护安全生产秩序。

水利工程管理单位安全生产和职业健康规章制度的制定，必须以国家法律法规、标准规范和其他要求为依据，体现本单位的业务特点，符合工程管理的实际，同时又要注意制度之间的衔接配套。

安全生产和职业健康规章制度的制定要求以国家有关安全法律法规、标准规范为依据，将法规和上级要求贯穿于本单位制度之中。这就要求将识别和获取的适合本单位管理的安全生产法律法规和其他要求条目融入规章制度中。

安全生产和职业健康规章制度制定的前期工作一般包括充分了解和熟知本单位管理流程、研究存在安全风险点和事故发生规律、控制风险的环节和各环节之间的关系、识别和获取法律法规和其他要求的条目、职工本身素质程度等。

安全生产和职业健康规章制度的制定一般包括起草、会签、审核、签发、发布五个流程。

水利工程管理单位应依据识别和获取的安全生产和职业健康法律法规、标准规范的相关要求，结合本工程管理实际，建立健全安全生产和职业健康规章制度体系，并定期修订和更新。

安全生产和职业健康规章制度包括但不限于下列内容：（1）安全目标管理制度；（2）安全生产承诺制度；（3）安全生产责任制；（4）安全生产会议制度；（5）安全生产奖惩管理制度；（6）安全生产投入管理制度；（7）安全教育培训制度；（8）安全生产信息化制度；（9）新技术、新工艺、新材料、新设备设施、新材料管理制度；（10）法律法规、标准规范管理制度；（11）文件、记录和档案管理制度；（12）重大危险源辨识与管理制度；（13）安全风险管理、隐患排查治理制度；（14）班组安全活动制度；（15）特种作业人员管理制度；（16）建设项目安全设施、职业病防护设施"三同时"管理制度；（17）设备设施安全管理制度；（18）安全设施设备管理制度；（19）作业活动安全管理制度；（20）危险物品及重大危险源监控管理制度；（21）警示标志管理制度；（22）消防安全管理制度；（23）交通安全管理制度；（24）防洪度汛安全管理制度；（25）工程安全监测观测制度；（26）调度管理制度；（27）工程维修养护管理制度；（28）用电安全管理制度；（29）仓库安全管理制度；（30）安全保卫制度；（31）工程巡查巡检制度；（32）变更安全管理制度；（33）职业健康管理制度；（34）劳动防护用品（具）管理制度；（35）安全预测预警制度；（36）应急管理制度；（37）事故管理制度；（38）相关方管理制度；（39）安全生产报告制度；（40）安全生产绩效评定管理制度；（41）安全生产考核奖惩管理办法；（42）工伤保险管理制度。

2.4.2 操作规程

安全操作规程是为了实现岗位安全操作，在运行、检修、设备试验及相关设备运行操作等方面制定的具体操作程序（办法），具有微观性、符合性（符合单位和岗位实际）、可操作性、强制性等特点。

2.4.2.1 安全操作规程编制的依据

现行国家和水利行业的安全规程、技术标准、规范；设备的使用说明书、工作原理资料，以及设计、制造资料；曾经出现过的危险、事故案例及与本项操作有关的其他不安全因素；作业环境条件、工作制度、安全生产责任制等。

2.4.2.2 编制前的准备

搜集编制的依据资料，分析岗位危险和有害因素、操作人员的不安全行为、设备设施存在的缺陷、每个作业环节及环节之间可能出现的不安全因素及操作环境的影响等，列出合理可行的应对措施。

2.4.2.3 安全操作规程的主要内容

（1）操作前的检查，包括设备设施、工器具、劳动防护、作业环境、持证情况等。

（2）劳动防护用品的配戴，包括明确防护用品种类、正确的穿戴方式及禁止行为等。

（3）操作的程序、方式，操作过程中注意的事项，机器设备的状态，发现异常情况的处理方法等。

（4）操作人员的巡视检查路线和操作时的规范要求，操作过程中的禁止行为等。

2.4.2.4 操作规程的编写和审批

撰写操作规程应广泛征求工程技术人员、技术工人、安全管理人员的意见，内容要全面完整，具有针对性和可操作性。

安全操作规程编写完成后，还应该征求工程管理部门、安全监管部门和使用部门等相关部门意见，进一步修改完善，最后经有关部门审批，作为操作标准严格执行。为便于操作人员的实际应用，安全操作规程要做到图表化、流程化。

操作规程要随着新技术、新工艺、新设备的设施和新材料应用，以及操作的方式和方法的变化，及时组织修订相应的操作规程。

水利工程运行单位应编制包括但不局限于下列安全操作规程：（1）闸门安全操作规程；（2）除污机安全操作规程；（3）水工观测规程；（4）升船机安全操作规程；（5）船闸安全操作规程；（6）起重设备（门机、卷扬机、行车等）安全操作规程；（7）电工安全操作规程；（8）水轮发电机组安全操作规程；（9）泵站安全操作规程；（10）空压机安全操作规程；（11）滤油机（真空滤油机、压力滤油机等）安全操作规程；（12）油泵（齿轮油泵、螺杆泵等）安全操作规程；（13）调速器与油压装置安全操作规程；（14）水泵（深井泵、离心泵、轴流泵等）安全操作规程；（15）重锤阀安全操作规程；（16）自动化操控系统（包括但不限于：计算机监控系统、安全监测自动化系统、水雨情监测系统、防洪调度系统、供水调度系统、警报系统、视频监控系统等）安全操作规程；（17）备用电源安全操作规程；（18）涉及危险化学品使用、处置的安全操作规程；（19）船舶驾驶安全操作规程；（20）高处作业安全操作规程；（21）临近带电体安全操作规程；（22）水上水下作业操作安全规程；（23）焊接作业安全操作规程；（24）防毒面具使用安全操作规程；（25）变压器安全操作规程；（26）配电房安全操作规程；（27）竖井螺杆式闸门启闭机安全操作规程；（28）移动式闸门启闭机安全操作规程；（29）水库大坝安全监测资料整编规程；（30）水库大坝调度安全操作规程等。

2.4.3 文档管理

安全生产和职业健康文件管理的目的是规范安全生产文件的编制、审批、标识、收发、使用、评审、修订、保管、废止等方面的流程，保证文件资料的完整性、连续性、真实性和准确性，更好地促进安全生产工作开展。安全生产档案管理是对具有保存价值的安全生产和职业健康文件、记录等进行收集、整理、标识、保管、使用和处置。安全生产和职业健康过程与结果都须依靠记录来反映，真实、完整、准确的记录能反映安全生产的过程和全貌，为今后的安全生产管理、工程运行、原因分析等提供有价值的信息。

安全生产文档管理包括安全生产和职业健康文件管理、记录管理、档案管理。如安全生产文件、安全生产会议记录、隐患管理信息、培训记录、检查和整改记录、危险源及监控、职业健康管理记录、安全活动记录、法定检测记录、应急演练记录、事故管理记录、各类检查记录、设施设备维护保养记录、劳保防护用品领用记录等与安全生产相关的各类记录等。

归档的文件材料必须办理完毕、齐全完整、具有保存价值，所使用的书写材料、纸张、装订材料应符合档案保管要求。电子文件形成单位必须将具有永久和长期保存价值的电子文件，制成纸质文件与原电子文件的存储载体一同归档，并使两者建立互联。归档资料要进行科学系统的分类、排列、编目和保管，采用先进技术和管理方法，推动文档一体化进程，实现档案管理现代化。

2.5　安全教育培训

安全教育培训是指通过对工程单位主要负责人、安全生产管理人员及一般从业人员进行安全生产思想、安全生产知识和安全生产技能等方面的教育和培训，使其安全生产意识不断增强、安全生产知识和技能不断丰富、安全文化素质不断提高，促进其行为更加符合工程生产中的安全规范和要求。

2.5.1　安全教育培训的意义

安全教育培训的意义主要体现在以下几个方面：

（1）安全教育培训是事故预防与控制的重要手段之一。从事故致因理论中的瑟利模型可以看出，要想控制事故，首先是通过技术手段，如报警装置等，通过某种信息交流方式告知人们危险的存在或发生；其次是要求人们在感知到有关信息后，能正确理解信息的意义，即何种危险发生或存在，该危险对人会有何种伤害，以及有无必要采取措施和应采取何种应对措施等。而上述过程中，相关人对信息的理解认识和反应均是通过安全教育的手段实现的。诚然，用安全技术手段消除或控制事故是解决安全问题的最佳选择；但在科学技术较为发达的今天，即使人们已经采取了较好的技术措施对事故进行预防和控制，人的行为仍要受到某种程度的制约。相对于制度和法规对人的制约，安全教育是采用一种和缓的说服、诱导的方式，授人以改造、改善和控制危险之手段和指明通往安全稳定境界之途径，因而更容易为大多数人所接受，更能从根本上起到控制和消除事故的作用。接受安全教育，人们会逐渐提高自身的安全素质，使得自己在面对新环境、新条件时，仍有一定的保证安全的能力和手段。

（2）开展安全教育培训是国家法律法规的要求。迄今为止，党和国家先后对安全教育工作多次做出具体规定，颁布了多项法律、法规，明确提出要加强安全教育。同时，在重大事故调查过程中，是否对劳动者进行过安全教育也是影响事故处理决策的主要因素之一。

（3）开展安全教育培训是水利工程单位安全管理的需要。开展安全教育是适应单位人员结构变化的需要，是发展、弘扬安全文化的需要，是安全生产向广度和深度发展的需要，也是搞好安全管理的基础性工作，是掌握各种安全知识，避免职业危害的主要途径。

2.5.2　安全教育培训的原则

为了更好地发挥安全教育培训的作用，安全教育培训主要按以下原则进行：

（1）实效性原则。做到实事求是，注重效果，从实践中获取真知，在真知中取得效果。要充分认识职工群众是安全生产工作的主体，充分发挥职工的主观能动性，反对安全教育的形式主义，避免走形式、走过场。

（2）理论与实践相结合的原则。安全教育培训必须做到理论联系实际，教育培训计划要有针对性，符合工程安全生产的特点，同时，教育培训方法要灵活多样，务求实效。

（3）主动性原则。做到"未雨绸缪，因势利导"，生产未动，教育先行，安全教育部门要破除"等""靠"思想，发扬积极主动的精神，本着有所作为的思想，发挥主观能动性。要切实理解员工群众的利益和要求，掌握员工群众的基本情况，倾听员工群众呼声，特别是在安全工作关键时期，要预见员工思想上可能出现的矛盾和问题，及时采取相应的措施，把安全生产教育工作深入员工群众中去。

（4）巩固性与反复性原则。要持之以恒，让安全教育培训伴随水利工程单位安全生产的全过程。

2.5.3 安全教育培训的内容

安全教育培训的内容可概括为安全态度教育、安全知识教育和安全技能教育。

2.5.3.1 安全态度教育

在安全教育中，安全思想、安全态度教育最重要。要想增强人的安全意识，首先应使之对安全有一个正确的态度。安全态度教育包括两个方面，即思想教育和态度教育。其中，思想教育包括安全意识教育、安全生产方针政策教育和法纪教育。

安全意识是人们在长期生产、生活等各项活动中逐渐形成的，由于人们实践活动经验的不同和自身素质的差异，对安全的认识程度也不同，安全意识就会出现差别。安全意识的高低将直接影响安全效果。因此，在生产和社会活动中，要通过实践活动加强对安全问题的认识并使其逐步深化，形成科学的安全观。这就是安全意识教育的主要目的。

安全生产方针、政策教育是指对工程单位各级领导和广大职工进行党和政府有关安全生产的方针、政策的宣传教育。党和政府有关安全生产的方针、政策是适应生产发展的需要，结合我国的具体情况而制定的，是安全生产的先进经验的总结。不论是实施安全生产的技术措施，还是组织措施，都是在贯彻安全生产的方针、政策。只有安全生产的方针、政策被各级领导和工人群众所理解和掌握，并得到贯彻执行，安全生产才有保证。只有充分认识、深刻理解其含义，才能在实践中处理好安全与生产的关系。特别是当安全与生产发生矛盾时，要首先解决好安全问题，切实把安全工作提高到关系全局及稳定的高度来认识，把安全视作头等大事，提高安全生产的责任感与自觉性。

法纪教育的内容包括安全法规、安全规章制度、劳动纪律等。安全生产法律、法规是方针、政策的具体化和法律化。通过法纪教育，教育人们懂得安全法规和安全规章制度是实践经验的总结，自觉地遵章守法，安全生产就有了基本保证。同时，还要使人们懂得，法律带有强制的性质，如果因违章违法造成严重的事故，就要受到法律的制裁。加强劳动纪律教育，不仅是提高工程单位管理水平，合理组织劳动，提高劳动生产率的主要保证，也是减少或避免伤亡事故和职业危害，保证安全生产的必要前提。

2.5.3.2 安全知识教育

安全知识教育包括安全管理知识教育和安全技术知识教育。对于带有潜藏的、只凭人的感觉不能直接感知其危险性的具有危险因素的操作，安全知识教育尤其重要。

安全管理知识教育包括安全管理组织结构、管理体制、基本安全管理方法及安全心理学、安全人机工程学、系统安全工程等方面的知识。安全技术知识教育的内容主要包括一般生产技术知识、一般安全技术知识和专业安全技术知识教育。一般生产技术知识教育主要包括水利工程的基本运行概况，生产技术过程，作业方式或工艺流程，与工程运行过程和作业方法相适应的各种机器设备的性能和有关知识，工人在工程运行中积累的生产操作技能和经验，以及产品的构造、性能、质量和规格等。一般安全技术知识是工程单位所有职工都必须具备的安全技术知识，主要包括工程范围内危险设备所在的区域及其安全防护的基本知识和注意事项，有关电气设备（动力及照明）的基本安全知识，起重机械和厂内运输的有关安全知识，生产中使用的有毒有害原材料或可能散发的有毒有害物质的安全防护基本知识，一般消防制度和规划，个人防护用品的正确使用及伤亡事故报告方法等。专业安全技术知识是指从事某一作业的职工必须具备的安全技术知识。专业安全技术知识比较专门和深入，包括安全技术知识、工业卫生技术知识，以及根据这些技术知识和经验制定的各种安全操作技术规程等，内容涉及起重机械、电气、焊接、防爆、防尘、防毒和噪声控制等。

2.5.3.3 安全技能教育

要实现从"知道"到"会做"的过程，就要借助安全技能培训。安全技能培训包括正常作业的安全技能培训和异常情况处理的技能培训。安全技能培训应按照标准化作业要求，进行安全技能培训应预先制定作业标准或异常情况时的处理标准，有计划有步骤地进行培训。

在安全教育中，第一阶段应该进行安全知识教育，使操作者了解生产操作过程中潜在的危险因素及防范措施等，即解决"知"的问题；第二阶段为安全技能训练，掌握和提高熟练程度，即解决"会"的问题；第三阶段为安全态度教育，使操作者尽可能自觉地实行安全技能，主动搞好安全生产。三个阶段相辅相成，缺一不可。只有将这三种教育有机地结合在一起，才能取得较好的安全教育效果。在思想上有了强烈的安全要求，又具备了必要的安全技术知识，掌握了熟练的安全操作技能，才能取得安全的结果，避免事故和伤害的发生。

2.5.4 不同人员的安全教育要求

2.5.4.1 管理人员的安全教育要求

（1）水利工程单位领导层人员。本着"管生产必须管安全"的原则，水利工程管理单位主要负责人作为本单位安全生产的第一责任者，对本单位的安全生产负全面领导责任。水利工程单位的主要负责人应当接受安全培训，具备与所从事的生产经营活动相适应的安全生产知识和管理能力。初次安全培训时间不得少于 32 学时，每年再培训时间不得少于 12 学时。安全培训的重点：国家安全生产方针、政策和有关安全生产的法律、法规、规章及标准；安全生产管理基本知识、安全生产技术、安全生产专业知识；重大危险源管理、重大事故防范、应急管理和救援组织以及事故调查处理的有关规定；职业危害及其预防措施；国内外先进的安全生产管理经验；典型事故和应急救援案例分析等。

（2）各部门、基层单位主要负责人和项目负责人。安全教育培训时间不低于32学时，重点包括国家安全生产方针、政策和有关安全生产的法律、法规、规章和标准；安全生产管理基本知识、安全生产技术、安全生产专业知识；重大危险源管理、重大事故防范、应急管理和救援组织及事故调查处理的有关规定；职业危害及其预防措施；国内外先进的安全生产管理经验；典型事故的应急救援案例分析等。

（3）安全管理人员。安全管理人员必须经过安全教育并经考核合格后方能任职，初次安全培训时间不得少于32学时，每年再培训时间不得少于12学时。安全教育内容包括：国家安全生产方针、政策和有关安全生产的法律、法规、规章和标准；安全生产管理、安全生产技术、职业卫生等知识；职工伤亡事故和职业病统计报告及事故调查处理程序，有关事故案例及事故应急处理措施等；应急管理、应急预案编制及应急处置的内容和要求；国内外先进的安全生产管理经验；典型事故和应急救援案例分析。

（4）一般管理人员。必须经过安全教育并经考核合格后方能任职，初次安全教育培训时间不得少于32学时，每年再培训时间不得少于20学时，培训内容主要是：国家安全生产方针、政策和有关安全生产的法律、法规、规章和标准及不执行上述内容应承担的责任；一般安全生产管理、安全生产技术、职业卫生等知识；应急管理、应急预案编制及应急处置的内容和要求；本岗位安全生产责任；等等。

2.5.4.2 员工的安全教育要求

员工安全教育采用三级安全教育、特种作业人员安全教育、经常性安全教育、"五新"作业安全教育、复工和调岗安全教育、相关方作业人员安全教育等多种途径。

（1）三级安全教育是指新员工（包括参观、实习人员和参加劳动的学生，以及外单位调来的员工）在上岗前应接受工程管理单位、基层单位、班组三级安全教育培训，教育培训时间不得少于24学时，考试合格后，方可上岗工作，教育培训情况记入员工安全生产教育培训档案。

（2）特种作业是指容易发生事故，对操作者本人、他人的安全健康及设备、设施的安全可能造成重大危害的作业。特种作业的范围由特种作业目录规定。特种作业人员必须经专门的安全技术培训并考核合格，取得《中华人民共和国特种作业操作证》（以下简称"特种作业操作证"）后，方可上岗作业。国家安全生产监督管理总局（以下简称"安全监管总局"）指导、监督全国特种作业人员的安全技术培训、考核、发证、复审工作；省、自治区、直辖市人民政府安全生产监督管理部门指导、监督本行政区域特种作业人员的安全技术培训工作，负责本行政区域特种作业人员的考核、发证、复审工作；县级以上地方人民政府安全生产监督管理部门负责监督、检查本行政区域特种作业人员的安全技术培训和持证上岗工作。《特种作业操作证》每 3 年复审 1 次。《特种作业操作证》申请复审或者延期复审前，特种作业人员应当参加必要的安全培训并考试合格。安全培训时间不少于 8 学时，主要培训法律、法规、标准、事故案例和有关的新工艺、新技术、新装备等知识。离开特种作业岗位 6 个月以上的特种作业人员，应当重新进行实际操作考试，经确认合格后方可上岗作业。

（3）经常性安全教育包括班前班后会、安全活动月、安全会议、安全技术交流、安全水平考试、安全知识竞赛、安全演讲等。在岗作业人员每年进行不少于 12 学时的经常性安全教育和培训。

（4）"五新"作业安全教育是指凡采用新技术、新工艺、新材料、新产品、新设备，即进行"五新"作业时，由于未知因素多，变化较大，且根据变化分析的观点，与变化相关联的失误是导致事故的原因，因而"五新"作业中极可能潜藏着不为人知的危险因素，并且操作者失误的可能性也要比常规作业更大。因而，在作业前，应尽可能应用危险分析、风险评价等方法找出存在的危险，应用人机工程学等方法研究操作者失误的可能性和预防方法，并在试验研究的基础之上制定出安全操作规程，对操作者及有关人员进行专门的教育和培训，包括安全操作知识和技能培训及应急措施的应用等。这是"五新"作业教育的目的所在，也是我国安全工作者在几十年的工作实践中总结出的防止重大事故的有效方法之一。

（5）复工安全教育是针对离开操作岗位较长时间的员工进行的安全教育，离岗一年以上重新上岗的员工，必须进行相应的基层单位或班组安全教育；调岗安全教育，是指员工调换岗位所进行的安全教育。

（6）相关方作业人员安全教育本着"谁用工、谁负责"的原则，对外来承接项目施工的作业人员进行安全告知，对项目承包方、被派遣劳动者或临时工进行安全教育培训，督促项目承包方对其员工按照规定安全生产教育培训，经考核合格后进入施工现场，需持证上岗的岗位，不得安排无证人员持证上岗作业，承包单位应建立分包单位进场作业人员验证资料档案，认真做好监督检查记录，定期做好安全培训考核工作。对外来参观、学习等人员进行有关安全规定、可能接触到的危害及应急知识等内容的安全教育和告知，并由专人带领。

2.5.5 安全教育的形式和手段

安全教育应利用各种教育形式和教育手段，以生动活泼的方式，来实现安全生产教育这一严肃的课题。

安全教育形式大体可分为以下 7 种：

（1）展示式。包括安全广告、标语、宣传画、标志、展览、报刊专柜、通报等形式，它以精练的语言、醒目的方式，在醒目的地方展示，提醒人们注意安全和怎样才能安全。其中安全标语要在文字上下功夫，应有创新且通俗易懂，只有读起来朗朗上口，才容易让人记在心上，从而达到较好的宣传效果；宣传画廊可利用大堂、走廊、食堂、室外墙、报栏等位置，设立固定式安全宣传画廊进行安全宣传，在画廊上运用照片、绘画、书法和文字等各种形式宣传安全法规、安全经验、事故教训等内容，安全宣传画廊应尽量多使用图片，要注重版面的布局和色彩设计，以吸引水利工程单位员工的注意，文字内容则应实用、生动、简洁，题目吸引人，使员工看后能留下较为深刻的记忆；可以在图书室内设置一个安全专柜，安全专柜内可放置安全类报刊、安全知识类书籍、安全法律法规书籍、与本行业相关的安全生产技术规范标准和有关数据、安全案例分析或调查等；通报主要指案例通报，可以起到警钟长鸣的效果。

（2）演讲式。包括教学和讲座的讲演、经验介绍、现身说法、演讲比赛等。这种教育形式可以是系统教学，也可以是专题论证、讨论，用以丰富人们的安全知识，提高人们对安全生产的重视程度。

（3）会议讨论式。包括事故现场分析会、班前班后会、专题研讨会等，以集体讨论的形式，使与会者在参与过程中进行自我教育。其中，事故现场分析会应适时召开，让每个员工都对整个事件有直接、全面的了解，上级领导和水利工程单位领导都应参加安全事故现场会，并应有权威技术专家在现场分析、讲解事故原因。若是其他同行水利工程单位举行大型的安全事故现场会，也可以积极派人员参加。

（4）竞赛式。包括口头、笔头知识竞赛，安全、消防技能竞赛，以及其他各种安全教育活动评比等，激发人们学安全、懂安全、会安全的积极性，促进职工在竞赛活动中树立安全第一的思想，丰富安全知识，掌握安全技能。

（5）声像式。利用声像等现代艺术手段，使安全教育寓教于乐，主要有安全宣传广播、电影、电视、录像等方式。通过电影、电视媒体进行安全宣传教育，有着画面生动、直观逼真、故事性强、安全知识技能易于学习模仿等其他媒体难以比拟的优势，可充分利用电影、电视对员工进行安全宣传教育，如组织员工观看安全题材的电影，收看电视专题片，定期在录像系统播放安全题材的录像带、影碟等。

（6）实地参观式。如消防安全部门开展的消防宣传教育，参观者有机会亲身体验灭火、火场逃生和救人的感受，水利工程单位的员工还能向消防部队的战士学习各种救援和灭火技能。

（7）安全演习式。安全演习需要有充分的准备工作和演习前的动员，要求员工以认真严肃的态度参加。还未积累经验时，最好设法邀请相关安全部门如消防部队的官兵参与指挥。

安全培训教育工作是一门新的艺术。艺术就要掌握方式和方法，就要如春风化雨，给人以甘之如饴的精神享受。

2.5.6 提高安全教育效果的策略

在进行安全教育过程中，为提高安全教育效果，应注意以下策略：

（1）领导者要重视安全教育。单位安全教育制度的建立、安全教育计划的制订、所需资金的保证及安全教育的责任者均由企业领导者负责。因此，领导者对安全教育的重视程度决定了安全教育开展的广泛与深入程度，决定了安全教育的效果。

（2）安全教育要注重方法。一是教育形式要多样化，安全教育形式要因地制宜，因人而异，灵活多样，采取符合人们认识特点的、感兴趣的、易于接受的方法；二是教育内容要规范化，安全教育的教学大纲、教学计划、教学内容及教材要规范化，使受教育者受到系统、全面的安全教育，避免由于任务紧张等原因导致安全教育"走过场"；三是教育要有针对性，要针对不同年龄、岗位、作业时间、工作环境、季节、气候等进行预防性教育，及时掌握现场环境、设备状态及职工思想动态，分析事故苗头，及时有效地处理，避免问题的累积扩大；四是要充分调动职工积极性，应深入群众，了解群众的所需、所想，并启发群众提出合理化建议，使之感到自己不仅仅是受教育者，也是在为安全教育的实施和完善做贡献，从而充分调动员工的积极性。

（3）要重视初始印象对学习者的重要性。对学习者来说，初始获得的印象非常重要。如果最初留下的印象是正确的、深刻的，他就会牢牢记住，时刻注意；如果最初的印象是错误的、不重要的，他也将会继续错误下去，并对自己的错误行为不以为意。例如，在对刚入厂的新工人进行安全教育时，如果能使其认识到不仅操作规程很重要，所有的安全技术措施、安全操作规程也同样重要，他就对安全会非常重视；反之，如果新工人学习操作技术，第一次教授的操作方法不正确，再让其改正就很困难。因此，必须规范组织安全技能培训和安全知识教育工作，为提高操作者安全素质奠定基础。

（4）要注意巩固学习成果。多年的实践表明，进行安全教育，不仅应注重学习效果，更应注重巩固学习所获得的成果，使学习的内容更好地为学习者所掌握，安全教育也是如此。因而，在安全教育工作中，应注意以下三个问题：一是要让学习者了解自己的学习成果，将学习者的进展、成果、成绩与不足告知他们，使其增强信心，明确方向，有的放矢、稳步地使自己各方面都得到改善和进步；二是实践是巩固学习成果的重要手段，当通过反复实践形成了使用安全操作方法的习惯之后，工作起来就会得心应手，安全意识也会逐步增强；三是以奖励促进巩固学习成果，对某个工人通过学习取得进步的奖励和表扬，不仅能够巩固其本人的学习效果，也能鼓舞和激励其他人。

（5）应与水利安全文化建设相结合。安全文化的核心是人的安全价值观和安全行为准则，安全教育应重视安全文化核心的教育，树立正确的安全价值观和安全行为准则，同时不能忽视安全文化其他方面教育。

（6）在为安全技能培训制订训练计划时，应考虑以下几个方面的问题：

① 要循序渐进。对于一些较困难、较复杂的技能，可以把它划分成若干简单的局部的成分，有步骤地进行练习，在掌握了这些局部成分以后，再过渡到比较复杂的、完整的操作。

② 正确掌握对练习的速度和质量的要求。在开始练习的阶段可以要求慢一些，而对操作的准确性则要严格要求，使员工打下一个良好的基础。随着练习的不断进展，要适当加快速度，逐步提高效率。

③ 正确安排练习时间。一般来说，在开始阶段，每次练习的时间不宜过长，各次练习之间的间隔可以短一些。随着技能掌握的加强，可以适当延长各次练习之间的间隔，每次练习的时间也可延长一些。

④ 练习方式要多样化。多样化的练习可以提高兴趣，促进练习的积极性，保持高度的注意力，还可以培养人们灵活运用知识的技能。当然，方式过多、变化过于频繁也可能导致相反的结果，即影响技能的形成。

3　安全目标管理

　　安全目标管理是单位确定在一定时期内应该实现的安全生产总目标，然后由各部门和全体职工根据总目标的要求，分解展开，明确责任，落实措施，严格考核，通过组织内部自我控制达到安全生产目的的一种安全管理方法。它以单位总的安全管理目标为基础，逐级向下分解，使各级安全目标明确、具体，各方面关系协调融洽，把单位的全体职工都科学地组织在目标体系之内，使每个人都明确自己在目标体系中所处的地位和作用，通过每个人的积极努力来实现安全生产目标。

　　安全目标管理的基本过程：单位的安全部门在高层管理者的领导下，根据总目标制定安全管理的总目标，然后经过协商，自上而下层层分解，制定各级、各部门直到每个职工的安全目标和为达到目标的对策、措施。在制定和分解目标时，要把安全目标和经济发展指标捆在一起同时制定和分解，还要把责、权、利也逐级分解，做到目标与责、权、利的统一。通过开展一系列组织、协调、指导、激励、控制活动，依靠全体职工自下而上的努力，保证各自目标的实现，最终保证单位总安全目标的实现。定期对实现目标的情况进行考核，给予相应的奖惩，并在此基础上进行总结分析评估，必要时及时调整目标计划，制定新目标并开始新的目标管理循环，再制定新的安全目标，进入下一年度的循环。

3.1　安全目标制定

3.1.1　制定安全目标的原则

　　安全目标的制定必须坚持正确的原则，主要原则如下：

　　（1）科学预测原则。安全目标的制订，必须要以科学的预测为前提。只有进行科学的预测，才能准确地掌握安全管理系统内部和外部的信息，才能预见事物的未来发展趋势，从而为安全目标的确定提供科学可靠的依据。因此，在安全目标的制定工作中，不仅要进行深入实际的调查研究，还要运用先进的预测手段，做到定性预测与定量预测相结合，从而保证安全目标的科学性和可行性。

　　（2）职工参与原则。安全目标的制定，不应只是领导者、安全管理者的事，还应当广泛发动职工共同参与安全目标的制定。发动职工参与目标的制定，不仅可以听取职工的要求与建议，集中职工的智慧，增强安全目标的科学性，而且有利于安全目标的贯彻和执行。

（3）方案选优原则。安全目标的制定，必须坚持方案选优的原则。这一原则要求在安全目标的制定过程中，首先要有多个选择方案，然后通过科学决策和可行性研究，从多个方案中选出一个满意的方案。主要有以下三个满意标准：第一，目标要有较高的效益性，包括有较高的安全效益、经济效益和社会效益；第二，目标要有先进性，有一定的创新，有一定的难度；第三，目标要有可行性，切合实际，通过努力能够实现。

（4）信息反馈原则。在坚持上述原则的基础上所确定的安全目标，并不能保证有足够的科学性、先进性和可行性。这主要是因为：首先，人们的认知能力和知识水平是有限的，有些见解在当时看来是科学的、合理的，但随着时间的推移和人们认知能力的提高，事后会发现其不足之处；其次，企业内部环境和外部环境是不断变化的，条件改变，原定的安全目标必然会出现偏差。因此，在安全目标的制定中，必须坚持信息反馈的原则，不断收集和反馈的各种有关信息，及时纠正偏差。

3.1.2 安全目标制定依据

确定安全目标值的主要依据是单位自身的安全状况、上级要求达到的目标值及历年特别是近期各项目标的统计数据。同时也要参照同行业，特别是先进单位的安全目标值。安全目标值应具有先进性、可行性和科学性。目标值设得过高，努力也不可能达到，会打击安全工作者与工人的积极性；目标值设得过低，无须努力就能达到，则无法调动安全工作者与工人的积极性和创造性。由此可见，目标值过高或过低均不能对组织的安全工作起推动作用，达不到目标管理的作用。因此，目标值的确定应建立在科学分析论证的基础上，充分了解自身的条件和状况，并对未来进行科学的预测和决策，做到先进性和可行性的正确结合。

安全目标值设定的依据主要有：

（1）党和国家的安全生产方针、政策，上级部门的重视和要求，包括《中华人民共和国安全生产法》《中共中央国务院关于推进安全生产领域改革发展的意见》《江苏省安全生产条例》等法律法规和本省水利安全生产工作要点、安全生产工作任务、安全生产工作要求。

（2）本系统本单位安全生产的中、长期规划。

（3）工伤事故和职业病统计数据。

（4）单位长远规划和安全工作的现状。

（5）单位的经济技术条件。

3.1.3 安全目标制定程序

制定安全目标一般分为三步，即调查分析评价、确定目标值、制定对策保障措施，具体内容如下：

（1）对单位安全状况的调查分析评价。这是制定安全目标的基础，要应用系统安全分析与危险性评价的原理和方法对单位的安全状况进行系统、全面的调查、分析、评价，重点掌握单位的生产、技术状况，技术装备的安全程度，人员的素质，主要的危险因素及危险程度，安全管理的薄弱环节，曾经发生过的事故情况及对事故的原因分析和统计分析，历年有关安全目标指标的统计数据。通过调查分析评价，还应确定出需要重点控制的危险点、危害点、危险作业、特种作业、特殊人员等。

（2）确定目标值。确定目标值要根据上级下达的指标，比照同行业其他单位的情况进行，但不应简单地以此作为自己单位的安全目标值，而应主要立足于对本单位安全状况的分析评价，并以历年来有关目标指标的统计数据为基础，对目标值加以预测，再进行综合考虑后确定。对于不同的目标项目，在确定目标值时有三种不同的情况：一是只有近几年统计数据的目标项，可以以其平均值作为起点目标值，如经济损失率的统计近几年才开始受到重视，过去的数据很不准确，不能作为确定目标值的依据；二是对于统计数据比较齐全的目标项目（如千人死亡率、千人重伤率等）可以利用回归分析等数理统计方法进行定量预测；三是对于日常安全管理工作的目标值。可以结合对安全工作的考核评价加以确定，也就是把安全工作考核评价的指标作为安全管理工作的目标值。具体地说，就是根据单位的实际情况确定考核的项目、内容、达到的标准，以及达到标准值应得的分数，所有项目标准分的总和就是日常安全管理工作的最高目标值，以此为基础结合实际情况确定一个适当的低于此值的分数值作为实际目标值。这样把安全目标管理和对安全工作的考核评价有机地结合起来就能更加有效地推动安全管理工作，促进安全生产的发展。

（3）制定对策保障措施。对策措施从下列各方面考虑：组织、制度；安全技术；安全教育；安全检查；隐患整改；班组建设；信息管理；竞赛评比、考核评价；奖惩；其他。制定对策措施要重视研究新情况、新问题，如相关方的安全对策，采用新技术的安全对策等，要积极开拓先进的管理方法和技术，如危险点控制管理、安全性评价等；制定出的对策措施要逐项列出规定措施内容、完成日期，并落实实施责任。

3.1.4 水利工程安全目标内容

3.1.4.1 发展方针和总体目标

发展方针是以党和国家领导人关于安全生产工作的系列重要指示为指导，全面贯彻落实《中华人民共和国安全生产法》《中共中央国务院关于推进安全生产领域改革发展的意见》，坚持"安全第一、预防为主、综合治理"的方针。牢固树立新发展理念，坚守发展决不能以牺牲安全为代价这条不可逾越的红线，围绕安全发展、改革创新、依法监管、源头防范、系统治理的原则，严格落实"党政同责、一岗双责、齐抓共管、失职追责"要求，以防范遏制生产安全事故为重点，切实增强安全生产防范治理能力，为水利改革发展提供坚实的安全保障。

总体目标是，落实单位主体责任，以安全风险管理、隐患排查治理、职业病危害防治为基础，加强安全监管，加大安全生产投入，夯实安全生产基础，全面提升安全生产管理水平，预防和减少事故发生，保障人身安全健康，杜绝较大及以上生产安全事故，保证水利工程运行有序进行。

3.1.4.2 年度分类目标

年度分类目标包括贯彻落实安全生产法律法规和各项规章制度、安全法律法规和各项规章制度宣传全覆盖率，员工年度安全培训率，新员工三级安全教育率，安全管理人员及特种作业人员专业培训、持证上岗率、一般安全隐患整改率，特种设备、处机动车辆按时检测率和安全有效率，生产现场安全达标合格率，安全指令性工作任务完成率，各类事故"四不放过"处理率达100%，施工现场达标率，伤亡及重伤率，轻伤负伤率，杜绝重大火灾事故、机械设备重大事故、道路交通责任事故事故、食物中毒事故和重大传染病事故等。

3.1.4.3 体系建设目标

体系建设目标包括安全组织保障率、安全职责落实率、安全投入保障率、教育培训合格率、安全权益保障率、隐患整改率、应急保障率等。

3.1.4.4 对策保障措施

（1）加强领导，统筹安全生产与经济发展。以习近平总书记关于安全生产工作的系列重要指示为指导，强化"红线"意识，加强安全生产监管，建立强有力的安全生产工作组织领导和协调管理机制，保障安全生产管理机构、人员、装备、经费等到位，及时解决安全生产监管工作中出现的重大问题，始终把安全生产工作放在首要位置，确保安全投入到位。

（2）做好安全组织保障。一是依据安全生产新要求及部门、人员变动情况，及时调整安全生产委员会组织机构、工作规则；二是各工程管理单位配备经安全培训考核合格的兼职安全管理人员；三是工会和职工代表要充分发挥民主监督作用，对安全工作提出合理化的建议。

（3）强化安全生产责任制。建立健全各层级安全生产责任制，层层落实责任；把安全生产纳入绩效考核指标体系；严格执行安全生产责任追究制度，建立安全生产自我约束机制。

（4）做好安全教育。一是负责人、安全管理人员要按规定进行培训，合格率达100%；二是其他员工培训合格率达100%，特别是新进员工、转岗人员必须按规定进行岗前安全培训；三是特种作业人员持证上岗率达100%。以上各类人员每年按规定接受再教育和培训，培训学时和内容符合相关规定，并按规定进行复审。

（5）加强安全生产教育培训力度和群众性的安全生产监督。提高安全生产教育培训力度和广度，营造全员安全生产教育培训氛围，加强工会、员工对安全生产工作的监督。充分发挥工会组织和员工的参与和监督作用。鼓励任何部门和个人对安全生产的违法行为进行举报。大力开展安全培训，认真组织开展安全生产岗位资格培训、安全技能培训，有针对性地开展对各级负责人、安全管理人员和特种作业人员等各类人员的安全培训。

（6）倡导先进的安全文化。宣传落实《安全文化建设规划》，倡导以人为本的安全理念，普及安全生产法律和安全知识，提高全员安全意识和安全文化素质，促进管理处安全文化的繁荣。积极开展安全生产月活动，提高员工的安全生产意识，以水文化建设活动为载体，发展健康向上、各具特色的群众安全文化，举办形式多样、深受基层欢迎的安全文化活动，广泛传播安全文化。

（7）强化隐患排查治理。建立并落实隐患排查和治理制度，定期开展检查，保障整改资金，落实整改责任，促使隐患排查治理常态化、机制化。实行重大隐患挂牌督办。确保一般隐患整改率达100%，重大隐患做到"五落实"。

（8）强化安全权益保障。一是按规定签订劳动合同，在合同中明确劳动条件、劳动保护和职业危害防护等条款；二是按规定缴纳工伤等社会保险费；三是按规定配备劳动防护用品；四是按规定组织职工进行职业健康检查；五是通过教育培训，使职工熟知工作岗位存在的危险因素、防范措施及事故应急救援。

（9）强化安全信息化平台建设。基于信息化建设实施方案，建立安全信息化平台，建立起涵盖安全生产体系、责任制落实、隐患排查治理、安全生产专项经费提取和使用、安全生产应急救援、安全教育培训和宣传、安全生产管理行为、事故管理、在线监控等基本内容的安全信息化平台，进一步提升安全管理效率，用信息技术助推生产安全。

（10）强化应急保障。一是建立健全应急管理体系，设置或明确应急管理机构和管理人员；二是按规定编制各类应急预案，并报主管理部门审批或报相关部门备案；三是按规定开展应急演练，不断修订完善应急预案；四是建立应急抢险队伍；五是储备应急物资，保证储备物资数量充足、品种齐全、品质可靠，并规范应急物资管理。

3.2　安全目标分解与落实

3.2.1　安全目标分解

根据整分合原则，制定目标前先要整体规划，还应该明确分工，即在单位的总安全目标制定以后，应该自上而下层层展开，将安全目标分解落实到各科室、基层单位、班组和个人，纵向到底，横向到边，使每个组织每位职工都确定自己的目标，明确自己的责任，形成一个个人保班组、班组保基层单位、基层单位保整个水管单位，层层互保的目标连锁体系，如图 3-1 所示。

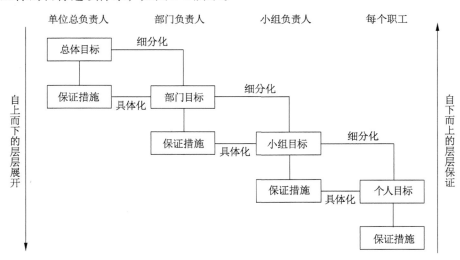

图 3-1　目标体系图

水管单位根据其职能部门和基层单位所在安全生产中的职能，全面分解安全生产目标进行，包括所有的职能部门和所有的基层单位，职能部门如办公室、组织人事科、财供科、工程管理科、安监科、水政科等部门，基层单位包括泵站管理所、水闸管理所、河道管理所等工程单位，各职能部门和基层单位根据岗位职责，对本部门的年度安全目标进行分解，责任到人，实现所有部门、所有单位、所有人员都有安全目标的要求。

安全目标分解时遵循三条原则：一是实际分解的安全管理目标值一般应略优于相应的预测值；二是各基层单位或部门的安全管理目标值之和，应略优于或等于企业的总目标，对于一些静态安全指标，如环境指标基本比较稳定，应通过分析历年的指标数据，制定下一年的目标值；三是目标分解做到横向到边、纵向到底，纵横联系，形成网络，一层一层分解，明确各自责任，实现个人保班组、班组保站所、站所保单位的多层次管理安全目标、保证体系。

目标展开的过程和要求：① 上级在制定总安全目标时要发扬民主，在征求下级意见并充分协商后再正式确定，与此同时，下级也应参照制定单位总安全目标的原则和方法初步酝酿本级的安全目标和对策措施。② 上级宣布安全目标和保证对策措施，并向下一级分解，提出明确要求，下一级根据上级的要求制定自己的安全目标。在制定目标时，上下级要充分协商，取得一致。上级对下级要充分信任并加以具体指导；下级要紧紧围绕上级目标来制定自己的目标，必须做到自己的目标能保证上级目标的实现，并得到上级的认可。③ 按照同样的方法和原则将目标逐级展开，纵向到底、横向到边，不应存在哪个部门和个人被遗漏的情况。④ 目标展开要紧密结合落实安全生产责任制，在目标展开的同时要逐级签订安全生产责任状，把目标内容纳入其中，确保目标责任的落实。

表 3-1 是某水利工程运行管理单位安全生产目标分解情况。

表 3-1　安全生产目标分解情况表

安全生产目标	职能部门											基层单位					
	安委办	安监科	办公室	组织人事科	财供科	工管科	工会	监察室	基建绿化办	水政科	湖泊管理科	泵站管理所	水闸管理所	设备修理所	机动抢险队	综合科	河道管理所
死亡事故	●	△	☆	▲	○	○	△	○	☆	☆	○	☆	☆	☆	☆	○	☆
重伤事故	●	△	☆	▲	○	○	○	○	☆	☆	○	☆	☆	☆	☆	○	☆
轻伤人数	●	△	☆	▲	○	○	○	○	☆	☆	○	☆	☆	☆	☆	○	☆
职业病	●	△	○	▲	○	○	○	○	☆	☆	○	☆	☆	☆	☆	○	☆
火灾责任事故	●	△	☆	○	○	▲	○	○	☆	☆	○	☆	☆	☆	☆	○	☆
设备重大事故	●	▲	☆	○	○	○	○	△	☆	☆	○	☆	☆	☆	☆	○	☆
交通事故	●	△	▲					△				☆	☆	☆	☆	○	☆
群体性中毒事故	●	△	▲	○	○	○	△		○	○	○	○	○	☆	○	○	☆

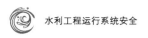
续表

安全生产目标	职能部门										基层单位					
	安委办	安监科	办公室	组织人事科	财供科	工管科	工会	监察室	基建绿化办	水政科	湖泊管理科	泵站管理所	水闸管理所	设备修理所	机动抢险队	综合科	河道管理所
非法违法经营建设	●	△	○	○	○	○	△		☆	▲	○	☆	☆	☆	☆	☆	☆
重大事故隐患	●	▲	☆		○	○	△	○	☆	☆	☆	☆	☆	☆	☆	○	☆
隐患排查、治理率	●	▲	☆		○	○	△	○	☆	☆	☆	☆	☆	☆	☆	○	☆
持证上岗率	●	△	☆	▲	○	○			☆	☆	☆	☆	☆	☆	☆	○	☆
安全教育培训率	●	▲	☆	○	○	○			☆	☆	☆	☆	☆	☆	☆	○	☆
现场安全达标率	●	▲	☆			△			☆	☆	☆	☆	☆	☆	☆	○	☆
施工现场达标率	●	▲	☆		○	○			☆	☆	☆	☆	☆	☆	☆	○	☆
安全指令完成率	●	▲	☆		○	○			☆	☆	☆	☆	☆	☆	☆	○	☆
"四不放过"处理率	●	▲	☆	○	○	○			☆	☆	☆	☆	☆	☆	☆	○	☆

注：●主管部门；☆重点单位（部门）；△监督部门；○相关部门；▲考核部门。

3.2.2 安全目标落实

单位在制定年度安全生产目标的同时将目标分解到所属各单位（部门），制订具体的实施计划，并根据目标管理考核制度制定考核细则；各职能部门和站所定期对各岗位、各人的目标执行情况进行考核，全面保障年度安全生产目标与指标的完成。

制订目标计划与分解安全生产目标同研究、同部署、同印发文件，并体现所属单位和部门在安全生产中的职能，明确目标的主管部门、重点单位（部门）、监督部门、相关部门、考核部门，达到自下而上层层考核的目的。

将分解的安全生产目标纳入安全生产目标责任书，安全生产目标责任书逐级签订，即单位主要负责人与分管负责人、分管负责人与分管单位（部门）、基层单位（职能部门）负责人与本单位（部门）所有人员签订安全生产目标责任书，作为年度目标任务进行考核。安全生产目标责任书主要包括目的、责任部门、责任人、生产安全事故控制目标、隐患排查治理目标、安全生产工作目标、主要责任内容、责任追究及考核奖惩、责任期限等内容，安全生产目标责任书内容与本单位、本部门、本岗位安全生产职责相符。

3.3 安全目标实施

在制定和展开安全目标后就转入了目标实施阶段。安全目标的实施是指在落实保障措施，促使安全目标实现的过程中所进行的管理活动。安全目标实施的效果如何，对安全目标管理的成效起决定性作用。在这个阶段中要着重做好自我管理、自我控制、必要的监督与协调、有效的信息交流等方面的工作。

3.3.1 安全目标实施的主要工作

（1）安全生产管理体系建设。加强安全生产管理队伍建设，充分发挥安全生产委员会职能，协调解决安全生产中的重大问题，督促、指导各部门的安全生产，确保安全生产主体责任按照"党政同责、一岗双责、失职追责"原则得到落实。实现安全生产管理"关口前移、重心下移"，建立健全安全监督管理体系，不断提高各级安全生产管理人员的思想政治素质、业务工作能力，培养和造就一支政治坚定、作风过硬、业务精通、纪律严明、充满活力的安全生产监督管理队伍。

（2）安全生产管理人才培养。建立和完善多层次、多渠道的安全生产人才培训机制，努力形成为安全生产提供服务和技术支撑的保障体系，培训对象涵盖领导、中层班干部及全体员工。

（3）安全生产应急救援体系建设。编制并完善生产安全事故应急预案、防汛防旱应急预案等各类预案，建立健全安全生产应急救援体系和事故应急处置预案。购置及配备必要的应急救援设备和物资，组织应急预案演习，提高组织对事故的应急抢险救援能力。

（4）安全生产信息化建设。依托信息化建设实施方案，实现安全生产信息共享、动态更新，为安全管理决策提供科学依据。整合全处重点区域视频实时动态监控系统。

（5）安全生产培训和宣传教育体系建设。加强安全生产教育培训。抓好各级负责人、安全员及特种作业人员的培训、考核、认证工作。逐步建立由培训机构专业教育、安全教育、部门及班组安全教育等构成的全方位安全生产培训和宣传教育体系。

（6）重大隐患治理。建立重大隐患报告制度。经评估列为重大隐患的项目，应向上级水利厅安监处和地方安监局备案。应对重大隐患及时进行治理，不能及时治理的，应做到"五落实"。

（7）重大危险源监控。建立和实施重大危险源监控管理制度，规范重大危险源辨识、申报、登记、评估、检测、监控等工作要求和管理职责。开展重大危险源申报、登记（普查）、检测、评估。建立重大危险源监控体系。

（8）职业卫生监督检查。建立和完善职业卫生监督检查机制，聘请职业卫生技术服务机构定期对运行中的有害因素进行检测评价。重点加强特殊工种的职业卫生监督检查。加大对新建、改建、扩建项目的职业卫生设施"三同时"审查把关和实施情况的监督检查。强化对粉尘、毒物等的预防监察。落实有关规章制度和职业危害防治与整改措施。加强从业人员的劳动保护，有效防止职业危害。

（9）安全生产专项整治。进一步深化危化品、项目施工、特种设备、厂房等专项整治工作。将安全生产专项整治作为贯穿于整顿规范生产经营秩序全过程的一项重要任务。坚持"依法整治、标本兼治、突出重点"的整治原则，逐步实现规范化管理。

3.3.2 安全目标实施保障措施

3.3.2.1 目标管理措施

一是根据年度目标，各单位（部门）分解落实年度安全生产目标并逐级签订安全生产目标责任书；二是每季对安全生产目标完成情况进行考核和奖惩；三是安委会办公室对安全生产目标的执行情况进行监督，对安全生产目标的完成情况进行年中考核，年终对安全生产目标的完成效果进行综合评价。

3.3.2.2 组织机构保障措施

一是各单位（部门）应根据人员变动情况及时调整安全生产组织机构，健全组织网络；二是安全生产委员会每季度至少召开一次安全专题会议，总结分析本单位的安全生产情况，评估本单位存在的安全风险，研究解决安全生产工作中的重大问题，决策安全生产的重大事项，并形成会议纪要，各单位每月召开一次安全会议，有会议记录。

3.3.2.3 安全生产投入措施

一是按照《安全生产投入管理制度》，落实安全投入资金，保证必要的安全生产费用投入；二是编制安全生产费用使用计划，审批程序符合规定并严格落实，健全安全生产费用使用台账；三是落实安全生产费用使用计划，专款专用，保证安全生产费用主要用于安全技术和劳动保护措施、应急管理、安全检测、安全评价、事故隐患排查治理、安全生产标准化建设实施与维护、安全监督检查、安全教育及安全月活动等与安全生产密切相关的方面；四是每年对安全生产费用使用情况进行检查，年终进行总结，并公布。

3.3.2.4 规章制度措施

一是及时传达贯彻上级安全文件精神，及时获取最新的国家法律法规和行业标准规范，并修订完善相关安全管理制度和操作规程；二是各单位（部门）在汛前或汛后组织开展安全标准化管理制度、安全应急预案学习培训；三是安委会汛前或汛后对安全生产法律法规、工程规范、技术标准、规章制度、操作规程的执行情况进行检查评估，根据检查评估情况，对相关安全生产管理规章制度和操作规程进行完善，确保其有效性和适用性；四是加强档案管理，安全生产文件、安全生产会议记录、隐患管理信息、培训记录、检查和整改记录、危险源及监控、职业健康管理记录、安全活动记录、法定检测记录、关键设备设施档案、应急演习信息、事故管理记录等反映安全生产管理活动的记载，按照安全生产监管档案管理规定、水利档案管理有关规定归档。

3.3.2.5 教育培训措施

严格按《安全生产教育培训计划》组织培训，并通过考核、检查等方法评价培训效果；对在岗的人员进行经常性安全生产教育和培训，新员工上岗前接受三级安全教育培训；在新工艺、新技术、新材料、新设备投入使用前，对有关管理、操作人员进行专门的安全技术和操作技能培训；作业人员转岗或离岗6个月以上重新上岗前，须进行岗位安全教育培训，经考核合格后才能上岗工作。特种作业人员按照国家有关规定需经过专门的安全作业培训，并取得《特种作业操作资格证书》后上岗作业；

特种作业人员离岗 6 个月以上重新上岗的，应进行实际操作考核合格后才能上岗工作。建立特种作业人员档案。对外来承接项目施工的作业人员进行告知，需持证上岗的岗位，不安排无证人员上岗作业。组织被派遣劳动者或临时工进行安全知识教育培训，特种作业要持证上岗。对外来参观、学习等人员进行有关安全规定、可能接触到的危害及应急知识等内容的安全教育和告知，并由专人带领参观、学习。

3.3.2.6 设备设施措施

一是安全色、安全标志、设备标志、安全防护、消防设施等配置及维护符合设计或有关规定。二是设备操作认真核对操作票内容和操作设备名称，严格按操作规程的规定进行操作和监护。三是分类建立和完善设备、技术资料和图纸等的台账，认真监视设备运行工况，合理调整设备状态参数，正确处理设备异常情况，按规定时间、内容及线路对设备进行巡回检查，随时掌握设备运行情况，运行记录规范。四是编制设备检修作业指导书，落实安全技术措施，重大项目有专项施工安全方案，严格执行工作票制度，落实各项安全措施；对检修现场实行隔离管理，检修物品摆放规范；严格工艺要求和质量标准，实行检修质量控制和验收制度，资料完整。五是按规定登记、建档、使用、维护保养特种设备，按期由特种设备检验检测机构检验。按规定建立特种设备安全技术档案。六是按规定对新设备进行验收，确保使用设计符合要求、质量合格的设备，未经验收或验收不合格的设备禁止使用，按规定对不符合要求的设备设施进行报废或拆除，涉及危险物品的应制定处置方案，作业前应进行安全技术交底并保存相关资料。

3.3.2.7 作业安全措施

（1）生产过程控制方面。一是按照有关规定，进行主要建（构）筑物的观测和分析，对设备设施、水工建筑物等进行注册登记，并及时办理变更事项登记；开展工程安全鉴定，鉴定成果运用符合规定；开展设备等级评定，根据评定结果采取相应措施；进行安全评价；开展设备（设施）、建（构）筑物抗震性能普查和鉴定，且有关报告的编写符合编制规定，安全信息的统计、报送等符合有关规定。二是强化防汛度汛管理，加强防汛度汛组织机构建设，人员配置齐全，岗位责任明确；按规定编制工程防汛度汛方案和应急预案，严格执行洪水调度方案，充足配备防汛度汛物资设备（防汛器材、料物、抢险设备等），定期对抢险设备进行试车，对抢险物资进行检查。日常管理中，加强防汛抢险队伍培训，汛前按规定组织常见险情的抢护演练，按规定开展汛前、汛中和汛后检查，记录规范，发现问题及时处理。三是严格交通安全管理制度，定期对机动车辆进行检测和检验，保证机动车辆车况良好，定期组织驾驶人员培训，严格驾驶行为管理。四是严格消防安全管理制度，建立健全消防安全组织机构，落实消防安全责任制，建立防火重点部位或场所档案，防火重点部位和场所配有足够的灭火器材等设置设备，并建立消防设备设施台账，防火重点部位或场所及禁止明火区需动火作业时严格执行动火审批制度，组织开展消防培训和演练。五是加强用电安全管理，配电箱、开关柜等用电设备设施符合国家强制性标准规定，定期对用电设施进行检查，对接地、接零保护和防雷装置进行检测，用电管理记录规范，用电管理人员经培训合格取得作业许可证方可从事用电管理、检修工作。

（2）作业行为管理方面。一是严格执行调度方案，调度原则及调度权限清晰，并有记录，操作规程明示，操作人员固定，定期培训，持证上岗，按操作规程和调度指令运行，无人为事故发生；二是工程除险加固和更新改造前制定安全技术措施，按照"三同时"的规定进行项目实施；三是定期组织水法规学习培训，部门负责人和执法人员熟悉水法规及相关法规，做到依法管理，工程管理和保护范围内无违章建筑，无危害工程安全活动，无排放有毒或污染物等破坏水质的活动，水法规等标语、标牌齐全醒目，配合有关部门对水环境进行有效保护和监督，案件取证查处手续、资料齐全、完备，执法规范，案件查处结案率高；四是按规定向海事部门取得水上水下作业活动许可证，水上作业有应急预案，安全防护措施齐全可靠，作业船舶符合有关规定，作业人员经培训合格，持证上岗；五是按规定开展经常、定期等安全检查活动，记录全面，发现问题及时处理；六是严格仓库消防安全制度，按规定配备的各类安全设备齐全，且灵敏可靠，消防通道畅通，物品储存符合规范规定，管理维护记录规范；施工安全措施落实到位，施工警示标志设置符合规定，特种作业人员持证上岗，安全管理记录规范。

（3）警示标志方面。安全标志标识符合国家规定，满足现场需要；应急疏散指示标志和应急疏散场地标识明显。

（4）相关方管理方面。与进入管理范围内从事检修、施工作业的单位签订安全生产协议，明确双方安全生产责任和义务；对进入管理范围内检修、施工的作业过程实施有效监督，对特种作业人员要现场验证；组织机构、作业人员、设备设施、作业过程及环境发生变化时，及时对变更后所产生的风险和隐患进行辨识、评价；根据变更内容制定相应的安全措施和变更实施计划，并对相关人员进行专门的培训或交底，并做好变更记录。

3.3.2.8　隐患排查措施

一是建立健全隐患排查制度，明确隐患排查的目的、范围、方法和要求，范围包括所有与工程管理相关的场所、环境、人员、设备设施和活动，方式包括日常检查、定期检查、节假日检查、专项检查、特别巡视检查和其他方式。按照隐患排查制度的规定制定隐患排查工作方案，明确排查的目的、范围、方法和要求等，及时组织进行隐患排查，对隐患进行分析评估，确定隐患等级，并登记建档。二是根据隐患排查的结果，及时进行整改，做到隐患整改责任、措施、资金、时限、预案的"五落实"，隐患治理完成后及时对治理情况进行验证和效果评估。三是对自然灾害可能导致事故的隐患采取相应的预防措施；在接到自然灾害预报时，及时发出预警信息，按季、年对事故隐患排查治理情况进行统计分析，开展安全生产预测预警。

3.3.2.9　重大危险源监控措施

一是根据重大危险源的管理制度，明确辨识与评估的职责、方法、范围、流程、控制原则、回顾、持续改进等，按规定对本单位（部门）的生产设施或场所等进行重大危险源辨识、评估，确定危险等级。二是对确认的重大危险源及时登记建档，将本单位重大危险源的名称、地点、性质和可能造成的危害及有关安全措施、应急救援预案报安全生产监督科备案。三是对重大危险源采取的措施进行监控，包括技术措施

（设计、建设、运行、维护、检查、检验等）和组织措施（职责明确、人员培训、防护器具配置、作业要求等），在重大危险源现场设置明显的安全警示标志和危险源警示牌（内容包含名称、地点、责任人员、控制措施等），对危险源实施动态辨识、评价和控制。

3.3.2.10 职业健康措施

一是为员工配备相适应的符合国家或者行业标准的劳动防护用品，教育并监督作业人员按照规定正确佩戴、使用个人劳动防护用品，指定专人负责保管、定期校验和维护各种防护用具，确保它们处于正常状态。二是按规定及时办理有关保险（工伤、医疗保险等），让受伤员工及时获得相应的保险待遇。

3.3.2.11 应急救援措施

一是建立健全应急工作体系，根据人员调整情况及时调整应急领导小组，明确应急工作职责和分工，并指定专人负责安全生产应急管理工作，根据人员调整情况及时调整兼职应急救援队伍。二是按应急预案的要求，建立应急资金投入保障机制，妥善安排应急管理经费，储备应急物资，建立应急装备、应急物资台账，明确存放地点和具体数量，对应急设施、装备和物资进行经常性的检查、维护、保养，确保其完好、可靠。三是按规定组织生产安全事故应急演练，有演练记录，单位负责人应参加演练，对应急演练的效果进行评估，提出改进措施，修订应急预案。四是发生事故后立即启动相关应急预案，积极开展事故救援，应急救援结束后，应尽快完成善后处理、环境清理、监测等工作，并总结应急救援工作。

3.3.2.12 事故报告、调查和处理措施

一是根据生产安全事故报告和调查处理制度明确事故报告、事故调查、原因分析、预防措施、责任追究、统计与分析等内容，发生事故后按照《生产安全事故报告和调查处理条例》（国务院493号令）的规定，及时、准确、完整地向有关部门报告，并妥善保护事故现场及有关证据，主要负责人或其代理人应立即到现场组织抢救，采取有效措施，防止事故扩大，并保护事故现场及有关证据。二是按照《生产安全事故报告和调查处理条例》（国务院493号令）及相关法律法规、管理制度的要求，组织事故调查组或配合有关行政部门对事故进行调查，查明事故发生的时间、经过、原因、人员伤亡情况及直接经济损失等，并编制事故调查报告，按照"四不放过"的原则，对事故责任人员进行责任追究，落实防范和整改措施，妥善处理伤亡人员的善后工作，并按照《工伤保险条例》及有关规定办理工伤事故，及时申报工伤认定材料，并保存档案，建立完善的事故档案和事故管理台账，并定期对事故进行统计分析。

3.3.2.13 绩效评定和持续改进措施

组织开展安全标准化实施情况的检查评定，验证各项安全生产制度措施的适宜性、充分性和有效性，检查安全生产工作目标、指标的完成情况，提出改进意见，形成评估报告。对检查中存在的问题进行整改，对照《水利工程管理单位安全生产标准化评审标准》，开展自评工作，形成自评报告上报水利部。

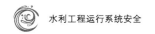

3.4 安全目标监督与考核

3.4.1 安全目标监督

安全目标监督是指安全主管部门对安全责任部门在目标的执行过程中，按照安全目标管理制度规定的检查周期和目标考核细则，对责任单位（部门）的安全目标执行所采取的措施、进度、效果进行监督检查，为考核奖惩提供依据，目的是有效管控各层级安全目标，保障年度安全目标计划的实现。有关监测检查的记录资料应保存，以便提供考核依据。监督主要采用检查、专家评估等方式，监督检查时发现安全目标计划与实际不相符或安全目标计划有新要求的，应及时调整目标实施计划。

3.4.2 安全目标考核与奖惩

考核是安全生产目标闭环管理的最重要环节，是对安全目标任务、安全职责执行情况监督检查的总结，是落实完成安全生产重要指标和主要任务的保障措施。

3.4.2.1 目标考评原则

一是考评公开、公正，考评标准、考评过程、考评内容、考评结果及奖惩办法公开，考评有统一的标准，标准要定量化，无法定量的要尽可能细化，使考评便于操作，也要避免因领导或被考评人的不同，而有不同的考评标准；二是自我评价与上级评定相结合，充分体现自我激励的原则，先进行自我评价，再结合上级领导的评定，以领导的评定结果作为最终的结果，上级评定注意民主协商和具体指导的原则，即在下级进行自我评价时要给予同志式的指导和帮助，启发下级客观地评价自己，正确地总结经验教训，在领导评定时应与下级充分交换意见，产生分歧时认真听取和考虑下级的申诉，力求使最后评定的结果公正、准确；三是重视成果与综合评价相结合，目标成果评价应重视成果，但同时也要考虑不同组织和个人实现目标的复杂困难程度和在达标过程中的主观努力程度，还要参考目标实施措施的有效性和单位之间的协作情况，应该对所有这些方面的内容区别主次，综合评价，力求得出客观公正的结果；四是考评标准简化、优化，即标准尽量简化、评价标准要优化。

3.4.2.2 考核方式

考核的方式主要是自我考核与上级考核相结合、过程考核与结果考核相结合、上级考核与员工监督相结合。自我考核是指各职能部门、基层单位、个人依据相应的安全目标标准，对自身安全目标的落实情况进行评价。自我考核既可以使员工了解自身安全目标执行结果与安全目标标准之间的差距，明确自身安全工作的优点，反思自身安全工作的不足，促使广大员工科学开展安全工作，又可以使水管单位清楚地知道员工为安全目标的实现做了哪些具体的工作，工作中遇到了哪些困难，为员工排忧解难，支撑安全目标的实现。上级考核是指企业安全考核组织机构采取半年初评、年末总评的方式，对下级的安全目标实现情况进行评价。企业通过开展上级考核，既可以对下级安全工作进行监督，又可以对安全工作的经验教训进行总结，提高安全工作的有效性，进而保质保量地完成企业的安全目标。过程考核是指单位以月度、季度为时间单位，对员工实现安全目标的过程进行的考核。通过开展过程考核，可以为员工采取科学方法实现安全目标提供指导，保证员工安全工作的执行方向与安全目标的一致性。结果考核是指以月度、季度为时间单位，对阶段性的安全成果与安全目标进行比较，通过开展结果考核，能够找到执行结果与安全目标值出现偏差的原因，进而分清影响安全目标实现的主客观因素，有针对性地采取纠偏措施。上级考核应遵循客观公平、实事求是的原则，应当让员工参与其中，监督考核行为。与此同时，单位应当听取员工有关安全管理目标考核的意见和建议，并将它们付之于安全管理目标考核的实践当中，通过践行上级考核与员工监督相结合，能够在很大程度上提高安全管理目标考核的透明度，从而在一定程度上为员工安全工作积极性的提高创造有利条件。

3.4.2.3　考核的主要内容

考核的主要内容分为安全生产控制目标和安全生产工作目标两部分，考核内容与被考核部门所承担的安全工作职责相对应，考核的主管部门应由安全生产监督科负责，考核自下而上进行，各部门、各基层单位对职工进行考核，安监科对各部门、各基层单位进行考核，安委办对安监科进行考核。考核周期和频次一般与目标监督检查评估同步，考核应至少每半年一次，奖惩兑现可与考核同步或与年终考评同步。

3.4.2.4　奖惩

在综合评定的基础上要根据预先制定的奖惩办法进行奖惩，使先进的受到鼓励，落后的受到鞭策。既要有经济上的奖惩，也要注意精神上的表彰，使达标者获得精神追求的满足，也使未达标者受到精神上的激励。对待奖惩，上级领导一定要兑现诺言，严格遵循奖惩规定；不但要得出正确的评定结果，还应达到改进提高的目的。制定考核奖惩制度，明确考核的组织、范围、频次、实施办法、结果运用等，制定《安全目标管理考核表》，明确考核内容、评分标准、目标执行情况、上级考核意见等，考核意见应及时反馈被考核部门和个人。

4 水利工程管理单位安全文化建设与安全形象塑造

4.1 水利工程管理单位安全文化与建设目标任务

4.1.1 水利工程安全文化概念

广义的安全文化可表述为：在人类生存、繁衍和发展历程中，在其从事生产、生活乃至生存实践的一切领域，为保障人类身心安全（含健康）并使其能安全、舒适、高效地从事一切活动，预防、避免、控制和消除意外事故和灾害（自然的、人为的或天灾人祸的），为建立起安全、可靠、和谐、协调的环境和匹配运行的安全体系，为使人类变得更加安全、康乐、长寿，使世界变得友爱、和平、繁荣而创造的物质财富和精神财富的总和。或者说，"安全文化是人类为预防和减少灾害、事故，在生活、生存、生产劳动以及科学实践中所创造的，目的在于保护人的身体健康和生命安全，以及保护国家和个人财产安全的物质文明和精神文明财富的总和"。

水利工程单位的安全文化是指水利工程单位在长期安全生产和经营活动中，逐步形成的或有意识塑造的又为全体职工所接受、遵循的，具有水利工程单位特色的安全生产和奋斗目标、水利工程单位安全进取精神、安全思想和意识、安全作风和态度、安全管理机制及行为规范，保护职工身心安全与健康而创造的安全而舒适的生产和生活环境和条件、防灾避难应急的安全设备和措施等安全生产的形象，安全的价值观、安全的审美观、安全的心理素质和安全风貌、习俗等种种安全物质因素和安全精神因素之总和。

4.1.2 水利工程管理单位安全文化组成

水利工程单位安全文化由水利工程安全精神文化、水利工程物质文化、水利工程安全制度文化、水利工程单位安全行为文化组成。

（1）水利工程安全精神文化。包括安全价值、安全态度、安全哲学思想、安全意识形态等观念；安全生产的社会心理素质、安全风貌、安全形象、安全科学技术、安全管理理论、安全生产经营机制，安全文明环境文化意识；安全审美意识、安全文学、安全艺术、安全科学、安全技术，以及关于自然科学的、社会科学的安全科学理论或安全管理方面的经验和理论。从本质上看，水利工程单位安全精神文化，是水利工程单位员工的安全文明生产思想、情感和意志的综合表现，它是人在外部客观世界和自身内心世界对安全的认识能力与辨识结果的综合体现，安全精神智能文化是水利工程单位员工长期实践中心理思索的产物。其中，安全价值、安全态度、安全意识的共识是水利工程安全文化的核心。

（2）水利工程安全制度文化。安全制度是水利工程为了安全生产，长期执行、完善、保障人和物安全而形成的各种安全规章制度，包括安全操作规程、安全宣教与培训制度、各种安全管理责任制等。它是水利工程安全生产经营活动的运作保障机制，是水利工程安全精神文化的物化体现和结果，是物质文化和精神文化遗传和优化的实用安全文化。如法规标准识别、操作规程、教育培训管理制度、设施设备管理制度、工程范围管理制度、现场临时用电管理制度、危险化学品管理制度、交通安全管理制度、消防安全管理制度、仓库管理制度等。

（3）水利工程安全物质文化。安全物质是指生产经营整个活动中所采用的保护员工身心安全与健康的工具、原料、设备、设施、工艺、仪器仪表、护品护具等安全器物。如土工建筑物、坝工建筑物、混凝土建筑物、机房、启闭机及升船机、闸门、金属结构、电气设备、水力机械及辅助设备、自动化操控系统、备用电源、特种设备等，以及预防事故设施、控制事故设施、减少与消除事故影响设施、安全检测仪器仪表等。

（4）水利工程安全行为文化。包括调度运行、防洪度汛、安全保卫、现场临时用电作业、高处作业、起重吊装作业、水上水下作业、焊接作业及其他危险作业等的安全指挥、操作、设计等行为。

4.1.3　水利工程管理单位安全文化的功能

如前所述，安全价值、安全态度、安全意识的共识是水利工程安全文化的核心，因此，安全文化具有导向功能、激励功能、凝聚功能、规范约束功能和辐射功能。

（1）导向功能是指对水利工程单位安全理念、安全行为的导向作用。安全文化集中反映了水利工程单位共同的安全价值观念、安全理念和安全经济利益，因而具有强大的感召力，可引导每个成员按既定的目标开展活动。安全文化的导向功能，首先体现在它的超前引导方面，通过教育培训手段和文化氛围的烘托，使安全价值观念和安全目标在社会成员中形成共识，并以此引导人们的思想和行动；其次，其导向作用还体现在它对水利工程单位安全行为的跟踪引导，安全文化的价值观念和目标将化解为具体的行动依据和行为准则，人们可以随时参照并据此进行自我约束、自我控制，使之不脱离目标轨迹。

（2）激励功能是指提高水利单位共同实现安全目标的内在动力。安全文化的倡导过程，是帮助人们树立安全观念、建立社会动机，从而调动积极性、预防不安全行为的过程。安全文化以积极向上的思想观念和行为为准则，把"以人为本"视为主要的价值观念，以安全行为准则作为自我激励的标尺，在安全价值观念和安全目标的强大精神感召下，相互激励，形成人人自觉、自信和自如地实现安全生产和安全生活的内在动力。安全文化采取多方面、多渠道的方式让员工群体参与安全管理和决策，对表现优秀的员工进行表彰奖励，对过失、受挫的员工进行教育、帮助、关心，沟通思想、交流感情、转化其矛盾，在浓厚的安全文化氛围中向员工群体展示理解人、尊重人、关心人的精神力量，从而形成一种团结向上的氛围，充分激发、调动员工群体的积极性、创造性，形成强烈的使命感和持久的驱动力，使得人们产生认同感和归宿感，在自我激励、自我约束的同时起到相互激励的作用。

（3）凝聚功能是指将所有员工的理念、行为准则凝聚成整体力量。水利工程单位的每位员工都有自己的价值评判标准和行为准则，都有自己物质和精神方面的需求，从而表现出不同的个性特征。安全文化是对生命价值参悟的总和，能使全体员工在安全上的观念、目标、行为准则等方面保持一致，形成心理认同的整体力量，表现出强大的凝聚力和向心力。

（4）规范约束功能是指对所有员工的理念、行为的规范约束。安全文化包括有形的和无形的安全制度文化，有形的是国家的法律条文，单位的规章制度、约束机制、管理办法和环境、实施状况；无形的是单位、员工群体的理念、认识和职业道德，它能使有形的安全文化被双方所认同、遵循，形成一种自觉的约束力量，这种有效的"软约束"可削弱员工群体对"硬约束"的心理反感，从而规范水利工程单位环境设施状况和员工群体的思想、行为，使生产关系达到统一、和谐，取得默契。安全文化可以通过文化的微妙渗透与暗示，使职工心理上形成一种定势，构造出一种响应机制，只要有诱导信号发生，即可得到积极响应，并迅速转化为预期行为，这种约束机制能够有效地缓解职工自治心理与被治现实形成的冲突，削弱由其引起的心理抵抗，形成安全价值共识和安全目标认同，并实现自我控制，形成有形的、无形的和强制的、非强制的规范作用，从而产生更强大、深刻、持久的约束效果。

（5）辐射功能是指透过安全文化可以展示一个工程单位规范化、科学化的水平，从一个侧面显示了单位高尚的精神风范，树立了良好的形象，引发员工群体的自豪感、责任感，促进生产力向前发展，提升社会知名度和美誉度，辐射并影响其他单位、行业和地区。

4.1.4 水利工程管理单位安全文化的特点

水利工程管理单位安全文化有如下五个特点：

（1）"以人为本"是安全文化的本质特征。安全文化的基本特征是"以人为本，以保护自己和他人的安全与健康为宗旨"，弘扬和倡导安全文化，其根本是强调"安全第一"。提倡关心人、爱护人，注重通过多种宣传教育方式来提高员工的安全意识，做到尊重人的生命、保护人身安全与健康，建立互相尊重、互相信任、互助互爱、自保互保的人际关系和水利工程单位与周边的安全联保网络；使全体员工在"安全第一"的思想旗帜下，从文化心理、意识、道德、行为规范及精神追求上形成一个整体。

（2）安全文化具有广泛的社会性。安全问题渗透在人类社会的各个层面，分布在人类活动的所有空间，体现在生存环境的各个领域。因而，以解决安全问题为己任、以创造和谐文明的生活环境和工作环境为目的的安全文化具有最广泛的社会性。

（3）安全文化具有一定的超前性。安全文化注重预防预测，未雨绸缪，居安思危，防患于未然。国家要求对新、改、扩建工程实行"三同时"评审，对工程、设备实行安全性评价，对重大危险源进行评估以及保险业的工伤保险、防损风险评估，均要求从本质上消除事故隐患，为使用者提供安全优质的工程。

（4）安全文化具有相当的经验性。安全文化的重要内容之一是对各种事故的调查分析、总结教训，通过积累经验并研究事故发生发展的规律，以采取相应的防范措施，杜绝类似事故重复发生。古人云："亡羊而补牢，未为迟也"；"前车覆，后车诚。"这为安全文化的这一属性奠定了思想基础。

（5）安全文化具有鲜明的目的性。安全文化既保护人身安全，也保护财产安全，从而对经济发展具有保障作用。

4.1.5 水利工程管理单位安全文化建设目标

安全文化建设是确立本单位的安全生产和职业病危害防治理念及行为准则，教育和引导全体从业人员贯彻执行，形成以人为本、安全发展的共同安全价值观；是提高职工安全意识、制定安全目标、强化安全责任、完善安全设施、加强安全监管和建立健全各项安全规章制度，提升安全管理水平、实现本质安全的重要途径，是水利文化建设的重要组成部分。

水利工程管理单位安全文化建设的总体目标：增强全体员工的安全意识，提高其安全素质，实现员工、单位及社会对安全的需求，在倡导"以人为本、关心人、爱护人"的基础上，把"安全第一"作为生产经营活动的首要价值取向，形成浓厚的安全文化氛围。

安全文化建设的内容要求：安全知识的教育和普及、安全法律法规和各项标准的健全、安全生产政令畅通、安全技术咨询方便、安全操作合格达标、安全预警预报系统灵敏好用、意外事故应急预案切实有效。

安全文化建设的具体目标：水利工程单位安全文化建设体制机制及标准制度健全规范，安全文化建设深入推进，安全文化活动内容不断丰富，全员安全意识进一步增强，安全文化建设富有特色并取得明显成效；牢固树立安全发展理念，唱响安全发展的主旋律，促进全员安全素质和防范意识进一步提升；建立完善的宣教体系，加强安全教育基地建设，推进安全文化建设示范工程，成为区域水利安全文化教育示范基地；繁荣水利安全文化创作，打造具有水利行业影响力的安全文化精品，挖掘和创作一批适合本单位安全生产实际的作品；推进水利安全标准化建设，规范安全管理行为，以安全生产标准化建设为抓手，并持续改进，努力成为全省或全国水利工程管理单位安全标准化建设示范窗口。

安全文化是传统的硬性管理的一种补充，在倡导和推广时易于被员工所接受，并使被误导了的本是员工自身所需的安全要求真正成为员工的主观需要。这样，工伤事故就会大大减少，即使偶尔发生事故，因主观因素所致的比例也会大减，伤亡和损失也会降到最低程度。

4.1.6 水利工程管理单位安全文化建设主要任务

（1）加强安全宣传，强化以人为本的理念。大力宣传贯彻落实中央及国家领导人关于安全生产工作的系列重要指示，坚决执行水利部、省水利厅关于加强水利安全生产工作的决策部署，形成有利于推动安全生产工作的氛围。深入扎实开展"安全生产月""水法宣传周""安全示范岗"等活动。充分利用现代媒体，加强"以人为本""依法治安"的宣传，使其深入人心、扎根基层，指导和推动工作实践。强化安全生产责任体系内涵和实质的宣传，推动安全生产责任制的落实，促进各基层单位、部门抓好安全生产工作的责任感、紧迫感和使命感，提高加强安全生产工作的积极性、主动性和创造性。

（2）创新安全文化建设。形成具有水利工程特色的安全文化建设体系。结合水利工程管理自身特点，创新安全文化建设的内容和方法途径。

（3）围绕安全标准化建设，推动安全生产工作向纵深发展。加强水利安全标准化制度的学习培训宣传，提高制度的执行力。

（4）加强安全法制教育，强化安全法治意识。大力学习宣传《中华人民共和国安全生产法》等法律法规和国家安全生产方针政策，普及安全生产基本知识，使单位水利干部职工牢固树立以人为本、安全发展的理念，增强遵纪守法的自觉性。

（5）强化正确的舆论引导，营造有利于安全生产工作的舆论氛围。广泛宣传安全生产工作的创新成果和突出成就、先进事迹和模范人物，发挥安全文化的激励作用，弘扬积极向上的进取精神。

4.2 水利工程管理单位安全文化建设基本方略

4.2.1 强化组织领导 加大安全文化建设投入和人才培养

（1）加强组织领导。建立健全领导组织机构，在水利工程单位党委、安委会的统一领导下，形成党政同责、齐抓共管的组织体系。办公室把安全文化建设纳入水文化建设规划，并组织实施，下属各单位、部门各负其责，确实把安全文化建设摆在安全生产管理工作的重要位置；把安全文化建设纳入现代化建设总体规划，与其他中心工作同部署、同落实、同考核。

（2）加大安全文化建设投入。把安全文化建设投入作为安全生产投入的重要内容，完善安全生产投入管理办法，支持安全宣传教育培训、安全生产月等活动的开展。

（3）加快安全文化人才培养。加大安全文化建设人才的培训力度，提升安全文化建设的业务水平。通过"走出去""请进来"等多种方法，提高安全管理人员的组织协调、宣传教育和活动策划的能力，造就高层次、高素质的水利安全文化建设专家型人才。

4.2.2 落实安全文化建设基本要素

安全文化建设基本要素主要有：

（1）安全承诺。工程单位应建立包括安全价值观、安全愿景、安全使命和安全目标等在内的安全承诺。安全承诺应做到：切合单位特点和实际，反映共同安全志向；明确安全问题在组织内部具有最高优先权；声明所有与单位有关的重要活动都要求追求卓越；含义清晰明了，并被全体员工和相关方所知晓和理解。领导者应做到：发挥安全工作的领导力，坚持保守决策，以有形的方式表达对安全的关注；在安全生产上真正投入时间和资源；制定安全发展的战略规划，推动安全承诺的实施；接受培训，在相关的安全事务上具有必要的能力；授权组织各级管理者和员工参与安全生产工作，积极质疑安全问题；安排对安全实践或实施过程的定期审查；与相关方进行沟通与合作。各级管理者应做到：清晰界定全体员工岗位安全责任；确保所有与安全相关的活动均采用了安全的工作方法；确保全体员工充分理解并胜任所承担的工作；鼓励和肯定各方在安全方面的良好态度，注重从差错中学习和获益；在追求卓越的安全绩效、质疑安全问题方面以身作则；接受安全培训，在推进和辅导员工改进安全绩效上具有必要的能力；保持与相关方的交流合作，促进组织部门之间的沟通与协作。每个员工应做到：在本职工作上始终采取安全的方法；对任何与安全相关的工作保持质疑的态度；对任何安全异常事件保持警觉并主动报告；接受培训，在岗位工作中具有改进安全绩效的能力；与管理者和其他员工进行必要的沟通。

（2）行为规范与程序。行为规范是安全承诺的具体体现和安全文化建设的基础要求。水利工程单位应确保拥有能够达到和维持安全绩效的管理系统。建立界定清晰的组织结构和安全职责体系，有效控制全体员工的行为。行为规范的建立和执行应做到：体现水利工程单位的安全承诺；明确各级各岗位人员在安全生产工作中的职责与权限；细化有关安全生产的各项规章制度和操作程序；行为规范的执行者参与规范系统的建立，熟知自己在组织中的安全角色和责任；以正式文件予以发布；引导员工理解和接受建立行为规范的必要性，知晓因不遵守规范所引发的潜在不利后果；通过各级管理者或被授权者抽查员工行为，实施有效的监控和缺陷纠正；广泛听取员工意见，建立持续改进机制。程序是行为规范的重要组成部分。单位应建立必要的程序，以实现对与安全相关的所有活动进行有效控制的目的。程序的建立和执行应做到：识别并说明主要的风险，简单易懂，便于操作；程序的使用者（必要时包括相关方）参与程序的制定和改进过程，并应清楚理解不遵守程序可能导致的潜在不利后果；以正式文件予以发布；通过强化培训，向员工阐明在程序中给出特殊要求的原因；对程序的有效执行保持警觉，即使在生产经营压力很大时，也不能容忍走捷径和违反程序的行为；鼓励员工对程序的执行保持质疑的安全态度，必要时采取更加保守的行动并寻求帮助。

（3）安全行为激励。在审查和评估自身安全绩效时，除使用事故发生率等消极指标外，还应使用旨在对安全绩效给予直接认可的积极指标。对在任何时间和地点，员工挑战所遇到的潜在不安全实践，并识别所存在的安全缺陷行为应给予鼓励。单位应建立员工安全绩效评估系统，建立将安全绩效与工作业绩相结合的奖励制度。审慎对待员工的差错，应避免过多关注错误本身，而应以吸取经验教训为目的。应仔细权衡惩罚措施，避免因处罚而导致员工隐瞒错误。

（4）安全信息传播与沟通。建立安全信息传播系统，综合利用各种传播途径和方式，提高传播效果。应优化安全信息的传播内容，将组织内部有关安全的经验、实践和概念作为传播内容的组成部分，建立良好的安全事项沟通程序。确保与安全监管机构和相关方、各级管理者与员工及员工相互之间的沟通。沟通应满足：确认有关安全事项的信息已经发送，并被接受方所接收和理解；涉及安全事件的沟通信息应真实、开放；每个员工都应认识到沟通对安全的重要性，从他人处获取信息和向他人传递信息。

（5）自主学习与改进。建立有效的安全学习模式，实现动态发展的安全学习过程，保证安全绩效的持续改进。应建立正式的岗位适任资格评估和培训系统，确保全体员工充分胜任自己所承担的工作，保证员工具有岗位适任要求的初始条件；安排必要的培训及定期复训，评估培训效果；培训内容除有关安全的知识和技能外，还应包括对严格遵守安全规范的理解，以及个人安全职责的重要意义和因理解偏差或缺乏严谨而产生失误的后果；除借助外部培训机构外，应选拔、训练和聘任内部培训教师，使其成为单位安全文化建设过程的知识和信息传播者。应将与安全相关的任何事件，尤其是人员失误或组织错误事件，当作能够从中吸取经验教训的宝贵机会，改进行为规范和程序，获得新的知识和能力；应鼓励员工对安全问题予以关注，进行团队协作；利用既有知识和能力，辨识和分析可供改进的机会，对改进措施提出建议，并在可控条件下授权员工自主改进。经验教训、改进机会和改进过程的信息宜编写到内部培训课程或宣传教育活动的内容中，使员工广泛知晓。

（6）安全事务参与。全体员工都应认识到自己负有对自身和同事安全做出贡献的重要责任。员工对安全事务的参与是落实这种责任的最佳途径。单位应根据自身的特点和需要确定员工参与的形式。员工参与的方式包括但不局限于以下类型：建立在信任和免责备基础上的微小差错员工报告机制；成立员工安全改进小组，给予必要的授权、辅导和交流；定期召开有员工代表参加的安全会议，讨论安全绩效和改进行动；开展岗位风险预见性分析和不安全行为或不安全状态的自查自评活动。所有相关方对安全绩效改进均可做出贡献，应建立让相关方参与和改进安全事务的机制，将与相关方有关的政策纳入安全文化建设的范畴；加强与相关方的沟通和交流，必要时给予培训，使相关方清楚本单位的要求和标准；让相关方参与工作准备、风险分析和经验反馈等活动；倾听相关方的安全改进建议。

（7）审核与评估。工程单位应对自身安全文化建设情况进行定期全面审核，审核内容包括：领导者应定期组织各级管理者评审安全文化建设过程的有效性和安全绩效结果；领导者应根据审核结果确定并落实整改不符合、不安全实践和安全缺陷的优先次序，并识别新的改进机会；必要时，应鼓励相关方实施这些优先次序和改进机会，以确保其安全绩效与水利工程单位协调一致。在安全文化建设过程中及审核时，应采用有效的安全文化评估方法，关注安全绩效下滑的前兆，给予及时的控制和改进。

4.2.3 建立良好的水利工程安全文化机制

建立水利工程管理单位安全文化机制，就是在确立安全文化建设的目标之后，制定单位安全文化战略策略，并有步骤地予以实施，关键在于决策体制、制度建设、管理方法和员工的实际响应。

首先，要在决策层中建立把"安全第一"贯彻于一切生产经营活动之中的机制，要求水管单位行政正职领导真正负起"安全生产第一责任人"的责任，在计划、布置、检查、总结、评比生产经营工作时，必须同时有安全考核指标和安全工作内容；在安全生产问题上正确运用决定权、否决权、协调权、奖惩权；在机构、人员、资金、执法上为安全生产提供保障。与此同时，还须强调，每位副职领导要各司其职，分工负责，本着"谁主管、谁负责"的原则，抓好本业务口的安全工作。

其次，进行安全文化制度建设，包括安全文化宣传教育制度、各级安全生产职责、安全生产技术规程及安全规范、安全性评价标准等。

再次，为达到安全文化建设的目标，还要讲究工作方法，即采用群众喜闻乐见的形式，有目的、有组织、有计划地开展安全文化宣传、教育、培训、实践活动。例如，利用广播、电视、图书、报刊、黑板报、宣传栏、文艺会演、专题讲座、培训班、研讨会、表演会、安全技能竞赛等多种多样的形式，宣传安全文化知识、讲授安全科学技术、传播应急处理办法和自救互救技巧，使广大员工及其家属从多渠道、多层次、多方面受到安全文化的影响、教育和熏陶。

最后，强调员工的实际响应，即以上所做的一切，都是为了提高员工的安全意识和安全素质，只有大多数员工都接受了、学会了、应用了，并在实际生产经营活动和生活中收到了实效，得到回报，安全文化的机制的运作才算达到了预期的目标。

4.2.4　提升水利工程管理单位全员安全文化素质

4.2.4.1　提升决策层的安全文化素质

水利工程管理单位决策层的安全文化素质应具备以下几点：一是有优秀的安全思想素质，真正重视人的生命价值，一切以职工的生命和健康为重，把"安全第一、预防为主"落到实处，树立起强烈的安全事业心和高度的安全责任感，发自内心地去关心职工的疾苦，改善恶劣的劳动条件，加强安全管理，采用先进的安全科学技术，提高安全防护能力；二是具有高尚的安全道德品质，具备正直、善良、公正、无私的道德情操和关心职工、体恤下属的品质，对于贯彻安全法规制度，凡要求下属做到的，必先自己做到，以身作则，率先垂范，严格要求，身体力行；三是具有综合安全管理素质，真正负起"安全生产第一责任人"的责任，深入实际，实事求是地抓好安全工作，副职领导要各司其职，分工负责，抓好本业务口的安全工作；四是具有丰富的安全法规知识和雄厚的技术功底，有意培养自己的安全法规和安全技术素质，认真学习国家和行业主管部门颁发的安全法规文件和有关安全技术知识，以及事故发生发展规律，能够做到用先进典型引导人、用事故案例警戒人、用规章制度规范人、用言传身教感化人；五是具有扎实、求实的工作作风，避免口头上重视安全、实际上忽视安全的倾向，即所谓"说起来重要，做起来次要，忙起来不要"，对待安全工作要"提倡真抓实干，反对敷衍塞责；提倡身体力行，反对大话空话；提倡雷厉风行，反对办事拖拉；提倡求真务实，反对弄虚作假"。

4.2.4.2　提升管理层的安全文化素质

水利工程管理单位中层管理干部应具备以下安全文化素质：一是有关心职工安全健康的仁爱之心，"安全第一、预防为主"的观念牢固，珍惜职工生命，爱护职工健康，善良公正，宽容同情，体恤下属，把方便留给别人；二是有高度的安全责任感，对人民生命和国家财产具有高度负责的责任心，正确贯彻安全生产法规制度，决不违章指挥；三是有多学科的安全技术知识，重视职工的生产条件和作业环境，有减灾防灾的忧患意识；四是有适应安全工作需要的能力，如组织协调能力、调查研究能力、逻辑判断能力、综合分析能力、写作表达能力、说服教育能力等；五是有推动安全工作前进的方法，善于学习、思考、开拓和创新，对安全工作全身心地投入。

水利工程管理单位班组长应具备如下安全文化素质：一是有强烈的班组安全需求，珍惜生命，爱护健康，把安全作为班组活动的价值取向，不仅自己不违章操作，而且能够抵制违章指挥；二是具有深刻的安全生产意识，深刻把握"安全第一、预防为主"的含义，并把它作为规范自己和全班同志行为的准则；三是有较多的安全技术知识，掌握与自己工作有关的安全技术知识，了解有关事故案例；四是具有熟练的安全操作技能，掌握与自己工作有关的操作技能，不仅自己操作可靠，还要帮助班组内同志避免失误；五是有自觉的遵章守纪习惯，不仅知道与自己工作有关的安全生产法规制度和劳动纪律，也熟悉班组其他岗位的操作规程，而且能够自觉遵守，模范执行，常年坚持；六是认真履行工作职责，班前开会做危险预警讲话，班中生产进行巡回安全检查，班后交班有安全注意事项；七是有机敏的处置异常的能力，如果遇到异常情况，能够机敏果断地采取补救措施，把事故消灭在萌芽状态或尽力减小事故损失；八是有高尚的舍己救人品德，一旦发生事故，能够在危难时刻自救、互救或舍己救人，把方便让给工友，把困难和危险留给自己，发扬互帮互爱精神，确保他人、班组、集体的安全。

4.2.4.3　提升员工的安全文化素质

水利工程管理单位员工应具备的安全文化素质有如下几个方面：一是有较高的个人安全需求，珍惜生命，爱护健康，安全、舒适、长寿已成为公众普遍的需求，昔日要钱不要命的思想观念为人所鄙视，主动离开非常危险和尘毒严重的场所，成了自我保护的要求；二是有较强的安全生产意识，拥护并力行"安全第一、预防为主"方针；三是有较多的安全技术和科普知识，能够掌握与自己工作有关的安全技术知识和安全操作规程，并养成一种科学的思维方法；四是有较熟练的安全操作技能或特殊工种的技能，通过刻苦训练，提高可靠率，避免失误；五是能自觉遵守有关的安全生产法规制度和劳动纪律，并常年坚持，养成一种公德和习惯；六是在应急方面，若遇到异常情况，不临阵脱逃，能冷静地判断、科学地选择对策，正确、果断地采取应急措施，把事故消灭在萌芽状态或杜绝事故扩大。

4.2.5　营造安全文化氛围

营造安全文化氛围需要从四个方面下功夫：一是营造心态安全文化氛围，使全体员工形成有较高安全需求和安全价值取向的安全心态；二是营造行为安全文化氛围，即完善安全法规制度，强化安全管理体系，使全体员工具有符合规范要求的安全行为；三是营造景观安全文化氛围，包括具有特色的教育手段，丰富多彩的宣传形式，优美宜人的工作和生活环境等；四是营造物态安全文化氛围，即通过安全性评价和安全技术改造，使工程、设备设施达到安全卫生标准，提高本质安全化程度。

营造上述安全文化氛围，宜采取"三个结合、三个坚持"的方法进行。三个结合：要与行业和本单位实际结合起来，不能建设脱离工厂实际的"空中楼阁"式安全文化；要与现行安全管理工作结合起来，不能脱离现有安全管理工作而另搞一套；要与"水利文化"建设结合起来，不能脱离水利文化这个母体而独树一帜。三个坚持：坚持党政工团齐抓共管，因为水利工程安全文化建设是一项综合性的系统工程，需要群策群力，全员奋斗，全方位通力合作；坚持循序渐进，常抓不懈；坚持以人为本，以实现人的价值，保护人的生命与健康为根本宗旨。

4.2.6 强化安全文化宣传

安全文化宣传是向人民群众普及安全生产常识的宣传活动，即采取各种宣传形式，运用各种宣传工具，向社会各界和人民群众宣传、讲解安全生产的工作指导方针、政策、法规、安全生产常识和经验教训，使人们增强安全意识，提高安全素质。

安全文化宣传教育要严格围绕安全管理、思想认识、行为管理、技术培训、影响带动、人物激励等方面入手，做到丰富多彩，方法创新。要想将安全文化融于员工心中，就要把水利工程单位提炼的安全文化理念进行广泛持久的宣传教育，使其深入人心，促使全体员工对安全生产和安全文化有高度的认识、全面的理解和认同。要将安全文化融于员工眼中，就要处处有醒目的安全文化标语、口号、警语和安全报警标志；要将安全文化融于员工口中，就要使安全文化理念朗朗上口，安全文化人人讲，安全教育、培训、宣传常规化；要将安全文化融于员工手中，就要使干部员工树立安全事故是可以预防的、安全是可以控制的理念，做到《安全文化手册》人人有，操作规程握在手，安全事故应急预案握在手，能随时启动；要将安全文化融于行动，就要领导先行、率先垂范，全员参与安全文化建设，安全文化理念的各项管理制度、规范、规程得以执行，人人讲安全的话，人人做安全的事，把隐患消灭在萌芽状态。通过先进人物的带动、辐射与激励，事故案例的警示与教训，安全监督的网络化，让员工观就有果，感就有受。

4.2.7 正确运用其他多种安全文化建设手段

其他安全文化建设的手段主要有：

（1）安全管理手段。采用现代安全管理的办法，从精神与物质两方面更有效地发挥安全文化的作用，保护员工的安全与健康。一方面，改善水利工程单位的人文环境，树立科学的人生观和安全价值观，在安全意识、思维、态度、理念、精神的基础上，形成水利工程单位安全文化背景；另一方面，通过管理的手段调节人—工程—环境的关系，建立一种在安全文化氛围中的安全生产运行机制，达到安全管理的期望目标。例如，通过安全目标管理，安全行为管理，劳动安全卫生监督、检查，无隐患管理，预期型管理，水利工程单位安全人性化管理，水利工程单位安全柔性管理等，实现对人的重视和爱护。

（2）行政手段。利用行业、单位内部的行政和业务归口管理的一切办法，如贯彻政府和行业的法规、条例、标准；保证执行安全生产的各种规章制度和操作规程；坚持"三同时"，即新、改、扩建工程的劳动安全卫生设施必须与主体工程同时设计、同时施工、同时投产；坚持"五同时"，即在计划、布置、检查、总结、评比生产的同时，计划、布置、检查、总结、评比安全；严格执行安全生产的奖惩制度，加强事故管理，真正贯彻管生产必须管安全的原则，并落实到水利工程单位法人代表或第一责任人头上。行政手段要充分运用安全制度文化的功能，规范员工的行为，形成人人遵章守纪的氛围，防止"三违"现象，保护自己、保护他人、保障水利工程单位安全生产。

（3）科技手段。依靠科技进步，推广先进技术和成果，不断改善劳动条件和作业环境，实现生产过程的本质安全化，不断提高生产技术和安全技术水平。

（4）经济手段。例如，利用安全经济的信息分析技术、安全—产出的投资技术、事故直接经济损失计算技术、事故间接非价值对象损失的价值化技术、安全经济效益分析技术、安全经济管理技术、安全风险评估技术、安全经济分析与决策技术等，在安全投入、技术改造、安全经济决策、安全奖励等方面发挥安全经济手段的重要作用。

（5）法治手段。水利工程安全生产方面的法律法规及国家标准、行业标准日益健全，因此，要充分利用安全生产和职业卫生的法律法规，以及党中央依据这些法律法规制定的一系列行政规章和有关政策等进行安全监督和监察，利用安全法制规范人的安全生产行为，实现依法治安全的长期追求。要用好这些法律规章和制度，保护水利工程单位员工的合法权益，保护其在劳动生产过程中的安全和健康。同时，也要用法制来规范员工的安全生产行为，并依法惩治安全生产的违法行为。要使每个员工知道遵章守法是公民的义务，是文明人对社会负责任的表现。

（6）舆论道德手段。安全工作是精神文明建设的重要方面，安全工作中的"三不伤害"（不伤害自己，不伤害他人，不被他人伤害）的全部内容都包括在道德范畴内，安全文化建设的出发点与归宿都是"三不伤害"。做到"三不伤害"的人，就是一个高尚、有理想、有道德的人。因此，衡量一个人道德品质如何、高尚与否，就看其对安全的态度如何，就看其在生产指挥和操作中是否能做到"三不伤害"；而能不能做到"三不伤害"就反映出其安全文化素质如何。"三违"（违章指挥、违章操作，违反劳动纪律）是对"三不伤害"的直接否定，有"三违"习惯的人，无疑是品质低劣者，安全道德教育如同安全立法一样重要，应视为水利工程单位安全文化建设的当务之急，要下力气切实抓紧、抓好。

4.2.8　灵活运用多种安全文化活动形式

水利工程管理单位安全文化活动主要通过以下形式：

（1）事故防范活动。包括：事故告示活动——对发生的伤亡、发生时间、误工损失等事故状况进行挂牌警告；事故报告会——对当年本单位或行业发生的事故进行报告；事故祭日活动——本单位案例或同行业重大事故案例回顾；事故保险对策——分析高危人群和设备、设施，进行合理投保策略；安全经济对策——事故罚款、风险金、安全奖金、安全措施保证金、工伤保险、事故赔偿、安全措施；风险抵押制——采取安全生产风险抵押方式，进行事故指标或安全措施目标控制的管理，如责任书、考核内容、奖罚办法等，让员工增强安全意识，对安全的重要性有充分的了解。

（2）安全技能演习。包括：专业技能演习——进行各种消防器材的实际使用演练；事故应急技能演习——对可能出现的各种事故进行有效的岗位应急处置、个人救生等应急技能演练，使员工在事故发生后能有效地防止事态进一步演化，并掌握自救和应急的方法。

（3）安全宣传活动。包括：安全大会、安全宣传月活动；一套挂图；一幅图标；一场录像；禁止标志、警告标志、指令标志；宣传墙报——安全知识、事故教训等，时时处处提醒员工安全的重要性，树立长期的安全意识。

（4）安全教育活动。如：对特种作业人员的持证教育，对员工日常的"全员安全教育"等，形成一种广泛的安全氛围。

（5）安全管理活动。如：应用各种法规、条例、规范等进行全面管理，在安全教育、安全制度建设、安全技术推广、安全措施经费等方面进行目标化管理等。

（6）安全文艺活动。包括：安全竞赛活动；安全生产周（月）；安全演讲比赛；安全贺年活动；安全"信得过"活动；"三不伤害"活动；班组安全建"小家"；现场安全正计时等，以丰富多彩的文艺活动从情感上感染员工，使之自觉树立安全观念，强化安全意识。

（7）安全科技建设活动。如：基层单位、班组、岗位进行安全标准化作业建设，对各种条件下的人机界面进行研究、分析，通过硬件设计、改造，实现本质安全，对危险点、危害点和事故高发点进行重点控制；对生产技术及工艺中存在的隐患进行分期、分批改造和整治等。

（8）安全检查和安全报告活动。

（9）安全评审和奖励活动。如：对安全管理、安全教育、安全设施、现场环境等安全生产的"软件""硬件"进行全面评价；对安全生产先进的基层单位和个人进行表彰、奖励等，从客观上激励和约束员工重视安全，强调安全，树立安全意识。

安全文化活动形式通过活动内容、活动方式、活动目的、活动对象、组织部门、关键点等项目系统地表达。在实际组织时，每种活动方式可以定期组织操作或非定期组织操作的方式进行，如定期组织操作，就可能成为安全宣传月、安全教育月、安全管理（法制）月、安全文化活动月、安全科技月、安全检查月、安全总结月等，活动形式有实物直观启发、现场模拟培训、现身说教、团队讨论、案例教学等。强调激发活动者学习的主动性，鼓励提出问题，积极参与互动，充分调动每一个活动者的积极性，注重经验分享，变被动式、接受式学习为主动参与。更重要的一点就是参与活动的人员能够根据安全文件、安全规程、安全生产规章制度及安全理论知识，结合自身的日常实际工作进行反思，最大化地增强对所学知识点的理解和记忆，达到学以致用的目的。

4.3　水利工程管理单位安全精神文化建设要领

4.3.1　正确安全意识的建设

4.3.1.1　正确安全意识的主要内容

（1）"安全第一"的意识。"安全第一"是落实"以人为本"的根本措施，"安全第一"符合人们生产和生活的客观规律，也是保护人民生命和国家财产的需要。坚持"安全第一"，就是对国家负责，对水利工程单位负责，对自己负责，对他人负责。应依靠科学技术进步和科学管理，运用系统安全的原理和方法，采取有效的防范措施，消除危及安全和健康的一切不良因素。

（2）"预防为主"的意识。"预防为主"是实现"安全第一"的前提条件，也是重要手段和方法。虽然人类还不可能完全杜绝事故的发生，实现绝对安全，但只要积极探索规律，采取有效的事前预防和控制措施，改以往开展事故后抢险的被动工作方式为防范事故发生的预防工作方式，将事故消灭在萌芽状态，达到预防事故的目的。

（3）法律意识。安全法律法规是规范行为、健全保障体系、维护社会成员利益的根本大法，是社会成员必须共同遵循和坚持的行为标准和法律依据。每个社会成员必须自觉树立法律法规意识，忠实地遵守和执行安全法律法规，在法制环境中实现安全生产。正确行使安全法律法规所赋予的权利，自觉履行安全生产法律法规的义务，自觉遵章守纪。树立法律意识，首先要树立和强化的是责任意识，保障安全是一种对国家的责任、对社会的责任、对劳动者的责任，也是对自己人生的责任。必须使每个人、每个单位对安全生产具有极强的责任意识，恪尽职守，全力负责，保障安全。安全事故造成的生命、财产的损失都必须有法律上的责任承担者，必须使不负责者、玩忽职守者面对法律的追究，承担法律后果。

（4）"生命工程"意识。每个成员都必须意识到自己从事的一切活动均关系自己或他人的生命安全和健康，生命价值是最高价值，是任何价值所无法比拟的，人的生命权与健康权神圣不可侵犯。因此，一切活动都必须高标准、严要求，做到质量至上，安全为天，以保障自己和他人的生命健康与身心安全。

（5）自我安全保护意识。自我安全保护意识主要来自认真学习和执行各项法律法规、安全规程制度，主动进行安全学习和接受安全教育，自觉成为安全工作的有心人和明白人，主动服从安全指导和管理，遵守和执行各项安全规程、制度，有目的地去预防、躲避存在的危险点，从而保护自己。自我安全保护意识要求每个人必须加强个人修养，培养良好的心理素质；加强专业知识学习，提高技术素质；专于工作，勤于思考，做到超前思维；遵章守纪，爱岗敬业，按章操作；时时、事事、处处注意安全，养成良好的自我保护意识。自我保护意识包括超前安全保护意识、间接安全保护意识、应急安全保护意识等。超前安全保护意识是维持生命不可缺少的自觉行为，也是一种精神和思维，主要体现在由于安全管理的缺陷造成人的态度、情感等变化而可能发生不安全行为或物的安全状态发生改变时，能够对这种变化有所警觉、意会和及时纠正及有效控制。间接安全保护意识是指人们通过长期的工作经历及经过安全教育和培训逐步形成的、可在危险因素以隐形方式出现及间接的和慢性的伤害出现时能够及时辨识、认知和采取预防措施的能力。应急安全保护意识主要体现在：当事故以显现的方式出现时，能迅速察觉这种直接危害的征兆，准确判断事故的性质、类别、危害程度并断然采取措施，这种措施是人的自发的、本能的、快速的反应。

（6）群体意识。水利工程生产是一项复杂的系统工程，往往是多人同时作业、交叉作业，因此，一定要树立良好的群体意识，相互帮助，相互保护，相互协作，密切配合，自觉接受监督，这是保障安全生产的重要条件。

（7）忧患意识。安全来自人们敬畏制度的心态，来自如履薄冰的行为，人们只有在举手投足间以谨慎的态度规范自己的行为，才能保证安全。事故的发生是有先兆的，并且有一个孕育、发展和爆发的过程，而这种先兆和过程往往隐藏于诸多现象中。只有具备了忧患意识，才能以审视的目光观察事物，从事物发展、变化的蛛丝马迹中发现问题，才能采取有效措施，清除种种障碍，根除事故发生的条件。

4.3.1.2　正确安全意识的自我培养

正确安全意识的自我培养就是在安全生产过程中不断地进行自我认识与自我教育。

自我认识方法有自我观察法、自我分析法、自我比较法、自我评价法等。

自我观察法就是将自己的安全心理活动作为观察对象，对自己想的、做的与安全法律法规进行对比分析，确认哪些是对的哪些是错的。通过内省可以总结自己在安全工作上的经验教训，对自己做出正确的评价，明确安全工作目标；自我分析法就是通过与自己周围人的接触中对外在因素的分析，注意在安全方面他们对自己的态度，想象他们对自己的安全评价，以此为素材进行分析，从而认识自己；自我比较法就是在比较中提高和发展，在安全方面认识别人的同时也在认识自己，对他人揭示得越全面、越深刻，对自己的认识也就越全面、越深刻；自我评价法就是对自己的心理活动及行为进行自我评价和调控，并对协调、改善安全生产中的人际关系、提高自主保安有重大的作用。

自我安全教育的方法有讨论法、引路法、提高法。采用讨论法时，先要设计好讨论的内容，再通过与几位同事、朋友进行讨论、交流、辩论、学习，弄清道理，提高自己的认识能力，让自己受到教育；引路法，即应向安全方面的先进人物学习，以榜样的行为来约束自己，以达到自我安全教育的目的；提高法，即善于在实践中锻炼自己，善于在学习中积累知识，以高尚的职业道德、良好的工作作风、优秀的业务技能提高自我安全教育的效果。

4.3.1.3　正确安全意识的强化

正确安全意识主要采用以下手段强化：

第一，安全教育。安全教育带有一定的强制性，是强制性地向人脑输入安全信息，可以在较短的时间内，使人们获得较多的安全知识，强化安全认识，提高安全意识和素质。安全意识教育一般通过端正安全态度、树立安全风气、养成安全习惯、自主安全管理等方法来实现。

第二，安全法律。由于每个人的安全实践和社会地位不同，因此，安全意识有较大差异，水平也参差不齐，必须有安全法律的约束和规范，才能形成有序的社会安全意识。安全意识的渗透离不开安全法规的执行和防范措施的落实。安全法规是一种外在的约束机制，规定人们在安全生产和生活中应该做什么，不应该做什么，成为人们遵守的安全行为准则，从而强化人的安全意识，使之内化为自身的一种自觉行动，形成一定的安全法制观念，从而协调人们安全生产和生活中发生的关系，使人们的安全行为更符合社会安全规范。

第三，安全道德。安全法律是人们在生产和生活中必须遵循的基本行为准则，要达到自觉的安全意识和行为，还需要用安全道德来规范人们的安全行为。安全道德是安全素养的重要方面，安全道德是指人们在生产和生活过程中，不仅具有维护自身安全的行为准则，而且具有维护国家和他人安全和利益的行为准则及规范。社会安全道德启发人们的安全意识，诱导有益于安全的行为趋向，使安全意识与行为成为社会规范的一个重要内容。它是靠社会舆论和环境氛围及人们的内心信念的力量而建立和维持的。安全道德是一种内在的自我约束机制，是安全法律的必要而有力的补充。它促使人们具有安全责任感，遵守安全生产的规章制度，尊重他人的安全权利。人们如果具备了安全道德观，并把它变成日常的习惯，就如同每天必须穿衣吃饭那样必须做的事情，就能够杜绝不安全行为，有效预防事故。

4.3.2　树立水利工程单位的正确安全观

水利工程管理单位的正确安全观主要有：

（1）"安全第一"的哲学观。安全与生产存在于一个矛盾的统一体中，安全伴随生产而产生和存在，没有生产就没有安全问题，但是没有安全的保证，生产也难以顺利进行。安全与生产的关系是相互促进、相互制约、相辅相成的关系，即生产是水利工程单位的目标；安全是生产的前提，生产必须安全。"安全第一"体现了人们对安全生产的一种理性认识，这种理性认识包含两个层面：一是人的生命是至高无上的，每个人的生命只有一次，要珍惜生命、爱护生命、保护生命，事故意味着对生命的摧残与毁灭，在生产中，应把保护生命安全放在第一位；二是生产与安全是互相协调的，安全是保证生产系统有效运转的基础条件和前提条件，如果基础和前提条件不保证，没有安全的保障，就谈不上有效运转，生产就不能正常进行。安全与生产是一个矛盾的统一体，处理得当则二者相得益彰，处理不当则两败俱伤。当生产与安全发生矛盾时，应首先解决安全问题，即"安全第一"，只有单位决策者都充分意识到安全生产对人、对单位、对社会的极端重要性，在思想上高度重视安全工作，树立"安全为天"的思想，时时刻刻把安全和人的生命与健康、水利工程单位的效益和社会的责任联系在一起，才能通过全体成员的主动、积极参与减少事故的发生，减少人员伤亡和财产损失。"安全第一"的哲学观要求我们把安全工作放在一切工作的首位，在组织机构上，安全工作部门的权威要大于其他部门，要落实好"安全一票否决权"，在工作安排上安全工作要主宰一切工作的始终，并以安全为中心安排、部署工作。在资金管理中确保安全设施和设备的资金投入，切实地把安全工作作为水利工程单位一切工作的基础，正确处理好安全与生产、安全与效益、安全与稳定的关系，才能做好水利工程单位的安全工作。

（2）"安全就是效益"的经济观。就宏观而言，安全与效益在本质上是统一的，是相互依从、相互促进的关系。安全是经济发展的前提，安全是不能用经济效益弥补的，它是我们对自己、对他人的责任。就微观而言，安全生产与经济效益是对立统一的关系，二者既相互矛盾，又辩证统一，解决这对矛盾的关键是找出两者之间的平衡点，确保员工的生命安全、身体健康、财产不受损失，对社会不造成任何危害，这是所有水利工程单位的责任；同时确保资产的保值增值和员工的切身利益，这既是责任的体现，也是每一个水利工程单位的根本目的。安全生产可以促进水利工程单位的良性发展，为水利工程单位创造良好的生产环境；安全生产可以避免和减少事故造成的各项损失，增进潜在效益。安全是效益的重要组成部分，也是实现效益的重要手段，没有安全，工程单位很难维持正常运转，没有安全内涵的效益是缺陷效益，必然无法实现最优效益。而没有了效益，安全也就失去了存在的价值。安全投资所反映的经济效益有其独有的特征，不同于一般生产经营性投资，安全投资所产生的效益并不像普通的投资那样直接反映在产品数量的增加和质量的改进上，而是潜在地渗透在生产经营活动过程和成果中。安全投入的直接结果不但提高了水利工程单位安全管理的水平，解决了不安全因素，不发生或减少发生事故和职业病，而且保证了生产经营活动的正常运行，使得生产经营性投入不受到损失，并能持续生产、保证正常效益。从经济的角度看，如果安全生产工作做好了，水利工程单位效益就有了保证，安全投入不仅仅带来间接的回报，而且能产生直接的经济效益。增加安全投入可以降低事故成本、误工成本，提高员工的生产率。如果摆不正两者的关系，一旦水利工程单位发生事故，不但会危及个人的生命安全，而且给水利工程单位造成财产损失、停产损失、经济赔偿等一系列重大的经济损失，同时还要花费一定的人力、物力、财力去处理。另外，还会造成员工情绪波动，人心不稳，危及工程单位的正常生产，产生恶劣的社会影响等，间接损失不可估量。只有实现安全生产，才能减少事故带来的经济、信誉损失和由此产生的负面效应，员工才有安全感，才能增强凝聚力，提高社会信誉，才可以获得经济效益和社会效益。

（3）安全就是生命的感情观。"人的生命只有一次"，充分说明人的生命和健康的价值，强化"善待生命，珍惜健康"是我们每个人都应该有的感情观，不仅要珍爱自己的生命，而且要珍爱别人的生命。用"爱人、爱己""有德、无违章"教育珍惜生命，用"三不伤害"保护生命，用"热情教育、盛情关怀、严格管理"增强生命活力，要有"违章指挥就是谋杀，违章作业就是自杀"的责任感。广施仁爱，尊重人权，保护人的安全和健康的宗旨是安全的出发点，也是安全的归宿，更是安全伦理的体现。

（4）"人—工程—环境"协调的系统观。现代水利工程力求人—工程—环境系统协调，确保人—工程—环境系统的可靠运作是工程管理的重要内容，三者只有正常地相互作用才能使生产顺利进行。在生产中，人是主体，具有能动的创造力，而工程、环境为人所驾驭或改造。人们对于水利工程的操作和对环境的适应也不是与生俱来的，而需经过大量的、长期的培训和练习。

（5）"预防为主"的科学观。安全的本质含义应该包括预知、预测、分析危险和限制、控制、消除危险两个方面。无数事实说明，对危险茫然无知、没有预防和控制危险能力的"安全"是盲目、虚假的安全。仅凭人们自我感觉的"安全"是不可靠的、危险的安全。"预防为主"体现了人们在安全生产活动中的方法论。事故是由隐患转化为危险，再由危险转化而成的。因此，隐患是事故的源头，危险是隐患转化为事故过程中的一种状态。要避免事故，就要控制这种"转化"，严格地说，是控制转化的条件。事物有一个普遍的发展规律，那就是事故形成的初始阶段力量小、发展速度慢，这个时候消灭该事物所花费的精力最少，成本最低。科学研究表明：正常情况下，预防性安全投入与事故整改的投入效果是1∶5的关系，对于决策工作的劳动量来说，事前考虑与事后处理所花费的精力是1∶10的关系，而预防性投入与整改投入效果是 1∶1000 的关系。根据这个规律，事前的预防及防范方法胜于和优于事后被动的救灾方法，消除事故的最好办法就是消除隐患，控制隐患转化为事故的条件，把事故消灭在萌芽状态。因此，"预防为主"是保证安全最明智、最根本、最重要的安全哲学方法论。"预防为主"的科学安全观要求采用现代管理方法，把纵向单因素管理变为横向多因素管理，变事后管理为预先分析，变事故处理为隐患管理，变管理对象为管理动力，变静态被动管理为动态主动管理，变"要我安全"为"我要安全"，变事后惩处为事前教育，实现水利工程单位和人员的本质安全化。

（6）安全教育的优先观。正确的安全意识、知识和技能不是与生俱来的，而是从实践中和学习中获得的。然而，人们的实践活动是十分有限的，而且并非每一项知识和技能都能够进行实践。这就要通过实施正确的安全培训和提供适当的信息，使人们掌握和具备相应的意识、知识和技能。安全教育是实现安全生产和生活的前提，应该将安全教育摆在一切工作的前列，优先考虑。

（7）安全管理的基础观。管理缺陷是发生事故的深层次的原因，据统计，80%的事故与安全管理缺陷有关，因此，要从根本上防止事故，就要从加强安全管理抓起，不断改进安全技术管理，提高安全管理水平。这是因为：一是搞好安全管理是全面落实安全生产方针的基本保证。落实"安全第一，预防为主"的安全生产方针，需要各级领导有高度的责任感和自觉性，需要人们有较强的安全意识，自觉遵守安全法律法规，提高自我保护能力和安全技术水平，完善安全管理体系，运用安全管理手段。二是搞好安全管理是安全技术发挥作用的基础。安全技术的作用只有通过精心的计划、组织、实施、督察、检查等一系列行之有效的安全管理活动，才能发挥有效的作用。

4.3.3 树立正确的员工个人安全观

员工首先要认识到自己是安全与健康的载体，是被保护的对象，同时也是不安全行为和不安全物化环境的制造者。正确的员工个人安全观主要有：

（1）安全就是幸福的观念。就个人来说，个人只有拥有完整的生命和健康的体魄，才能够去从事创造社会价值的生活，才能够去追求个人的理想，才有资格去努力实现自己的愿望。就其家庭而言，个人只有拥有完整的生命和健康的体魄，才能保证家庭结构的完整，才能承担起家庭的责任，完成作为家庭成员的义务，为家庭创造物质财富和精神财富，与家庭成员一起分享快乐与温暖。一个人的身体受到伤害、生命受到威胁，不仅是自己人生极大的悲哀，而且将使整个家庭像多米诺骨牌一样，由幸福美满、充满希望迅速滑向希望渺茫、充满苦难的深渊。如果自己的不安全行为导致周围人身体受到伤害和生命威胁，自身将怀着负罪感永远面对破碎的家庭、一群悲痛欲绝的老老少少。因此，只有安全才能有个人和家庭的幸福，只有安全才是幸福和成功的保证。

（2）安全就是财富的观念。人类从事任何社会生产生活等实践，都需要有完整的生命和健康的体魄，没有完整的生命和健康的体魄，就失去了参加社会生产和社会生活实践活动最基本的条件，至少是使其活动受到限制，也就不可能参加创造物质和精神财富的活动，同样不可能拥有物质和精神财富。更有甚者，当一个人的生命或健康受到威胁时，由于需要维持挽救和延续生命，社会和家庭还要支出大量的人力、物力、财力，消耗社会和家庭已经拥有的物质财富和精神财富。因此，人生最大的财富是健康，最宝贵的东西是生命。只有拥有了安全，才能有创造财富的基础和拥有财富的条件。

（3）安全就是道德的观念。劳动者的安全道德是社会公德、职业道德的重要组成部分，也是一个与安全生产紧密关联的重要问题。安全价值观的本质是保障自身安全。"珍惜生命，关爱健康"是人类共有的传统道德，更是社会主义道德规范的重要组成部分。生命不仅仅属于个人，而且属于亲人、属于家庭、属于社会，一个人发生了安全问题，整个家庭甚至是整个社会都要品尝这个悲剧的苦果。所以说，保证自己的安全即对父母、配偶和子女最好的回报。一个人对于生命的态度，体现了他对社会的态度、对家庭的态度，是个人人品、人格的诠释。对生命的珍惜，表明了其对生活的美好追求，对家庭的负责，也是对工友的尊重，对社会的热爱。对生命的珍惜，是一个人"对父母尽孝心，对妻儿尽爱心，对工作尽责任心，对社会尽奉献心，对国家尽忠心"的最基础的要求；而对生命的漠视，则表明其精神颓废，对生活冷漠，对家庭缺乏责任感，对社会蔑视。强烈的责任心是以一定的安全道德为基础的，安全工作的基本要求是"三不伤害"，而这也是社会主义道德的基本要求，因为不伤害他人才能做到尊重他人，珍惜自己才有可能尊重别人。尊重自己的生命是对家人对社会的责任，尊重别人的生命则是道德和法律的要求。对可预防的事故，如不采取必要的措施，就负有道义上的责任。一个劳动者的道德品质如何、高尚与否首先要看他对于安全的态度如何，看他能否在生产作业中做到"三不伤害"。"违章"是对"三不伤害"的直接否定，有"违章"行为的人无疑是道德品质低下者。我们每天在感受幸福的同时，也应当为自己和他人的安全尽自己的义务。安全关系人的身心健康、生命及财产。在道德观念中应该提倡使他人生活得更好、更安全。应该建立"安全人人有责""遵章光荣、违章可耻""珍惜生命，修养自我，享受人生"；自律、自爱、自护、自救；保护自己，爱护他人；消除隐患，事事警觉的意识，认识到自己对自己、自己对他人安全应承担责任，进而明确自己的安全行为规范。

（4）安全就是技能的观念。任何岗位所要求的技能无论标准高低，最基本的就是要掌握安全保障的技能，只有掌握了最基本的安全保障技能，才能掌握生产操作技能，在没有掌握安全保障技能的条件下，是不能完成岗位任务的，因此，安全技能是一切技能的基础和最低标准。

（5）安全就是荣誉的观念。事故往往是由人的不安全行为造成的，从而给人们留下事故人智能和技能方面甚至道德方面的不良印象，降低个人的威信，损坏个人的公众形象。只有遵章守纪、严格践行安全制度、防患于未然、能够化险为夷的人，长期实践"三不伤害"的人，才能得到社会的承认，受到人们的尊敬。如果因为自己的不安全行为而造成他人受到伤害，得到的将是经济、行政、法律的惩罚，社会的谴责和鄙视，自己的愧疚和悔恨。

4.3.4 避免水利工程管理单位领导的消极安全心理

水利工程管理单位领导的消极安全心理主要表现包括：

（1）应付型。是指水利工程单位领导缺乏安全工作"常抓不懈"的恒心，在安全工作上表现为忽冷忽热，遇到上级检查，或遇到事故发生，则不得不催促一阵子，开会、发文件、贴标语、投稿件，大操大办地热闹一番，蜻蜓点水地了解一番，走马观花地检查一番，舍不得认认真真去解决一些实际问题，舍不得扎扎实实落实一些具体措施，待一阵风过后，便偃旗息鼓，不闻不问，规范束之高阁。这样的水利工程单位，安全基础薄弱，安全意识淡薄，安全生产方面最易产生走过场、摆花架子，作表面文章，搞形式主义的错误，无法保证安全生产，对于事故的应急能力更差，一旦发生事故，就会惊慌失措，事故的扩大在所难免。

（2）随意型。是指水利工程单位领导缺乏责任心，在安全工作上敷衍了事，不讲科学性、合理性，对安全想当然，不了解实际、意识淡薄、知识缺乏。

（3）麻痹型。是指水利工程单位领导对安全认识模糊，对安全工作漠然置之，认为关于安全的一切工作是可有可无的，甚至是多此一举，对事故危害的强调是故弄玄虚、耸人听闻。对于其他水利工程单位的事故毫无警觉，认为别的水利工程单位发生事故，自己的工程单位未必会发生；即便在本工程单位发生事故，也侥幸地认为，这次发生事故，下次再不会轮到我了，甚至把是否发生事故看作运气，强调事故的偶然性，忽视事故的必然性。更有甚者，认为即使发生事故也没有什么大不了的，反正直接责任者不是我，因而对安全工作采取"马虎、凑合、不在乎"的态度。也有的水利工程单位负责人有过基层工作的"经验"，以为自己经验丰富，不按规程干事也不会出事，从而盲目行事。

（4）无知型。是指水利工程单位领导既不懂得安全技术知识，也不懂得安全管理知识，既不能发现安全问题，也不能解决安全问题，找不到安全工作的立足点，抓不住安全工作的切入点，安全工作放任自流。

4.3.5 消除员工的消极安全心理

员工个体的文化层次、社会阅历、家庭状况、个人素质等各不相同，以下一些消极安全心理容易发生事故，在安全精神文化建设中，应予以消除。

（1）逐利冒险型心理。逐利冒险型心理包括如下形式：一是逐利心理，个别作业人员摆不正安全与生产、安全与效益的关系，为了追求高额计件工资、高额奖金，将操作程序或规章制度抛在脑后，放任隐患发展，违章操作，盲目加快操作进度，最终导致事故；二是侥幸心理，即一种企图偶然获得成功或意外免去不幸的心理，混淆了个别违章未出事故的偶然性和长期违章迟早要出事故的必然性，认为偶尔出现一些违章行为也不会造成事故，自认为自己控制力强，对作业环境和条件变化能够掌握，偶尔违章违纪不会出事，便碰运气，一旦成功，就盲目自信，因为多数违章行为并没有导致伤亡事故，导致伤亡事故的违章作业往往是多次违章作业中的一次，以为再违章一次也不见得就会出事，从而造成事故；三是冒险心理，在生产过程中，在生产现场的条件较为恶劣的情况下，抱着不违章不能正常生产的心态，或者好汉心理，打肿脸充胖子，我行我素，冒险违章违纪作业；四是省事心理，表现为嫌麻烦、怕费劲、图方便、走捷径或者得过且过的惰性心理，认为多一事不如少一事，安全规程的程序过于复杂，便投机取巧，省略必要的保护性的操作步骤或不使用必要的安全装置，明知违章而不自我纠正；四是急躁心理，表现在一些员工甚至管理人员为了抢时间、赶进度完成生产任务而违章蛮干，或者为了早下班，忽视准备工作，简化工艺程序，省略安全措施，免去必要的检查，取消监护人员，打乱正常的生产秩序，急于求成，顾此失彼，往往造成安全隐患。

（2）厌倦麻痹型心理。厌倦麻痹型心理表现为如下形式：一是悲观厌倦心理，对工作甚至生活失去信心，精神萎靡不振，无精打采，思维懒惰，行动迟缓，造成安全隐患；二是无所谓心理，对外界所发生的自认为与本人无切身利害关系的事情，持一种无所谓、毫不关心甚至排斥的心理，对他人违章行为视而不见，对事故隐患熟视无睹，对发生的事故冷眼旁观，不认真掌握安全技术知识和技能，在工作中一贯马马虎虎，粗枝大叶，作业时注意力不集中、应付了事，对工作缺乏热情，对同事缺乏感情，总认为安全是别人的事，与自己没有任何关系，谁出事故谁倒霉，常表现为心不在焉，满不在乎，有的人根本没意识到危险的存在，认为"什么章程不章程，章程都是领导用来卡人的"，有的人对安全问题谈起来重要、干起来次要、比起来不要，在行为中根本不把安全条例等放在眼里，也有的人认为违章是必要的，不违章就干不成活；三是麻痹心理，在这样的心理状态支配下，作业者往往心不在焉，凭经验、印象、习惯进行操作，检查时走马观花，作业时漫不经心，没有意识到操作方法有错误，在作业过程中，也没有注意到出现异常情况。当突然出现与预料相反的客观条件变化时，由于没有心理准备，原有定势遭到破坏，因此往往表现为惊慌失措，手忙脚乱，未能采取有力措施，终于酿成事故。有些员工长期在同一个岗位上工作，在几次违章后，侥幸没有发生事故，就以为永远也出不了事故，安全思想就松懈了下来，把规程措施抛至脑后，不把安全放在心上，并对这种违章行为心安理得，毫不在乎。

（3）逆反不平衡型心理。逆反不平衡型心理包括不平衡心理和逆反心理。不平衡心理是指一些艰苦、高危的员工由于作业条件差、劳动强度大等原因操作员往往产生不平衡心理，特别是有些"怀才不遇"者在同事升迁、加薪等情况下更易心理失衡、精神颓丧、心情压抑，容易出现对职业满不在乎、想入非非等现象，缺乏对所从事工作的兴趣，对管理制度、操作规程、工艺要求等心不在焉，思想不集中，因而给安全造成隐患；逆反心理是指当员工与管理者关系紧张的时候，员工常常产生逆反心理，为了报复、宣泄不良情绪而有意"违章"，是一种无视社会规范或管理制度的对抗性心理状态。在生产活动中，具有逆反心理的人对安全规章制度也容易产生对抗行为，故意不遵守规章制度、不按安全规则操作而发生事故的事例也时有发生。由逆反心理造成的对抗性行为，通常表现为两种方式：其一是显性对抗，例如当安全检查人员指出其违章操作时，他不但不加以改正，反而会大发脾气，甚至骂骂咧咧，当面顶撞，并继续违章；其二是隐性对抗，例如当受到领导批评后，表面上表示要立即改正，但领导一走，仍旧我行我素，也就是通常所说的"阳奉阴违"。逆反心理很强的人，往往缺乏理智，不辨是非，对自己认为"讨厌"的人和事盲目地一概加以拒绝或否定，因此容易导致事故。心理学家认为，人的动机具有内隐性的特征，逆反心理便是动机的这种内隐性的特征之一。逆反心理往往在年轻人身上比较明显，其表现一般是"你让我这样，我偏要那样"。有逆反心理的人，对各种安全法规、规章制度缺乏理性认识，对企业的安全生产要求有一种反感心理，这直接影响到他们的安全意识。

（4）盲从或迷信型心理。盲从心理是指人们很容易受其他人行为的影响，在环境风气不正的情况下，常常看到别人或大多数人怎么做，他也随波逐流跟着这么做，否则会感觉自己不合群，不近常理，怕被别人笑话，屈服于大众的习惯势力和舆论压力，即使明知不对，也"迫不得已"地"模仿"同事的不安全行为。师傅在带徒弟的过程中，常将一些习惯性违章行为也传授给徒弟，而徒弟认为只要是师父教的，就是对的，由此成为习惯性违章行为的继承者和传播者；一些工作时间不长的新员工和部分文化程度较低的老员工，由于缺乏安全知识或文化技术素质低，作业中糊里糊涂地违章，糊里糊涂地出事；班长或技术负责人违章，或班组内有人违章没有出现问题，大家就会对违章违纪习以为常，认为别人这么做也没出事，不要紧，自己也就跟着别人一起违章违纪。迷信型心理是指有极少数的文化程度较低的员工，受封建迷信思想影响，认为"生死有命，祸福在天"，抱着"是福不是祸，是祸躲不过"的错误想法，不注意安全，漫不经心，往往造成事故。

（5）恐惧心理。恐惧心理是指事故现场惨不忍睹的场面使有的新员工或者胆小的员工对工作产生恐惧心理，在工作中缩手缩脚，特别是在处理隐患或危险时束手无策，惊慌失措，反而造成事故。由于某些工种或岗位发生事故频率较高，一部分职工产生"谈虎色变"的心态，心慌胆怯，工作缩手缩脚，心神不安；也有的在突如其来的变故面前缺少心理准备和承受能力，惊慌失措或束手无策，导致反射性行为而发生伤害事故。

（6）虚荣好奇型心理。这类心理包括虚荣心理、好奇心理、帮忙心理，是青年人较普遍的心理特征，一些青年人在这种心理的驱使下，可能头脑发热，干出一些冒险愚蠢的事情，使一些本来不该发生的事故发生。虚荣心理是指有些员工自以为是，以为自己技高一筹、高人一等，逞能违章，别人不敢干或明令禁止的，不顾客观条件是否具备，都头脑发昏，冒险蛮干，满不在乎各种危险警示和操作程序，甚至预见到违章可能发生危险依然盲目自信，用冒险炫耀自己的技能，把蛮干当本事。好奇心理是指对一些新设备、新装备等平日难得一见的情况，出于好奇心理，在对设备情况不熟悉、不了解的情况下，自己动手操作一番，并导致非理智行为。帮忙心理是指员工在不了解设备的情况下碍于情面，盲目去帮忙操作需持证操作者才能操作的机器设备，易造成事故。

4.4　水利工程管理单位安全行为文化建设要领

4.4.1　采用多种方法控制不安全行为

（1）前馈控制、同期控制和反馈控制并举。

前馈控制实际上是一种预防性管理，是以预防事故的发生为中心所进行的管理活动，是安全生产工作的首选做法。在人本思想的指导下，预防性管理的核心是控制人的不安全行为和消除物的不安全状态。前馈控制对人员的管理重点就是控制人的不安全行为，就是使人们不要产生那些可能导致违规行为的内在需要和动机，从思想根源上预防违规行为的发生。预防违规行为的动机，关键是要杜绝各种违规诱因。首先要杜绝产生那些自私、狭隘、庸俗、可能产生违规动机的内在需要，这就需要进行人员安全培训，提高人员的安全素质，弘扬甘于奉献、正直向上、符合安全文化建设方向的优良作风。选拔更合适的人员，提拔重用那些真正把安全放在第一位的以及在安全工作方面出成绩的人员，引导大家关注安全，重视安全，使人员自觉遵守安全行为规范等，决不能让那些易导致违规行为的诱因产生。

同期控制也称过程控制，"过程"是指项目实施所经过的活动过程、如工程建设过程、作业过程等。过程控制是在加强直接观察的基础上，对过程的程序与内容是否符合安全要求进行排查，对正在进行的活动给予指导与监督，以保证活动按规定的政策程序和方法进行。过程控制包括外部监管和内部监管两方面，外部监管的关键是确保力度，执法必严，违规必究，真正做到落实得下去，严得起来，单位要全面开放安全信息数据，以便监管部门真正掌握安全生产动态；内部监管主要应推行科学管理和强化劳动纪律，要有效预防安全违规行为，靠科学管理来夯实安全生产基础，按科学的作业标准来规范人的安全行为，同时也必须积极强化劳动纪律，通过纪律约束来促使员工按章作业，增强安全意识。

反馈控制属于事后控制，即人的不安全行为出现及其不安全行为导致事故后再采取控制措施。它可防止不安全行为的重复出现，违规行为的反馈控制主要是事故管理，即以查找事故原因和制定防范措施为重点，进行事故分析，找出必然性的规律，总结经验教训，完善管理制度，修订作业程序，改进操作方法，防止类似不安全行为的再次发生。

（2）自我控制、跟踪控制和群体控制相结合。

自我控制，是指在人们自觉改变不安全行为，控制事故的发生。自我控制是行为控制的基础，是预防、控制人为事故的关键。当发现自己有产生不安全行为的因素存在时，如身体疲劳、需求改变，或因外界影响思想混乱等，应及时认识、改变或终止异常的活动。当发现生产环境异常，有产生不安全行为的外因时，能及时采取措施，改变物的异常状态，清除外因影响因素，从而控制不安全行为的产生。个人要了解自己在最近一段时间里的生物节律状况，及时调整工作安排。一旦人们能及时清楚地意识到自己所处的周期变化，就可以充分利用它来更加有效地学习、工作和生活。

跟踪控制，是指运用事故预测法，对已知具有产生不安全行为倾向的人员，做好转化和行为控制工作，以及对于已知的易产生人员失误的操作项目进行专门控制。跟踪控制的常用方法有：一是安全监护，即对从事危险性较大生产活动的人员，指定专人对其生产行为进行安全提醒、安全监督、转化工作和行为控制，提醒操作者注意安全思想准备工作，帮助他了解危险部位的作业方法，纠正不正确的习惯性操作方式，防止其不安全行为的产生和事故发生，以及在紧急情况下实施有效救护等；二是安全检查，即进行各种不同形式的安全检查，发现并改变人的不安全行为，控制人为事故发生；三是生物节律控制，充分了解员工的生物节律状况，了解员工在最近一段时间体力、情绪和智力变化的情况，再根据这些变化合理调度和安排作业。

群体控制是基于群体成员们的价值观念和行为准则，它是由非正式安全生产组织发展和维持的。

（3）规则控制、权威控制、影响力控制和技术控制相结合。

规则控制是利用政策规范的作用来控制人的不安全行为。通过贯彻落实国家有关安全生产的方针、政策、法规，建立和完善水利工程单位的安全生产管理规章制度，并加强监督检查，严格执行，使人的行为限制在规则框架内，超出规则规定的行为受到惩罚，从而使不安全行为得到控制。

权威控制是依靠安全领导的权威，运用命令、规定、指示、条例等手段，直接对管理对象执行控制管理。需建立完善的安全管理体系，合理划定不同层次安全管理职位的权力和责任，配备足够的安全管理人员，并保证安全信息沟通渠道畅通。

影响力控制中的影响力包括领导影响力、群体影响力、社会影响力等。它可以促进团体思想一致、行动一致，避免分裂，使团体作为整体充分发挥作用，有利于约束和影响人的行为。

技术控制是指运用安全技术手段控制人的不安全行为。如变电所安装的联锁装置，能控制人为误操作。

4.4.2　采取针对性的不安全行为控制方法

（1）调整不安全心理。即对于存在不安全心理的人采取调整控制方法。控制人的不安全心理和行为的方法是多种多样的，关键是要运用人的心理活动和行为规律，调动员工的工作积极性，培养其敬业精神。一是要善于从实际情况出发。解决人的不安全心理要善于抓症结所在，针对具体情况具体分析、了解，对症下药，才能做到"一把钥匙开一把锁"，达到预期目的。二是正面诱导，即在日常工作中善于发现员工的兴趣、爱好、特长、性格、情绪及行动意向等，然后根据工作意图，选择有利因素进行适当的诱导，心理诱导方法包括启发式诱导、继发式诱导、激发式诱导和激励式诱导，启发式诱导即设法让员工利用联想推理等思维，独立思考，以领悟事理；继发式诱导即根据安全管理活动规律制定员工的活动目标，然后根据员工的现实认识水平，划分若干发展阶段，循序渐进；激发式诱导即利用员工的性格特点进行诱导；激励式诱导包括精神鼓励和物质奖励，如树立典型。三是提高安全意识，设法用安全意识控制人的行为。

（2）个体差异与岗位相匹配。事故发生率与职业的适应性有极密切的关系。所谓职业适应性主要是指人员从事某种职业应该具备的基本条件，它侧重于职业对人的心理特征、体能、技能和经验的要求。同时还要考虑职业的特性，如工作条件、工作空间、物理环境、使用的设备工具、操作特点、训练时间、判断难度、安全状况、作业姿势、体力消耗等特性。人员应具备的基本条件包括所负责任、知识水平、技术水平、创造性、灵活性、体力消耗和训练等8个方面的情况。可进行职业适应性测试，提高员工与工种的匹配程度，防止人为失误，职业适应性测试包括生理功能测试和心理功能测试两方面。

（3）压力管理。即对于压力造成不安全行为的人员进行压力管理，使得他们感受到的外界压力与自身承受力平衡，先判断其处在何种压力状态下，后判定所承受的压力是否与其承受力相符，再采用各种不同的方法减轻其压力，最后疏导他们要保持积极心态，正确认识压力，增强应对压力的能力。

4.4.3　进行安全行为激励

安全行为激励采用内部激励和外部激励相结合的方法。

（1）外部激励。即通过外部力量来激发人的安全行为的积极性和主动性，包括经济激励、目标激励、责任激励。经济激励是将员工效益与安全生产结合的方法；目标激励是根据员工不同层次的需求，制定出不同的安全目标和奖罚方法，以调动员工的积极性和创造性，使之自觉、主动地完成组织的任务，进而实现组织的目标，如"安全生产 1000 天"等；责任激励是以减少责任事故为突破口，明确所有人员的安全责任，通过安全责任的细化，来调动员工的积极性和创造性，使之自觉、主动地去实现组织的目标。

（2）内部激励。即通过增强安全意识、素质、能力、信心和抱负，以提高员工的安全自觉性为目标的激励方式。内部激励通常采用的手段：①"参与"激励，即将组织安全目标与员工的个人目标（利益、需要、方向）统一起来，实行参与式的民主管理，增加水利工程单位安全目标与安全决策的透明度，发动员工参与制定安全目标和安全决策过程，使员工感到"决策者"的荣誉感，从而自觉实践"自己"的目标，提高员工接受和执行水利工程单位安全目标的自觉性与积极性。②"榜样"激励，即安全领导者以身作则，表现出对安全问题的一贯重视和对安全价值的认识，通过选树"安全标兵""安全卫士""安全标杆集体"等，起到点燃一盏灯照亮一大片的效果，使更多的员工受到激励，利用召开表彰会、经验交流会，让典型介绍经验、畅谈体会、传授方法，最大限度地引导员工的行为朝安全生产目标所期望的方向发展。③情感激励，即开展以关心员工生命安全和家庭幸福为中心的情感激励工作，在生产班组的墙上挂上每个员工的"全家福"照片，写上语重心长的关怀警句，录制安全教育片，以事故案例场面再现事故危害。这种方式天天都提醒着每个人注意安全，起到了正、负激励起不到的作用。④"提高"激励，即在安全领导者的支持、帮助、关心下，员工通过自身素质和安全技能的增强，提高实现组织目标的期望水平，从而激励员工以更安全的方式从事各项工作，甚至将这种安全素质保持到日常生活中。

外部激励与内部激励都能激发人的安全行为，但内部激励更具有推动力和持久力。前者虽然可以激发人的安全行为，但在许多情况下不是建立在员工内心自愿的基础上的，一旦物质刺激取消，又会回复到原来的安全行为水平上。而内部激励发挥作用后，可使人的安全行为建立在自觉、自愿的基础上，能对自己的安全行为进行自我指导、自我控制、自我实现，完全依靠自身的力量控制行为。从安全管理的方法上讲，这两种方法都是必要的。因此，应积极创造条件，形成人的内部激励的环境，在一定的特殊场合对特定的人员，也应有外部的鼓励和奖励，充分调动每个领导和员工安全行动的自觉性和主动性。

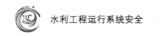

4.5 水利工程管理单位安全形象及其对事故预防的作用

4.5.1 水利工程单位安全形象的概念

水利工程管理单位安全形象是社会公众和内部员工对本单位安全方面的总体认识和评价，是单位安全状况在社会公众心目中的印象，是水利工程管理单位在安全方面的所作所为及其成果在社会公众和水利工程单位员工心目中的一种客观反映。水利工程管理单位安全形象既是水利安全文化的主要内容，又是建立在水利工程安全文化基础之上、体现一切安全活动的外在表现，它不仅与管理者形象、员工形象、公共关系形象是平行关系，也是水利形象不可分割的一部分。

4.5.2 水利工程管理单位安全形象的构成要素

从内容看，水利工程管理单位安全形象是水利安全文化的外在表现，所以，水利工程管理单位安全形象由安全物质形象、安全行为形象、安全精神形象、安全成果形象组成。安全精神形象是社会公众和内部员工对安全价值观、安全精神、安全道德、安全认识及意识等要素的总体认识和评价，它是无形的，却是水利工程安全形象的灵魂。其中，安全价值观是指水利工程管理单位所推崇的基本安全信念和奉行的安全行为准则，也就是单位安全行为的价值取向，安全价值观是安全精神形象的核心、灵魂；安全物质形象是指社会公众和内部员工对单位生产、生活、文化娱乐各个方面的安全环境、安全条件、安全设施及安全宣传等硬件的认识；安全行为形象是社会公众和水利工程单位职工对内部员工在生产过程中安全方面行为的总体认识和评价，如安全操作、安全指挥、安全作业、遵章守纪等；安全成果形象是指社会公众及水利工程单位员工对水利工程管理单位在安全方面所取得的成绩的印象，如事故严重度、事故发生频率、环境污染、职业病等。

从评价者看，水利工程管理单位安全形象由水利工程管理单位内部安全形象和外部安全形象组成。水利工程管理单位内部安全形象主要是指内部员工对单位安全方面的总体认识和评价，外部安全形象主要是指社会和社会人群，包括社会团体、公众、政府等，对水利工程单位安全生产活动的印象和评价。水利工程管理单位内部安全形象是水利工程管理单位外部安全形象的基础，也往往是水利工程管理单位外部安全形象的投影，水利工程管理单位外部安全形象可营造水利工程管理单位生存发展的社会环境。

4.5.3 水利工程安全形象对单位事故预防与控制的作用

水利工程管理单位安全形象是水利工程管理单位安全文化的外部反映，在对水利工程管理单位事故预防与控制的作用方面，与水利工程管理单位安全文化有类似之处。

（1）对安全认识有导向作用。水利工程管理单位安全形象是水利工程管理单位安全文化的重要内容，水利工程管理单位的安全价值观、安全理念是水利工程管理单位安全形象的核心、灵魂，它规定了水利工程管理单位的安全价值取向，对水利工管理单位员工的安全价值取向、安全态度、安全意识等有强有力的导向作用，这种导向作用，始终不渝地引导着水利工程单位员工维护水利工程管理单位的安全形象，为实现个人目标而努力奋斗。如一个水利工程管理单位塑造了"安全第一""安全就是效益""人的生命价值至高无上"等方面的安全精神形象，水利工程管理单位员工在思想意识、决策、行动中就以此为导向，积极地做好事故预防与控制工作。

（2）对安全意识有更新和凝聚作用。在水利工程管理单位安全形象的塑造过程中，水利工程管理单位员工在安全价值取向、安全态度、安全意识、安全目标方面取得了共识，获得了可见的收益。另外，水利工程管理单位安全形象的塑造和建设，必然要引入新的安全理念、安全价值观，这样，自然对员工的安全意识进行了更新，使其对安全的价值和作用有正确的认识和理解，安全意识可从"要我安全"向"我要安全""我会安全"转变。

（3）对安全工作有激励作用。水利工程管理单位有了良好的安全形象，可在水利工程管理单位经营中获得可见的收益，且人的安全价值得到了体现和尊重，水利工程管理单位员工可感受到强烈的归属感、自豪感，激励每位员工维护单位取得的安全形象，想单位所想，急单位所急，人的安全行为和活动由被动消极状态转变为一种自觉、积极的行动，主动采取相应事故预防和控制措施，更有效地推动安全生产。

（4）对安全行为有约束和规范作用。水利工程管理单位在安全形象塑造和传播中，对水利工程管理单位的安全价值、安全知识、安全管理规章制度进行了宣传和教育，员工不仅知道了哪些应该干、哪些不应该干，而且知道并掌握了应该如何干、如何预防事故发生等，在工作中自觉约束规范自身行为，即弘扬安全行为，摒弃或纠正不安全行为，并通过安全设施、设备、防护用品及安全工程技术手段的应用，创造良好的工作条件，消除事故隐患。

4.6　水利工程管理单位安全形象与安全文化的关系

水利工程管理单位安全形象和水利工程管理单位安全文化是不同的概念，但它们相互联系，相互渗透，互相作用。

4.6.1　水利工程管理单位安全形象与安全文化的不同点

首先，水利工程管理单位安全形象和安全文化的概念揭示的含意是不一样的。水利工程管理单位安全形象是指社会公众和内部成员对单位安全工作所作所为的总体印象和客观评价，其主体是社会公众和内部成员，客体是水利工程管理单位。安全文化是水利工程管理单位长期实践中逐步形成并确立下来，全体职工认同的安全价值观念、安全行为准则、安全道德规范等构成的总和，主体是水利工程管理单位及其成员。正如一个是人的形体容貌、品质、性格，另一个是这种形体容貌、品质、性格在别人心目中的反映，两个概念的含义是不同的。

其次，二者的功能各有侧重。水利工程管理单位安全形象不但具有让人识别的功能，能起到辨识水利工程单位的作用，而且具有传播的功能。水利工程管理单位安全形象的传播途径，一是水利工程单位自身的传播，二是大众传播。水利工程管理单位在公众心目中形成的安全形象，还会通过公众言谈进行传播。水利工程管理单位安全文化的功能则不同，尽管也有对社会的辐射功能，但主要是对单位内部员工的功能，如导向功能、组织功能、教育功能等，这些功能综合地在水利工程单位中发挥其特有作用。

再次，认知顺序、评价层面不同。在认知顺序上，水利工程管理单位安全形象引起社会公众的注意往往是由表及里、由具体到抽象的过程，水利工程管理单位安全文化的辐射则是从里向外的过程。在评价层面上，水利工程管理单位安全形象的评价多从单位的社会反映层面来考核，评价依据易流于表层；水利工程管理单位安全文化则要从单位的深层管理及经管业绩来进行评价，评价依据要深入里层，因此，对于同样的水利工程管理单位，水利工程管理单位安全形象与安全文化的评价结果可能不尽相同。

4.6.2　水利工程管理单位安全形象与安全文化存在交叉与联系

（1）水利工程管理单位安全形象与安全文化有许多交叉的地方。即有关水利工程管理单位的安全价值观，既是安全形象的灵魂，也是安全文化的核心；有关水利工程管理单位的安全制度、安全行为、安全成果，既是安全形象要着力建立、调整的内容，也是安全文化不可缺少的组成部分；有关水利工程管理单位的安全宣传品，既是安全形象要着力设计的，也是安全文化中的重要内容；有关功能方面，两者都属于观念形态和精神领域，均具有导向、激励、凝聚、约束、辐射功能。

（2）水利工程管理单位安全形象与安全文化的互相联系。其联系在于，水利工程管理单位安全形象既是安全文化的主要内容，又是建立在安全文化基础之上的、体现水利工程管理单位一切安全活动和实体的外在表现，水利工程管理单位安全文化和安全形象是内容与形式的统一、实质与表象的统一，彼此之间是成果与载体的关系。水利工程管理单位安全文化是安全形象的内容，安全文化通过安全形象表现出来，安全形象既体现水利工程管理单位安全文化的内涵，又是安全文化外在的表现、有效载体。

水利工程管理单位安全形象作为人们对水利工程管理单位安全的总体认识，是单位安全文化的外在表现。我们的感觉、知觉、记忆、联想、思维等一系列活动，只是在重复各个层次水利单位安全文化建设的内容，在我们心目中形成的水利工程管理单位安全形象，只能是体现水利工程管理单位安全文化的安全形象。我们能够认识和辨别的单位安全形象，是各个层次安全文化的具体化。比如说，人们对一个水利工程管理单位有"领导不重视安全"的印象，说明这个水利工程管理单位的安全精神文化不好；人们对一个水利工程管理单位有"'三违'现象严重"的印象，说明这个单位的安全行为文化低劣；人们对一个水利工程管理单位有"危险源严重"的印象，说明其安全物质文化较差；人们对一个水利工程管理单位有"事故多"的印象，说明这个单位的安全成果文化有问题。

水利工程管理单位安全精神形象与安全精神文化的联系是，水利工程管理单位安全精神形象是通过人们的感觉、联想、记忆、思维等心理活动在头脑中升华而形成的，这种形象是抽象的，更接近于水利工程管理单位的本质。水利工程管理单位安全精神文化是一种无形的力量，能对单位员工的精神面貌产生持久的作用，并且通过安全制度文化的渠道，影响水利工程管理单位行为文化，以此来促进水利工程管理单位安全物质文化的发展。水利工程管理单位安全精神文化通过各种方式向内外公众传播，使公众对水利工程管理单位产生印象，从而使水利工程管理单位在公众心目中留下独特的印象，即安全精神形象。

水利工程管理单位安全精神形象与安全物质文化、安全制度文化、安全行为文化的联系是，水利工程管理单位的安全物质文化、安全制度文化、安全行为文化是沟通单位安全精神文化和安全精神形象的重要媒介，安全精神文化需要由安全物质文化、安全行为文化来体现，水利工程管理单位安全精神形象来源于安全物质文化、安全行为文化和安全制度文化，安全物质文化、安全制度文化、安全行为文化建设的方式会直接影响水利工程管理单位的无形形象。

水利工程管理单位安全文化与安全物质形象、安全行为形象、安全成果形象的联系是间接的，水利工程管理单位的安全物质文化、制度文化、行为文化、成果文化和水利工程管理单位的较深层次的精神文化一起，通过水利工程管理单位安全物质形象、安全行为形象、安全成果形象表现出来。

4.6.3 水利工程管理单位安全形象与安全文化相互作用

（1）水利工程管理单位安全文化决定水利工程管理单位安全形象。水利工程管理单位安全形象与水利工程管理单位安全文化是形式与内容的关系，水利工程管理单位安全形象是形式，水利工程管理单位安全文化是内容，水利工程管理单位安全文化是水利工程管理单位安全形象形成的基础，水利工程管理单位安全文化是水利工程管理单位安全形象的灵魂和支柱，水利工程管理单位安全文化决定水利工程管理单位安全形象，有什么样的水利工程管理单位安全文化，就有什么样的水利工程管理单位安全形象。一个水利工程管理单位安全观念薄弱，不能摆正安全工作的位置，不能正确处理安全与生产、安全与效益的关系，安全生产基础条件恶劣，安全措施不得力，各项安全法规和制度不健全，"三违"现象严重，事故严重度和发生频率高，环境污染、工业卫生疾病严重，其水利工程管理单位安全文化就不好，所反映的水利工程管理单位安全形象肯定差。反之，一个水利工程管理单位安全观念强，坚持"安全第一、预防为主"的方针，正确处理安全与生产、安全与效益的关系，安全生产基础条件好，安全措施得力，各项安全法规和制度健全，工作中杜绝"三违"现象，发生事故少，无环境污染，无工业卫生疾病，则其水利工程管理单位安全文化就好，在社会公众和水利工程管理单位职工中有良好的总体印象和评价，所反映的水利工程管理单位安全形象就优良。

（2）水利工程管理单位安全形象对安全文化有反作用。其反作用表现在不同的水利工程管理单位安全形象对安全文化建设有不同的作用。良好的水利工程管理单位安全形象树立后，一是良好的水利工程管理单位安全形象提高了水利工程管理单位整体形象，提升了水利工程管理单位的社会信誉和声誉，可促进人才聚集，加强水利工程管理单位安全文化建设的人力和物力，增添安全文化建设的内容，促进安全文化的建设向更高层次发展；二是良好的单位安全形象使内部员工产生荣誉感、优越感、安全感，同时在良好的安全理念作用下，形成一种凝聚力、向心力，实现价值观念的统一、员工行为的规范化，形成一种团结、和谐、积极、向上的氛围，产生使命感、责任感，不但增强了员工的工作热情和责任心，而且提高了工作积极性，从而促进了安全文化的建设走向良性循环的发展轨道；反之，不好的安全形象则会降低水利工程管理单位的社会信誉和声誉，导致人力、财力流失，单位内部员工产生惧怕心理，工作积极性降低，阻碍安全文化的建设。

（3）水利工程管理单位安全形象与安全文化相互促进。水利工程管理单位安全文化是塑造安全形象的基础，而塑造安全形象本身又是在建设安全文化。一个水利工程管理单位，要取得社会和政府的信任，就必须搞好安全生产，全面强化安全管理，建设安全文化，而在此过程中又塑造了自身的安全形象。水利工程管理单位安全形象是安全文化的形象，塑造安全形象是建设安全文化必不可少的内容。

4.7　塑造水利工程管理单位安全形象的基本途径

（1）确立正确的安全价值观，营造良好的安全文化，正确处理安全与效益、安全与生产的关系。一方面，水利工程管理单位安全形象建设不但强调安全理念、安全价值观的培育和塑造，而且强调将安全理念、安全价值观传递给大众；另一方面，塑造安全形象的过程也是水利安全文化建设的过程，所以，要培育水利工程管理单位安全文化精神，树立"安全第一、安全就是效益、安全创造效益"的安全价值观，使职工建立起自保、互爱、互救，以单位安全为荣的精神风貌，在每个职工的心灵深处树立起安全、高效的个人和群体的共同奋斗意识。在日常工作中，正确处理安全与效益、安全与生产的关系，使全体职工牢固树立安全观念，特别是要让普通职工清楚知道自己是工程单位安全工作的最大受益者，在思想和行动上实现从"要我安全"向"我要安全""我会安全"转变，成为真正意义上的安全工作的主人翁和安全工作的主力军。

（2）加大安全投入，加强硬件设施建设，为水利工程管理单位员工创造一个本质安全化的环境。要树立良好的安全形象，必须防止事故的发生，而从事故致因理论可知，物的不安全状态是导致事故发生的主要原因之一，加大安全投入、提高设备的可靠性、选用安全可靠的生产工艺技术、提高系统抗灾能力，为水利工程管理单位员工创造一个本质安全化的环境，是塑造安全形象的重要方面。

（3）强化安全管理，完善激励约束机制。人的不安全行为是导致事故发生的最主要原因，所以，在培育安全价值观、安全精神的同时，建立健全以安全生产责任制为核心的安全管理制度、建立完善的安全管理体系、完善激励约束机制，消除人的不安全行为，防止事故的发生，对塑造良好水利工程管理单位安全形象是至关重要的。

（4）依靠科技进步，不断解决安全问题和难题。自然界千变万化，错综复杂，人对自然的认识是有限的，现有安全理论与技术还不能完全控制事故发生，且水利工程管理单位在生产过程中会不断出现新的安全问题和难题。有不少安全形象良好的单位实践证明，依靠科技进步，可提高物的本质安全化水平，解决安全生产的难题，提高了设备的可靠性和系统抗灾能力，事故发生率明显降低，自然也提升了安全形象。

（5）加强安全教育与培训。人最宝贵的是生命，生命对于每一个人都只有一次，某些人之所以有不安全行为，主要是因为安全意识不强、安全知识缺乏、安全技能差，这就需要安全教育与培训，要结合职工基础教育和其他教育，做到形式多样、内容丰富、活动经常，让职工明白什么是对的，什么是错的，应该怎样干，不应该怎样干，违反规定会受到怎样的惩罚，形成人人重视安全、个个为安全操心的良好环境，从而消除人的不安全行为。

（6）将安全形象塑造融合于单位形象塑造和各项工作中，开展必要的公共关系，充分展示安全形象。一是水利工程管理单位管理者形象、员工形象、公共关系形象均含有安全形象成分，不应该将塑造安全形象看作特立独行的事务，没有必要成立单独的部门和开展单独的活动，而是应该在水利工程管理单位的总体理念、形象识别、工作目标与规划、岗位责任制制定、生产过程控制及监督反馈等各个方面融入塑造安全形象的内容。在工程单位中也许看不见、听不到"塑造安全形象"的词语，但在各项工作中可处处、事事体现安全形象的塑造。二是应与社会公众建立尽可能多的直接和间接联系，让社会公众更多、更全面地了解单位安全成果，增加社会公众对水利工程管理单位安全工作的好感及信任，为水利工程管理单位在社会公众中创造稳固的地位和良好的安全形象。三是以电视、电台、报纸、杂志等媒体为桥梁，在传播展示水利工程管理单位形象的同时，充分体现其安全形象。

5　安全风险管控及隐患排查治理

5.1　安全风险因素辨识

    安全风险因素辨识也称危险源辨识，危险源分为一般危险源和重大危险源。水利工程风险辨识是通过风险调查和分析，预测工程可能面临的风险，对总体风险因素进行分析，查找出工程项目的主要危险源，并且找出风险因素向风险事件转化的条件，将引起风险的因素分解成简单的、容易识别的单元，从而有利于对各种危险、危害事件发生的可能性和所造成损失的严重程度进行分析和把握。因此，对于水利工程风险辨识来说，首先，要识别出工程中可能存在的主要危险源及危害因素；其次，要辨识可能发生的事故及事故产生的严重后果。

5.1.1　水利工程风险辨识的内容

    风险辨识主要针对项目建成后存在的风险，以及危险、有害因素的分布与控制情况等进行识别和分析。根据工程周边环境、总体布置、生产工艺流程、辅助生产设施、公用工程、作业环境、场所特点、试运行情况、枢纽工程专项验收意见，分析并列出主要危险、有害因素及其存在部位、重大危险源的分布和监控情况。风险辨识应列出辨识与分析危险、有害因素的依据，阐述风险事件发生的可能性、可能发生的过程，以及发生事故后的危害程度等内容。

5.1.2　水利工程风险辨识应遵循的主要原则

    进行水利工程风险辨识时，应注意遵循以下原则：

    一是科学性原则。风险辨识的目的是分辨、识别和确定系统内存在的危险，它是预测安全状态和事故发生途径的一种手段，必须有科学的安全理论作指导，使之能真正揭示系统安全状况，风险水平，危险、有害因素存在的部位和方式，事故发生的途径及其变化规律，并予以准确描述。

    二是系统性原则。由于风险存在于生产活动的各个方面，因此，要对系统进行全面、详细的创新，研究系统及子系统之间的相关和约束关系；分清主要危险、有害因素及其相关的危险性、有害性。

    三是全面性原则。进行风险辨识和危险、有害因素识别时，不要发生遗漏，以免留下隐患。分析时坚持"横向到边、纵向到底、不留死角"，尽可能包括"三个所有"，即所有人员、所有活动和所有设施。通过对可能导致事故发生的直接原因、诱导原因进行重点分析，为采取控制措施提供基础。

四是预测性原则。对于危险、有害因素及潜在风险因素等，要分析其触发事件，亦即分析危险、有害因素出现的条件或潜在事故的发展模式。

5.1.3　水利工程风险辨识的方法

选用哪种风险辨识方法，根据分析对象的性质、特点、寿命的不同阶段和分析人员的知识、经验、习惯来确定，主要采用直观经验分析法和系统安全分析法。

（1）直观经验分析法包括对照经验法和类比法，对照经验法是对照有关标准、法规、检查表或依靠分析人员的观察分析能力，借助他们的经验和判断能力对评价对象的危险、有害因素进行分析的方法；类比法是利用相同或相似工程、系统或作用条件的经验和安全卫生系统的统计资料来类推、分析评价对象的危险、有害因素的方法，通过对以往事故案例或类比工程实例的分析，找出要进行风险辨识的主体目标中可能存在的危险、有害因素，以及事故发生的原因和条件，如事故案例分析法、类比工程分析法、运行事故记录分析、现场调查等。这些方法主要用于有可供参考先例、有以往经验可以借鉴或简单的系统、部件、作业点，如金属结构。

（2）系统安全分析方法有安全检查表分析法、预先危险性分析法、作业危险性分析法、故障类型和影响分析法、危险与可操作性研究分析法、事故树分析法、危险指数法、概率危险评价法、故障假设分析法等，系统安全分析法在复杂、没有事故经验的工程或系统中采用，如危险化学品、变电所等，该法与安全风险评价同时进行。

5.1.4　水利工程运行典型建筑物主要安全风险因素

水利工程运行的典型建筑物主要包括泵站混凝土建筑物、水闸建筑物、河道堤防建筑物等。

5.1.4.1　泵站混凝土建筑物安全风险因素

影响泵站混凝土建筑物安全的主要因素有裂缝、碳化、冲磨、冻融、渗漏溶蚀、风化剥蚀、冲磨气蚀和地基不均匀沉降等。

（1）裂缝：水工混凝土建筑物的裂缝的产生和扩展，通常是结构构件受损的标志之一，也是建筑物老化病害评估的重要指标之一。结合水工混凝土建筑物的工作特点，综合分析其裂缝产生的原因，可分为温度裂缝、干缩裂缝、钢锈裂缝、碱骨料反应裂缝、超载裂缝等。此外，常见的裂缝还有地基不均匀沉陷裂缝、地基冻涨裂缝等。

（2）碳化：碳化是指混凝土损失有效成分和强度的过程，是一种较为常见的损坏形式。其危害主要表现在碳化域内混凝土的抗拉强度和抗渗能力都有明显下降，且一旦碳化超过钢筋的混凝土保护层厚度，钢筋就会出现锈蚀、截面受损甚至断裂。

（3）冻融：冻融破坏是指在水饱和或潮湿状态下，由于温度正负变化，建筑物的已硬化混凝土内部孔隙水结冰膨胀，融解松弛，产生疲劳应力，造成混凝土由表及里逐渐剥蚀的破坏现象。

（4）渗漏：渗漏会使建筑物内部产生较大的渗透压力，甚至危及建筑物的稳定和安全；渗漏还会引起溶蚀、侵蚀、冻融、钢筋锈蚀、地基冻胀等病害，加速混凝土结构老化，缩短建筑物的寿命。造成渗漏的原因主要有以下几个：① 裂缝，尤其是贯穿性裂缝是产生渗漏的主要原因之一；② 止水结构失效；③ 混凝土施工质量差；

④ 基础灌浆帷幕破坏是引起基础渗漏的主要原因。

（5）地基不均匀沉降：地基不均匀沉降一般是由地基不均匀及荷载分布不均匀引起的。荷载的不均匀性危害较大，且易为人们所忽视。荷载大的部位沉降值也大，当沉降差过大，则会造成一系列的病害。水工建筑物的地下基础因损伤而发生不均匀沉降或上抬，就会出现相对变位，结构上会出现裂缝，以至于危害到水工建筑物的安全。

泵站建筑物的破坏形式主要为失稳破坏、渗透破坏、结构承载能力不足及混凝土结构强度不满足要求的破坏等。建筑物失稳破坏的表现形式为滑动、浮起，地基结构（土体的组成、土体的物理力学性质等因素）是滑动破坏产生的内部因素，对于修建在软土地基上的泵站，由于地基承载力较小，建筑物在同时承受水平荷载和垂直荷载的情况下，就可能发生滑动破坏；浮起破坏发生在干室型站房工程中，这种站房往往受很大的浮托力，而水平力很小或被抵消。泵站建筑物的渗透破坏与渗透坡降有关，当渗透坡降超过其允许值时，在上体内部及渗流出口处可能发生渗透变形，泵站建筑物渗透破坏的内部因素主要与泵站地基土层渗流特性有关，排水和防渗设施状况也对渗透破坏的产生有一定的影响。结构承载能力不足主要是由于外荷载长期作用及钢筋保护层破损和混凝土碳化引起钢筋锈蚀，进而导致混凝土保护层胀裂、剥落及钢筋有效受力面积不够产生的。

5.1.4.2　水闸建筑物安全风险因素

水闸是水利工程的常见建筑物，用于调节流量，控制上、下游水位，宣泄洪水，排除泥沙或漂浮物等。水闸包括节制闸、调度闸、送水闸、船闸等。

水闸工程的安全性主要应满足以下方面：

（1）水闸的建筑物结构及其地基应具有足够的承载能力，要求结构构件及其连接部件不得因材料强度不足而破坏，或因过度的塑性变形而无法承载，结构不得转变为几何可变体系，结构或构件的整体和局部不得丧失稳定。

（2）水闸工程结构构件的局部损伤（如裂缝、剥蚀等）不得影响水闸建筑物的承载能力，水闸建筑物和构件表面被侵蚀、磨损（如钢筋锈蚀、冻融损坏、冲磨等）的速度应较缓慢，以保证建筑物规定的安全服务期限。

（3）水闸的建筑物总体及其构件的变形、建筑物地基不得产生影响正常使用的过大沉降或不均匀沉降、渗漏，不得影响运行操作，以满足规划、设计时预定的各项安全使用要求。

（4）防洪标准达到要求。

影响水闸建筑物安全的主要原因有：

（1）防洪标准不够，造成超标准泄流，闸前水位过高甚至洪水漫溢；闸室不稳定，抗滑（或抗倾、抗浮）稳定安全系数不满足规范要求。

（2）闸基和两侧渗流不稳定，出现塌坑、冒水、滑坡等现象。

（3）主要结构不满足抗震要求，闸室结构混凝土老化，存在严重破损，如大量的混凝土裂缝、剥蚀、脱落、碳化、疏松、钢筋锈蚀等。

（4）闸下游消能防冲设施严重损坏，闸或枢纽范围上、下游河道淤积，造成泄水能力下降。

（5）其他方面的问题，如：观测设施缺少或者损坏失效；枢纽布置不合理，容易造成河道淤积和堤岸冲刷；防渗铺盖、翼墙、堤岸、护坡损坏；管理房屋失修或不够用，防汛道路损坏，缺少备用电源、交通车辆和通信设施等。

5.1.4.3　河道堤防建筑物安全风险因素

河道堤防工程的破坏方式按照其表现可以分为漫决、溃决、冲决及组合型破坏等形式。漫决是由河道堤防高度不达标或超标准洪水造成的；溃决多是因堤身内部隐患或强透水性堤基在高水位长期作用下发生渗水、管涌、漏洞，在抢护措施不到位的情况下，继而发展为决口；冲决多是由河势变化造成大溜顶冲堤防，或者风浪淘刷堤坡，而堤身土质为砂性土且缺乏有效的防护措施造成堤岸崩塌，抢护不力时便可发展为决口。除了上述三种破坏形式外，还有上述几种不同组合的破坏形式。影响河道堤防工程安全的因素可分为内部因素和外部因素。

内部因素包括渗流破坏因素和失稳破坏因素。渗流破坏因素主要与堤基和堤身的材料特性及力学特性有关，如堤基及堤防填筑材料的级配、黏粒含量、干密度、饱和度以及渗透系数等条件有关，另外，堤身断面形式、土层结构和性质、堤身裂缝、人为空洞和生物洞穴、堤基多种隐患，以及洪水期间，波浪对堤防临河侧面强烈的冲击作用，对堤基产生的淘刷作用等，都是河道堤防发生渗透破坏的因素；失稳破坏因素首先是岸坡结构，包括土体的组成、土体的物理力学性质、渗透特性等因素，其次是堤线的布置、河道堤防断面的形式、河道堤防存在的堤身裂缝、生物洞穴和人为空洞等隐患。

外部因素主要是高水位、枯水期水位骤降、抢险条件，高水位对河道堤防安全的影响主要体现在以下几个方面：一是在高洪水位的渗流作用下，河道堤防土体内部一点一粒的流失破坏逐步扩大穿通，最终造成塌陷而溃决，如管涌与渗漏等。二是高洪水位的水冲刷河道堤防土体外部，造成大块土体的洗刷剥离破坏，并逐步扩大加深，最终形成倒口而溃决，如风浪冲刷与漫溢洗刷等。三是高洪水位的渗透水长时间的饱和浸泡，导致局部土体承载力降低（抗拉抗剪力减小），此时外部稍加干扰，就可能造成大块土体被拉裂或脱坡，由微裂发展到宽裂，由小移发展到大离，最终也会因失去整体稳定造成倒塌而溃决，如裂缝与滑坡险情等。四是高洪水位的渗流作用在紧挨穿堤建筑物的土体上，由开始的渗流推动细小颗粒逐步扩大到水流冲刷交界面上的土体，最终造成塌陷而溃决，此种接触冲刷险情归属于从河道堤防土体内部破坏这一类；还有一种是建筑物自身遭到破坏，如闸门损坏、涵管断裂、挡土墙破裂倒塌等导致不能挡水，从而高水位作用在建筑物的外部上，可能引起一系列的破坏，此种冲刷破坏归属于从外部破坏的一类。而在枯水期，坡外水压力消失，岸坡内孔隙水压力一时未能消散，内外水压力差形成触发堤防崩滑的渗透力，造成土体极易失稳。

5.1.5　水利工程运行典型机电设备的安全风险因素

水利工程运行典型机电设备主要包括水泵机组和金属结构。

5.1.5.1　水泵机组的安全因素与常见故障

水泵机组包括机械设备和电气设备。其中，机械设备根据其用途和结构类型的不同，又可分为水力机械设备和动力机械设备。在泵站中使用的主要电气设备按其功能可分为一次设备、二次设备和直流设备等，包括供电回路、电机水泵系统、励磁系统、油压系统、供水系统、排水系统、高压气系统、低压气系统、真空系统的监控保护。

水泵机组主要安全因素包括：

（1）振动和噪声。主机组的振动和噪声是泵站机电设备中一种很常见的现象。正常运转下即稳定运行时，一定的振动和噪声是难免的，但是它们都有一种典型特性和一个允许值。当水泵或电机内部出现故障，或是零部件产生缺损老化时，其振动的振幅值、振动形式和噪声的频率等都会发生变化，因此振动和噪声能客观地反映主机组的运行状况，进而反映老化情况。由此振动和噪声的状况可以作为老化病害的一项评价指标。

（2）绝缘性能。水泵是利用进水池水面上的大气压力和水蚀进口的压力差使水流到进口处。水泵进口附近压力很低，常常处于负压状态，水流进入水泵后又会产生较大的压力降，故水泵内很容易发生汽蚀。由于大型电动机多为与水泵直联的低转速、大体积开敞式结构，工作环境差，上下温差大，且有其他因素起作用，电动机绕组易受潮、结露，加速电动机的绝缘结构老化，使其绝缘电阻吸收比等技术参数不符合要求。造成电机绝缘结构老化的因素很多，被称为老化因子，主要的老化因子有热因子、电因子、机械因子和环境因子。

（3）水锤、汽蚀和泥沙。在泵站管道中，如果水流速度由于某种原因突然改变，将引起水流动量的急剧变化，并使管道的压力产生急剧变化。该力作用在管道和水泵的部件上犹如锤击，叫作水锤（或水击）。泵站水锤可分为关阀水锤、起动水锤和停泵水锤等。一般而言，由事故停电等原因造成的停泵水锤往往产生较大的水锤压力变化，严重的甚至导致水泵、阀件或者管道的破坏，造成事故，影响机组的正常运行。所谓汽蚀指水泵在运转时，由于某些原因而使泵内局部位置的压力降低到水的饱和蒸汽压力时，水就会产生汽化而形成汽液流，从水中离析出来的大量气泡随着水流向前运动，到达高压区时受到周围液体的挤压而溃灭，气泡内的气体又重新凝结成水的现象。汽蚀的危害有：性能曲线下降，产生振动和噪声，产生剥蚀，泵的效率下降，能耗增加。

（4）腐蚀、锈蚀、剥落、变形损坏等。由于长时间运行及运行环境等因素影响，水泵的化学腐蚀使零件表面的金属一层一层地剥落，但破坏只在表面进行，破坏层很薄。当化学腐蚀使泵体金属表面的保护漆剥落时，金属就容易锈蚀。此外，主电机还存在机械磨蚀和环境锈蚀的情况，造成主电机的绝缘值降低，泄漏值增加，线圈松动、变形，不能长时间连续运行，绝缘材料则变硬、发脆等。安装在水泵和压力管道进出口的阀门，包括辅助设备的水、汽、油管道中的阀门，都会经常受到冲击、磨损，而导致老化。其中，设备的受力部件在长年的使用中，会产生永久变形，强度下降，提升负荷时会产生较大的挠度。

水泵机组比较常见的故障有：

（1）泵站的电动机及水泵出现故障。电动机定子绕组端部绑线崩断、绝缘蹭坏、连接处开焊；定子铁芯松动；转子励磁绕组接头处产生裂纹、开焊、局部过热烤焦绝缘造成损坏；机组运行中振动噪声增大、温度升高过大。

（2）泵站的主变压器温度指示出现故障。变压器的油温检查是变压器运行检查的重点，而温度指示故障是常见故障，易造成主变压器误判，应周期检测，温度指示值超过2%的允许误差后应及时修理。

（3）泵站油开关系统出现故障。若泵站油开关系统故障，将导致油位降低造成弧柱拉长，油分解产生的气体进入空气，严重的可造成燃烧爆炸，同时触头裸露造成腐蚀，主变压器不能正常操作易造成大事故。

（4）泵站安全保护装置出现故障。包括机组二次侧端子排锈蚀严重，增大了保护、测量系统的电阻，使保护部分灵敏度降低，测量部分灵敏度受到影响。

（5）泵站输电线路出现故障。包括输电线路导线有断股、金具锈蚀严重、部分金具断裂起不到应有的作用，线杆有严重裂缝、拉线与导线距离太近，在潮湿和雷雨季节给行人带来安全隐患。

5.1.5.2　金属结构不安全因素

金属结构不安全因素主要有：构件严重腐蚀导致承载能力下降；钢结构应力超标，刚度下降，导致闸门构件变形或断裂；闸门焊缝隙开裂，闸门焊缝焊接缺陷，金属闸门材料选用不合理，闸门、混凝土闸门老化、失修严重；启闭机容量不足，减速器和开式齿轮副硬度偏低，铸件铸造缺陷超标；制动轮开裂及其他；观测设施缺少或者损坏失效；附属设施（如电气设备）损坏、老化或缺乏。

5.1.6　水利工程运行中典型作业危险因素

水利工程运行中典型作业危险因素包括高处作业危险因素、水上作业危险因素、水下作业危险因素、高温作业危险有害因素、行车作业危险有害因素、电焊作业危险有害因素、机组大修危险有害因素、开闸引水危险有害因素、倒闸操作危险有害因素、清污机捞草危险有害因素、开机运行危险有害因素、汛前汛后检查保养危险有害因素、水上交通危险有害因素、道路交通危险有害因素、消防巡查危险有害因素、仓库管理危险有害因素、来人参观危险有害因素、档案管理危险有害因素等。

（1）高处作业危险因素：酒后进行登高作业；高空作业不扎安全带、不戴安全帽；作业人员思想不集中，作业人员因睡眠、休息不足而精神不振；现场孔洞及高处边缘缺乏栏杆或盖板；高空作业不带工具袋，手抓物件；恶劣天气时进行室外高处作业；通道上摆放过多物品；工作中梯子折断或倾倒，梯子摆放不稳；脚手架不按规定搭设；未落实高处作业人员的安全教育；操作人员操作不当。可能的主要风险是高处坠落。

（2）水上作业危险因素：未落实水上作业、船只航行安全保障措施；未落实水上作业人员的安全教育；水上作业人员思想不集中；水上作业船只未配备消防、救生等设备设施；作业过程中，未根据水流、潮汐等情况合理安排作业，作业船只撞击到水上大型漂流物；作业人员私自下河游泳；恶劣天气进行水上作业；水上作业船只被水流吸进来；冬季水上平台作业未采取防滑、防冻等措施。可能的主要风险是人员淹溺、沉船、翻船。

（3）水下作业危险因素：未落实水下作业监管措施；作业人员未配备应急救生

等设备设施；作业人员被水流吸进来。可能的主要风险是人员淹溺。

（4）高温作业危险有害因素：带病从事高温作业；高温作业时间过长；高温作业人员体内缺水；作业人员对高温作业的危险性了解不够彻底、全面。可能的主要风险是中暑、伤亡。

（5）行车作业危险有害因素：吊装人员无证操作；指挥不明、违章指挥；超负荷起吊；行车设备老化；被吊物件下方有人员逗留；作业人员带病操作、疲劳操作；吊运物件捆绑不牢；行车安全装置失灵；现场人员未佩戴安全帽等防护用品；光线不良，视野不清；钢丝绳变形、断丝。可能的主要风险是物体打击、起重伤害、触电伤害。

（6）电焊作业危险有害因素：电焊人员无证操作；电焊机线路老化；电焊场所周围有易燃易爆品；电焊作业时未佩戴护目镜、面罩和口罩；电焊场所通风不畅；作业人员穿短袖或卷起袖子；电焊机接地装置不可靠。可能的主要风险是火灾、爆炸、电弧灼伤、烫伤、触电伤害。

（7）机组大修危险有害因素：现场未设置安全警示标志，坑洞等危险区域周围未设置护栏；现场人员不戴安全帽；脚手架不按规定搭设；在非安全区域内随意走动；检修时意外触电，检修时光线暗，视野不清；检修人员未携带对讲机等通信设备；检修过程中上下抛掷工具或零件；检修人员思想不集中。可能的主要风险是物体打击、触电伤害。

（8）开闸引水危险有害因素：未执行开关闸操作票制度；值班人员擅离职守；上下游有渔民捕鱼；长江口及上下游船只被吸入；闸门上下乱动、振动过大；钢丝绳出现变形、断丝等现象；闸门控制柜发生火灾。可能的主要风险是火灾、人员伤害。

（9）倒闸操作危险有害因素：未严格执行操作票制度，未执行监护制度；误操作，误入带电间隔，分合隔离开关时电弧过大；电气设备安全装置失效；倒闸操作时未悬挂、摆放相应的警示牌；雷雨天气打伞进入变电所；未佩戴安全帽、绝缘手套及绝缘鞋。可能的主要风险是触电、灼伤、雷击伤害。

（10）清污机捞草作业危险有害因素：路面湿滑造成人员跌倒；人员从高处坠落；人员不慎落水；大型树桩等漂浮物弄断齿耙打击到人；机组运行噪音过大。可能的主要风险是机械伤害、物体打击、触电、火灾、溺水。

（11）开机运行危险有害因素：机组运行噪音过大；运行过程中上下游船只被吸进来；烘机组励磁时现场未设置警示标志；厂房屋顶漏水严重；现场电气柜着火；未及时关闭供水泵房排水长柄阀；运行过程中机组轴摆动过大，运行过程中轴瓦温度过高，运行过程中机组有异常声响。可能的主要风险是噪音伤害、触电、火灾。

（12）汛前汛后检查保养危险有害因素：保养钢丝绳时作业人员未戴安全帽、未系安全带；保养钢丝绳时作业人员思想意识不集中；保养钢丝绳时作业人员未穿防滑靴、未戴防油手套；保养钢丝绳时现场未有人监护；保养钢丝绳时未随身携带对讲机等通信设备；油漆养护时作业人员携带打火机、火柴等火种；油漆养护时作业人员吸烟、乱丢烟头；油漆养护时作业人员穿钉鞋作业。可能的主要风险是高处坠落、物体打击、机械伤害、火灾。

（13）水上交通危险有害因素：台风、暴雨等恶劣的气候环境对船舶形成冲击；

船舶使用燃油和电器时操作不当；船舶超载、船舶碰撞；船舶驾驶员违章驾驶、操作不当等。可能的主要风险是翻船、沉船、船体碰撞、人员落水伤亡。

（14）道路交通危险有害因素：驾驶技术不熟练，防御性驾驶能力不强，突发事件处理不当；酒后驾车，疲劳驾驶，超速行驶，不按交通标志行驶。可能的主要风险是车辆伤害、人员伤亡。

（15）消防巡查危险有害因素：感烟探测器报警，物件占用消防通道，应急照明灯突然闪亮，水箱水位突然下降，消防报警主机故障；灭火器、消火栓挪为他用；进出口安全指示牌不亮，消防水管控制阀漏水。可能的主要风险是火灾、人员伤害。

（16）仓库管理危险有害因素：下班未关电源引发火灾；易燃易爆品未隔离存放；物品摆放不稳定、不规则、货架摆放超重；物料标识不明，搬运工具使用不当；化学品储存、搬运方法不当；发泡料、油料等化学品管理不当；仓管员对化学品防护要求不明白、未按要求防护；库房物品布局不合理、通道不畅等。可能的主要风险是爆炸、火灾、中毒。

（17）来人参观危险有害因素：带领参观人员到危险区域，未将安全注意事项告知参观人员，未与参观人员负责人签订《外来参观人员告知书》。可能的主要风险是人员伤害。

（18）档案管理危险有害因素：下班未关电源引发火灾，空调、屋顶漏水。可能的主要风险是火灾、人员伤害。

5.1.7　水利工程运行的自然灾害及附属场所的安全风险因素

（1）自然灾害风险。发生自然灾害（如洪涝、干旱、台风、冰冻雨雪、地震等）时，自然灾害会整体或局部破坏工程堤防、水工建筑物、设备设施等，导致水利工程不能发挥作用，造成内涝等水利安全事故。如 2003 年，淮河流域发生了自 1954 年以来最大的洪水，泰州引江河水利工程服务的里下河地区发生了自 1991 年以来最为严重的内涝，机组开机运行 28 天，抽排涝水 7.18 亿立方米。

（2）物资仓库风险。物资仓库风险包括对仓库的辨识和存放物品的风险。潜在风险主要有：库房用电、照明不规范；库房的安全距离不足；消防器材缺失或过期；避雷设施不完善；存放危险品；物资堆高超标；化学品储存、搬运方法不当；化学品管理不当造成泄漏；仓库管理员未按要求对化学品进行防护；防盗措施不完善；危险物资出入库账物不符等。

（3）办公生活区风险。办公生活区潜在风险主要有：办公用电设施超负荷；电线、电缆、建筑材料不符合安全要求；消防通道不符合要求；消防设施未按规定配备；消防器材损坏、失效、过期；临边无防护；食堂食品卫生等。可能产生的危害有触电、火灾、爆炸、高处坠落、灼烫、物体打击、中毒等。

5.1.8　水利工程运行的安全管理不当风险

常见的安全管理不当风险包括：安全生产责任制落实不到位、安全管理制度不完善、安全教育缺失、隐患排查体系不完善、应急准备不充分、应急处置不合理、应急恢复不及时等，如表 5-1 所示。

表 5-1 安全管理不当风险及原因

安全风险	风险产生原因
安全生产责任制落实不到位	① 未按要求每季进行安全检查与评估 ② 没有严格执行安全生产职责的要求 ③ 部门主要责任人渎职、失职
安全管理制度不完善	① 安全生产法律法规更新不及时 ② 安全管理部门职能划分不细致 ③ 各部门安全生产责任划分不明确 ④ 安全生产档案管理不满足制度要求
安全教育缺失	① 未对最新颁布的法律法规、行业规程规范、单位规章制度制订培训计划，进行教育培训 ② 安全部门内部的责任人或相关管理人员的安全管理资质不合格，未取得相关培训合格证书 ③ 新员工三级教育没有落实 ④ 日常管理过程中不重视安全教育
隐患排查体系不完善	① 没有建立完善的隐患排查体系 ② 没有按照规定对隐患进行排查 ③ 没有及时排查出隐患 ④ 没有将隐患信息汇总、录入安全台账 ⑤ 隐患相关的档案信息记录不完整 ⑥ 未按规定对安全隐患排查得到的相关数据进行统计分析
应急准备不充分	① 应急准备的管理部门或组织机构不明确，没有专门从事应急救援的机构 ② 应急管理制度不完善，没有统一负责人、应急工作权责不分明 ③ 没有根据安全风险评价的结果制定应急预案 ④ 未按规定进行演练，导致作业人员与救援人员不熟悉应急知识、技能 ⑤ 应急处置的相关物资与设备设施缺失
应急处置不合理	① 当紧急事件发生时，没有按照应急预案进行处理 ② 没有对紧急事件做出及时反应 ③ 应急处理过程中相关责任人或主管领导失职，造成紧急事件的严重程度升级
应急恢复不及时	① 完成应急响应后没有及时结束应急响应状态 ② 没有在完成应急响应后对应急救援工作进行总结 ③ 没有在应急状态结束后对紧急事件的产生原因进行事后分析总结

5.1.9 水利工程危险源类别和级别

5.1.9.1 危险源类别

危险源类别分别为构（建）筑物类、金属结构类、设备设施类、作业活动类、管理类和环境等，各类的辨识与评价对象主要有：

构（建）筑物类（水库）——挡水建筑物、泄水建筑物、输水建筑物、过船建筑物、桥梁、坝基、近坝岸坡等。

构（建）筑物类（水闸）——闸室段、上下游连接段、地基等。

金属结构类——闸门、启闭机械等。

设备设施类——电气设备、特种设备、管理设施等。

作业活动类——作业活动等。

管理类——管理体系、运行管理等。

环境类——自然环境、工作环境等。

5.1.9.2　危险源的风险等级

危险源的风险等级分为四级，由高到低依次为重大风险、较大风险、一般风险和低风险，分别用红、橙、黄、蓝四种颜色标示。

（1）重大风险：极其危险，由管理单位主要负责人组织管控，上级主管部门重点监督检查。必要时，管理单位应报请上级主管部门并与当地应急管理部门沟通，协调相关单位共同管控。

（2）较大风险：高度危险，由管理单位分管运管或有关部门的领导组织管控，分管安全管理部门的领导协助主要负责人监督。

（3）一般风险：中度危险，由管理单位运管或有关部门负责人组织管控，安全管理部门负责人协助其分管领导监督。

（4）低风险：轻度危险，由管理单位有关部门或班组自行管控。

5.2　安全风险评价

5.2.1　模糊综合评价法

该法主要用于整体风险评价。

5.2.1.1　评价过程

模糊综合评价方法是对受多种因素影响的事物做出全面评价的一种十分有效的多因素评价方法，其特点为评价结果不是绝对的肯定或否定，而是以模糊集合来表示，可以综合考虑影响系统的诸多因素，根据各因素的重要程度及其评价结果，把原来的定性评价定量化，因此，可较好地处理系统多因素、模糊性及主观判断等问题。评价模型构建步骤如下：

（1）确定评价因素集。

（2）确定评语集或评价等级集。评语集是评价者对评价对象做出的各种评价结果所组成的集合，记作 V，参照相关规范，将安全评价各层评价指标和最终评价目标安全状况划分为"安全""基本安全""较安全""不安全" 4 个等级，分别用符号 v_1、v_2、v_3、v_4 表示，则评语集或评价等级集为 $V = \{v_1, v_2, v_3, v_4\} = \{$安全，基本安全，较安全，不安全$\}$。

（3）建立模糊综合评价矩阵。对于评价因素集中的每 1 个因素 u_i（$i = 1, 2, \cdots, m$），分析其对于评价等级集 v_j（$j = 1, 2, \cdots, n$）的隶属度 r_{ij}，得出第 i 个因素的单因素评价结果为 $r_{ij} = r_{i1}, r_{i2}, \cdots, r_{ij}$。出于分析的需要，通常情况下，$r_{ij} > 0$ 且将 ij 进行归一化处理，即使 $\sum R_{ij} = 1$，对于 m 个因素，单因素评价结束后，将 ij 作为第 i 行，形成 1 个综合了 m 个因素 n 个评价等级的模糊矩阵 $\boldsymbol{R}$。

$$R = \begin{bmatrix} r_{11} & r_{12} & \cdots & r_{1n} \\ r_{21} & r_{22} & \cdots & r_{2n} \\ \vdots & \vdots & & \vdots \\ r_{m1} & r_{m2} & \cdots & r_{mn} \end{bmatrix}$$

（4）确定权重向量。通常而言，反映被评价对象的因素并不是同等重要的，因此，有必要根据对被评价对象的贡献程度给予因素相应的权重。

应用遗传层次分析法确定评价因素之间的权重向量为 $W = (w_1, w_2, \cdots, w_m)$。

（5）进行模糊合成。在模糊矩阵和权重向量已经确定的基础上，用权重向量对矩阵进行综合，即可得到被评价对象对各评价等级的隶属程度。记模糊综合评价结果向量 $S = (s_1, s_2, \cdots, s_n)$，$S$ 是由模糊矩阵 R 和权重向量 W 通过模糊运算所得：

$$S = W \circ R$$

式中：。为模糊算子符号，类似于矩阵乘积。上式是单级模糊综合评价模型，对多因素多层次系统的综合评价方法是，首先按最低层次的各个因素进行评价，然后再按上一层次的各因素进行综合评价；依次向更上一层评价，直到最高层次，得出总的综合评价结果。

（6）计算安全风险。

5.2.1.2 安全评价指标体系

根据科学性、可操作性、目的性、简捷性、层次性、可行性、实用性、相对独立性、系统性、定性和定量相结合等原则，再根据 SL316—2015《泵站安全鉴定规程》、GB 50265—2010《泵站设计规范》、SL214—2015《水闸安全评价导则》、SL252—2017《水利水电工程等级划分及洪水标准》、SL265— 2016《水闸设计规范》、SL75—2014《水闸技术管理规程》、SL744—2016《水工建筑物荷载设计规范》、SL/T191—2008《水工混凝土结构设计规范》、SL101—2014《水工钢闸门和启闭机安全检测技术规程》、SL352—2006《水工混凝土试验规程》、GB50023—2009《建筑抗震鉴定标准》；NB35047—2015《水电工程水工建筑物抗震设计规范》、SL/T722—2020《水工钢闸门和启闭机安全运行规程》、SL226—1998《水利水电工程金属结构报废标准》，建立的设施设备安全评价指标体系，如图 5-1 所示。

根据前述分析，人员作业不当和安全管理不当风险安全评价指标体系如图 5-2、图 5-3 所示。

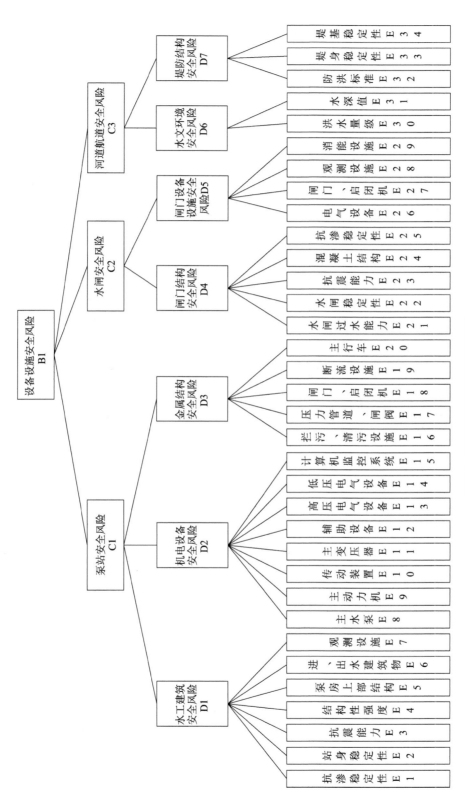

图 5-1 设施设备安全评价指标体系

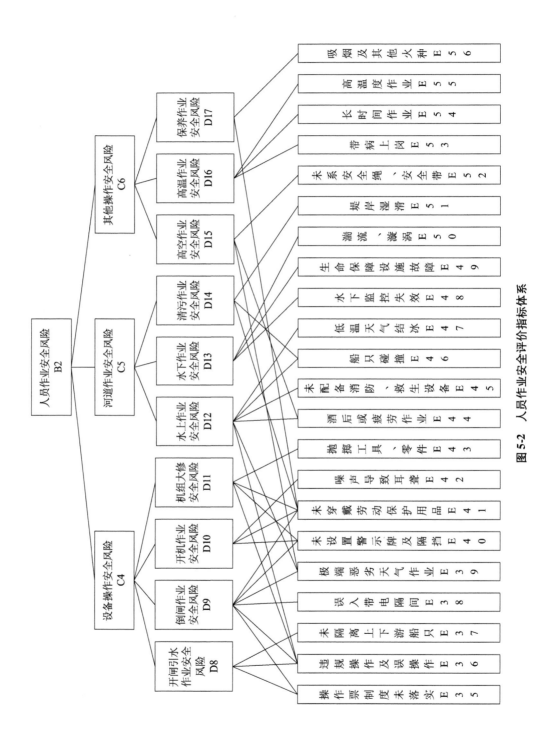

图 5-2　人员作业安全评价指标体系

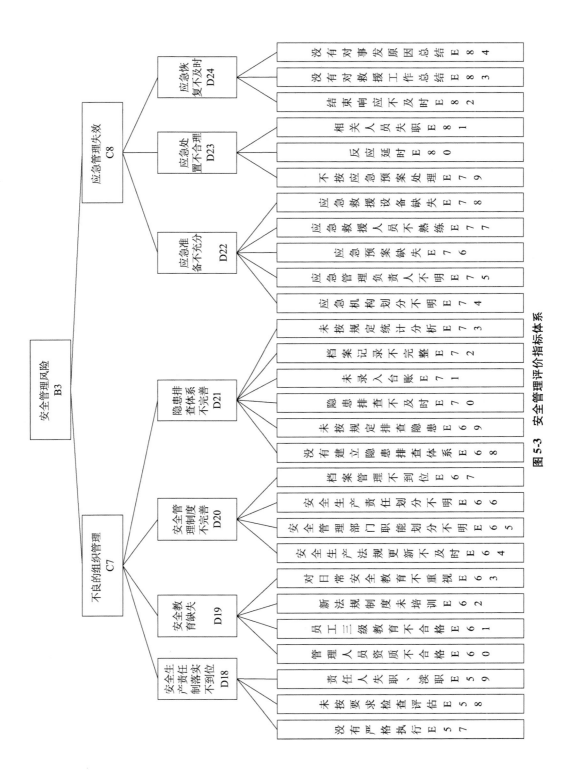

图 5-3 安全管理评价指标体系

5.2.1.3　评价因素权重确定

在确定权重系数的方法中，层次分析法因是一种定性与定量分析相结合的多准则决策方法而被广泛应用。该方法一般可分为四个步骤：一是分析系统中各因素之间的关系，建立描述系统功能或特征的递阶层次结构，称层次中的各因素为指标；二是对同一层次的各指标以上层次的指标为准则进行两两比较，构造两两比较判断矩阵；三是解判断矩阵，得出特征根和特征向量，并检验每个矩阵的一致性，若不满足一致性条件，则要修改判断矩阵，直至满足为止；四是计算各层因素的相对权重。

5.2.1.4　评价指标赋值方法

影响水利工程运行安全评价的因素很多，对于定性指标，各种影响因素的单位不同、量纲不同、数量级不词，导致各影响因素之间一般都不具有可比性。因此，在知道了评价指标的实测值之后，确立指标重要性之前，需要利用一定的度量方法消除指标间单位、量纲和数量级的差异，即对实测数据进行度量。

1. 基础指标评价赋值方法

基础指标是指评价指标体系中不能再进一步分解或不宜再进一步分解或不需进一步分解的指标，包括定性基础指标和定量基础指标，简称定性指标和定量指标。对于定量指标，可以采取数学理论或系统工程方法进行建模评价。而定性指标具有模糊、非定量化及不可公度性的显著特点，即指标属性缺乏统一的度量标准，一般很难用精确数字来表示，难以进行比较和计算，在评价中需采用一定的方法，按照一定的标准，对定性指标进行量化。因此，基础指标评价值的确定可分为两部分，即定量指标量化和定性指标量化。

（1）定量指标量化方法。定量指标是可以用具体数值度量的指标，需要利用一定的度量方法消除指标间度量单位和取值范围的差异，将实际测值转化为 [0，1] 之间的指标评价值。设 x 为实际测值，x_{max} 和 x_{min} 为该指标的最大、最小值，则评价指标赋值 F 的方法：

对于正指标（即指标值越大越好的指标）

$$F = \frac{x - x_{min}}{x_{max} - x_{min}} = \begin{cases} 1 & x \geq x_{max} \\ \frac{x - x_{min}}{x_{max} - x_{min}} & x_{min} < x < x_{max} \\ 0 & x \leq x_{min} \end{cases}$$

对于逆指标（即指标值越小越好的指标）

$$F = \frac{x_{max} - x}{x_{max} - x_{min}} = \begin{cases} 1 & x \leq x_{min} \\ \frac{x_{min} - x}{x_{max} - x_{min}} & x_{min} < x < x_{max} \\ 0 & x \geq x_{max} \end{cases}$$

区间型指标

$$F = e^{-k\left(x - \frac{x_{max} - x_{min}}{2}\right)^2}$$

（2）定性指标量化方法。对于定性指标，可采用模糊多维标度法。设安全巡视检查定性指标集为 $X = \{x_1, x_2, x_3, \cdots, x_n\}$，评语集为 $V = \{v_1, v_2, v_3, v_4\} = \{$安全，基本安全，较安全，不安全$\}$，专家集为 $S = \{1, 2, \cdots, m\}$，f_{jk} 为 m 位专家对定性指标 x_j 定位某等级的频数，δ_k 为评价指标 x_j 处于某个等级的分值，可得到如下矩阵 $\boldsymbol{F}_j$：

$$\boldsymbol{F}_j = \begin{bmatrix} f_{11} & f_{12} & f_{13} & f_{14} \\ \vdots & \vdots & \vdots & \vdots \\ f_{j1} & f_{j2} & f_{j3} & f_{j4} \\ \vdots & \vdots & \vdots & \vdots \\ f_{n1} & f_{n2} & f_{n3} & f_{n4} \end{bmatrix}$$

对指标 x_j 的等级进行赋值是 y_j：

$$y_j = \sum_1^4 f_{jk} \times \frac{\delta_k}{m} \quad (j = 1, 2, \cdots, n)$$

2. 中间指标评价赋值

水利工程关键设施设备安全性态综合评价指标体系中位于中间层的元素具有双重身份，它们一方面是上一层元素的评价指标，另一方面也是下一层元素的研究对象。经过对它们的下一层指标的综合评价，可判断出它们的安全等级，同时也得出一个对应的初始数据，即安全评价赋值。例如，堤防的堤坝护坡可以通过坍塌、裂缝、管涌、雨淋沟、动物穴居等指标的综合评价得出其安全等级，同时得到相应的安全评价赋值。设中间某层指标为 V_1，其下底层指标评价值分别为 V_{11}，V_{12}，V_{13}，$\cdots$，V_{1n}，相应的权重为 w_1，w_2，w_3，$\cdots$，w_n，则 V_1 的安全评价值为：

$$V_1 = (V_{11} \times W_1 + V_{12} \times W_2 + \cdots + V_{1n} \times W_{1n}) = \sum_{i=1}^n V_{1i} \times W_i$$

5.2.1.5　某些典型基础指标的评价赋值

1. 稳定性

（1）抗滑稳定安全系数。依据泵站不同等级的抗滑稳定系数得出泵站工程的抗滑稳定的安全系数的规格化后的标准值，取各个级别泵站在各工况下抗滑稳定安全系数的允许值为 k_0，评价指标的赋值方法：

a. $k \geqslant k_0$ $\qquad \dfrac{k - k_0}{k_0} \times 0.20 + 0.80$

b. $k_1 \leqslant k < k_0$ $\qquad \dfrac{k - k_1}{k_0 - k_1} \times 0.20 + 0.60$

c. $k_2 \leqslant k < k_1$ $\qquad \dfrac{k - k_2}{k_1 - k_2} \times 0.20 + 0.40$

d. $k < k_2$ $\qquad \dfrac{k}{k_2} \times 0.20 + 0.20$

各级别泵站在各工况下的 k_0，k_1，k_2 值如表5-2所示。

表 5-2　泵站抗滑稳定安全系数的评价参数表

泵站级别	1			2			3			4、5		
荷载组合	基础组合	特殊组合 I	特殊组合 II	基础组合	特殊组合 I	特殊组合 II	基础组合	特殊组合 I	特殊组合 II	基础组合	特殊组合 I	特殊组合 II
k_0	1.35	1.20	1.10	1.30	1.15	1.05	1.25	1.10	1.05	1.20	1.05	1.00
k_1	1.14	1.08	1.01	1.12	1.06	0.99	1.10	1.01	0.99	1.08	0.99	0.92
k_2	1.00	0.95	0.89	0.98	0.93	0.87	0.97	0.89	0.87	0.95	0.87	0.81

（2）抗浮稳定安全系数。抗浮稳定的评价根据泵站不同等级的抗滑浮定安全系数 k_f，得出抗浮稳定安全系数，当规格化的标准值大于 1.0 时，取 1.0。泵站在各工况下抗浮稳定安全系数的允许值为 k_0，k_1，k_2，如表 5-3 所示，评价指标的赋值方法：

a. $k_f \geqslant k_0$ $\qquad \dfrac{k_f - k_0}{k_f} \times 0.20 + 0.80$

b. $k_1 \leqslant k_f < k_0$ $\qquad \dfrac{k_f - k_1}{k_0 - k_1} \times 0.20 + 0.60$

c. $k_2 \leqslant k_f < k_1$ $\qquad \dfrac{k_f - k_2}{k_1 - k_2} \times 0.20 + 0.40$

d. $k < k_2$ $\qquad \dfrac{k}{k_2} \times 0.20 + 0.20$

表 5-3　泵站抗浮稳定安全系数的评价参数表

荷载组合	基本荷载	特殊荷载
k_0	1.10	1.05
k_1	1.00	1.12
k_2	0.9	0.98

（3）地基承载力。地基承载力的评价以地基允许承载力和地基应力平均值之比 P 为评价指数。评价指标的赋值方法：

a. $P \geqslant 0.98$ $\qquad \dfrac{P - 0.98}{P} \times 0.20 + 0.80$

b. $0.95 \leqslant P < 0.98$ $\qquad \dfrac{P - 0.95}{0.98 - 0.95} \times 0.20 + 0.60$

c. $0.85 \leqslant P < 0.95$ $\qquad \dfrac{P - 0.85}{0.95 - 0.85} \times 0.20 + 0.40$

d. $P < 0.85$ $\qquad \dfrac{P}{0.85} \times 0.20 + 0.20$

（4）地基应力不均匀系数。依据地基应力不均匀系数 η 得出泵站工程各个结构的地基应力不均匀系数的规格化后的标准值，设不同地基上的泵站在各荷载工况组合下地基应力不均匀系数的允许值为 η_0，则评价指标的赋值方法为：

a. $\eta \geqslant \eta_0$ $\qquad \dfrac{\eta_0 - \eta}{\eta_0} \times 0.20 + 0.80$

b. $\eta_0 < \eta \leqslant \eta_1$ $\qquad \dfrac{\eta_1 - \eta}{\eta_1 - \eta_0} \times 0.20 + 0.60$

c. $\eta_1 < \eta \leqslant \eta_2$ $\qquad \dfrac{\eta_2 - \eta}{\eta_2 - \eta_1} \times 0.20 + 0.40$

d. $\eta_2 < \eta$ $\qquad \dfrac{\eta_2}{\eta} \times 0.20 + 0.20$

2. 抗渗稳定

（1）防渗长度。采用实际防渗长度和理论计算的防渗长度之比 α 作为评价指数。

a. $\alpha \geqslant 1.00$ $\qquad \dfrac{\alpha - 1.00}{1.50 - 1.00} \times 0.20 + 0.80$

b. $0.95 \leqslant \alpha < 1.00$ $\qquad \dfrac{\alpha - 0.95}{1.00 - 0.95} \times 0.20 + 0.60$

c. $0.85 < \alpha \leqslant 0.95$ $\qquad \dfrac{\alpha - 0.85}{0.95 - 0.85} \times 0.20 + 0.40$

d. $\alpha < 0.85$ $\qquad \dfrac{\alpha}{0.85} \times 0.20 + 0.20$

（2）最大水平坡降。取计算的最大水平坡降与允许最大水平坡降比值 K_{s2} 作为最大水平坡降的评价指数，当规格化指标值大于 1.0 时，取 1.0。

a. $K_{s2} \leqslant 1.02$ $\qquad \dfrac{1.02 - K_{s2}}{1.02 - 1.00} \times 0.20 + 0.80$

b. $1.02 < K_{s2} \leqslant 1.05$ $\qquad \dfrac{1.05 - K_{s2}}{1.05 - 1.02} \times 0.20 + 0.60$

c. $1.05 < K_{s2} \leqslant 1.10$ $\qquad \dfrac{1.10 - K_{s2}}{1.10 - 1.05} \times 0.20 + 0.40$

d. $K_{s2} > 1.10$ $\qquad \dfrac{K_{s2}}{1.10} \times 0.20 + 0.20$

（3）出逸坡降。取安全计算的出逸坡降与允许出逸坡降比值 K_{s1} 为出逸坡降的评价指数，当规格化指标值大于 1.0 时，取 1.0。

a. $K_{s1} \leqslant 1.02$ $\qquad \dfrac{1.02 - K_{s1}}{1.02 - 1.00} \times 0.20 + 0.80$

b. $1.02 < K_{s1} \leqslant 1.05$ $\qquad \dfrac{1.05 - K_{s1}}{1.05 - 1.02} \times 0.20 + 0.60$

c. $1.05 < K_{s1} \leqslant 1.10$ $\qquad \dfrac{1.10 - K_{s1}}{1.10 - 1.05} \times 0.20 + 0.40$

d. $1.10 < K_{s1} > 1.15$ 　　　$\dfrac{1.15 - 1.10}{K_{s1} - 1.1} \times 0.20 + 0.20$

3. 结构强度

在结构强度评价指标中，若为钢筋混凝土结构，则计算其配筋是否能满足实际使用的要求；若为素混凝土或为架砌块石结构，则计算其应力是否满足实际使用要求。采用实际配筋量与计算所需配筋量之比作为评价指数。

4. 混凝土结构

（1）混凝土强度等级。混凝土强度等级的评价以工程现场检测混凝土强度推定值和混凝土强度等级设计值之比为评价指数。

（2）碳化。混凝土的碳化直接危害会降低混凝土碱性，若碳化深度到达钢筋表面，钢筋表面的保护膜会被破坏，加快钢筋锈蚀，影响混凝土的耐久性。本书采用碳化系数 K 评价碳化深度及保护层厚度对钢筋混凝土结构的损害。

（3）保护层厚度。混凝土保护层能保护混凝土内部受力钢筋免受外部各种恶劣环境（酸性介质、高温等）的影响，对延缓混凝土结构的老化有着重要的作用。保护层厚度指标的量化以现场检测数据和设计值或《水工混凝土结构设计规范》（SL191—2008）规定的混凝土最小保护层厚度值之比作为评价指数。

（4）结构病害。混凝土结构的病害参考《泵站安全鉴定规程》（SL316—2015）、《危险房屋鉴定标准》（JGJ125—2016）、《水闸技术管理规程》（SL75—2014）确定表面状况的评价标准。外观完好表面分布有较小裂缝（<0.3mm）的为 0.75~1.00；表面出现中等裂缝、出现局或小范围部剥落的为 0.50~0.78；表面出现较宽裂缝或出现有较大范围、成片剥落的为 0.25~0.50；裂缝或剥蚀现象严重、钢筋外露的为 0~0.25。

5. 钢闸门

对钢闸门的评价应根据现场的检测资料，即对闸门锈蚀情况、腐蚀检测资料、闸门焊缝探伤资料、焊缝，以及涂层和各结构部分应力检测等资料。

（1）闸门锈蚀状况。无锈蚀的为 0.75~1.00；局部小范围有斑状锈蚀的为 0.50~0.75；外表有较大范围的锈蚀的为 0.25~0.50，闸门外表有蚀坑、有大面积锈蚀的为 0~0.25。

（2）闸门涂层状况。外表涂层良好、变形满足设计要求的为 0.75~1.00；涂层出现片状脱落、有斑状腐蚀的为 0.50~0.75；涂层局部脱落、蚀坑局部出现的为 0.25~0.50；外表涂层脱落严重、出现大范围蚀坑的为 0~0.25。

（3）闸门变形。闸门外观良好、变形满足设计要求的为 0.75~1.00；闸门局部有小范围变形的为 0.50~0.75；闸门小范围有变形超标的为 0.25~0.50；闸门有大范围变形超标的为 0~0.25。

（4）闸门止水状况。完好，无锈蚀、老化现象的为 0.75~1.00；橡皮轻微老化，压板、螺栓轻微锈蚀的为 0.50~0.75；橡皮较重老化，压板、螺栓有较重锈蚀的为 0.25~0.50；橡皮严重老化，压板、螺栓严重锈蚀的为 0~0.25。

6. 启闭机设备

（1）启闭机外观。使用性能良好，正常维护即可的为 0.75 ~ 1.00；可以正常使用，但需要维修的为 0.50 ~ 0.75；已不能满足正常使用要求的为 0.25 ~ 0.50；不能使用的为 0 ~ 0.25。

（2）启闭机锈蚀、腐蚀。使用性能良好，正常维护即可的为 0.75 ~ 1.00；可以正常使用，但需要维修的为 0.50 ~ 0.75；已不能正常使用的为 0.25 ~ 0.50；不能使用的为 0 ~ 0.25。

（3）门体及零部件变形情况。无变形的为 0.75 ~ 1.00；有轻微变形的为 0.20 ~ 0.75；较重变形的为 0.50 ~ 0.75；严重变形的为 0 ~ 0.25。

7. 门体、支座及止水缓冲

（1）门体和构件腐蚀锈蚀状况。门铰无锈蚀或轻微锈蚀为 0.75 ~ 1.00；门铰有一般锈蚀为 0.50 ~ 0.75；门铰有较重锈蚀为 0.25 ~ 0.50；门铰严重锈蚀为 0.20 ~ 0.25。

（2）支座和铰孔、铰轴磨损状况。无磨损为 0.75 ~ 1.00；轻微磨损为 0.50 ~ 0.75；一般磨损为 0.25 ~ 0.50；严重磨损为 0 ~ 0.25。

（3）止水和缓冲设施状况。无损坏为 0.75 ~ 1.00；轻微损坏为 0.50 ~ 0.75；较重损坏为 0.25 ~ 0.50；严重损坏为 0 ~ 0.25。

8. 拦污栅

（1）构件折断、损伤、变形、裂纹状况。无变形、裂纹为 0.75 ~ 1.00；轻微变形、裂纹为 0.50 ~ 0.75；较重变形、裂缝为 0.25 ~ 0.50；严重变形、裂缝为 0 ~ 0.25。

（2）构件锈蚀、腐蚀状况。无锈蚀为 0.75 ~ 1.00；轻微锈蚀为 0.50 ~ 0.75；较重锈蚀为 0.25 ~ 0.50；严重锈蚀为 0 ~ 0.25。

9. 清污机

（1）轨道的安全及行走部件状况。无变形为 0.75 ~ 1.00；轻微变形为 0.50 ~ 0.75；较重变形为 0.25 ~ 0.50；严重变形为 0 ~ 0.25。

（2）构件锈蚀、腐蚀、变形、裂缝状况。无变形为 0.75 ~ 1.00；微变形为 0.50 ~ 0.75；较重变形为 0.25 ~ 0.50；严重变形为 0 ~ 0.25。

10. 主水泵

（1）主泵轴、轴承。无损坏为 0.75 ~ 1.00；轻微损坏为 0.50 ~ 0.75；损坏较重为 0.25 ~ 0.50；损坏严重为 0 ~ 0.25。

（2）转轮室、叶片。无锈蚀、汽蚀为 0.75 ~ 1.00；轻微锈蚀、汽蚀为 0.50 ~ 0.75；较重锈蚀、汽烛为 0.25 ~ 0.50；严重锈蚀、汽蚀为 0 ~ 0.25。

（3）水下部分。无损坏为 0.75 ~ 1.00；轻微损坏为 0.50 ~ 0.75；损坏较重为 0.25 ~ 0.50；损坏严重为 0 ~ 0.25。

（4）调节结构。无损坏为 0.75 ~ 1.00；轻微损坏为 0.50 ~ 0.75；一般损坏为 0.25 ~ 0.50；严重损坏为 0 ~ 0.25。

11. 主电机

（1）直流泄漏电流及直流电阻。线间差≤1%为0.75～1.00；线间差在1%～1.3%为0.50～0.75；线间差在1.3%～1.6%为0.25～0.50；线间差>1.6%为0～0.25。

（2）电动机绕组绝缘电阻及吸收比（温度-2℃）。绝缘电阻≥230 MΩ，吸收比≥1.2为0.75～1.00；绝缘电阻230～150 MΩ，吸收比1.2～0.9为0.5～0.7；绝缘电阻100～150 MΩ，吸收比0.6～0.9为0.25～0.5；绝缘电阻≤100 MΩ，吸收比≤0.6为0～0.25。

（3）定子砂钢片变形情况。无变形或轻微变形为0.75～1.00；一般变形为0.50～0.75；较重变形为0.25～0.50；严重变形为0～0.25。

（4）绕组绝缘老化状态。无老化现象或轻微老化为0.75～1.00；出现一般老化为0.50～0.75；较重老化为0.25～0.50；严重老化为0～0.25。

12. 变压器情况

（1）直流泄漏电流、直流电阻情况。线间差≤2.5%为0.75～1.00；线间差在2.5%～3%为0.50～0.75；线间差在3%～3.5%为0.25～0.50；线间差>3.5%为0～0.25。

（2）绕组绝缘电阻、吸收比。吸收比≥1.1、绝缘电阻≥1000 MΩ时为0.75～1.00；吸收比0.9～1.1、绝缘电阻900～1000 MΩ时为0.50～0.75；吸收比0.9～0.7、绝缘电阻900～8000 MΩ时为0.50～0.2；吸收比≤0.7、绝缘电阻≤8000 MΩ时为0～0.25。

5.2.2 风险矩阵法和作业条件危险性评价法

5.2.2.1 风险矩阵法（LS法）

对于可能影响工程正常运行或导致工程破坏的一般危险源，推荐采用风险矩阵法。风险矩阵法的数学表达式为：

$$R = L \times S$$

式中：R为风险值；L为事故发生的可能性；S为事故造成危害的严重程度。

L值应由管理单位三个管理层级（分管负责人、部门负责人、运行管理人员）、多个相关部门（运管、安全或有关部门）人员按照以下过程和标准共同确定。

第一步：由每位评价人员根据实际情况和表5-4，初步选取事故发生的可能性数值（以下用L_e表示）；

表5-4 L值取值标准表

	一般情况下不会发生	极少情况下才发生	某些情况下发生	较多情况下发生	常会发生
L值	3	6	18	36	60

第二步：分别计算出三个管理层级中，每一层级内所有人员所取L_e值的算术平均数L_{j1}、L_{j2}、L_{j3}。其中：$j1$代表分管负责人层级；$j2$代表部门负责人层级；$j3$代表管理人员层级；

第三步：按照下式计算得出L的最终值。

$$L = 0.3 \times L_{j1} + 0.5 \times L_{j2} + 0.2 \times L_{j3}$$

S 值应按标准计算或选取确定，具体分为以下两种情况：

在分析水库工程运行事故所造成危害的严重程度时，应综合考虑水库水位 H 和工程规模 M 两个因素，用两者的乘积值 V 所在区间作为 S 取值的依据。V 值应按照表 5-5 计算，S 值应按照表 5-6 取值。

表 5-5 V 值计算表

水库水位 H		工程规模 M				
		小（2）型	小（1）型	中型	大（2）型	大（1）型
		取值 1	取值 2	取值 3	取值 4	取值 5
$H \leqslant$ 死水位	取值 1	1	2	3	4	5
死水位 $< H \leqslant$ 汛限水位	取值 2	2	4	6	8	10
汛限水位 $< H \leqslant$ 正常蓄水位	取值 3	3	6	9	12	15
正常蓄水位 $< H \leqslant$ 防洪高水位	取值 4	4	8	12	16	20
$H >$ 防洪高水位	取值 5	5	10	15	20	25

表 5-6 水库工程 S 值取值标准表

V 值区间	危害程度	水库工程 S 值取值
$V \geqslant 21$	灾难性的	100
$16 \leqslant V \leqslant 20$	重大的	40
$11 \leqslant V \leqslant 15$	中等的	15
$6 \leqslant V \leqslant 10$	轻微的	7
$V \leqslant 5$	极轻微的	3

在分析水闸工程运行事故所造成的危害的严重程度时，仅考虑工程规模这一因素，S 值应按照表 5-7 取值。

表 5-7 水闸工程 S 值取值标准表

工程规模	小（2）型	小（1）型	中型	大（2）型	大（1）型
水闸工程 S 值	3	7	15	40	100

风险等级按表 5-8 确定。

表5-8　一般危险源风险等级划分标准表 – 风险矩阵法（LS法）

R值区间	风险程度	风险等级	颜色标示
$R > 320$	极其危险	重大风险	红
$160 < R \leqslant 320$	高度危险	较大风险	橙
$70 < R \leqslant 160$	中度危险	一般风险	黄
$R \leqslant 70$	轻度危险	低风险	蓝

5.2.2.2　作业条件危险性评价法（LEC评价法）

作业条件危险性评价法的实施步骤是：对于一个具有潜在危险性的作业条件，确定事故的类型，找出影响危险性的主要因素，发生事故的可能性大小L，人体暴露在这种危险环境中的频繁程度E，一旦发生事故可能会造成的损失后果C。由专家组成员按规定标准对L、E、C分别评分，取分值集的平均值作为L、E、C计算分值. 用计算的危险性分值（D）来评价作业条件的危险性等级，危险程度分为五级：A—极其危险（$D \geqslant 320$）；B—高度危险（$160 \leqslant D < 320$）；C—显著危险$70 \leqslant D < 160$）；D——一般危险（$20 \leqslant D < 70$）；E—稍有危险（$D < 20$）。各种作业情况的安全风险就采用此法。

5.2.2.3　水闸工程运行风险矩阵法和作业条件危险性评价法赋分

水闸工程运行风险矩阵法和作业条件危险性评价法赋分可见表5-9。

表5-9　水闸工程运行一般危险源风险评价赋分表(指南)

类别	项目	一般危险源	事故诱因	可能导致的后果	风险评价方法	L值范围	E值范围	S值或C值范围	R值或D值范围	风险等级范围
构(建)筑物类	闸室段	底板、闸墩、胸墙结构表面	水流冲刷	结构破坏、裂缝、剥蚀	LS法	3~18	/	3~100	9~1800	低~重大
		底板、闸墩渗流	防渗设施不完善	位移、沉降	LS法	3~18	/	3~100	9~1800	低~重大
		交通桥、工作桥上车辆行驶	车辆超载、超速、超高、碰撞	排架柱、桥体损坏	LS法	3~18	/	3~100	9~1800	低~重大
		交通桥、工作桥上有大型机械运行	超重、碰撞	排架柱、桥体损坏	LS法	3~6	/	3~100	3~600	低~重大
		交通桥、工作桥表面排水	排水设施失效、积水	交通中断、车辆损坏	LS法	3~6	/	3~100	3~600	低~重大
		启闭机房及控制室室内及外墙防水	防水失效、暴雨	设备损坏	LS法	3~18	/	3~100	9~1800	低~重大
	上下游连接段	消力池、防冲墙、铺盖、护坡、护底结构表面	水流冲刷	设施破坏	LS法	3~18	/	3~100	9~1800	低~重大
		消力池、海漫、防冲墙、铺盖、护坡、护底渗漏	接缝破坏、止水失效	位移、结构破坏	LS法	3~18	/	3~100	9~1800	低~重大
		消力池、海漫、防冲墙、铺盖、护坡、护底排水	排水设施失效	变形、滑塌	LS法	3~18	/	3~100	9~1800	低~重大
构(建)筑物类	上下游连接段	防冲槽	水流冲刷、淤积物	回陷	LS法	3~18	/	3~100	9~1800	低~重大
		岸、翼墙排水	接缝破坏、止水失效	位移、变形	LS法	3~36	/	3~100	3~3600	低~重大
		岸、翼墙结构表面	水流冲刷	结构破坏、裂缝、剥蚀、变形	LS法	3~18	/	3~100	9~1800	低~重大
		上下游河床、岸坡表面	水流冲刷、淤积物	回陷、滑坡、堵塞	LS法	3~18	/	3~100	9~1800	低~重大
金属结构类	闸门	工作闸门止水	暴露、磨损、侵蚀性介质	止水老化及破损、渗漏	LS法	3~18	/	3~100	9~1800	低~重大
		工作闸门闸门下水流	流态异常	闸门振动	LS法	3~36	/	3~100	3~3600	低~重大
		工作闸门门门及埋件	暴露、磨损、锈蚀	影响闸门启闭	LS法	3~18	/	3~100	9~1800	低~重大
		工作闸门支承行走机构构件	暴露、磨损、锈蚀	影响闸门启闭	LS法	3~6	/	3~100	3~600	低~重大
		工作闸门吊耳板、吊座	暴露、锈蚀	影响闸门启闭	LS法	3~6	/	3~100	3~600	低~重大

续表

类别	项目	一般危险源	事故诱因	可能导致的后果	风险评价方法	L值范围	E值范围	S值或C值范围	R值或D值范围	风险等级范围
金属结构类	闸门	工作闸门定轮、销	暴露、锈蚀	影响闸门启闭	LS法	3~6	/	3~100	3~600	低~重大
		工作闸门开度限位装置	功能失效	闸门启闭无上下限保护	LS法	3~18	/	3~100	9~1800	低~重大
		工作闸门融冰装置	功能失效	影响闸门启闭	LS法	3~18	/	3~100	9~1800	低~重大
		检修闸门止水暴露	暴露、磨损,侵蚀性介质	止水老化及破损,渗漏	LS法	3~6	/	3~100	3~600	低~重大
	启闭机械	卷扬式启闭机部件	磨损、锈蚀	影响启闭	LS法	3~36	/	3~100	3~3600	低~重大
		卷扬式启闭机钢丝绳	磨损、锈蚀、压块松动	影响启闭	LS法	3~36	/	3~100	3~3600	低~重大
		液压式启闭机部件	磨损、锈蚀	影响设备运行	LS法	3~36	/	3~100	3~3600	低~重大
		液压式启闭机自动纠偏系统	功能失效	影响设备运行	LS法	3~6	/	3~100	3~600	低~重大
		液压式启闭机油泵	未及时维修养护	影响启闭	LS法	3~18	/	3~100	9~1800	低~重大
		液压式启闭机油管系统	功能失效	影响启闭	LS法	3~6	/	3~100	3~600	低~重大
		液压油油量、油质	油量不足,油质不纯	影响设备运行	LS法	3~18	/	3~100	9~1800	低~重大
		螺杆式启闭机部件	磨损、变形	影响设备运行	LS法	3~18	/	3~100	9~1800	低~重大
		门机部件	磨损、锈蚀	影响设备运行	LS法	3~18	/	3~100	9~1800	低~重大
		门机制动器	磨损、锈蚀	影响设备运行	LS法	3~6	/	3~100	3~600	低~重大
		门机轨道	磨损、锈蚀	影响设备运行	LS法	3~6	/	3~100	3~600	低~重大
		门机钢丝绳	磨损、锈蚀、压块松动	影响设备运行	LS法	3~36	/	3~100	3~3600	低~重大
		电动葫芦部件	磨损、锈蚀	影响启闭	LS法	3~18	/	3~100	9~1800	低~重大
		电动葫芦钢丝绳	磨损、锈蚀、压块松动	影响启闭	LS法	3~36	/	3~100	3~3600	低~重大
		电动葫芦吊钩	锈蚀	影响启闭	LS法	3~6	/	3~100	3~600	低~重大
		电动葫芦制动轮	磨损、锈蚀	影响设备运行	LS法	3~6	/	3~100	3~600	低~重大
		电动葫芦轨道	磨损、锈蚀	影响设备运行	LS法	3~6	/	3~100	3~600	低~重大

续表

类别	项目	一般危险源	事故诱因	可能导致的后果	风险评价方法	L值范围	E值范围	S值或C值范围	R值或D值范围	风险等级范围
设备设施类	电气设备	供电、变配电设备架空线路	线路老化、绝缘降低	触电、设备损坏	LS法	3~18	/	3~100	9~1800	低~重大
		供电、变配电设备电缆	线路老化、绝缘降低	触电、设备损坏	LS法	3~18	/	3~100	9~1800	低~重大
		供电、变配电设备仪表	功能失效	仪表损坏	LS法	3~6	/	3~100	3~600	低~重大
		高压开关柜设备	未及时维修养护	影响设备运行	LS法	3~18	/	3~100	9~1800	低~重大
		设备接地	未检查接地	触电、设备损坏	LS法	3~18	/	3~100	9~1800	低~重大
		防静电设备	未检查设备状况	触电、设备损坏	LS法	3~18	/	3~100	9~1800	低~重大
		柴油发电机	未及时维修养护	停电、影响运行	LS法	3~18	/	3~100	9~1800	低~重大
		发电机备用柴油	油量不足	停电、影响运行	LS法	3~18	/	3~100	9~1800	低~重大
		备用供电回路	未检查线路状况	停电、影响运行	LS法	3~36	/	3~100	3~3600	低~重大
	特种设备	电梯	未及时维修养护、未定期检测	影响正常运行	LEC法	0.5~3	2~6	3~15	3~270	低~重大
		压力钢管	未及时维修养护、未定期检测	影响正常运行	LS法	3~18	/	3~100	9~1800	低~重大
		锅炉	未及时维修养护、未定期检测	影响正常运行	LS法	3~6	/	3~100	3~600	低~重大
		压力容器	未及时维修养护、未定期检测	影响正常运行	LS法	3~18	/	3~100	9~1800	低~重大
		专用机动车辆	未及时维修养护、未定期检测	影响正常运行	LEC法	0.5~3	2~6	3~15	3~270	低~重大
	管理设施	水文测报站网及自动测报系统	功能失效	影响正常运行	LS法	3~18	/	3~100	9~1800	低~重大
		观测设施	设施损坏	影响工程调度运行	LS法	3~6	/	3~100	3~600	低~重大
		变形、渗流、应力应变、温度、地震等安全监测系统	功能失效	不能及时发现工程隐患或险情	LS法	3~18	/	3~100	9~1800	低~重大
		通信及预警设施	设施损坏	影响工程调度运行、防汛抢险	LS法	3~18	/	3~100	9~1800	低~重大

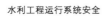

续表

类别	项目	一般危险源	事故诱因	可能导致的后果	风险评价方法	L值范围	E值范围	S值或C值范围	R值或D值范围	风险等级范围
设备设施类	管理设施	闸门远程控制系统	功能失效	影响闸门启闭,工程调度运行	LS法	3~18	/	3~100	9~1800	低~重大
		网络设施	设施损坏	影响闸门启闭,工程调度运行,安全监测数据传输	LS法	3~18	/	3~100	9~1800	低~重大
		防汛抢险照明设施	设施损坏	影响夜间防汛抢险	LS法	3~6	/	3~100	3~600	低~重大
		防汛上坝道路	设施损坏	影响防汛人员、物资等运送	LS法	3~6	/	3~100	3~600	低~重大
		与外界联系交通道路	设施损坏	影响工程防汛抢险	LS法	3~6	/	3~100	3~600	低~重大
		消防设施	设施损坏,过期或失效	不能及时预警,不能正常发挥灭火功能	LS法	3~18	/	3~100	9~1800	低~重大
		防雷保护系统	功能失效	电气系统损坏,影响工程运行安全	LS法	3~18	/	3~100	9~1800	低~重大
作业活动类	作业活动	机械作业	违章指挥、违章操作、违反劳动纪律,未正确使用防护用品,无证上岗	机械伤害	LEC法	0.5~3	2~6	3~7	3~126	低~一般
		起重、搬运作业		起重伤害、物体打击	LEC法	0.5~3	2~6	3~7	3~126	低~一般
		高空作业		高处坠落、物体打击	LEC法	0.5~6	2~6	3~7	3~252	低~较大
		电焊作业		灼烫、触电、火灾	LEC法	0.5~3	2~6	3~7	3~126	低~一般
		带电作业		触电	LEC法	0.5~3	2~6	3~7	3~126	低~一般
		有限空间作业		淹溺、窒息、坍塌	LEC法	0.5~3	2~6	3~7	3~126	低~一般
		水上观测与检查作业		淹溺	LEC法	0.5~3	2~6	3~7	3~126	低~一般
		水下观测与检查作业		淹溺	LEC法	0.5~6	2~6	3~7	3~252	低~较大
		车辆行驶		车辆伤害	LEC法	0.5~3	2~6	3~15	3~270	低~较大
		船舶行驶		淹溺	LEC法	0.5~3	2~6	3~15	3~270	低~较大

续表

类别	项目	一般危险源	事故诱因	可能导致的后果	风险评价方法	L值范围	E值范围	S值或C值范围	R值或D值范围	风险等级范围
管理类	管理体系	机构组成与人员配备	机构不健全	影响工程运行管理	LS法	3~18	/	3~100	9~1800	低~重大
		安全管理规章制度与操作规程制定	制度不健全	影响工程运行管理	LS法	3~18	/	3~100	9~1800	低~重大
		防汛抢险物料准备	物料准备不足	影响工程防汛抢险	LS法	3~6	/	3~100	3~600	低~重大
		维修养护物资准备	物资准备不足	影响工程运行安全	LS法	3~6	/	3~100	3~600	低~重大
		人员基本支出和工程维修养护经费落实	经费未落实	影响工程运行管理	LS法	3~18	/	3~100	9~1800	低~重大
		管理、作业人员教育培训	培训不到位	影响工程运行安全、人员作业安全	LS法	3~18	/	3~100	9~1800	低~重大
	运行管理	管理和保护范围划定	范围不明确	影响工程运行管理	LS法	3~18	/	3~100	9~1800	低~重大
		调度规程编制与报批	未编制、报批	影响工程运行安全	LS法	3~6	/	3~100	3~600	低~重大
		汛期调度运用计划编制与报批	未编制、报批	影响工程运行安全	LS法	3~18	/	3~100	9~1800	低~重大
		应急预案编制、报批、演练	未编制、报批或演练	影响工程防汛抢险	LS法	3~18	/	3~100	9~1800	低~重大
		监测资料整编分析	未落实	不能及时发现工程隐患	LS法	3~18	/	3~100	9~1800	低~重大
		维修养护计划制订	未制定	不能及时消除工程隐患	LS法	3~6	/	3~100	3~600	低~重大
		操作票、工作票管理及使用	未落实	影响工程运行管理	LS法	3~18	/	3~100	9~1800	低~重大
		警示、禁止标志设置	设置不足	影响工程运行安全、人员安全	LS法	3~18	/	3~100	9~1800	低~重大
环境类	自然环境	管理和保护范围内山体(土体)存在潜在滑坡、落石区域	大风、暴雨、洪水等	坍塌、物体打击	LEC法	0.5~3	0.5~3	3~15	0.75~135	低~一般
		船只、漂浮物	碰撞	浪涌破坏	LS法	3~18	/	3~100	9~1800	低~重大
		雷电、暴雨雪、大风、冰雹、极端温度等恶劣气候	防护措施不到位的安全天气前后的安全检查不到位	影响工程运行安全	LS法	3~18	/	3~100	9~1800	低~重大

类别	项目	一般危险源	事故诱因	可能导致的后果	风险评价方法	L值范围	E值范围	S值或C值范围	R值或D值范围	风险等级范围
环境类	自然环境	结构受侵蚀介质作用	侵蚀性介质接触	建筑物结构损坏	LS法	3~18	/	3~100	9~1800	低~重大
		水生生物	吸附在闸门、门槽上	影响闸门门启闭	LS法	3~6	/	3~100	3~600	低~重大
		水面漂浮物、垃圾	在门槽附近堆积	影响闸门门启闭	LS法	3~18	/	3~100	9~1800	低~重大
		危险的动、植物等	蜇伤、咬伤、扎伤等	影响人身安全	LEC法	0.5~3	2~6	3~7	3~126	低~一般
		老鼠、蛇等	打洞	影响工程运行安全	LS法	3~18	/	3~100	9~1800	低~重大
		有毒有害气体	溢出	中毒	LEC法	0.5~3	2~6	3~7	3~126	低~一般
	工作环境	斜坡、步梯、通道、作业场地	结冰或湿滑	高处坠落、扭伤、摔伤	LEC法	0.5~3	2~6	3~7	3~126	低~一般
		临边、临水部位	防护措施不到位	高处坠落、淹溺	LEC法	0.5~3	2~6	3~7	3~126	低~一般
		人员密集活动	拥挤、踩踏	人员伤亡	LEC法	0.5~1	0.5~3	3~40	0.75~120	低~一般
		食堂食材	有毒物质	人员中毒	LEC法	0.5~1	2~6	3~15	3~90	低~一般
		可燃物堆积	明火	火灾	LEC法	0.5~3	2~6	3~7	3~126	低~一般
		电源插座	漏电、短路、线路老化等	火灾、触电	LEC法	0.5~3	2~6	3~7	3~126	低~一般
		大功率电器使用	过载、线路老化、电器质量不合格等	火灾	LEC法	0.5~3	2~6	3~7	3~126	低~一般
		游客的活动	管理不到位、防护措施不到位、安全意识不足等	高处坠落、触电	LEC法	0.5~3	2~6	3~7	3~126	低~一般

5.2.3　安全评价方法

根据水利工程运行的特点，安全评价方法包括安全检查表法、事故树法、事件树法、作业条件危险性评价法、危险与可操作性研究法、故障类型和影响分析法、风险矩阵法、层次分析法等。

5.2.3.1　安全检查表法

安全检查的目的是对水利工程及系统的设计、装置条件、实际操作、维修等进行详细检查，识别存在的危险。安全检查表法是依据相关的标准、规范，对水利工程和系统中已知的危险类别、设计缺陷及与一般工艺设备、操作、管理有关的潜在危险性和有害性进行判别检查的方法。该方法事先把检查对象分割成若干子系统，以提问或打分的形式，对检查项目列表逐项检查。视具体情况可采用不同类型、不同格式的安全检查表，以便进行有效分析。安全检查表分析方法包括三个步骤，即建立合适的安全检查表、完成分析及编制分析结果文件。安全检查表方法对泵、闸、建筑物、机电设备、人员作业等安全风险评价均适用。

5.2.3.2　事故树法

事故树是一种描述事故因果关系的有方向的"树"，事故树法是一种演绎的系统安全分析方法，是安全系统工程中的重要的分析方法之一，主要由逻辑门符号和特定的事故和各层原因（危险因素）组成。从要分析的特定事故或故障开始，逐层分析其发生原因，直到不能再分解为止，此时用逻辑门符号将特定的事故和危险因素连接起来，即可得到形象、简洁地表达其逻辑关系（因果关系）的逻辑图形，即事故树。通过对事故树简化、计算达到分析和评价的目的。事故树法按如下程序进行：

（1）确定分析对象系统和要分析的各对象事件（顶上事件）；所谓顶上事件，是指所要分析的对象事件——系统失效事件，通过分析系统发生事故的严重程度和发生的频率，从中找出后果严重且发生概率大的事故，作为分析的顶上事件。

（2）调查原因事件，调查与事故有关的所有原因事件和各种因素，包括机械设备故障原材料及能源供应不正常（缺陷），生产管理、操作和指挥失误，环境因素等，应尽量详细地查清事故发生的原因及其产生的影响。

（3）建造事故树，从顶上事件开始，按照演绎法，运用逻辑推理，一级一级地找出所有直接原因事件，直到最基本的原因事件为止，按照逻辑关系，用逻辑门连接输入输出关系（即上下层事件），画出事故树。

（4）定性分析，依据调查所得的情况及资料确定所有原因事件的发生概率，并将其标在事故树上，求出顶上事件（事故）发生概率，并对各基本事件的结构重要度进行排序。

（5）定量分析。

（6）根据分析结果，得出顶事件的风险状态，根据事故树结构进行化简，求出最小割集。

5.2.3.3　事件树法

其理论基础是决策论，与事故树正好相反，是一种从原因到结果的自下而上的分析方法。从一个初始事件开始，交替考虑成功与失败两种可能性，然后再以这两种可能性作为新的初始事件，如此继续分析下去，直至找到最后的结果。所以，事件树法是一种归纳逻辑树图，能够看到事故的动态发展过程，提供事故后果。事故的发生是若干事件按时间顺序相继出现产生的结果，每一个初始事件都可能导致灾难性的后果，但并不一定是必然的后果，因为事件向前发展的每一步都会受到安全防护措施、操作人员的工作方式、安全管理及其他条件的制约。所以事件发展的每一阶段都有两种可能性结果，即达到既定目标的"成功"和达不到既定目标的"失败"。事件树法从事故的初始事件（或诱发事件）开始，途经原因事件，到结果事件为止，对每一事件都按成功和失败两种状态进行分析。成功和失败的分叉称为歧点，用树枝的上分支作为成功事件，下分支作为失败事件，按事件的发展顺序延续分析，直至得到最后结果，最终形成一个在水平方向横向展开的树形图。显然，有 n 个阶段，就有 $(n-1)$ 个歧点。根据事件发展的不同情况，如已知每个歧点处成功或失败的概率，就可以算出得到各种不同结果的概率。

5.2.3.4 危险与可操作性研究法

该方法本质就是通过一系列的会议对工艺图纸和操作规程进行分析，其基本过程是以关键词为引导，分析每个工艺单元或操作步骤（分析节点），找出过程中工艺状态的变化，即偏差，然后再继续分析造成偏差的原因、后果及这些偏差对整个系统的影响，并有针对性地提出必要的对策措施。这种方法的特点是由中间状态参数的偏差开始，找出原因并判断后果，是从中间向两头分析的方法，具体就是通过一系列的分析会议对工艺图纸和操作规程进行分析。在装置的设计、操作、维修等过程中，需要工艺、工程、仪表、土建等专业的人员一起工作，因此，危险与可操作性实际上是一个系统工程，需要各专业人员的共同参与，才能识别更多的问题。该方法采用表格分析形式，具有专家分析法的特性，主要适用于连续性生产系统的安全分析与控制，是一种启发的、实用的定性分析方法。该方法的主要优点在于能相互促进开拓思路。因此，成功的分析需要所有参加人员自由地陈述各自的观点，不允许成员之间批评或指责以免压制这种创造性过程。但是，为了让该方法的分析过程高效率和高质量，整个分析过程必须有一个系统的规则且按一定的程序进行。

5.2.3.5 故障类型和影响分析法

故障类型和影响分析法是一种归纳分析法，主要是对系统的各个组成部分，即元件、组件、子系统等进行分析，找出它们所能产生的故障及其类型，查明每种故障对系统安全所带来的影响，以便采取相应的防治措施，提高系统的安全性。故障类型和影响分析法也是一种自下而上的分析方法。在进行故障类型和影响分析时，人们往往对某些可能造成特别严重后果的故障类型单独进行分析，使其成为一种分析方法，即致命度分析方法。泵站、水闸、变电所等的安全风险分析主要采用该方法。

5.2.3.6 层次分析法

系统通常是由众多相互关联、相互制约的因素构成，具有复杂的特点且往往缺少定量数据。层次分析法可以整理和综合人们的主观判断，使定性分析和定量分析有机结合，为此类问题的决策及排序提供了一种灵活、简洁且实用的建模方法。

层次分析法的基本步骤：

（1）建立层次结构模型。在深入分析实际问题的基础上，将有关的各个因素按照不同属性自上而下地分解成若干层次，同一层的诸因素从属于上一层的因素或对上层因素有影响，同时又支配下一层的因素或受到下层因素的作用。最上层为目标层，通常只有1个因素，最下层通常为方案或对象层，中间可以有一个或几个层次，通常为准则或指标层。当准则过多时（如多于9个），应进一步分解出子准则层。将问题包含的因素分层：最高层（解决问题的目的）、中间层（实现总目标而采取的各种措施、必须考虑的准则等，也可称策略层、约束层、准则层等）、最低层（用于解决问题的各种措施、方案等）。把各种所要考虑的因素放在适当的层次内，用层次结构图清晰地表达这些因素的关系。

（2）构造成比较判断矩阵。从层次结构模型的第2层开始，对于从属于（或影响）上一层每个因素的同一层诸因素，用成对比较法和1~9比较尺度构成比较判断矩阵，直到最下层。

（3）计算权向量并做一致性检验。对于每一个比较判断矩阵计算最大特征根及对应特征向量，利用一致性指标、随机一致性指标和一致性比率做一致性检验。若检验通过，特征向量（归一化后）即为权向量；若不通过，需重新构成比较判断矩阵。

（4）计算最下层目标的组合权向量，并根据公式做组合一致性检验，若检验通过，则可按照组合权向量表示的结果进行决策，否则需要重新考虑模型或重新构造那些一致性比率较大的比较判断矩阵。

5.3　重大危险源辨识与管理

5.3.1　重大危险源辨识与评估

5.3.1.1　重大危险源辨识

水利工程运行的重大危险源是指水利工程运行过程中存在的，可能导致人员重大伤亡、健康严重损害、财产重大损失或环境严重破坏，在一定的触发因素作用下可转化为事故的根源或状态。主要有危险化学品重大危险源和水利工程特有的重大危险源。当水利工程出现符合《水库工程运行重大危险源清单》（表5-10）、《水闸工程运行重大危险源清单》（表5-11）中任何一条要素的，可直接判定为水利工程特有的重大危险源。

表 5-10 水库工程运行重大危险源清单

序号	类别	项目	重大危险源	事故诱因	可能导致的后果
1	构（建）筑物类	挡水建筑物	坝体与坝肩、穿坝建筑物等结合部渗漏	接触冲刷	失稳、溃坝
2			坝肩绕坝渗流，坝基渗流，土石坝坝体渗流	防渗设施失效或不完善	变形、位移、失稳、溃坝
3			土石坝坝顶受波浪冲击	洪水、大风；防浪墙损坏	漫顶、溃坝
4			土石坝上、下游坡	排水设施失效；坝坡滑动	失稳、溃坝
5			存在白蚁的可能（土石坝）	白蚁活动、筑巢	管涌、溃坝
6			混凝土面板（面板堆石坝）	水流冲刷；面板破损、接缝开裂；不均匀沉降	失稳、溃坝
7			拱座（拱坝）	混凝土或岩体应力过大；拱座变形	结构破坏、失稳、溃坝
8			拱坝坝顶溢流，坝身开泄水孔	坝身泄洪振动；孔口附近应力过大	结构破坏、溃坝
9		泄水建筑物	溢洪道、泄洪（隧）洞消能设施	水流冲击或冲刷	设施破坏，失稳、溃坝
10			泄洪（隧）洞渗漏	接缝破损、止水失效	结构破坏、失稳、溃坝
11			泄洪（隧）洞围岩	不良地质	变形、结构破坏、失稳、溃坝
12		输水建筑物	输水（隧）洞（管）渗漏	接缝破损、止水失效	结构破坏、失稳、溃坝
13			输水（隧）洞（管）围岩	不良地质	变形、结构破坏、失稳、溃坝
14		坝基	坝基	不良地质	沉降、变形、位移、失稳、溃坝
15	金属结构类	闸门	工作闸门（泄水建筑物）	闸门锈蚀、变形	失稳、漫顶、溃坝
16		启闭机械	启闭机（泄水建筑物）	启闭机无法正常运行	
17	设备设施类	电气设备	闸门启闭控制设备（泄水建筑物）	控制功能失效	
18			变配电设备	设备失效	
19	设备设施类	特种设备	压力管道	水锤	设备设施破坏
20	作业活动类	作业活动	操作运行作业	作业人员未持证上岗、违反相关操作规程	设备设施严重损（破）坏
21	管理类	运行管理	安全鉴定与隐患治理	未按规定开展或隐患治理未及时到位	
22			观测与监测	未按规定开展	
23			安全检查	未按规定开展或检查不到位	
24			外部人员的活动	活动未经许可	
25			泄洪、放水或冲沙等	警示、预警工作不到位	影响公共安全
26	环境类	自然环境	自然灾害	山洪、泥石流、山体滑坡等	工程及设备严重损（破）坏，人员重大伤亡

表 5-11　水闸工程运行重大危险源清单

序号	类别	项目	重大危险源	事故诱因	可能导致的后果
1	构（建）筑物类	闸室段	底板、闸墩渗漏	渗漏异常、接缝破损、止水失效	沉降、位移、失稳
2		上下游连接段	消力池、海漫、防冲墙、铺盖、护坡、护底渗漏	渗漏异常、接缝破损、止水失效	沉降、位移、失稳、河道及岸坡冲毁
3			岸、翼墙渗漏	渗漏异常、接缝破损、止水失效	墙后土体塌陷、位移、失稳
4			岸、翼墙排水	排水异常、排水设施失效及边坡截排水沟不畅	墙后土体塌陷、位移、失稳
5			岸、翼墙侧向渗流	侧向渗流异常、防渗设施不完善	位移、失稳
6		地基	地基地质条件	地基土或回填土流失、不良地质	沉降、变形、位移、失稳
7			地基基底渗流	基底渗流异常、防渗设施不完善	沉降、位移、失稳
8	金属结构类	闸门	工作闸门	闸门锈蚀、变形	闸门无法启闭或启闭不到位，严重影响行洪泄流安全，增加淹没范围或无法正常蓄水，失稳、位移
9		启闭机械	启闭机	启闭机无法正常运行	
10	设备设施类	电气设备	闸门启闭控制设备	控制功能失效	
11			变配电设备	设备失效	
12	作业活动类	作业活动	操作运行作业	作业人员未持证上岗、违反相关操作规程	设备设施严重损（破）坏
13	管理类	运行管理	安全鉴定	未按规定开展	
14			观测与监测	未按规定开展	
15			安全检查	安全检查不到位	
16			外部人员的活动	活动未经许可	
17			泄洪、放水或冲沙等	警示、预警工作不到位	影响公共安全
18	环境类	自然环境	自然灾害	山洪、泥石流、山体滑坡等	工程及设备严重损（破）坏，人员重大伤亡

　　水管单位危险化学品重大危险源主要按《水利行业涉及危险化学品安全风险的品种目录》（见表 5-12）对辖区域内的危险化学品进行重大危险源辨识评估。

表 5-12　水管单位涉及危险化学品安全风险的品种目录

大类	类别名称	涉及的典型危险化学品	主要安全风险
1	设备维修养护	（1）清洗使用的汽油	火灾、爆炸
		（2）焊接使用乙炔、氧气、丙烷	火灾、爆炸
		（3）金属漆稀释剂使用甲苯、二甲苯等	火灾、爆炸、中毒
		（4）电子元件焊接过程使用松香水、天拿水等	火灾、爆炸、中毒

大类	类别名称	涉及的典型危险化学品	主要安全风险
2	土木工程建筑、装饰	（1）焊接使用乙炔、氧气	火灾、爆炸
		（2）油漆稀释剂涉及丙酮、乙醇、溶剂油、天拿水等	火灾、爆炸、中毒
3	水上交通运输	盐酸、氢氧化钠、硝铵炸药、硝化棉、液氨、乙醇等，硝酸铵等化肥，速灭磷等农药，原油、成品油等油品，以及各种专用化学品的运输	爆炸、火灾、中毒、腐蚀
4	公共设施管理	（1）化粪池等场所涉及沼气、硫化氢、盐酸等	火灾、爆炸、中毒、腐蚀
		（2）绿化使用硝酸铵肥料和氧乐果等农药	爆炸、中毒
		（3）植物培育防治病虫害使用毒杀芬等农药，硝酸铵肥料等	中毒、爆炸
		（4）生活管网、消防设施抢修使用乙炔、氧气等	火灾、爆炸
5	生活设施	（1）烹饪使用天然气、液化石油气、二甲醚、酒精、煤气等	火灾、爆炸、中毒
		（2）管道输送天然气、液化气	爆炸、火灾、中毒
		（3）漂白剂，如过氧化氢、次氯酸钙及过硼酸钠等溶液	腐蚀、中毒
		（4）消毒使用乙醇、高锰酸钾、次氯酸钠等	火灾、爆炸、腐蚀
		（5）舞台使用二氧化碳	窒息、物理爆炸

《危险化学品重大危险源辨识》的辨识方法是当辨识单元内存在危险物质的数量等于或超过上述标准中规定的临界量时，该单元即被定为危险化学品重大危险源。危险化学品重大危险源的辨识存在两种情况：

（1）若单元内存在的危险物质为单一品种，则该物质的数量即为单元内危险物质的总量，若等于或超过相应的临界量，则定为重大危险源。

（2）若单元内存在的危险物质为多品种时，则按下式计算，若满足下式，则定为重大危险源。

$$q_1/Q_1 + q_2/Q_2 + q_3/Q_3 + \cdots + q_n/Q_n \geq 1$$

式中：q_1，q_2，…，q_n——每种危险物质实际存在量，t；

Q_1，Q_2，…，Q_n——与各危险物质相对应的生产场所或贮存区的临界量，t。

在进行危险化学品重大危险源辨识时，对每一个辨识单元首先进行单物质辨识，若已构成危险化学品重大危险源，即认定该单元构成危险化学品重大危险源。若单物质辨识均不独立构成危险化学品重大危险源，则进行多物质叠加影响的危险化学品重大危险源的辨识。

例：某泵站存有柴油 0.2 t、汽油 0.1 t、液化石油气 0.12 t，则按上述规定计算的单品种物质 q/Q 值如表 5-13 所示。

表 5-13　重大危险源辨识计算表

序号	物质名称	存量 q/t	临界量 Q/t	q/Q 值
1	柴油	0.2	1000	0.0002
2	汽油	0.1	200	0.0005
3	液化石油气	0.15	50	0.003

由于 $q_1/Q_1 + q_2/Q_2 + q_3/Q_3 = 0002 + 0.0005 + 0.003 = 0.0037 \leqslant 1$，因此，该泵站不构成重大危险源。

危险源辨识应每两年至少进行一次安全评估，并出具安全评估报告。当重大危险源的工艺、设备、防护措施和环境等因素发生重大变化，或者国家有关法规、标准发生变化时，应当对重大危险源重新进行安全评估。在对危险源辨识、风险评估与风险控制进行评审时，应同时评审危险物品及重大危险源，每年由安监部门组织对重大危险源进行一次安全评估。

5.3.1.2　重大危险源评估与分级

重大危险源辨识后要形成评估报告，评估报告应包括安全评估的主要依据，重大危险源的基本情况，危险、有害因素辨识，可能发生的事故种类及严重程度，重大危险源等级，防范事故的对策措施，应急救援预案的评价，评估结论与建议等。重大危险源应按规定逐级上报，重大危险源应列入单位重点监控对象。

对重大危险源进行评价时，评价人员可根据具体的场所特性采用不同的评价方法，选用的评价方法均应包括定性安全评价和定量安全评价。

（1）定性安全评价。定性安全评价方法主要是根据经验和直观判断能力，对运行系统的设备、设施、环境、人员和管理等方面的状况进行定性分析，安全评估的结果是一些定性的指标。例如，是否达到了某项安全指标、事故类别和导致事故发生的因素等。定性安全评价方法有安全检查表、专家现场询问观察法、因素图分析法、事故引发和发展分析、作业条件危险性评价法（格雷厄姆－金尼法或 LEC 法）、故障类型和影响分析、危险可操作性研究等。

（2）定量安全评价。定量安全评价方法是运用基于大量的实验结果和广泛的事故统计资料分析获得的指标或规律（数学模型），对运行系统的设备、设施、环境、人员和管理等方面的状况进行定量计算，安全评价的结果是一些定量的指标。例如，事故发生的概率、事故的伤害（或破坏）范围、定量的危险性、事故致因因素的事故关联度或重要度等。按照安全评价给出的定量结果的类别不同，定量安全评价方法还可以分为概率风险评价法、伤害（或破坏）范围评价法和危险指数评价法。

对构成危险化学品重大危险源场所，应按照《危险化学品重大危险源监督管理暂行规定》（国家安全生产监督管理总局令第 40 号）、《关于规范重大危险源监督与管理工作的通知》（安监总协调字〔2005〕125 号文）的规定进行危险化学品重大危险源分级。按照重大危险源的种类和能源在意外状态下可能发生事故的最严重后果，重大危险源分为四级：一级重大危险源，可能造成特别重大事故；二级重大危险源，可能造成特大事故；三级重大危险源，可能造成重大事故；四级重大危险源，可能造成一般事故。

当设备防护措施和环境等因素发生重大变化，国家有关法律法规及标准发生重大变化、危险源参数发生重大变化时，应当对风险控制重新进行评审，并对危险物品及重大危险源报告进行修订。

5.3.2 重大危险源建档与备案管理

根据危险源辨识及其风险评价的结果，对危险源建立台账，台账中应注明危险源的名称、级别、所属部门、所在地点、潜在的危险危害因素、发生严重危害事故可能性、发生事故后果的严重程度、应采取的主要监控措施等，危险源台账要有部门负责人签字。

通过辨识确定的危险源（点）要登记造册、绘制一览图上墙，告知职工。凡进入台账的危险物品和重大危险源，未经过危险源辨识、风险评价与风险控制的评审不得撤账或降级。任何部门和个人无权擅自撤销已确定的危险源（点）或者放弃管理。

重大危险源档案应当包括下列文件、资料：辨识、分级记录；重大危险源基本特征表；涉及的所有化学品安全技术说明书；区域位置图、平面布置图、工艺流程图和主要设备一览表；重大危险源安全管理规章制度及安全操作规程；安全监测监控系统、措施说明、检测、检验结果；重大危险源事故应急预案、评审意见、演练计划和评估报告；安全评估报告或者安全评价报告；重大危险源关键装置、重点部位的责任人、责任机构名称；重大危险源场所安全警示标志的设置情况；其他文件、资料。

对构成重大危险源的，将本单位重大危险源的名称、地点、性质和可能造成的危害及有关安全措施、应急救援预案报有关部门备案。

危险物品及重大危险源的监控及设备运行、维修等环节的工作，要做好书面记录，做到记录准确、完整、清晰、可追溯。对重大危险源的检测报告等日常管理记录要及时归档。

5.3.3 重大危险源监控要点

重大危险源监控包括危险源普查、重大危险源辨识和评估、重大危险源登记、重大危险源检测监测、重大危险源应急预案和现场处置方案编制与演练及重大危险源控制与防范、改进完善等环节，严密监视可能导致这些危险源的安全状态向事故临界状态转化的各种参数（含危险物质的量或浓度）的变化趋势，及时给出预警信息或应急控制指令，使重大危险源始终处于受控状态，重大危险源监控流程如图5-4所示。

图 5-4 重大危险源监控流程图

重大危险源监控要点主要如下：

水利工程运行中，对较为重要的危险源安全状况应进行实时监测，对重大危险源关键装置、关键部位要明确责任人或责任单位，在重大危险源现场设置明显的安全警示标志和危险源警示牌，目的是提醒管理人员及相关人员注意危险及应注意的安全注意事项，危险源警示牌应写明危险源名称、危险源的地点及具体位置，该危险源管理的责任部门及责任人，可能发生的事故类型，对应的控制措施要求等，警示标牌的设置应执行《安全标志及其使用导则》（GB2894—2008）、《安全色》（GB2893—2008）或水利行业相关的规定，使标牌的设置符合规定要求的尺寸、颜色等；重大危险源安全告知牌内容包括重大危险源名称、责任部门、责任人、危险源级别、检查周期、伤害类型、控制措施、防护措施、危险处置方法、急救措施。重大危险源安全告知牌和警示牌设置在进入重大危险源区域的道路入口一侧或醒目处，有多个入口或区域范围较大的，应设置多个重大危险源安全警示牌，多个警示标志牌在一起设置时，应按警告、禁止、指令、提示类型的顺序，先左后右、先上后下地排列，在经常检查工作制度中明确警示标志巡查内容，确保标志牌无损坏、表面清洁、字迹清楚。

同时，应制定和完善重大危险源事故应急预案和现场处置方案，配备必要的防护、救援物资和装备，保障其完好，并定期进行应急演练，有演练记录。对重大危险源的岗位操作人员进行安全教育和技术培训，有培训记录，岗位操作人员能够熟练掌握本岗位的安全操作技能和在紧急情况下应当采取的应急措施。

安全管理部门在监督检查中，发现重大危险源存在事故隐患，应当责令立即整改；在整改前或者整改中无法保证安全的，应当责令有关作业人员从危险区域内撤出，暂时停产、停业或者停止使用；对不能立即整改的，要限期完成整改，并采取切实有效的防范监控措施。

5.4　隐患排查治理

5.4.1　排查治理体系

隐患排查治理体系包括隐患排查机制、隐患治理机制、隐患追溯机制等，安全隐患排查治理机制应全方位、系统化、科学化，实行全员、全过程、全方位隐患排查管理、隐患治理程序化控制管理和隐患系统追溯预防管理，并形成一个查找隐患、治理隐患、预防隐患的有机闭环管理体系。

全员、全过程、全方位隐患排查管理机制，即落实从主要负责人到全体员工的责任，动员和激励全体职工参与隐患排查工作，立足实际建立单位激励、自我激励、相互激励的隐患排查全员激励格局，主要从违法、违规、违章，违反相关标准、规程和制度的方面出发，对所有与生产经营相关的场所、环境、人员、设备设施和活动，包括承包商和供应商等，进行全范围、全方位、全过程的排查，包括在生产经营活动中存在可能导致事故发生的物的危险状态、人的不安全行为和管理上的缺陷。管理范围、环境、设备设施、规程规范、操作规程发生改变时，应重新进行隐患排查。通过对生产现场的巡视检查，该巡检在时段上贯穿从班前会开始的生产经营活动全过程、在区域上覆盖所有生产场所和工作地点，达到管理者与被管理者双向控制、双向考核，实现走动管理、行为互动，走动巡查考核结算要日事日毕、日清日结，以及时、全面、真实地掌握管理对象及诸要素的状态和变化趋势，从而提高决策和控制水平。

隐患治理程序化控制管理机制，即对隐患治理过程进行分解细化，界定最小作业工序，明确作业标准，最终制定出程序化的隐患治理工序和要求，加强隐患治理的可控性和可操作性。其主要内容分为作业分析和动作分析，作业分析是把全部的操作分为各项基本作业，形成隐患治理标准化流程；按照基本作业的情况，从质量、安全、效益三个方面找出问题所在，重点是确保安全。动作分析是将隐患治理的基本作业分解为操作基本动作，形成隐患治理程序化控制流程，并且明确隐患治理过程中的作业范围、材料设备、工序流程、质量标准、安全确认、图纸等相应管理信息。

隐患系统追溯预防管理机制，即通过系统化地分析产生隐患的危险因素，分析出每个因素是否存在进一步细化的危险因素，若不存在危险因素，则停止追溯；若存在危险因素，则继续追溯分析其原因，逐步向下追溯，一直追溯到产生事故隐患的人、机、环、管四方面的基本危险因素。系统追溯出隐患产生的源头因素，从而实现安全风险预防，控制住隐患产生的源头因素，实现安全生产工作关口前移、源头治理。

5.4.2 隐患排查治理运行机制

隐患排查治理运行机制是落实从主要负责人到全体员工的责任，采取技术和管理措施，及时发现并消除隐患，实行隐患排查、记录、监控、治理、销账、报告的闭环管理。在运行机制中，首先，依据危险源辨识与风险评估的结果，确定隐患标准，落实隐患排查的岗位责任，结合具体岗位层层分解落实隐患排查责任人，制定和贯彻落实责任制度，做到"有患必有责"；其次，在"全员、全方位、全过程"隐患排查方针指引下，根据危险源辨识结果制订排查计划，积极引导基层员工自我检查、自觉上报、主动发现未知隐患，并通过层级检查监督体系督导协查隐患，监督查处隐患排查中的不检、漏检、错检行为；再次，对查出的隐患及时反馈、科学评估与制定治理方案，规范操作及时消除隐患，并认真核查、评价排查效果，将排查结果及时汇报给相关部门，最终通过合理有效的奖惩机制强化落实岗位责任，并根据实际需要调整岗位责任与隐患标准，做到隐患排查治理工作的闭合管理。隐患辨识和确定隐患标准，是指从人、机、环、管四方面，广泛搜集国家法律法规、行业标准等相关资料，综合运用隐患辨识的方法，对可能存在的隐患进行合理、有效的预测，科学利用安全分析和安全系统评价机制，对隐患进行定性、定量评估，分清隐患的类型和性质，提出事故预防措施，确定隐患标准，对隐患进行分类管理；落实隐患排查岗位责任是根据隐患排查岗位责任要求，制订周密的隐患排查计划，设计科学严密的层级隐患排查体系，将隐患排查工作按责任层层严细分解，以落实隐患排查岗位直接责任人自查为主，间接责任人协查为辅，通过层级主管部门管理人员督导检查，安全职能部门管理人员监督检查，层层落实。治理隐患的主要流程如下：一是基层单位对已查出的安全隐患进行评估、分级，判断能否自行整治，能够自行整治的自行治理，不能够自行整治的汇报监督管理部门；二是基层单位自主闭合处理隐患；三是监管部门负责组织闭合处理隐患。对于不能够自行整治的安全隐患，基层单位汇报监督管理部门，由监管部门协调相关部门及人员制定隐患治理方案，组织责任单位落实，并对隐患治理过程进行监督，对治理结果进行核查。安全隐患威胁到安全生产时，要停止生产，等待隐患彻底消除后，处于安全状态再继续生产。考核评价是指隐患治理工作结束后，要对隐患排查治理工作进行效果评价。

5.4.3 隐患排查的基本要素

（1）排查方针。排查方针应明确隐患排查的总目标，主要包括以下内容：明确隐患排查目标；明确持续改进的承诺；形成文件，并实施；需下发各相关单位；传到各单位相关人员；对方针进行周期性改进和完善。

（2）组织机构。为保证隐患排查工作的顺利有序进行，应成立以单位负责人为首的专门的隐患排查组织机构，并明确隐患排查组织结构成员及其职责与工作任务，并明确各相关人员的责任与义务。

（3）交流和沟通。交流和沟通的范畴主要包括隐患排查机构内部的交流和沟通、隐患排查机构与各相关方的交流和沟通、隐患排查机构与各相关人员的交流和沟通；隐患排查机构应定期与相关人员交流和沟通。

（4）人员培训。需要对排查人员的现场隐患排查能力、安全管理水平、职业素养等进行定期培训和教育，不断提高隐患排查人员的知识水平和技能，并组织针对隐患排查方案、排查目标等内容的培训，使隐患排查能够更有效地进行。

（5）相关法律法规。应建立隐患排查相关法律法规管理程序，收集相关法律法规及地方性法规，并及时更新。

（6）基础设施。应建立、实施和保持基础设施管理程序，应满足隐患排查基础设施设备的需求，主要有必要的检测仪器设备、支持性服务（运输或通信设备等）、记录本、记录笔等基本设备。

5.4.4 隐患排查方式

5.4.4.1 设施设备隐患排查方法

隐患排查以班排查、日排查、周排查、月排查周期性排查形式，以"自检"和"监督检查"相结合的方式，并与安全生产检查相结合，与环境因素识别、危险源识别相结合，与安全生产日常检查、定期检查、节假日检查、专项检查和其他检查方式相结合。其中设施设备隐患排查有如下方法：

（1）寿命周期法。任何设备都有其自身的使用寿命，即从设备制造完成到报废所经历的时间。以辅机设备中的轴承为例，轴承有着相应的设计使用寿命，一旦达到使用寿命，轴承的性能可能会发生变化，需要更换。因此，为了保障电力设备的安全运行，在设备达到使用寿命前，需要加强相应的检查和维护，结合状态检修，及时了解设备的运行状态。如果无异常情况，可以适当延长设备的使用时间，减少不必要的成本消耗。考虑到延长设备使用时间可能引发的安全隐患，需要将该设备作为安全隐患排查的重点。

（2）缺陷统计法。一般情况下，几乎所有设备在其寿命周期内都有相应的缺陷记录。缺陷记录包含设备故障发生的次数、表现形式和故障原因。统计和分析缺陷记录，可以有效找出设备中存在的安全隐患，然后根据实际情况，对设备进行排查。排查时，需要注意以下几点：① 对于第一次出现故障的设备，应该安排专业能力较强的电力工作人员排查，明确需要检查的项目，找出故障出现的原因，同时做好缺陷记录工作；② 对于多次出现故障的设备，应该结合缺陷记录，对其进行排查和分析，找出故障产生的原因，明确是否需要对故障的整改措施进行改进。

（3）运行巡检法。运行巡检法是指在设备运行巡视过程中，通过眼看、耳听、鼻嗅、手摸及仪器检测的方法，及时发现设备在运行过程中存在的安全隐患。运行巡检主要是通过检测设备运行过程中的温度、声音、振动及各种运行参数的变化，发现其中的异常情况，然后通过全面、细致的检测，确定故障的位置、类型和原因，对故障进行处理和解决。

（4）维护排查法。在设备全面检修过程中，如果怀疑存在安全隐患，可以对设备进行全面或部分拆解，从而更加直观地了解其内部状态，及时发现设备部件的异常变化。

（5）检修排查法。从安全生产角度考虑，每隔一段时间，工作人员都会对设备进行相应的检查和维修工作。与此同时，可以进行安全隐患的排查。以水泵机组的检查为例，水泵机组一旦出现安全隐患，很可能会导致机组停运，造成严重的经济损失。因此，在检修过程中，应该安排专人负责，做好分工，确保检查项目的全面性和细致性，避免检查工作流于形式。

5.4.4.2 安全检查

安全检查是安全风险管控及隐患排查治理的主要手段之一，也是安全生产管理中的一项重要内容，是保持安全环境、矫正不安全操作，防止事故的一种重要手段。

1. 安全检查内容

安全检查的内容主要是查思想、查管理、查隐患、查整改。查思想即检查各级生产管理人员对安全生产的方针政策、法规和各项规定的理解与贯彻情况，全体职工是否牢固树立"安全第一，预防为主、综合治理"的思想。各有关部门及人员能否做到当生产、效益与安全发生矛盾时，把安全放在第一位。查管理即对安全管理的大检查，主要检查安全管理的各项具体工作的实行情况，如安全生产责任制和其他安全管理规章制度是否健全，能否严格执行；安全教育、安全技术措施、伤亡事故管理等的实施情况及安全组织管理体系是否完善等。查隐患即安全检查的主要工作内容，以查现场、查隐患为主，即深入生产作业现场，查劳动条件、生产设备、安全卫生设施是否符合要求，职工在生产中的不安全行为的情况等。如机器防护装置情况，安全接地、避雷设备、防爆性能的电气安全设施情况；个体防护用品的使用及标准是否符合有关安全卫生的规定等。查整改即对被检单位上一次查出的问题，按其当时登记的项目、整改措施和期限进行复查，检查是否进行了及时整改和整改的效果，如没有整改或整改不力的，要重新提出要求，限期整改。对重大事故隐患，应根据不同情况进行查封或拆除。此外，还要检查企业对工伤事故是否及时报告、认真调查、严肃处理；在检查中，如发现未按"三不放过"的要求草率处理事故的，要重新严肃处理，从中找出原因，采取有效措施，防止类似事故重复发生。

2. 安全检查方式

（1）按检查的性质分为日常性检查、专项检查、季节性检查和节假日前后检查等。

① 日常性检查的目的是发现生产现场各种隐患，包括工艺、机械、电气、消防设备，以及现场人员有无违章指挥、违章作业和违反劳动纪律，对重大隐患责令立即停止作业，并采取相应的安全保护措施。检查内容主要包括：生产和施工前安全措施落实情况；生产或施工中的安全情况，特别是检查用火管理情况；各种安全制度和安全注意事项执行情况，如安全操作规程、岗位责任制、用火和消防制度和劳动纪律等，停工安全措施落实情况和工程项目施工执行情况；安全设备、消防器材及防护用具的配备和使用情况；检查安全教育和安全活动的工作情况；生产装置、施工现场、作业场所的卫生和生产设备、仪器用具的管理维护及保养情况；职工思想情绪和劳逸结合的情况；根据季节特点制定的防雷、放电、防火、防风、防暑降温、防冰冻等安全防护措施的落实情况；检查施工中防高处坠落及施工人员的安全护具穿戴情况。检查要求：检查人员发现"三违"现象，立即告知违章人员主管，要求立即改正，如果主管人员不服，立即电话告知上级部门领导，由上级部门领导到现场处理；对重大隐患，首先责令停止作业，立即告知班组主管人员，要求改正后才能恢复正常作业；现场检查发现的问题要有记录；对现场无法整改的隐患要下达隐患整改通知书；检查周期一般每班次检查一次。

② 专项检查指针对特殊作业、特殊设备、特殊场所进行的检查，如电气设备、水上水下作业、起重设备、运输车辆、船只、水工建筑物等。专项检查的目的是确保水利工程的完整和安全运用，在特定情况下对工程和设备设施进行检查，及时发现工程、设备、消防设施的事故隐患，防止事故发生。专项检查工作组由部门负责人、值班人员、安全员和技术干部组成，电气专业安全检查和机械设备专业检查由设备操作人员配合，消防安全专业检查由安全员和操作人员配合。检查周期是电气、机械设备、消防安全检查每月一次，在工程遭受特大洪水、风暴潮、强烈地震和发生重大工程事故时增加检查频次。检查内容：电气设备的绝缘板、应急灯、防小动物网板、绝缘手套、绝缘胶鞋、绝缘棒、生产现场电气设备接地线、电气开关等；机械设备的转动部位润滑及安全防护罩情况，操作平台安全防护栏、特种设备压力表、安全阀、设备地脚螺丝、设备制动、设备腐蚀、设备密封部件等；消防安全的干粉灭火器、消火栓、灭火器、消防安全警示标志、应急灯、消防火灾自动探测报警系统、劳保用品佩戴、岗位操作规程的执行等情况；水工建筑物的安全状态，如土工建筑物有无坍塌、裂缝、渗漏、滑坡，排水系统、导渗及减压设施有无损坏、堵塞失效等；块石护坡有无坍塌、松动、隆起、底部淘空、垫层散失，墩、墙有无倾斜、滑动、钩缝砂浆脱落等。

③ 季节性检查是根据季节的特点，为保障安全生产的特殊要求所进行的检查。自然环境的季节性变化，对某些建筑、设备、材料或生产过程及运输、贮存等环节会产生某些影响。某些季节性外部事件，如大风、雷电、洪水等，还会造成企业重大的事故和损失。为防患于未然，消除因季节变化而产生的事故隐患，必须进行季节性检查。如春季风大，应着重防火、防爆；夏季高温、多雨、多雷电，应抓好防暑、降温、防汛检查，加强雷电保护设备；冬季着重防寒、防冻、防滑等。

④ 节假日检查的目的是通过对单位各级管理人员、生产现场事故隐患、安全生

水利工程运行系统安全

产基础工作进行全面大检查，发现问题并进行整改，落实岗位安全责任制，全面提升安全管理水平。检查内容：查思想、查纪律、查制度、查领导、查隐患。检查要求：管理处主要负责人带头，各部门负责人参加，包括电气、机械、消防、安全、生产等代表对全处安全生产管理工作的各个方面及全过程进行综合性安全大检查；要求进行较为详细的安全检查，并做好相关记录，包括文字资料、图片资料，形成安全档案并存档。对检查发现的每一处事故隐患，责成各个部门进行落实整改，由安全员跟进，直至完成整改任务。对于重大隐患经管理处安全委员会研究决定，由安全员报政府安监等部门备案。检查周期为每年元旦、春节、十一重大节假日前，开展综合安全大检查，其中管理处主要负责人亲自参加的安全大检查不少于每年一次。

（2）按检查方式分，可分为定期检查、连续检查、突击检查、特种检查等。

① 定期检查包括经常检查、汛前汛后检查、水下检查。

a. 经常检查要求由水利工程运行单位组织，单位负责人、安全员及设备技术人员参加。详细做好安全检查记录，包括文字资料、图片资料。对检查发现的事故隐患，制定整改方案，落实整改措施。泵站工程检查周期是非主汛期每月检查一次，主汛期每月检查两次；水闸工程检查周期为，工程建成 5 年内，每周检查不少于 2 次，5 年后可适当减少次数，每周检查 1 次。

经常检查内容包括：管理范围内有无违章建筑和危害工程安全的活动，环境应整洁、美观。土工建筑物有无雨淋沟、坍塌、裂缝、渗漏、滑坡和白蚁、兽害等；排水系统、导渗及减压设施有无损坏、堵塞、失效；堤闸连接段有无渗漏等迹象。石工建筑物块石护坡有无坍塌、松动、隆起、底部淘空、垫层散失；墩、墙有无倾斜、滑动、勾缝砂浆脱落；排水设施有无堵塞、损坏等现象。混凝土建筑物有无裂缝、腐蚀、磨损、剥蚀、露筋（网）及钢筋锈蚀等情况；伸缩缝止水有无损坏、漏水及填充物流失等情况。闸门有无表面涂层剥落，门体有无变形、锈蚀、焊缝开裂或螺栓、铆钉松动；支撑行走机构是否运转灵活；止水装置是否完好等。启闭机构是否运转灵活、制动准确可靠，有无腐蚀和异常声响；油路是否通畅，油量、油质是否符合规定要求等。机电设备、电气设备及防雷设施的设备、路线是否正常，接头是否牢固，安全保护装置是否动作准确可靠，指示仪表是否指示正确，接地是否可靠，防雷设施是否安全可靠，备用电源是否安全可靠；自动监控系统工作是否正常、动作可靠，精度是否满足要求；通信设施运行状况是否正常；消防灭火设施是否完好可用，消防火灾自动探测报警系统是否运行正常，安全警示标志、应急灯是否缺失、受损等。拦河设施是否完好；水流形态，应注意观察水流是否平顺，水跃是否发生在消力池内，有无折冲水流、回流、漩涡等不良流态；引河水质有无污染。照明、通信、观测、安全防护设施及信号、标志是否完好。

b. 汛前汛后检查周期是，汛前检查在每年 3 月底前完成，汛后检查在每年 10 月底前完成。汛前检查内容包括着重检查维修养护工程和度汛应急工程完成情况、安全度汛存在的问题及措施、防汛工程准备情况；对检查中发现的问题提出处理意见并及时进行处理，对影响安全度汛而又无法在汛前解决的问题，应制定度汛应急方案。汛前检查应结合保养工作同时进行，主要包括对供电、配电及主机泵、辅机设备、高低

122

压电气设备、闸门、启闭机、自动化系统等进行检查和试运行；对土石方工程、水工建筑物、通信设施、河道、水流形态等进行详细检查。汛后检查内容主要包括工程和设备度汛后的变化和损坏情况，据此制定工程维修养护和加固工程项目。

c. 水下检查周期为每年汛前进行一次，检查内容为水下工程的损坏情况。

② 连续检查是对水泵等某些设备的运行状况和操作进行长时间的观察，通过观察发现设备运转的不正常情况并予以调整及做小的修理，以保持设备良好的运行状态，观察使用设备的工人的操作情况并帮助他们进行安全操作的训练，避免重大事故发生，对个人防护用品也应采取连续检查的形式。

③ 突击检查是无一定间隔时间的检查，是针对某个特殊部门、特殊设备或某一工作区域进行的，而且事先未曾宣布。这种检查可以促进管理人员加强对安全的重视，促使他们预先做好检查并改进缺陷。这种检查方式比较灵活，其检查对象和时间的选择往往通过事故统计分析、事故排队的方法来确定。如在分析过程中发现某个部门或地方的事故或某种伤害的增长数字异常，就可以通过这种检查，查明增长的原因，找出改进的方法。

④ 特种检查是对采用的新设备、新工艺，新建、改建的工程项目，以及出现的新的危险因素进行的安全检查。如：a. 职业健康检查，检查对健康可能有危害的场所，以确定危害程度、预防方法或采取机械的防护措施，以保证安全；b. 防止物体坠落的检查，检查起重机、屋顶及高出其他部位的物体的坠落，检查时应着重找寻松动的器械、螺栓、管道、转轴、木块、窗户、电气装置及其他可能造成事故的物体；c. 事故调查，由专门的调查组织和安全专业人员进行的一种特殊检查，一旦有事故或未遂事故发生，就应尽快进行调查，找出实际的和起作用的原因，以防其重复发生；d. 其他特种检查，如对手持工具、平台、个人防护用品、操作点防护、照明设施、通风设备等的特种检查。

（3）按检查手段分为仪器测量、照相摄影、肉眼观察、口头询问等。

5.4.5　重大事故隐患判定

排查出的隐患应按照水利部最新工程生产安全重大事故隐患判定标准进行判定。其中，水安监〔2017〕344号文对泵站、水闸、堤防工程的隐患判定如下：

（1）泵站、水闸、堤防工程生产安全重大事故隐患直接判定清单

泵站、水闸、堤防工程生产安全重大事故隐患直接判定清单有：泵站安全类别综合评定为四类；水泵机组超出扬程范围运行；泵站进水前池水位低于最低运行水位运行；水闸安全类别被评定为四类；水闸过水能力不满足设计要求；闸室底板、上下游连接段止水系统破坏；水闸防洪标准不满足规范要求；堤防安全综合评价为三类；堤顶高程不满足防洪标准要求；堤防渗流坡降和覆盖层盖重不满足标准的要求，或工程已出现严重渗流异常现象；堤防及防护结构稳定性不满足规范要求，且已发现危及堤防稳定的现象；存在有关法律法规禁止性行为危及工程安全的。

（2）泵站工程生产安全重大事故隐患综合判定清单

基础条件：工程管护范围不明确、不可控，技术人员未明确定岗定编或不满足管理要求，管理经费不足；规章制度不健全，泵站未按审批的控制运用计划合理运用；

工程设施破损或维护不及时，管理设施、安全监测等不满足运行要求；安全教育和培训不到位或相关岗位人员未持证上岗。

物的不安全状态：潜水泵机组轴承与电机定子绕组的温度超出限定值，机组油腔内的含水率超出正常范围；泵站未按规定进行安全鉴定或安全类别综合评定为三类；泵站主水泵评级为三类设备；泵站主电动机评级为三类设备；消防设施布置不符合规范要求；建筑物护底的反滤排水不畅通。

满足上述任意三项基础条件+任意两项物的不安全状态，可判定为重大事故隐患。

（3）水闸工程生产安全重大事故隐患综合判定清单

基础条件：工程管护范围不明确、不可控，技术人员未明确定岗定编或不满足管理要求，管理经费不足；规章制度不健全，水闸未按审批的控制运用计划合理运用；工程设施破损或维护不及时，管理设施、安全监测等不满足运行要求；安全教育和培训不到位或相关岗位人员未持证上岗。

物的不安全状态：防洪标准安全分级为B类；水闸未按规定进行安全评价或安全类别被评为三类；渗流安全分级为B类；结构安全分级为B类；工程质量检测结果评级为B类；抗震安全性综合评价级为B级；水闸交通桥结构钢筋外露、锈蚀严重且混凝土碳化严重。

满足上述任意三项基础条件+任意两项物的不安全状态，可判定为重大事故隐患。

（4）堤防工程生产安全重大事故隐患综合判定清单

基础条件：规章制度不健全，档案管理工作不满足有关标准要求；未落实管养经费或未按要求进行养护修理，堤防工程不完整，管理设施设备不完备，运行状态不正常；管理范围不明确，未按要求进行安全检查，未能及时发现并有效处置安全隐患；安全教育和培训不到位或相关岗位人员未持证上岗。

物的不安全状态：堤防未按规定进行安全评价或安全综合评为二类；堤防防渗安全性复核结果定为B级；堤防或防护结构安全性复核结果定为B级；交叉建筑物（构筑物）连接段安全评价评定为C级；堤防观测设施缺失严重。

满足任意三项基础条件+任意两项物的不安全状态，可判定为重大事故隐患。

5.4.6 隐患治理策略

隐患治理的目的是有效防范和遏制生产安全事故的发生，隐患整改的措施大体上分为工程技术措施、管理措施、教育措施、个体防护措施、重大事故隐患采取的临时性防护和应急措施等。主要策略如下：

（1）对排查的隐患进行分类治理。能够立即整改的一般隐患由所在单位及时进行整改。对难以做到立即整改的一般隐患，应下达书面整改通知，明确整改责任人、整改时限、整改要求等，限期整改应进行全过程监督管理，解决整改中出现的问题，对整改结果进行"闭环"确认；对排查出的重大事故隐患，应由隐患单位主要负责人组织制定并实施事故隐患治理方案，重大事故隐患治理方案内容包括治理的目标、采取的方法和措施、经费和物资的落实、负责治理的机构和人员、治理的时限和要求、安全措施和应急预案，做到整改措施、责任、资金、时限和预案的"五落实"。

（2）合理调节不利环境因素。影响生产安全的环境因素可分为长期性和短期性两种类型。对于长期性事故隐患，可采取重大危险源管理、仪器监测预警、合理配置生产设备等手段不断提高安全生产的基础工作水平，从而避免事故发生；对于短期性事故隐患，可根据其突发性、临时性的特点，通过应急设施设置、警示告知、安全培训等方式，不断提高生产人员的生产知识水平及应急能力，从而在隐患出现时能及时发现并采取正确应对措施，避免事故发生。

（3）加强生产机械设备的管理力度。生产机械设备是提高生产效率、确保生产安全性的重要条件。水利工程运行单位要根据本单位生产实际，对不同方案进行比选，做出最优化、最经济的选择，并规范进行设备安装、调试运行工作；应注意机械设备间的相互配套性，完善设备布局与运行环境管理，保证设备能充分发挥效率；要做到持证上岗、规范操作，合理维护、按期按规定检修，保证设备的完好率、利用率及效率，这样既能确保设备安全，又能节约运行成本，促进经济效益稳步增长。

（4）强化安全监管及隐患闭合管理工作。制定并完善规章制度、规程措施，建立健全并严格落实隐患排查治理和报告制度，重视现场管理，定期组织、深入排查治理各生产系统、生产环节的安全隐患。按照"严标准、依程序、重细节、求闭合"的原则，不断强化安全监管力度，查执行、查隐患、查整改，对隐患排查不认真、未按规定报告、整改措施不落实的相关责任人，要严格责任追究，依法严肃查处。安全检查中发现的一般事故隐患，应由检查部门下达安全隐患整改通知书，整改通知书中需要明确列出隐患情况的排查发现时间和地点、隐患情况的详细描述、隐患整改责任的认定、隐患整改负责人、隐患整改的措施和要求、隐患整改完毕的时间、整改回复及整改效果验证等。要保证工作的有效性和持续性，通过执行 PDCA（计划、执行、检查、处理）循环管理方法，促进闭环管理持续改进机制的形成，使安全质量标准和措施在体系运行过程中得到执行、隐患在体系运行过程中得到消除，落实隐患闭合管理工作，实现风险预控。

（5）强化重大事故隐患治理全过程管理。重大事故隐患处理前应采取临时控制措施，由单位主要负责人组织制定并实施重大事故隐患治理方案，其内容包括治理的目标和任务、采取的方法和措施、经费和物资的落实、负责治理的机构和人员、治理的时限和要求、安全措施和应急预案。事故隐患治理过程中，采取相应的监控防护措施，隐患排除前或排除过程中无法保证安全的，应当从危险区域内撤出作业人员，疏散可能危及的人员，设置警戒标志，降低标准使用或者停止使用相关设备、设施。

（6）隐患治理完成后及时对治理情况进行验证和效果评估。水管单位安监部门负责组织对隐患治理情况进行验证和效果评估。一般隐患验证和评估人员由本单位专业安全管理人员和专业技术管理人员组成，重大隐患应委托专门的安全评估机构进行。验证和评估的形式有实际检测、验收会、评审会等。一般隐患的整改通知单要有回执，安监部门及时核查隐患治理情况；有事故隐患治理方案的，在隐患整改完成后由所在部门对照方案和计划逐项验证是否如实对隐患进行了整改，并评估治理方案和措施是否达到将隐患消除或降低的要求；重大隐患治理结束后，由专业评估机构出具隐患治理效果评估报告。

5.5　安全风险防范与控制

5.5.1　生产过程与管理风险防范与控制

（1）健全安全管理体系，强化安全标准管理。坚持"安全第一、预防为主、综合治理"的安全生产方针，以国家法律、法规和行业标准为依据，切实落实"管生产的必须管安全、管业务的必须管安全、谁主管谁负责"的安全管理原则；强化各级安全生产责任；制定《安全生产"党政同责、一岗双责"暂行规定》。

（2）完善安全生产目标管理，层层落实安全生产责任。按照现代化目标规划总体要求，制定《安全生产中长期发展规划》和《安全文化建设中长期规划》，确立安全生产管理的中长期战略目标。制定《安全生产目标管理制度》，明确目标管理体系、目标的分类和内容、目标的监控与考评以及目标的评定与奖惩等。修订《安全生产总体和年度目标计划》，并按各部门在安全生产中的职能进行层层分解。

（3）强化安全管理制度建设，严格安全操作规程。建立健全并不断修订完善工程安全运行管理的各项规章制度、操作规程、运行管理工作流程并汇编成册，明确各岗位职责，将工程安全运行管理在运行值班、设备操作、船舶通航、巡视检查、维修保养及故障处置等各个时期及环节的工作逐项分解，明确管理内容和责任，制定工作标准、流程，规范各方面的工作行为，并建立和完善内部考核监督机制，抓好制度的执行，切实做到各项工作有章可循，规范有序。

（4）加强教育培训，确保取得实效。建立安全教育培训管理制度，年初制订教育培训计划，并把安全教育培训纳入教育培训体系。安全教育培训的主要内容包括：安全生产法律法规培训、新员工岗前培训、转岗培训、应急预案培训、消防知识培训、特种作业人员培训及相关方安全培训等。

（5）保障安全投入，提高本质安全。制定《安全生产投入管理制度》，明确安全生产投入的内容、计划实施、监督管理等，建立安全台账。安全生产投入主要用于：安全技术和劳动保护措施、应急管理、安全检测、安全评价、事故隐患排查治理、安全生产标准化建设实施与维护、安全监督检查、安全教育及安全月活动等与安全生产密切相关的方面。

（6）强化设施设备管理，确保设备运行安全。一是严格按照国家及相关水利工程技术规程规范进行工程设施设备管理，并结合自身工程特点，编制如《泵站技术管理细则》《水闸技术管理细则》《船闸技术管理细则》等规范性文件；二是按规定对水利工程进行注册、安全鉴定，按规范对工程进行日常检查、经常检查、汛前汛后检查，各工程管理单位均要严格按照有关规定，定期开展工程设备等级评定；三是按照水利工程维修养护工作要求，有计划地对泵站、水闸、工作桥梁、河道堤防等工程及相关设备设施进行养护与维修，推进管养分离，修订水利工程维修养护项目管理办法；加强对新技术、新材料、新结构、新工艺的应用，开展关键技术的研究，不断提高工程运用的可靠性和技术水平；同时加强项目绩效管理，充分发挥项目资金效力；四是按照"查全、查细、查实"的原则，从责任、内容、方法、手段、措施等方面全面开展对工程设施设备的检查维护，发现问题和隐患立即整改或采取措施。按照相关规程规范和上级下达的观测任务书要求，认真开展水利工程观测工作，加强对观测成果进行整理分析。

（7）加强生产过程控制，规范作业安全管理。一是不断加强工程安全监测，建立工程自动监测系统；二是落实交通、危化品及仓库管理，严格消防管理制度，每日进行消防巡查，聘用专业消防维保公司进行维保，每月对消防设施进行维护检查，加强消防培训；三是严格特种作业行为管理，规范执行"两票三制"；四是规范警示标志管理，在工程管理范围内设置符合国家标准的安全警示标志、标牌，主要设置道路交通、航运类警示，机电设备危险区域警示，工程临水边警示，施工现场警示等，标志标牌按国家标准规定管理处统一定制，安装整齐并定期维护。

（8）认真开展隐患排查治理。按水利工程管理要求，认真开展隐患排查治理工作，把隐患排查治理列入日常检查、经常检查、定期检查工作中。对检查出来的问题及时落实整改。

（9）加强重大危险源管理。制定《危险物品及重大危险源监控管理制度》，明确辨识与评估的职责、方法；根据《水电水利工程施工重大危险源辨识及评价导则》（DL/T5274—2012）对工程管理区、物资仓储、生活办公区等范围进行全面评价、辨识评估，对危险化学品实行严格管理，除设备中使用的油料外，不储存备用油料，设备检修的废油及时处理，在工程规定的经常检查、定期检查、专项检查中，特别加强对危险源的检查。

（10）注重职业健康管理。建立《职业健康管理制度》，包括职业危害防治责任、职业危害告知、职业危害申报、职业健康宣传教育培训、职业危害防护设施维护检修、防护用品管理、职业危害日常监测、职业健康监护档案管理等。

（11）强化应急救援建设。建立健全行政领导负责制的工作体系，成立应急救援领导小组及相应工作机制。

5.5.2 自然灾害风险防范与控制

（1）地震风险防范。严格按照规范要求确定工程抗震设计标准和地震作用计算方法，根据规范、相关研究成果及成功的工程经验合理确定工程各建筑物结构和基础处理措施，建立、健全地震监测及预警、预报系统，建立工程安全运行管理制度并严格执行，对建筑物进行定期的检修维护。

（2）暴雨、洪水、旱灾等风险防范。严格按照防洪标准要求设计，重点做好泵站及其他建筑物的防洪、度汛措施，加强泵站运行管理及水情测报，地面建筑物的设计应充分考虑气象等不利因素，加强监控，制定相应的专项应急预案。防汛防旱领导小组加强和各级气象水文部门的联系，当预报即将发生严重涝、旱灾害时，应提早预警，通知有关部门做好相关准备工作。同时密切关注雨情、水情、汛情变化，配合上级防汛防旱部门，为防汛防旱指挥机构适时指挥决策提供依据。当相关地区或流域出现超警戒水位以上洪水时，工程管理部门应加强工程监测，重点监测堤防、涵闸、泵站等重要工程设施，并将工程运行情况及时上报上级防汛防旱部门。

（3）雨雪冰冻风险防范。与气象、水文部门保持联系，密切关注有关部门对当地灾害性天气、水情信息的监测和预报，及时对相关信息进行评估。当出现雨雪冰冻天气预警时，各有关单位（部门）应加强工程监测，在冰冻雨雪天气出现时有计划地增加巡查次数，全面掌握工程状况。

6　典型设备设施安全风险防范与控制

以泵闸水利工程为例，典型设备设施主要包括土工建筑物、圬工建筑物、混凝土建筑物、机房、水泵机组、启闭机及升船机、水闸及金属结构、电气设备、主要辅助设备、自动化操控系统、备用电源（柴油发电机）安全设施、特种设备等。

6.1　设备设施的注册、评级与鉴定

6.1.1　设备设施的注册登记

水闸注册登记是水利工程管理考核、改建、扩建、除险加固等的主要依据之一。需注册登记的水闸指全国河道（包括湖泊、人工水道、灌溉渠道、蓄滞洪区）、堤防（包括海堤）上依法修建的水闸，不包括水库大坝，以及水电站输、泄水建筑物上的水闸和灌溉渠系上过闸流量小于 $1\ \mathrm{m}^3/\mathrm{s}$ 的水闸。水闸注册登记流程如图 6-1 所示。

监督管理部门办理使用登记，使用登记的有关资料（注册表、使用证等）应及时存放于设备档案内。使用登记前，使用单位应按照相应登记规则要求，填写使用登记相关表格。办理使用登记时，应按特种设备登记部门的规定和相应登记管理规则的要求，向设备登记部门提供设备质量证明文件等有关资料。使用单位应保证所提供的资料真实，填报的信息正确。设备登记后，应将使用登记标志置于或者附着于相关特种设备的显著位置。设备发生变化（如单位名称变更、设备转让或出租、变更使用地点、更改使用参数等）时，应按有关使用登记规则的规定，及时到原登记部门办理变更手续。

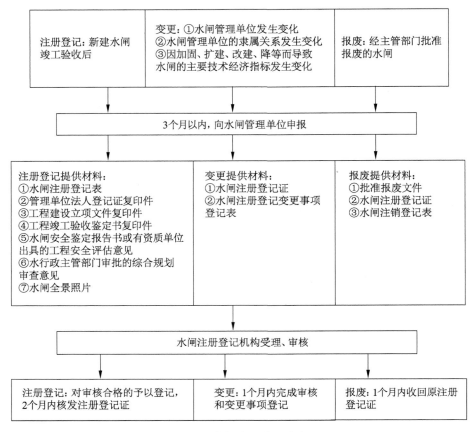

图 6-1　水闸注册登记流程

6.1.2　等级评定

对工程和设备进行等级评定，就是对工程建筑物和设备的完整情况和技术状态进行综合评价，开展等级评定可以延长工程与设备的使用寿命，防止和减少事故的发生。等级评定按照相关工程技术管理规程进行。

6.1.2.1　泵站等级评定

（1）设备和金属结构等级评定。评级范围包括主机组、电气设备、辅助设备、金属结构和计算机监控系统等设备。泵站设备等级分为四类，其中三类和四类设备为不完好设备。主要设备的等级评定应符合以下规定：一类设备，主要参数满足设计要求，技术状态良好，能保证安全运行；二类设备，主要参数基本满足设计要求，技术状态基本完好，某些部件有一般性缺陷，仍能安全运行；三类设备，主要参数达不到设计要求，技术状态较差，主要部件有严重缺陷，不能保证安全运行；四类设备，达不到三类设备标准以及主要部件符合报废或淘汰标准的设备。

（2）建筑物等级评定。评级范围包括泵房、进出水池、流道、翼墙等。建筑物等级分为四类，其中三类和四类建筑物为不完好建筑物。主要建筑物的等级评定应符合以下规定：一类建筑物，运用指标能达到设计标准，无影响正常运行的缺陷，按常规养护即可保证正常运行；二类建筑物，运用指标基本达到设计标准，建筑物存在一定损坏，经维修后可达到正常运行；三类建筑物，运用指标达不到设计标准，建筑物存在严重损坏，经除险加固后才能达到正常运行；四类建筑物，运用指标无法达到设计标准，建筑物存在严重安全问题，需降低标准运用或报废重建。

6.1.2.2　水闸等级评定

评级工作按照评级单元、单项设备、单位工程逐级评定。评级单元指具有一定功能的结构或设备中自成系统的独立项目，如闸门的门叶、启闭机的电机等，分为一类、二类、三类单元：一类单元，要求主要项目80%（含）以上符合标准规定，其余基本符合规定；二类单元，要求主要项目70%（含）以上符合标准规定，其余基本符合规定；三类单元，条件达不到二类单元者。单项设备为独立部件组成且有一定功能的结构或设备，如闸门、启闭机，分为一类、二类、三类设备：一类设备，结构完整，技术状态良好，能保证安全运行，所有评级单元均为一类单元；二类设备，结构基本完整，局部有轻度缺陷，可在短期内修复，技术状态基本完好，不影响运行，所有评级单元均为一类、二类单元；三类设备，达不到二类设备者，单项设备被评为三类设备的应及时整改。单位工程以单元建筑物划分的结构和设备，如节制闸闸门或启闭机，分为一类、二类、三类单位工程：一类单位工程，单位工程中的单项设备70%（含）以上评为一类设备，其余均为二类设备；二类单位工程，单位工程中的单项设备70%（含）以上评为一类、二类设备；三类单位工程，达不到二类单位工程者，单位工程被评为三类的，应向上级主管部门申请安全鉴定，并落实处置措施。

6.1.3　安全鉴定

（1）泵站安全鉴定。泵站安全鉴定分为全面安全鉴定和专项安全鉴定，全面安全鉴定范围应包括建筑物、机电设备、金属结构等；专项安全鉴定范围为全面安全鉴定中的一项或多项。

泵站的安全鉴定工作按下列程序进行：一是现状调查分析，二是现场安全检测，三是工程复核计算分析，四是安全类别评定，五是安全鉴定工作总结。

鉴定组织单位职责：① 制订泵站安全鉴定工作计划，报上级主管部门；② 委托鉴定承担单位进行泵站安全评价；③ 进行工程现状调查，编写工程现状调查分析报告，提出现场安全检测和工程复核计算项目的建议；④ 向鉴定承担单位提供必要的基础资料；⑤ 配合鉴定承担单位进行现场安全检测和复核计算分析；⑥ 编写泵站安全鉴定工作总结，汇总形成泵站安全鉴定报告成果；⑦ 配合安全鉴定专家组工作；⑧ 筹措泵站安全鉴定经费等。

鉴定承担单位职责：① 在现状调查的基础上，提出现场安全检测和工程复核计算项目的建议，编写工程现状调查分析报告；② 对水工建筑物、机电设备和金属结构等进行现场安全检测和试验，评价检测部位和设备的安全状态，编写现场安全检测报告；③ 编写工程复核计算分析报告；④ 安全评价，提出工程存在的主要问题、泵站安全类别鉴定结果和处理措施建议等，编写泵站安全评价报告；⑤ 按鉴定审定单位和专家的审查意见，补充进行必要的检测、分析和计算等工作，完善安全鉴定报告成果等。

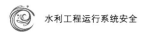

鉴定审定单位职责：① 受理并审批泵站管理单位的安全鉴定申请报告；② 负责主持（或委托）泵站安全鉴定工作，成立泵站安全鉴定委员会；③ 监督检查和指导泵站管理单位开展泵站安全鉴定各项工作；④批准泵站安全鉴定报告书。

专家组职责：① 主持泵站安全鉴定会议；② 审查《泵站现场安全检测报告》《泵站工程复核计算分析报告》完成单位的资质是否符合规定；③ 审查《泵站现状调查分析报告》《泵站现场安全检测报告》《泵站工程复核计算分析报告》的全面性、深度和广度、定量定性分析的准确性；④ 进行泵站安全分析评价，评定泵站建筑物、机电设备和金属结构的安全类别，以及泵站综合安全类别；⑤讨论通过《泵站安全鉴定报告》。

（2）水闸安全评价。水闸安全鉴定范围包括闸室、上下游连接段、闸门、启闭机、机电设备和管理范围内的上下游河道、堤防、管理设施和其他与水闸工程安全有关的挡水建筑物。水闸的安全评价工作应按下列基本程序进行：一是现状调查，二是安全检测，三是安全复核，四是安全评价。

（3）堤防安全评价。评价范围包括堤防本身、堤岸（坡）防护工程，有交叉建筑物（构筑物）的应根据其与堤防接合部的特点进行专项论证。堤防安全评价工作应按下列基本程序进行：一是现状调查分析，二是复核计算，三是综合评价。

6.2　设备设施的安全运行要求

6.2.1　水工建筑物的安全运行要求

6.2.1.1　土工建筑物

土工建筑物是以土石为主要建筑材料的水工建筑物，现场质量安全要求外观整齐美观，无缺损、塌陷；无獾狐、白蚁等洞穴；与其他建筑物的连接处无绕渗或渗流量符合有关规定；导渗沟等附属设施完整；各主要监测量的变化符合有关规定。

6.2.1.2　圬工建筑物

圬工建筑物主要是指用干砌石、浆砌石、砖建造的浆砌石坝、渡槽、桥等建筑物。

现场质量安全要求表面无裂缝，无松动、塌陷、隆起、倾斜、错动、渗漏、冻胀等缺陷，基础无冒水、冒砂、沉陷等缺陷；防冲设施无冲刷破坏，反滤设施保持畅通；各主要监测量的变化符合有关规定；主要针对渗漏、剥蚀、冲刷、磨损、气蚀等情况及时对圬工建筑物进行维修养护工作，确保工程设施的完好，发现圬工建筑物有安全影响较大的重大工程缺陷和隐患，应当限期进行除险加固治理，密切关注险情发展，及时抢护，保证安全。

6.2.1.3　混凝土建筑物

混凝土建筑物主要指用混凝土（含钢筋砼）材料制成的砼坝、护坡、挡水墙等水工建筑物。

现场质量安全要求表面整洁，无塌陷、变形、脱壳、剥落、露筋、裂缝、破损、冻融破坏等缺陷；伸缩缝填料无流失；附属设施完整；各主要监测量的变化符合有关规定。

6.2.1.4 机房

机房包括启闭机房、泵房、通信机房、发电机房等。

现场质量安全要求外观整洁，结构完整，稳定可靠，满足抗震要求，无裂缝、漏水、沉陷等缺陷；梁、板等主要构件及门窗、排水等附件完好；通风、防潮、防水满足安全运行要求；避雷装置安全可靠；边坡稳定，并有完好的监测手段；及时对机（厂）房进行检修养护工作，主要针对裂缝、漏水、门窗损坏等情况进行修理，保证建筑物的安全。

6.2.2 机电设备安全运行要求

6.2.2.1 水泵

一般规定。所有机电设备均应有制造厂铭牌，同类设备应按顺序编号，并应将序号固定在明显位置，油、气、水管道，闸阀及电气线排等应按规定涂刷明显的颜色标志。与设备配套的辅助设备应有相应标志或编号，以指明其所属系统；旋转机械应有指示旋转方向的标记，滑动轴承或需要显示油位的应有油面指示计（或液位监视器）；各种电气设备外壳应可靠接地；长期停用的机组，每年应进行试运行；检修后机组投入运行前也应进行试运行；机电设备的操作应按规定的操作程序进行；启动过程中应监听设备的声音，并注意振动等异常情况；对运行设备应定时巡视检查，遇有非正常情况应增加巡视次数；对机电设备运行参数，应每两小时记录一次，有特殊要求时，可以缩短记录时间；机电设备运行过程中若发生故障应查明原因并及时处理。当发生机电设备运行危及人身安全或可能损坏机电设备时应立即停止机电设备的运行，并及时向上级汇报；设备的操作、发生的故障及故障处理应详细记录在运行日志上；在严寒季节，泵站停用期间应排净设备及管道内积水，必要时应对设备采取保温防冻措施。

主水泵运行。运行中应防止有可能损坏或堵塞水泵的杂物进入泵内；水泵的汽蚀和振动应在允许范围内；轴承、填料函的温度应正常。润滑和冷却用油的油质、油位、油温和水的水质、水压、水温均符合要求；水泵密封漏水应正常；全调节水泵其调节机构应灵活可靠，运行中应注意观测调节机构的温度和漏油等现象；水泵的各种监测仪表应处于正常状态；水泵运行中应监视流量、水位、压力、真空度、温度、振动等技术参数。

6.2.2.2 启闭机及升船机

启闭机用于各类大型给排水、水利水电工程，用于控制各类大、中型铸铁闸门及钢制闸门的升降达到开启与关闭的目的，启闭机包括电机、启闭机、机架、防护罩等，按照国家质检总局公布的《特种设备目录》，升船机属于特种设备，应该按照特种设备进行登记、检测等。

现场质量安全要求启闭机及升船机零部件及安全保护装置正常可靠，满足运行要求；按规定程序操作，并向有关单位通报信息；按规定开展启闭机及升船机设备管理等级评定；符合报废条件的及时按规定程序申请报废；运行记录规范；闸门表面无明显锈蚀；闸门止水装置密封可靠；闸门行走支承零部件无缺陷，平压设备（充水阀或旁通阀）完整可靠；门体的承载构件无变形；运转部位的加油设施完好、畅通；金属结构无变形、裂纹、锈蚀、气蚀、油漆剥落、磨损、振动以及焊缝开裂、铆钉或螺栓松动等现象；安全或附属装置运行正常。压力钢管伸缩节完好，无渗漏；每年汛前应对泄洪闸门进行检修和启闭试验。

6.2.2.3　金属结构

金属结构是指以金属材料制成的型钢和钢板作为基本元件，通过焊接、螺栓或铆钉等方式，按一定规律连接制成基本构件后，再用焊接、螺栓或铆钉基本构件连接成能够承受外部载荷的结构物，主要有钢闸门、压力钢管、拦污栅、清理机、启闭机等。质量安全对水闸工程结构的安全性、耐久性和适用性有相关要求，安全性是指水闸的建筑物结构及其地基应具有足够的承载能力，结构构件及其连接部件不得因材料强度不足而破坏，或因过度的塑性变形而无法承载，结构不得转变为几何可变体系，结构或构件的整体和局部不得丧失稳定；耐久性是指水闸工程结构构件的局部损伤（如裂缝、剥蚀等）不得影响水闸建筑物的承载能力，水闸建筑物和构件表面被侵蚀、磨损（如钢筋锈蚀、冻融损坏、冲磨等）的速度较缓慢，以保证建筑物规定的服务期限；适用性是指水闸的建筑物总体及其构件的变形、建筑物地基不得产生影响正常使用的过大沉降或不均匀沉降、渗漏，不得影响运行操作，以满足规划、设计时预定的各项使用要求。《水闸技术管理规程》（SL75—2014）、《水工钢闸门和启闭机安全检测技术规程》（SL101—2014）、《水工钢闸门和启闭机安全运行规程》（SL722—2020）等规定了闸门及其他金属结构的安全运行所应具备的条件。要求闸门表面无明显锈蚀；闸门止水装置密封可靠；闸门行走支承零部件无缺陷；门体的承载构件无变形；运转部位的加油设施完好、畅通；金属结构无变形、裂纹、锈蚀、气蚀、油漆剥落、磨损、振动以及焊缝开裂、铆钉或螺栓松动等现象；安全或附属装置运行正常。

6.2.2.4　电气设备

电气设备是电力系统中电动机、发电机、变压器、电力线路、断路器等设备的统称，包括一次设备和二次设备，承担发电、输电、配电、贮存、测量、控制、调节、保护等功能。汛前应进行电气设备预防性试验和防雷检测，形成预防性试验报告和防雷检测报告，保证电气设备和防雷设施的安全运行。

（1）电动机运行。电动机启动前应测量定子和转子回路的绝缘电阻值，绝缘电阻值及吸收比应符合规定要求，如不符合要求应进行干燥处理；电动机启动前应检查电动机及相关设备，短接线和接地线应拆除，电动机转动部件和空气间隙内应无遗留杂物，电动机及附近无人工作，油缸油位正常，技术供水正常，启动前的各种试验（开关分合、联锁动作等）符合技术要求，制动器已经落下且有一定间隙；电动机的运行电压应在额定电压的95%~110%范围内，电动机的电流不应超过额定电流，一旦发生超负荷运行，应立即查明原因，并及时采取相应措施，电动机运行时其三相电流不平衡之差与额定电流之比不得超过10%，同步电动机运行时其励磁电流不宜超过额定值，电动机定子线圈的温升不得超过制造厂规定的允许值；电动机运行时轴承的允许的最高温度不应超过制造厂的规定值，如制造厂未做规定，滑动轴承允许的最高温度为 80 ℃，滚动轴承允许的最高温度为 95 ℃，弹性金属塑料轴承的允许最高温度为 65 ℃，当电动机各部温度与正常值有很大偏差时，应根据仪表记录检查电动机和辅助设备有无不正常运行情况。

（2）变压器运行。变压器的运行电压一般不高于该运行分接额定电压的 105%；有载变压器操作有载分接开关，应逐级调压，同时监视分接位置及电压、电流的变化，并做好记录；无载调压变压器调压应在停电后进行，在变换分接时，应做多次转动，以消除触头上的氧化膜和油污。在确认变换分接正确并锁紧后，测量绕组的直流电阻，分接变换情况应做记录，110 kV 中性点直接接地系统中，投运或停运变压器的操作，中性点应先接地，投入后按系统需要决定中性点是否断开。干式变压器在停运期间，应防止绝缘受潮。干式变压器运行时，各部位温度允许值应遵守制造厂的规定；站用配电变压器运行时，中性线最大允许电流不应超过额定电流的 25%，超过规定值时应重新分配负荷。变压器在运行中保护跳闸时，应立即查明原因，如综合判断证明变压器跳闸不是由内部故障所引起的，可重新投入运行。变压器着火，首先应断开电源，停用冷却器和迅速使用灭火装置灭火，若油溢在变压器顶盖上面着火，则应打开下部油门放油至适当油位；若是变压器内部故障引起着火的，则禁止放油，以防变压器发生严重爆炸。

通过电缆的实际负荷电流不应超过设计允许的最大负荷电流。电缆线路应定期进行巡视，并做好记录。

（3）主要电气控制装置和电力线路运行。① 母线瓷瓶应清洁、完整、无裂纹、无放电痕迹，并定期进行绝缘检查和清扫，母线及其连接点在通过其允许的电流时，温度不应超过 70 ℃。② 高压断路器的操作电源电压、液压机构的压力应符合有关规定，液压机构正在打压或储能机构正在储能时不应进行操作，分、合高压断路器应用控制开关进行远方操作，长期停运的高压断路器在正式执行操作前应通过控制开关方式进行试操作 2 或 3 次，正常禁止手动操作分合高压断路器，在控制开关失灵的紧急情况下可在操作机构箱处进行手动操作，严禁进行慢合或慢分操作，拒分的开关未经处理恢复正常，不得投入运行；发现油断路器严重漏油，油位计已无指示，SF$_6$ 断路器 SF$_6$ 气体严重泄漏，压力降至闭锁压力，真空断路器出现真空损坏等现象时，应立即断开操作电源，悬挂警告牌，采取减负荷或上一级断开负荷后再退出故障断路器；高压断路器事故跳闸后，应检查有无异味、异物、放电痕迹，机械分合指示应正确；油断路器还应检查油位、油色应正常，无喷油现象。油断路器每发生一次短路跳闸后，应做一次内部检查，并更换绝缘油；SF$_6$ 断路器发生意外爆炸或严重漏气等事故时，值班人员接近设备应谨慎，尽量从上风接近设备，必要时要戴防毒面具、穿防护服。③ 避雷装置的运行应符合下列要求：一是每年 3 月底前（即雷雨季节前）应对避雷装置进行一次试验，确保符合规定要求，避雷装置完好；二避雷器瓷套应清洁、无裂纹及放电痕迹；三是在拆装动作记录器时，应首先用足够截面的导线将避雷器直接接地，然后再拆下动作记录器，检修完毕后，再拆去临时接地线；四是雷雨后应检查记录避雷器的动作情况，氧化锌避雷器在运行中应定期检查记录泄漏电流；五是避雷装置的接地引下线应可靠、无断落和锈蚀现象，并定期测量其接地电阻值。④ 励磁装置的运行应符合下列要求：励磁装置的工作电源、操作电源等应正常可靠；表计指示正常，信号显示与实际工况相符，如发现励磁电流、励磁电压明显上升或下降，应立即检查原因并予以排除，如不能恢复正常应停机检修；励磁回路发生一点接地时，应立即查明故障的原因并予以消除；各电磁部件无异声；各通流部件的接点、导线及元器件无过热现象；通风元器件、冷却系统工作正常；隔离变压器线圈、铁芯温度、温升不超过规定值，声响正常，表面无积污。

现场质量安全要求发电机、变压器、输配电系统、厂用电系统、直流系统、继电保护系统、通信系统、励磁装置、自控装置、开关设备、电动机、防雷和接地、事故照明等设备运行符合规定；继电保护及安全自动装置配置符合要求；配电柜（箱）等末级设备运行可靠；各种设备的接地、防雷措施完善、合理；操作票、工作票的管理和使用符合规定；继电保护和安全自动装置的配置方式要满足电力网结构和厂站主接线的要求，并考虑电力网和厂站运行方式的灵活性配电等装置的安全净距，围栏、隔板以及防止误操作等防护措施，最高温升等安全标志，接地的安全要求等均应符合有关规定；操作票、工作票的使用范围、使用程序、检查及考核应做到标准化、规范化和程序化，按相关规定对电气设备进行报废。

6.2.2.5 主要辅助设备

油、气、水辅助系统是主机设备的组成部分。油系统用于设备降温、润滑；气系统是机组制动，锁定的投退；水系统为机组设备降温或为油降温；供水系统包括水轮发电机组/水泵电动机组、水冷式主变压器、油压装置集油箱和水冷式空气压缩机等主、辅设备的冷却和润滑用水的供水系统和内冷发电机组二次冷却水的供水系统，水力机械包括水轮机、水泵、调速器及油压装置、主阀油压装置，应布置合理，运行安全可靠，且自动操作。《泵站设计规范》（GB50265—2010）、《水利水电工程机电设计技术规范》（SL511—2011）、《灌排泵站机电设备报废标准》（SL510—2011）等规范中对油、气、水等辅助设备应满足的要求做了明确规定。压力油和润滑油的质量标准应符合有关规定，其油温、油压、油量等应满足使用要求，油系统应保持畅通和密封良好，无漏油、渗油现象，油系统中的安全装置，压力继电器和各种表计等在运行中不得随意调整；压缩空气系统应满足用户对供气量、供气压力和相对湿度的要求，压缩空气系统及其安全装置、继电器和各种表计等应可靠；冷却、润滑和填料函水封用水的技术供水和泵房内渗漏水、废水的排除，供水的水质、水温、水量、水压等满足运行要求；示流装置良好，供水管路畅通；集水井和排水廊道无堵塞或淤积；供、排水泵工作可靠，对备用供、排水泵应定期切换运行；泵站出水管（流）道出口拍门附近的淤积杂物应及时清除，铰轴、铰座配合良好，转动灵活，无严重锈蚀，关闭时应通过调整控制机构，使拍门以较低的速度接近门座，采取措施减小作用在拍门上的冲击力，限制对拍门的扭振惯性力；虹吸式出水流道真空破坏阀关闭状态下密封良好，按水泵启动排气的要求调整阀盖弹簧压力，吸气口附近不应有妨碍吸气的杂物，破坏真空的控制设备或辅助应急措施处于能够随时投入状态，确保机组失电后能及时破坏虹吸管内真空；泵站出水管道上的蝶阀在主机启动前应进行检验，动作程序和动作速度符合有关规定，水锤防护设施中的水锤消除器，进、排气阀以及调压塔等，在机组启动前应进行认真检查，运行时也应对这些设施定期巡视检查；清污机的齿耙、传动机构、皮带输送机等运动部件应运转灵活、平稳，无卡滞、碰撞、异常声响等，电机、减速箱等无过热、异常声响、振动等，整机运行平稳、可靠，电气控制装置运行正常，机架无变形，安全保护装置工作正常，污物应及时清除，并按环保的要求进行处理；水轮机、水泵、调速器及油压装置、主阀油压装置、油气水系统设备状况良好，运行管理符合相关规范要求，运行状态良好。

应及时对辅助设备进行检修养护工作，确保工程设施的完好。运行过程中做好相关记录，进行资料的整编，完善维修保养记录。按规定对符合报废条件的设备进行报废，确保设备安全运行。对油系统进行定期检查更换，管路应保持畅通和密封，安全装置应定期检验等；定期检验压力系统及其安全装置，确保工作压力值符合使用要求；技术供水的水质、水温、水压等满足运行要求，备用供排泵等管路定期切换运行等，运行记录规范；在控制室和现场悬挂油、水、气系统图，系统中管道和阀件应按规定涂刷明显的颜色标志。

6.2.2.6　自动化操控系统

自动化操控系统是安全自动监测系统、防洪调度自动化系统、调度通信和报警系统、供水调度自动化系统、水情测报自动化系统、水文信息自动采集系统、实时汛情监视系统、防洪调度系统、大坝安全自动监控系统等系统的总称。

自动化操控系统应具有安全性、可靠性、开放性、可扩充性和使用灵活性，做到技术先进，经济合理，实用可靠。应高度重视水利网络安全，定期对系统硬件进行检查和校验，按照有关规定完善自动化操控系统并保证其安全运行。

自动化操控系统设备间的门窗应采取防护措施，并安装视频监控，设备间要注意散热和降噪。应有自动控制和手动控制两种功能，手动控制优先，当自动控制出现故障时，手动控制能确保工程设备设施的安全运行，并及时示警。视频监控系统应具有自动录制保存功能，方便提取和查验。应设置满足网络安全功能的防火墙，对于要求网络物理隔离的自动化系统，还应设置网闸设备。定期对自动化操作系统软件数据进行备份。

对于自动化操控系统的日常运行需有规范的记录。当自动化系统出现故障时，需及时检修，并认真填写检修记录。将对自动化操控系统的巡查加入日常巡查和月巡查中，做好记录，发现安全隐患及时消除。

安全监测、防洪调度、调度通信、警报、供水调度、电站调度、水情测报自动化等自动化操控系统运行正常，安全可靠；网络安全防护实施方案和网络安全隔离措施完备、可靠；定期对系统硬件进行检查和校验；运行记录规范。

6.2.2.7　备用电源（柴油发电机）

备用电源是当正常电源断电时，由于非安全原因用来维护电气装置或其某些部分的电源。备用电源一般是柴油发电机，柴油发电机是一种小型发电设备，指以柴油等为燃料，以柴油机为原动机带动发电机发电的动力机械。整套机组一般由柴油机、发电机、控制箱、燃油箱、起动和控制用蓄电池、保护装置、应急柜等部件组成。

备用电源自动投入是指当工作电源因故障被断开以后，能自动、迅速地将备用电源投放工作。自投装置的动作时间应符合有关规定，建立备用电源管理制度和运行规程，明确发电机启动原则和流程、启动准备工作、运行注意事项、停机方法及停机检查项目等。发电机的准备、启动、运行符合有关规定，及时维护保养，及时排除运行故障；运行记录规范。

柴油发电机组运行安全符合下列要求：当水闸进线供电因故障短时间无法恢复时，为了保障水闸运行，必须启动备用发电机组发电供所有机电设备使用。启动发电机组前，操作人员应检查润滑油、冷却水位、配电开关和变阻器等的情况，并排除燃油系统的空气，做好启动前的一切准备工作，各方达到规定后方可启动，同时，将双投闸刀合在"发电"位置上。启动操作程序是将电启动钥匙打开，按下电钮，使柴油机启动，如按下电钮 10 s 柴油机不能运转，则需等待 1 min 后再做第二次启动，如果连续 4 次仍无法启动，应检查并查找故障原因。正常启动后，电钥匙应恢复原位，柴油机启动后，应将转速控制在 600~700 r/min，并注意压力表数值应大于或等于 0.5 kg/cm²；如果压力表没有指示，应停机检查；待低转速运行正常后，可将转速增加到 1000~2000 r/min，进行柴油机的预热，当水温达到 55 ℃、机油温度达到 45 ℃时，转速可增加到额定转速 1500 r/min；机组正常工作时，机油压力应在 1.6~3.0 kg/cm²，水温、油温低于 90 ℃，空载运行正常后，将转换开关转向手动位置，逐渐减少变阻器阻值，使发电机电压增加到额定值，此时，频率表应指向 50 Hz 左右。再将开关盘转换开关转向自动位置，并改变变阻器阻值，使发电机工作在额定电压 400 V，然后准备合上空气开关送电。运行时应注意机组运行中应避免突然增减负荷，严禁水、油等杂物进入发电机内部，操作人员严禁接触转动部位和带电部位，发电机组运行期间，操作人员应严守岗位，注视各种表计的数值及其变化情况，操作结束后，应将双头闸刀合在"电网"位置上，各部位恢复原位，并做好机组运行记录。停机后应对机组进行清洁，机房内应悬挂"严禁烟火"标示牌，机房门上悬挂"闲人免进"标示牌；停机时，应先逐渐切出负荷，拉开空气开关，再将转换开关转向手动位置，不断增加阻值，使发电机电压降到最低后，柴油发电机转速逐渐下降到 600~700 r/min，待柴油机工作温度自行下降到 70℃以下，方可停机；平时应对柴油机、发电机及蓄电池进行保养，以确保机组工作正常可靠，机组长期不用时，蓄电池应定期充放电，并检查 H₂SO₄ 比重，机组长期不用时每月至少试运行 1 次。柴油发电机工作到规定时间后应进行大修，在寒冷季节和环境温度低于 5℃时，应将散热水箱、循环水泵，柴油机内腔积存的水排净，或加注防冻剂，以防冻裂机组。

6.2.2.8 安全设施

安全设施是指为防止生产活动中可能发生的人员误操作、人身伤害或外因引发的设备（设施）损坏，而设置的安全标志、设备标志、安全警戒线和安全防护的总称。

安全设施主要分为预防事故设施、控制事故设施、减少与消除事故影响设施三类，预防事故设施包括检测、报警设施，设备安全防护设施，防爆设施，作业场所防护设施，安全警示标志；控制事故设施包括泄压和止逆设施、紧急处理设施；减少与消除事故影响设施包括防止火灾蔓延设施、灭火设施、紧急个体处置设施、应急救援设施、逃生避难设施、劳动防护用品和装备。

水管单位要按照"三同时"相关制度，严格项目施工管理，对变电所栏杆、临水栏杆、厂房及周边地面孔洞盖板、电缆沟槽盖板、启闭机传动部分罩壳等固定安全设施加强日常巡查。接到暴雨、暴风雨、台风等极端天气预警时，组织人员对安全设施进行特别巡视检查，解除警报后再对安全设施进行检查，对危险性较大的作业安全设施应重新进行验收。

6.2.2.9　特种设备

常用特种设备包括生活锅炉、压力容器（压力储油罐、气瓶等）、电梯、起重机、升船机、叉车等，包括其所用的材料、附属的安全附件、安全保护装置和与安全保护装置相关的设施。

特种设备投入使用后应严格执行安全运行管理制度和有关操作规程，严格按照使用登记时核定的工作参数使用，设备压力表、水位表、液位计等显示仪表应该用红颜色标示出上、下限或者是限制区，压力容器在正常工作时工作压力波动较大的，应用绿颜色标示出压力的正常波动范围，用红颜色标示出最高工作压力限值，确保正常运行和安全使用，严禁超过使用登记所核定的技术参数和用途运行，不应带"病"运行；特种设备使用场所，应具备设备安全运行的环境条件，具有规定的安全距离、安全防护措施，以确保其安全运行。特种设备使用单位应根据设备使用环境，综合考虑事故对环境和社会的影响，制定有针对性的应对措施；特种设备使用、维修等场所应按照规定设置安全警示标志、安全须知等，进行危险提示、警示；平时应加强特种设备的安全检查和维护保养，确保设备时刻处于良好状态，发现有异常情况时，必须及时处理，严禁带故障运行，应有针对性地制定特种设备事故应急措施和救援预案，每年至少组织一次特种设备出现意外事件或者发生事故的紧急救援演练，演练情况应当记录备查；要建立特种设备技术档案，包括设计文件、制造单位、产品质量合格证明、使用维护说明等文件及安装技术文件和资料；定期检验和定期自行检查的记录；日常使用状况记录；特种设备及其安全附件、安全保护装置、测量调控装置及有关附属仪器仪表的日常维护保养记录；运行故障和事故记录；高耗能特种设备的能效测试报告、能耗状况记录及节能改造技术资料。

6.3　设备设施运行的安全检查

设备设施运行的安全检查可分为日常检查、定期检查和专项检查。

6.3.1　日常检查

6.3.1.1　水工建筑物

建筑物日常检查内容主要包括：建筑物外观是否完好，有无明显破损，有无裂缝，如有，是否为贯穿缝，表层混凝土有无脱离露筋、碳化；闸门槽有无破损露筋，中间层有无漏水浸潮；翼墙外观是否完好，有无明显破损，是否存在明显沉降、倾斜、错位，伸缩缝内填料有无流失，翼墙后排水孔是否堵塞；翼墙后是否有渗水、积水，翼墙后填土是否有塌陷现象；岸墙混凝土有无脱壳、裂缝、剥落、露筋、冻融破坏和碳化现象，岸墙与翼墙连接缝填料老化流失情况；上下游连接的临水坡有无隆起、塌陷、淘刷，防汛道路是否完好，路面有无裂缝、破损；工作便桥桥面瓷砖有无剥落、裂坏现象，手栏杆有无锈蚀，连接是否牢固，伸缩缝填料是否完整，有无挤压变形或流失；沉降观测点是否完好，有无破坏，工程维修影响观测点时，是否埋设新标点，测压管是否完好，有无倾斜，管口有无封堵，底板和翼墙伸缩缝观测点是否完好，水尺是否完好；厂房外观是否整洁，结构是否完整稳定可靠，是否满足抗震要求，有无裂缝、漏水、沉陷等缺陷，通风、防潮、防水是否满足安全运行要求；水流水体的下游水流是否平滑，有无异常紊流，水体是否健康，有无明显变色、油污和异味。

堤防日常检查内容主要包括：堤顶是否坚实平整，堤肩线是否顺直，有无凹陷、裂缝、残缺，有无杂物垃圾杂草，硬化堤顶是否与垫层脱离；堤坡与戗台是否平顺，有无雨淋沟、滑坡、裂缝、塌坑，有无害堤动物洞穴，有无杂物垃圾杂草，有无渗水，排水沟是否完好顺畅，混凝土护坡有无剥蚀、冻害、裂缝、破损，排水孔是否通畅，砌石护坡有无松动、塌陷、脱落、风化、架空，排水孔是否通畅，草皮护坡是否有缺损、干枯坏死，是否有荆棘、杂草、灌木；堤脚有无隆起、下沉，有无冲刷、残缺、洞穴，基础有无淘空；坡式护岸工程砌体有无松动、塌陷、脱落、架空、垫层淘刷现象，有无垃圾杂物、杂草杂树，变形缝和止水是否正常，坡面有无剥蚀、裂缝、破碎，排水孔是否通畅；墙式护岸相邻墙体有无错动，变形缝和止水是否正常，墙顶墙面有无剥蚀、裂缝、破碎、脱落，排水孔是否通畅；坝式护岸砌石有无松动、塌陷、脱落、架空现象，散抛块石护坡坡面有无浮石、塌陷，土心顶部是否平整；护脚体表面有无凹陷、坍塌，护脚平台及坡面是否平顺，护脚有无冲动、淘空；穿堤建筑物与堤防结合部是否紧密，有无渗水、裂缝、坍塌现象，穿堤建筑物有无损坏，机电设备是否完好；跨堤建筑物与堤防结合部是否有不均匀沉陷、裂缝、空隙，跨堤建筑物有无损坏；观测设施能否正常观测，观测设施的标志、盖锁、围栅是否完好，周围有无动物巢穴；交通道路的路面是否平整坚实，上堤道路连接是否平顺；安全标志、交通卡口等管护设施是否完好；监控设施是否完好，运行正常；其他附属设施中的里程碑、界桩、警示牌、标志牌、护路杆等是否完好，护堤屋有无损坏，生物防护工程防浪林、护堤林树木有无缺损、人为破坏现象，树木有无病虫害，堤防抢险备料是否完好，有无违法违章涉水项目，有无危害工程安全的行为。

6.3.1.2 启闭机及升船机

启闭机日常检查主要检查驱动、变速、启吊三部分。对驱动部分的检查是通过眼观、耳听、鼻嗅等直观的方法，对设备的状况进行查验，耳听有无异常声响，鼻嗅有无电器异常焦煳味，如刹车片过紧摩擦发热。停车时制动器动作是否准确，刹车片如果过松，裹力不足闸门会下滑。限位开关与闸门停止的位置是否对应，闸门开度与主令控制器的指示是否一致，启动或停止时，主令控制器触点的闭合、脱离应迅速，不得有火花等不正常现象发生。变速部分的经常检查主要为油位检查，检查减速箱是否漏油、各轴承间润滑脂的质量与数量以及变速箱齿轮的咬合与摩擦情况。启吊部分包括卷筒、开式齿轮、钢丝绳、绳套、吊耳、吊座、定滑轮、动滑轮等，这部分重点检查钢丝绳两头紧固情况、油脂保养情况以及闸门启吊时动、定滑轮转动是否灵活等。

6.3.1.3 闸门、金属结构

闸门的日常检查项目为止水、主及侧滚轮、门叶、支臂、支座等的检查。止水最直接的检查方法是观察其漏水量，弧形与平面钢闸门上的橡皮止水漏水量要求一般应小于 0.2 L/（s·m），漏水量超过此标准的 10% 则应全部更换止水。检查时可视情况，如闸下无水或上下游水位差较大时，发现漏水，可设法测量漏水量及时间等，从而计算单位时间及止水长度的漏水量。闸门止水固定螺栓周围是闸门防锈的薄弱环节，应经常检查有无锈水流淌现象。主、侧滚轮检查方法比较简单，一是在闸门启动过程中，观察滚轮是否转动；二是在闸门开启出水面后，用手拨动滚轮，看其是否转动灵活。如果主、侧滚轮有加油设备的，还要检查其是否完好。门叶的检查主要是看油漆保护层是否完好，用手抹漆面看有无粉化，眼观面板的油漆层色泽是否一致，有无龟裂、翘皮、锈斑等现象。对于龟裂比较严重的部位应用放大镜观察，区分是罩面层还是底层油漆的龟裂。如果是底层油漆的龟裂，应采取局部修补措施。弧形钢闸门支臂腹板和翼缘板检查是检查其有无局部变形和整体变形，焊缝有无裂缝和开裂，检查支铰联结螺栓、支臂与门叶联结螺栓是否损坏。闸门吊耳与吊杆也应经常检查，吊耳与吊杆应动作灵活，坚固可靠。转动销轴应经常注油以保持润滑。应经常用小锤敲击，检查零件有无裂纹、焊缝有无开焊、螺栓有无松动等，注意止轴板不得有丢失，销轴不能窜出，闸门运行时，应注意观察闸门是否平衡，有无倾斜跑偏现象。

6.3.1.4 变电所

变电所日常检查内容：整体外观方面线路连接是否牢固，无断股、松股现象，线路、设备上是否有杂物，杆身、钢架是否平正坚固、无锈蚀痕迹，巡视道路是否整洁无杂物；绝缘子是否清洁，绝缘子是否有裂纹、破损和放电痕迹；隔离开关触头接触是否良好，有无发热现象，动作时三相是否同期，锁定是否完好；电流、电压互感器油位是否正常，有无渗油现象，互感器瓷件有无裂纹和放电痕迹；避雷器瓷件、法兰有无裂纹、破损及放电痕迹，计数器数字有无变化，检查避雷器接地线是否良好；SF_6 开关瓷瓶有无破损、接线桩头有无发热痕迹，SF_6 气体压力指示是否正常，防结露加热器工作是否正常；跌落熔丝主触头是否接触良好，灭弧罩是否完好；主变本体、套管油位、油色是否正常，有无渗漏现象，防爆管玻璃是否完好，温度计是否完好，瓦斯继电器观察窗是否充满油，冷却风机工作是否正常，吸湿器的玻璃管是否完好，硅胶是否受潮变色。

6.3.1.5 电气设备

电气设备日常检查内容：电动机应检查定子和转子电流、电压、功率指示，定子线圈、铁芯及轴承温度，上、下油缸油位、油色、油质及渗油现象，供水水压、进出水温及示流信号，异常振动和异常声音情况，同时应对滑环情况进行检查，包括滑环与电刷接触情况、弹簧情况、电刷情况等；变压器应检查油枕内和充油套管内油色、油位、渗漏油情况，套管有无裂纹、破损、放电痕迹和其他现象，声响情况，冷却装置的运行情况，外壳接地情况，油温、呼吸器内吸潮剂等；高压柜检查开关柜面板按钮、指示灯、表计读数是否正常，检查开关进出是否顺畅，联锁装置是否良好，检查各开关操作机构、储能机构是否完好，检查各母排连接处有无发热痕迹，试温片是否齐全，检查二次接线端子是否松动，有无螺栓损坏，高压柜内有无异常响声或气味，高压柜巡视灯是否完好；低压柜开关柜面板按钮、指示灯是否完好，表计读数是否正常，一次线路各连接处是否紧固无发热痕迹，抽屉或抽出式机构抽拉时是否灵活轻便，柜内母线及设备有无异常响声或气味；高压断路器的分、合位置指示是否正确，绝缘子、瓷套管损坏及放电痕迹，绝缘拉杆和拉杆绝缘子有无断裂痕迹、零件脱落现象，导线接头连接处有无松动、过热、熔化变色现象，断路器外壳接地情况，油断路器油位、油色、油温、渗漏油情况，SF_6断路器气体压力、温度、含水量、泄漏等情况，真空断路器灭弧室有无异常现象，操作机构分、合线圈有无过热、烧损现象，液压操作机构油箱油位、油压及油泵启动次数是否正常、有无渗漏油，弹簧操作机构、储能电机、行程开关接点动作是否准确、有无卡滞变形；励磁控制柜面板按钮、指示灯、表计读数是否正常，控制中心工作是否正常并能 AB 系统无扰动切换，各电磁部件有无异声，各通流部件有无过热现象，励磁变压器有无异常响声或气味，励磁变压器进出线桩头连接是否牢固，试温片是否完好，灭磁电阻是否清洁无杂物，线路连接是否紧固，灭磁电阻运行是否正常，有无异味或过热现象；电缆有无过热迹象，电缆有无被拉伸受力现象；变压器接线桩头是否牢固，冷却风机工作是否正常，试温片是否完好，运行中的变压器有无杂音、温度是否正常，三相电流是否平衡，隔离开关进出是否顺畅，联锁装置是否良好。

6.3.2 定期检查和专项检查

6.3.2.1 建筑物

混凝土和钢筋混凝土定期检查中，重点检查重点部位的裂缝发展情况，裂缝长度、宽度、深度、走向的变化，裂缝的开度检查，特别是检查最大开度出现的时间及其与温度、水位变化的关系，有渗水的裂缝，还要观察碳酸盐等的分解情况，并进行定量观测。混凝土定期检查的另一个重要项目是测定混凝土的碳化深度，混凝土的碳化检查采用打孔的方法，用电锤在需要观测碳化的部位钻孔，用酚酞试剂测试碳化情况，将酚酞试剂涂抹在所钻孔内壁上，试剂变成明显的红色与无色的界线，此界线到孔口的距离便为碳化深度，钻孔部位选在通气、潮湿等有代表性的部位，但不选在角、边或外形突变部位。为保持结构的完整及防止进一步碳化，检查结束后采用高标号水泥将钻孔封死，并应严格控制封孔质量。

泵站建筑物专项检查内容：泵站主、副厂房是否完整，是否有沉陷、位移，泵房基础有无异常变形、不均匀沉陷，泵房墙体是否完整，有无裂缝、破损；伸缩缝有无损坏、渗水、漏水及填料流失；挡水结构有无渗水洇潮；闸门槽有无变形、破损。每年汛前、汛后应对泵站建筑物的水上部分进行一次全面检查，每五年对泵站建筑物的水下部分进行一次全面检查。在有特殊情况时，如超标准运用、发生较大地震或运行条件有重大变化时，应及时进行观测与检查，检查结果应上报泵站主管技术部门。

河堤及护坡专项检查内容：堤顶有无裂缝及空洞，排水孔是否畅通；迎水坡有无裂缝、损坏，背水坡有无渗水、漏水、冒水、冒沙、裂缝、塌坡和不正常隆起；宣传及警示标牌是否完整、清晰；水流水体是否有明显变色，有无油污或异味；堤脚有无隆起、下沉，有无冲刷、残缺、洞穴；拦河浮筒设施是否完好。

6.3.2.2 水泵机组

主水泵等级专项检查内容：叶片调节机构调节灵活、限位可靠、无异常声响，叶角指示正确、冷却水畅通、轴承箱温度正常，机构表面清洁，无油迹；水泵轴轴颈表面无锈蚀、无擦伤、碰痕、轴颈光洁度符合要求，无过度磨损，大轴无弯曲；联轴器间隙符合要求，联轴器表面清洁、无油迹，周围环境清洁、无积水，防护罩完好；填料函密封良好；水导轴承表面无烧伤、无过度磨损现象，轴承间隙符合要求；水泵外壳及弯管表面清洁、无锈蚀、无渗漏；叶轮室导水锥完好，无明显汽蚀、破损，导叶过渡套完好，无明显锈蚀、破损，叶轮头密封良好，无损坏、无渗漏，叶片及叶轮外壳无或仅有少量汽蚀叶片无裂纹，无碰壳现象，间隙符合要求；进入孔无渗漏现象；指示信号装置压力表、示流计工作正常，指示准确，表计端子及连接线紧固、可靠；金属外壳表面无锈蚀，防腐良好，涂层均匀，整机涂料颜色协调美观；运行噪声、振动、摆度符合要求；安装的同心、摆度、中心、间隙等安装技术参数合格；工作场所整齐、清洁，无废弃物，无杂物，无积水，工作场照明符合要求；设备应具有图纸及产品说明书、合格证、产品质检等出厂资料；应具有运行值班记录并归档，运行值班记录是原始记录，内容应详尽、规范，包括运行情况、异常现象、故障事故处理情况、交接班情况、其他情况；具有检修规程及检修记录并归档，数据准确，检修记录应翔实，主要内容包括检修前的检测记录、维修实施记录、安装调试记录、竣工验收记录、试运行记录、试验报告、有关的文件及图纸。

泵站主辅机专项检查内容：主电机及冷却系统运行是否可靠，上下油缸有无渗漏现象；填料、进入孔盖、水泵顶盖密封是否正常；供水泵管路、闸阀有无渗漏水现象；清污机、输送机控制是否正常，仪表、指示灯等指示是否正确；快速闸门闸高显示、电源指示等是否正常；叶片调节机构工作是否正常，冷却水管水流是否通畅、漏水。

6.3.2.3 启闭机及升船机

启闭机全面定期检查时，减速箱要进行解体，放油沉淀，清除杂物和水分，组装时要测量各级传动轴与轴承间的间隙，用塞尺检查齿轮的侧向间隙是否符合规定，各级传动轴的油封是否完好无损；吊点连接设备检查时，着重检查钢丝绳与启闭机及闸门的连接是否牢固，滑轮组和吊点的运转是否灵活可靠，钢丝绳与启闭机绳鼓的连接一般用压板及螺栓固定，检查时应注意螺栓是否拧紧，压板下面的钢丝绳有无松动脱变迹象；钢丝绳全面检查时，主要检查钢丝绳表面有无锈蚀、磨损、断丝等；电器设备等应检查电动机对地绝缘和相间绝缘是否符合规定值，制动器闸瓦有无过度磨损，退程间隙是否符合规定值，这些可以用工器具直接测量或眼观估测。其他操作设备如空气开关、限位开关、接触器、按钮等都应检查，线路要紧固，触点要良好。

启闭机等级专项检查内容主要包括电气及显示仪表有可靠的供电电源和备用电源，设备的电气线路布线及绝缘情况，各种电器开关及继电器元件、电气设备中的保护装置可靠，开度仪及其他表计工作正常，各种信号指示正确；润滑部位按规定注入或更换润滑油，润滑的油质、油量标准规范，密封性良好，不漏油，润滑设备及其零件齐全、完好，油路系统畅通无阻；电机能达到铭牌功率，能随时投入运行，电机绕组的绝缘电阻合格，电机外壳接地应牢固可靠；制动器应工作可靠、动作灵活，制动轮表面无裂纹、无划痕，制动器的闸瓦及制动带，制动器闸瓦退程间隙，制动器上的主弹簧及轴销螺钉，电磁铁在通电时无杂音，液压装置工作正常，无渗漏油；传动系统中减速器齿轮啮合良好，无磨损，减速机油位在规定范围，轴和轴承联轴节，开式齿轮；启闭机构的卷筒装置、钢丝绳、排绳器；吊具的吊环、悬挂吊板、心轴等，滑轮组零件及滑轮，花兰螺栓；机架结构（变形、裂缝）、钢架结构件的连接、高强螺栓的紧固机械的金属结构表面防腐蚀处理，涂层均匀，整机涂料颜色协调美观；严禁堆放易燃易爆品，设有消防器具；启闭机室或启闭工作平台与外界隔离；工作场所整齐、清洁，无油污、废弃物，照明良好等；启闭机达到规定的额定能力，启闭机的状态完好，按指令操作；设备图纸及产品说明书齐全，运行资料齐全、记录完整，检修资料齐全、检修记录完整。

6.3.2.4 闸门、金属结构

钢质闸门的定期检查主要内容：表面漆保护层是否完好，有无潜在龟裂、粉化、翘皮、锈斑；闸门及吊耳板一、二类焊缝无损探伤检查，支铰加油检查等。面板、杆件的锈蚀可用目测、手摸、量具等或用超声波测厚仪对现有的厚度进行检查。

专项检查内容：土工建筑物有无塌陷、裂缝、渗漏、滑坡；导渗及减压设施有无损坏、堵塞、失效；砼建筑物有无裂缝、露筋等情况；伸缩缝止水有无损坏、漏水及填充物流失等情况；闸门门体有无影响安全的变形、焊缝开裂或螺栓、铆钉松动；支承行走机构运转是否灵活；止水装置是否完好，门槽门坎有无损坏；闭机械运转是否灵活、制动是否可靠、有无异常声响；零部件有无损坏、裂纹，螺杆有无弯曲变形；过闸水流是否平顺，水跃是否发生在消力池内，有无折冲水流、回流、漩涡等不良流态；启闭机房门窗是否完好，墙壁有无洇潮，屋顶有无漏雨现象；上下游水尺有无损坏，测压管是否堵塞，水位计、传感器等设备是否完好；闸高显示、电源指示、闸门控制等是否正常，限位是否准确。

6.3.2.5 变电设备

变电所专项检查内容：架空线路的导线、避雷线、避雷针有无损伤，导线接头是否牢固；杆塔是否有倾斜、裂缝现象，绝缘子表面有无损伤、放电情况；拉线、扳桩和线路周围有无障碍物，线路通道是否安全；主变压器是否工作正常，瓷套管有无破损裂纹、放电痕迹；电流互感器和电压互感器油位、油色是否正常；SF_6开关工作是否正常，气体压力指示是否正常；隔离开关触头接触是否良好，有无发热现象，跌落熔丝主触头是否接触良好；变电所围栏等有无倒塌、损坏。

高、低压室，电缆层，站所变室专项检查内容：开关柜面板各种指示表计是否正常；高压柜内有无异常响声或气味；各励磁部件有无异常响声；柜内母线及设备有无异常气味；电缆有无过热迹象；变压器接线桩头是否牢固，冷却风机是否工作正常；运行中变压器有无杂音、温度是否正常。

6.3.2.6 自动化操控系统

自动化操控系统定期检查内容：下位机屏线路各连接处是否紧固无松动，有无发热痕迹，网络交换机运行正常并与各通信设备连接可靠，24 V 和 5 V 电源板是否正常，各板卡插件是否牢固，运行是否正常，指示是否正确，端子排固定是否牢固、无松动，熔断器配置是否正确、接触是否良好，屏内外是否整洁、无灰尘杂物；微机继电器屏各继电器是否校验合格、整定正确并工作正常，线路连接处是否紧固、无松动，有无发热痕迹，继电器及端子排是否牢靠、无松动，屏内外是否整洁、无灰尘杂物；WB 电量调理单元屏各继电器是否校验合格、整定正确并工作正常，线路连接处是否紧固无松动，有无发热痕迹，变送器及端子排是否牢靠、无松动，屏内外是否整洁、无灰尘杂物，主变保护测控柜各继电器是否校验合格、整定正确并工作正常，柜内外是否整洁、无灰尘杂物，接线端子排是否牢靠、无松动，各保护测控装置运行是否正常，保护压板是否牢靠、无松动；电动机保护测控柜各继电器是否校验合格、整定正确并工作正常，柜内外是否整洁、无灰尘杂物，接线端子排是否牢靠、无松动，主控单元运行是否正常，与保护主机通信是否正常，各保护测控装置运行是否正常，保护压板是否牢靠、无松动；上位机操作站交流 220 V 电源配置是否正确，工控机工作是否正常，外部设备的工作状况（包括彩显、打印机、键盘等），局域网内各站间联络是否通畅，监控系统是否运行可靠，计算机是否清洁、无灰尘；视频监控设备屏硬盘录像机工作是否正常，录像机主机与网络连接是否正常，各通道图像显示及录像是否正常，各通道光端机工作是否正常，各摄像头控制（开放控制权限）是否正常，箱内外是否清洁无杂物，门锁齐备。

6.3.2.7 特种设备

在用特种设备应至少每月进行一次自行定期安全检查，每年进行一次全面检查。年度检查可以由使用单位安全管理人员组织经过专业培训的作业人员进行，也可以委托依法取得核准的检验检测机构持证的检验人员进行。

在安全检验合格有效期届满（或停用一年以上设备重新启用时）前一个月向特种设备检验检测机构提出定期检验要求。特种设备定期检验时，提供必要的检验检测工作条件，告知检验检测人员安全注意事项，派特种设备作业人员等相关人员到现场做好安全监护和配合工作，确保检验人员的安全及检验工作的顺利进行。现场检验检测结束后，应对存在的问题按照要求尽快进行整改，直至消除事故隐患后，方可重新投入使用，同时还应及时向检验机构反馈整改情况，索取特种设备定期检验报告、安全装置校验报告和安全检验合格标志，并存入设备安全技术档案。应对在用特种设备的安全附件、安全保护装置、测量调控装置及有关附属仪器仪表进行定期校验、检修，并记录，确保其灵敏、可靠。未经定期检验或者检验不合格的特种设备，不得继续使用。

6.3.2.8 辅助设备

当发生大暴雨、台风、地震、超警戒水位等情况时，应进行辅助设备专项检查。其中，直流室及控制室专项检查内容包括逆变器工作是否正常，直流系统各参数情况是否正常；监控系统的后台系统是否有报警，故障诊断是否正常；保护系统的后台系统有无报警，是否正确反映主设备工作状态；视频系统各路图像是否清晰；历史数据查询系统是否自动记录每天的运行数据。

6.3.2.9 安全设施

安全设施专项检查施工企业是否按照规定进行执行安全设施"三同时"制度；高处作业、交叉作业等危险作业安全设施是否完好齐全；变电所栏杆、临水栏杆、厂房及周边地面孔洞盖板、电缆沟槽盖板、启闭机传动部分罩壳等固定安全设施是否完好；临水作业、水上水下作业人员救生设施配置是否完好。

6.4 设备设施运行安全检测与自动安全监测

6.4.1 工程安全检测

工程安全检测包括混凝土结构、金属结构、水下工程的安全检测。

6.4.1.1 混凝土结构安全检测

水闸混凝土结构安全检测内容和方法如下：

（1）混凝土材料无损检测。主要检测混凝土结构内部的裂缝、空洞、不密实区等缺陷，检测方法主要有超声脉冲法、脉冲回波法、雷达扫描法、红外热谱法和声发射法等。混凝土结构其他性能的无损检测主要检测弹性和非弹性性能、碳化深度、含水率、水泥含量、钢筋位置与钢筋锈蚀等，方法有共振法、敲击法、磁测法、电测法、微波吸收法、中子散射法、中子活化法和渗透法等。

（2）混凝土强度检测。混凝土的强度检测采用钻芯法、回弹法、超声波法、超声回弹综合法及拔出法。① 钻芯法是在混凝土结构构件上直接钻取芯样，并进行抗压强度试验，以确定混凝土实际抗压强度。取芯前应考虑取芯对结构带来的影响，取得的试样要有代表性，且确保取芯后结构仍有足够的安全度，混凝土芯样的抗压强度除了受到钻机、锯切机等设备的质量和操作工艺的影响外，还受到芯样本身各种条件的影响，如芯样直径的大小、高轻比、端面平整度、端面与轴线间的垂直度、芯样的湿度等，并且在芯样中应尽量避免钢筋的存在，用钻芯法检测混凝土的强度，具有直观、精度高等特点，还可以直接观察局部混凝土的内部情况，如裂缝、内部缺陷等。② 回弹法是根据混凝土表面的回弹强度，推断结构混凝土强度的一种方法，正常情况下，随着混凝土龄期的增加，其表面硬度增高，混凝土的强度也会同步提高，但是，混凝土表面出现碳化现象后，其表面硬度的增高很快，与强度的提高不同步，所以，混凝土的碳化是影响回弹法测强度的主要因素。特别是对旧建筑物进行检测时，应考虑碳化的影响。③ 超声波法是根据超声脉冲在混凝土中传播的规律与混凝土的强度间存在一定关系的原理，即对于一定配合比的混凝土，超声波在混凝土中的传播速度越快，混凝土的密实性越好，表明混凝土的抗压强度越高，通过测定超声脉冲的有关参数，推断混凝土强度的一种检测方法。④超声回弹综合法采用超声仪和回弹仪，在结构混凝土同一测区分别测量声时值及回弹值，然后利用已建立起来的测强公式推算该测区混凝土强度。⑤拔出法是用专用工具拔出已置入混凝土的锚具，来测定混凝土抗压强度的一种测试方法，拔出法又可分为预埋拔出法和后装拔出法两类。预埋拔出法是在混凝土中预埋锚具，后装拔出法是在已建成的混凝土构件内后装锚具。通过测强曲线将拔出力换算成混凝土的抗压强度。

（3）钢筋保护层厚度检测。钢筋保护层厚度是影响混凝土结构受力的关键因素之一，在对水闸安全检测中，对钢筋保护层厚度需进行现场检测。钢筋保护层厚度的检测采用局部破损方法或非破损方法。局部破损方法是剔凿混凝土保护层直至露出钢筋，直接测量混凝土表面到钢筋外边缘的距离，这种方法是最直接、最准确的，而且也能满足《混凝土结构工程施工质量验收规范》（GB50204—2002）要求的精确度，但对结构本身会造成局部损伤。非破损方法采用钢筋保护层厚度测定仪测量，其原理是检测仪器发射电磁波，利用钢筋的电磁感应确定钢筋的位置，其优点是方便、快捷，但测量不准确；采用非破损方法时，还必须用更准确的局部破损方法的结果进行修正。

（4）混凝土碳化深度检测。检测混凝土碳化深度的方法有酸碱指数剂（酚酞）测量、显微镜检查（切片分析）、热分析等，最简单、最常用的检测方法是采用3%酚酞酒精试剂喷在新鲜混凝土破损表面上，根据试剂的颜色变化一般发生在 HP 值 8.2～10.0 之间进行检测。检测程序：先用冲击钻在测点位置钻孔，或用锤子、钢钎打掉部分混凝土表层，再清除干净孔中的碎屑、粉末（不能用水冲洗），后将3%酚酞溶液喷到孔壁或打掉的新鲜混凝土表面上，待酚酞溶液变色后用卡尺测量酚酞变色交界处的深度，呈粉红色处混凝土未碳化，未变色处混凝土已碳化。

（5）钢筋锈蚀状态检测。混凝土中钢筋锈蚀状态的无损检测采用半电池电位法，它是利用"Cu + CuSO₄"饱和溶液形成的半电池与"钢筋 + 混凝土"形成为半电池构成一个全电池系统，由于"Cu + CuSO₄"饱和溶液的电位值相对恒定，而混凝土中钢筋因锈蚀产生的化学反应将引起全电池的变化，因此，电位值可以评估钢筋锈蚀状况。检测前，首先配置"Cu + CuSO₄"饱和溶液，检测时，保持混凝土湿润，将钢筋锈蚀测定仪的一端与混凝土表面接触，另一端与钢筋相连，用钢筋锈蚀测定仪逐个读取每条测线上各测点的电位值，在至少观察 5 min，电位读数保持稳定浮动不超过 ±0.2 V 时，即认为电位稳定，可以记录测点电位。混凝土中钢筋锈蚀状态判断方法：电位 > −150 mV 时，钢筋微锈、锈斑或局部锈蚀；电位在 −150 ～ −220 mV 时，钢筋微锈、锈斑或局部锈蚀；电位在 − 220 ～ − 300 mV 时，钢筋全面锈蚀；电位 <−300 mV 时，钢筋严重锈蚀。

（6）混凝土内部缺陷检测。混凝土表面的缺陷包括建筑物表面裂隙、表面蜂窝、麻面、表面冲磨和空蚀破坏以及表面冻融破坏等，采用凿槽、钻孔取芯、钻孔压水（压风）、超声波检测、钻孔摄影或钻孔电视等方法进行探测。钻孔取芯检测法通过合理布置孔位及孔深，对芯样检查和物理力学试验、钻孔压水试验及深孔摄影和孔内电视等检测方法，比较全面、准确地判断整个工程的内部情况。钻孔压水（压风）检测法先根据裂缝位置、外观初步检查结果及混凝土内部温度分布特征进行布孔，再采用手摇泵进行逐孔分段压水检查，压力一般为 0.1~0.4 MPa。超声波检测通常采用"透射法"，使仪器发射的超声波通过欲检测的部位，当超声波传播至其不同部位时就会发生反射、绕射及声能的反常衰减，其结果是测得的声学参数发生变化，根据这些声学参数变化的情况，即可对混凝土内部缺陷做出判断。

（7）混凝土构件动应力或动刚度检测。利用结构实际荷载或人为激励荷载，直接测量动应变和动挠度，结合其强度检测结果，计算出动应力和动刚度。

（8）瘦高宽不成比例的高混凝土结构稳定性检测。利用结构实际承受的动荷载，直接测量结构有关动力响应，分析结构工作过程的稳定性。

（9）混凝土结构基础淘空状况探测。采用高分辨率地质雷达仪，对可能出现基础淘空的混凝土结构进行扫描探测。通过数据分析处理，提供基础垂直剖面图像、基础淘空分布和闸底板淘空的长度和深度。

（10）混凝土侧墙根部断裂探测。采用浮点工程动测法检测闸室两边侧墙根部的断裂情况。通过分析，判断是否出现断裂及裂缝分布和断裂程度。

（11）混凝土结构固有振动特性检测。利用结构实际动荷载或人为激励荷载，检测结构模态参数。通过分析，提供结构的自振频率、阻尼比和振型。

6.4.1.2 水闸金属结构安全检测

水闸金属结构安全检测，主要检查和检测闸门及启闭机外形损伤程度、机构整体运行受力状况和启闭系统机电考核情况。检测内容和方法如下：

（1）闸门锈蚀度检测。采用测厚仪对闸门表面锈蚀程度进行检测，经计算分析，提供闸门锈蚀分布、平均蚀余厚度、最大腐蚀深度等锈蚀情况。

（2）金属材质检测。对构件的非受力部位取样进行化学和物理实测，提供钢材的强度和相应材料标号。

（3）焊缝无损检测。对闸门、启闭机构件的一、二类焊缝进行 30% 和 20% 的无损探伤检测，若出现焊缝缺陷，对该焊缝进行 100% 检测，提供虚焊、气泡和裂缝位置、长度和深度。

（4）闸门启闭力检测。通过对闸门主要受力构件的检测，提供闸门启闭过程受力响应曲线，计算出最大启门力、最大持住力，分析启闭系统受力是否正常和启闭容量的裕度。

（5）电气设备系统检测。主要对闸门启闭设备的电源供电线路、电气设备（一次和二次部分）及接地电阻等的工作指标和使用寿命进行检查（测），判别其启闭设备电气系统工作的安全性。

6.4.1.3 水闸工程水下安全检测

水闸工程水下安全检测主要针对严重损坏的、不能露出水面的闸门及门槽水下部分的检查或检测，以及怀疑水闸水下土建基础严重损坏部分的检查或检测。主要是水下探摸及摄像和水下工程锈蚀程度或焊缝质量检测，水下探摸及摄像是指潜水员采用浑水状态下清水高清晰摄像技术，对水下被检部位或范围进行探摸和摄像，提供具体探摸结果和破损位置的水下录像。水下工程锈蚀程度或焊缝质量检测是指潜水员采用水下专用测厚仪器和焊缝水下检测手段，对水下金属结构进行锈蚀程度及焊缝质量检测（一般情况下不进行此项检测）。另外，对水闸结构表面腐蚀严重的内外河水，进行水质酸碱度等指标抽样检测，分辨其是否对结构物明显地造成不良影响。

6.4.2 水泵机组安全检测

根据《泵站安全鉴定规程》（SL316—2015）及相关的规范，水泵机组安全检测主要是对电动机、叶轮、泵轴、泵壳、悬架传动装置和制动装置等其他设备进行检测。电动机的现场安全检测包括以下内容：绕组的绝缘电阻和吸收比；绕组直流电阻和直流泄漏电流；定子绕组交流耐压；同步电动机转子绕组的耐压；整相绕组的局部放电量；绕组绝缘老化状态，即额定电压下介质损耗角正切值和正切值的增量$\Delta\tan\delta$和绝缘电容增加率ΔC的变化；绝缘材料表面龟裂、分层、老化，绑扎松动，端部连接等外观性状；滑环、电刷磨损和推力头、推力瓦、导向瓦、镜板、轴承等支承部件的磨损和相互配合状况；冷却器、机架等主要零部件的腐蚀、锈蚀、裂纹、变形、损坏及渗漏情况；振动、噪声和温升。叶轮的安全检测：叶轮叶片与叶轮室的间隙测量；叶轮和叶轮室汽蚀、磨损检查、处理；叶轮静平衡试验；叶轮叶片密封装置的检查、更换、试验；叶轮体耐压、密封试验；叶轮叶片接力器的修理或更换。泵轴的安全检测：泵轴变形和轴颈、轴承磨损程度；轴承间隙的测量、调整；同轴度的测量与调整。泵壳和悬架的安全检测：泵壳和悬架的锈蚀、裂纹、变形、损坏等情况。传动装置和制动装置等其他设备的安全检测：传动设备运行中有否异响，主要部件的锈蚀、缺损程度等。制动装置中主要有制动闸分解检查、耐压试验；制动闸闸块的检查与更换；制动闸闸块与制动环间隙测量和调整。其他设备的检查、修理、试验、调整等。

6.4.3 启闭机的安全检测

启闭机的安全检测按照相关标准和规定进行，其主要检测依据包括《水闸安全评价导则》（SL214—2015）、《水工钢闸门和启闭机安全检测技术规程》（SL101—2014）、《水利工程金属结构报废标准》（SL226—1998）、《水利水电工程钢闸门制造安装及验收规范》（DL/T5018—2004）、《水利水电工程启闭机制造、安装及验收规范》（SL381—2007）、《起重机械安全规程》（GB6067.1—2010）。质量安全检测中使用的仪器仪表涉及外观、外形测量仪器，材料检测仪器，探伤仪器，应力应变仪器等。

启闭机的安全检测项目主要包括设备外观检查、材料检测、焊缝无损探伤、应力检测、启闭力检测、启闭机可靠性评价及水质及底质分析。

设备外观检测包括外观形态检查和腐蚀状况检测。主要内容包括构件的折断、损伤及局部变形，保护涂层的变质和破坏情况，启闭机钢丝绳的锈蚀和断丝状况，焊缝及其热影响区表面的裂纹等危险性缺陷及其异常变化状况，启闭机零部件，如吊耳、吊钩、吊杆、连接螺栓、侧反向支承装置、充水阀、止水装置、滑轮组、制动器、锁定等装置的表面裂纹、损伤、变形和脱落状况，行走支承系统的变形损坏和偏斜、啃轨、卡阻现象，滚轮的变形损坏、转动灵活程度，平面轨道（弧形轨板、铰座）、止水座板、钢衬砌等埋设件的磨蚀和变形等状况，启闭机机架的损伤、裂纹和局部变形，启闭机传动轴的裂纹、磨损及变形情况，卷扬式启闭机卷筒表面、卷筒幅板、轮缘的损伤和裂纹等。

材料检测是当启闭机的主要构件材料牌号不清或对主要构件的材料牌号有疑问时，要进行材料检测，以鉴别材料牌号。

焊缝无损探伤是对各类焊缝缺陷进行定位、定量、定性和定级，并判定焊缝是否合格。在启闭机安全检测中，无损探伤常用的方法有磁粉探伤（MT）、射线探伤（RT）、超声波探伤（UT）和渗透探伤（PT）。

应力检测主要包括结构静态应力检测、结构动态应力检测和自振特性检测等。启闭机的金属结构经长期运行后，尤其是水下工作部分，受锈蚀、损伤等因素影响，会产生结构变形，其强度和刚度与设计状态相比必有下降，有必要对启闭机结构的实际承载能力与抵抗变形能力进行测定，获得结构的安全程度。

启闭力检测主要采用动态测试系统，通过动态应变仪和拉压传感或贴电阻应变片测量启闭机的实际启闭力，检测状态应尽可能接近设计状态，要特别注意闸门是否存在卡阻现象，滚轮是否有变形损坏，如有测量的数据将无法反映启闭机的真实状态。若无法做到与设计水位一致，则应根据实测数据反演计算出在设计水位下的启闭力，并与启闭机的额定启闭力相比较，获得启闭机启闭的安全系数，判断启闭机启闭的可靠程度。

启闭机可靠性评价是在现有信息的基础上对未来服役的结构特性进行推断和评估。影响启闭机可靠性的因素包括载荷及环境因素、机电设备可靠性、闸室地基和渗透变形、结构及材料老化和冲刷与振动等。对于在役启闭机而言，可靠性评价是指启闭机结构或构件在一定的后续使用期内完成后续服役功能的概率。

6.4.4 水工建筑物自动安全监测

水工建筑物自动安全监测可及时通过数据分析和比对，发现可能导致事故的异常参数并及时报警，同时，能够长期记录各种监测数据，便于对事故发展过程的分析。某水利枢纽工程水工建筑物安全自动监测系统如下。

6.4.4.1 系统结构

该工程水工建筑物安全自动监测系统采用如图 6-1 所示的基于互联网的分级分布式结构。图中，系统分为 3 层：数据采集层、数据存储和 Web 服务层及监视分析层。数据采集层是由分布在闸站现场的一个或者多个数据采集箱组成，每个数据采集箱连接测缝计、沉降仪、压力计等各种传感器，实现各种安全监测参数的就地采集。数据存储和 Web 服务层由水利枢纽工程安全监测 Web 服务器、移动通信模块等组成。工程安全监测 Web 服务器按照一定的采集策略定时或者加密收集现场各个数据采集箱的监测数据，存入数据库，并以 Web 方式提供工程安全监测服务。监测分析层是监视和分析水利枢纽水工建筑物安全状态的操作界面，可以是计算机或手机等移动设备等，通过 Internet 或者移动互联网与 Web 服务器连接，进行工程安全监测和分析。数据采集箱通过 485 总线与工程安全监测 Web 服务器相连接，通信介质一般是屏蔽双绞线，但对于距离较远、现场干扰较强的场合可以采用光纤连接。水利枢纽中的水工建筑物分布较广，对于距离比较远的闸站数据采集箱，若目前没有可用的网络通道，可以采用图 6-2 中远程数据采集箱。远程数据采集箱自带移动网络通信模块，通过移动互联网与工程安全监测 Web 服务器进行无线连接，从而实现枢纽内地理位置分散的闸站水工建筑物安全监测。

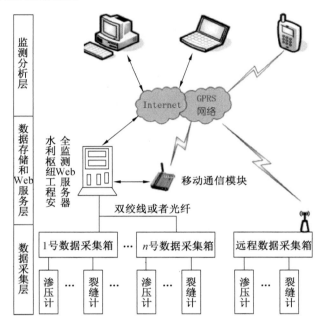

图 6-2　水工建筑物安全监测系统结构

6.4.4.2　系统关键硬件

（1）静力水准系统。静力水准是一种高精密液位系统，该系统用于测量多点的相对沉降，采用 BGK-4675 型静力水准，由传感器、保护罩、储液桶、通液管、通气管等组成，如图 6-3 所示。

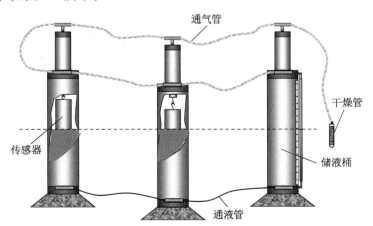

图 6-3　BGK-4675 型静力水准组成示意图

在使用中，一系列的传感器容器均采用通液管连接，每一个容器的液位由一精密振弦式传感器测出，该传感器挂有一个自由浮筒，当液位发生变化时，浮筒的悬浮力即被传感器感应。在多点系统中，所有传感器的垂直位移均是相对于其中的一点的（又叫基准点），该点的垂直位移应是相对恒定的或者是可用其他人工观测手段准确确定的，以便能精确计算静力水准系统各测点的沉降变化。

（2）伸缩缝监测传感器。振弦式裂缝计因其卓越的性能和长期稳定性而被广泛用于测量建筑、桥梁、管道、大坝等混凝土的表面缝开合度。对于泵站、水闸等水工建筑物不同底板之间的伸缩缝，需要监测伸缩、水平错位和垂直错位的变化，为此，采用了 3 套 BGK－4420 型振弦式裂缝计监测结构裂缝和接缝的开合度。振弦式裂缝结构如图 6-4 所示，包括一个振弦式感应元件，该元件与一个经热处理并消除应力的弹簧相连，弹簧两端分别与钢弦、传递杆相连。仪器完全密封并可在高达 1 Mpa（特殊要求可定制）的压力下操作。当连接杆从仪器主体拉出时，弹簧被拉长导致张力增大，并由振弦感应元件测量。钢弦上的张力直接与拉伸成比例，因此，接缝的开合度通过可振弦读数仪测出的读数变化而精确地计算。仪器内置有温度传感器，可同时监测安装位置的温度，球形万向接头允许一定程度的剪切位移。采用不锈钢制造的 BGK－4420 型振弦式裂缝计，具有很高的精度、灵敏度、优异的防水性能、耐腐蚀性及长期稳定性。电缆传输频率和湿度电阻信号由专用的四芯屏蔽，其频率信号不会被电缆长度所影响，即使在恶劣的环境下也能够长期监测建筑物的裂缝变化。其安装方式如图 6-5 所示，可分别测量 3 个方向的变化量，其中，X 方向裂缝计监测两块底板之间缝隙的变化量 $\triangle X$，Y 方向裂缝计监测两块底板在水平方向的错位量 $\triangle Y$，Z 方向裂缝计则监测两块底板在垂直方向的错位量 $\triangle Z$。

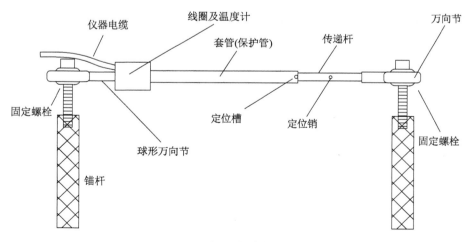

图 6-4　振弦式裂缝结构图

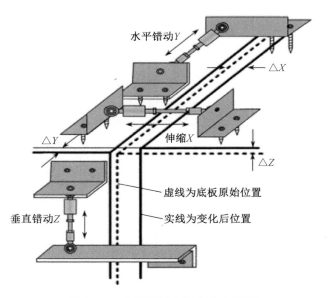

图 6-5　三向测缝计安装方法示意图

（3）底板扬压力监测传感器。对于泵站和水闸底板扬压力的监测，采用 BGK – 4500 型振弦式渗压计，埋设在间站等水工建筑物、基岩内或安装在测压管、钻孔、堤坝管道及压力容器里，测量孔瞧水的压力或者液体的液化的各项性能指标都非常优异，其主要部件均采用特殊钢材制造，适合在各种恶劣环境下使用。特别需要指出的是，在完善电缆保护措施后，可直接埋设在对监测仪器要求较高的碾压混凝土中。标准的透水石是用带 $50\ \mu m$ 小孔的烧结不锈钢制成，以利于空气从渗压计的空腔排出。该型振弦式渗压计采用专用通气电缆连接，可有效克服大气压力对测值的影响，更适合用于水位测量。在安装过程中，首先精确测定渗压计安放高程，对于电缆长度过长、电缆自重超过电缆强度的部分仪器，可将电缆绑在钢丝上进行吊装，电缆在孔口处应做好固定及保护，以免损坏电缆。渗压计电缆穿过管口装置，而后将渗压计电缆用保护钢管沿电缆沟敷设至数据采集单元，并接入采集单元箱内。测压管的工作状况有三种：有压、无压和时有时无压管。安装渗压计后，管口可按两种方式进行改造，一种是无压管口，如土石坝的测压管、混凝土的绕坝渗流孔等，其管口结构应保证能方便地进行人工观测。图 6-6 是投入式渗压计的安装示意图，将渗压计放到水工建筑物的测压管内，先将管内水位通过振弦式感应元件转换成振弦的频率，再由现场采集的渗压计频率信号，换算成对应的水位。假设渗压计管口高程为 H_1，渗压器安装高程为 H_2，标定时平尺水位计数器读数（即管口到管内水面距离）为 a，渗压计测量值（即渗压计到管内水面距离）为 b，则渗压计安装高程为 $H_2 = H_1 - (a + b)$。标定时，测压管内水位高程 $H = H_2 + b$，正常测量时，若渗压计测量值为 x，则测压管内水位高程 $H = H_2 + x$。

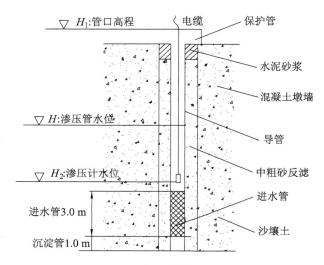

图 6-6　渗压计安装示意图

（4）数据采集系统。项目采用 BGK – MICRO 分布式网络测量系统，测量单元采用混合式测量电路，可对现有的各种类型的传感器进行测量及记录，设备操作简单。配套的 BGKLogger 软件系统基于 Windows 2000/XP/Windows 7 工作平台，集用户管理、测量管理、数据管理、通信管理于一身，为工程安全的自动化测量及数据处理提供了极大的便利和有力的支持。测量系统由计算机（用于安装 BGK – MICRO 安全监测系统软件）、BGK – MICRO – MCU 分布式网络测量单元（内置 BGK – MICRO 系列测量模块）、智能式仪器（可独立作为网络节点的仪器）等部分组成，通过相应配套的软件可完成对各类工程安全监测仪器的自动测量、数据处理、图表制作、异常测值报警等工作。测量模块（简称 VR 模块）为混合式测量模块，任意通道均可测量振弦式、差动电阻式、标准电压或电流、电阻、频率量等类型的仪器。它内含 CPU、时钟、非易失性存储器、A/D 转换器等，用于实现系统的自检、测量与控制、被测数据存储、数据通信、内部电源管理等。模块封装在金属保护盒内，其上设有通信、电源等接口。测量模块上设有 8/16 个测量通道，最多可接入 16 支仪器。如需接入更多仪器，需要增加测量模块，每个测量单元最多可接入 40 支仪器。测量单元设有两种通信方式，分别为标准的 RS – 232 与 RS – 485A 总线通信，可连接大多数通信媒介，如有线、无线电台、光纤、DTU（GPRS/CDMA 模块）、微波等通信方式。为方便用户使用，每个单元均设有 2 组通信接口。测量单元由防潮机箱，箱体内部由测量模块、电源管理模块（简称电源模块）、蓄电池及电源适配器组成，此外，还可选购内置的光纤通信模块、GPRS/CDMA 无线通信模块等。

6.4.4.3　伸缩缝和扬压力的测点及传感器布置

该水利枢纽工程的伸缩缝和扬压力监测点共 15 个，建筑物表面伸缩缝监测共 15 处，9 处双向测缝，6 处单向测缝。现场数据采集箱 2 只，室外的监测点加不锈钢材质保护罩壳；室内测点根据现场需要采取了保护措施，室外裸露电缆穿镀锌钢管保护，节制闸处约 60 m 长一段电缆敷设采用了穿镀锌钢管，地下埋设电缆用

PVC 护管，所有电缆引至节制闸和泵站两处的现场自动化数据采集装置。

6.4.4.4　扬压力测压管的补设

水利枢纽工程运行多年后，部分测压管会出现淤塞、失效的情况，此时需进行测压管补设，恢复监测功能。补设方法：先造孔，再安装，后封孔。对钢筋混凝土结构的造孔，采用硬质合金或金刚石钻头反循环钻进，为给封孔材料填充提供足够容隙，终孔直径宜比埋设的测压管大 50~60 mm；安装时，测压管采用公称口径为 50 mm、耐老化 PPR 管，由进水段和导管段组成，进水段面积开孔率为 10%~20%，梅花状分布，外壁设过滤层，其内层、外层采用 60 目土工布，中间层采用 100 目铜丝布，且 3 层均用铅丝缠绕扎紧，进水段长度为 3 m，下设 1 m 沉淀管，下管过程中要顺直放入孔内，避免与孔壁发生摩擦，测压管下置完后，将事先准备好的沙砾滤料缓慢放入孔中，滤料要求既能防止细颗粒进入测压管，又具有足够的透水性，一般其渗透系数是周围土体渗透系数的 10~100 倍。封孔时，采用水泥砂浆将孔口封严密实，并进行灵敏度检验，以防降水等干扰。

6.4.4.5　采集监测系统软件

软件采用如图 6-6 所示的基于富客户端的 B/S 软件架构。图中，最底层是工程安全监测数据采集模块，实现对扬压力、缝隙等的数据采集和处理。数据网关服务端软件实现采集数据的集中处理与数据转发。为实现系统底层与上层的安全隔离，避免底层软硬件系统受到安全威胁，采用了安全隔离与信息交换技术。处于上层的数据网关客户端软件可以利用安全的信息交换方法得到底层的各类测量数据，从而实现对管理网络的数据开放与共享，便于进一步对处于管理网络的数据库进行存取。

应用软件系统采用基于 Silverlight 的富互联网应用（Rich Internet Applications，RIA）架构。该架构采用分层的思想组织程序逻辑，由 Silverlight 富客户端、Web 服务端和数据库三部分组成。在图 6-7 中，数据存取、业务逻辑处理、WCF 服务构成了 Web 服务端。此外，为进一步扩展系统功能（如手机短信发送等），集成了其他各类功能支持软件模块，并以系统服务进程方式后台运行。Silverlight 富客户端具有高度互动性，同桌面应用软件系统，可以实现企业级的数据交互、表现和处理，且具有跨平台与跨浏览器的优点。Silverlight 富客户端可内嵌于浏览器中，通过 Web 浏览的方式来加载客户端程序，从而实现客户端的快速安装与部署。当再次运行客户端软件时，是直接从磁盘加载程序而无须重新下载。在 Web 服务端中，除实现传统面向服务应用中的数据存取层与业务逻辑层外，增加了 WCF（Windows Communication Foundation）服务层，通过在该层定义和实现具有不同功能的服务，供客户端程序访问调用，建立 Silverlight 富客户端界面交互层与业务逻辑层的联系，从而建立和完善客户端与服务端的分布式实时通信框架。

WCF 服务开发方法与调用形式规范统一，可根据不同的功能需求进行独立开发并无缝集成至系统中。同样，利用 Silverlight 平台提供的工具与技术可快速实现富客户端交互界面的开发。

软件设计和开发统一的全景图系统，将相应位移监测点、伸缩缝监测点、路径在全景图上进行标注，该系统提供灵活的业务应用配置功能，同时对外提供丰富的应用接口供业务系统调用。综合数据库按照逻辑分为水闸安全监测数据库、多媒体数据库、基础水利工程数据库、文档管理数据库、日常业务管理基础数据库、水利空间信息数据库等数据库，以便为各个业务系统提供可靠的数据支持。数据形式包括表格、文本、图形、图像、声音等。系统具有首页展示、可视化展示、数据报表展示、监控预警、后台管理等功能。

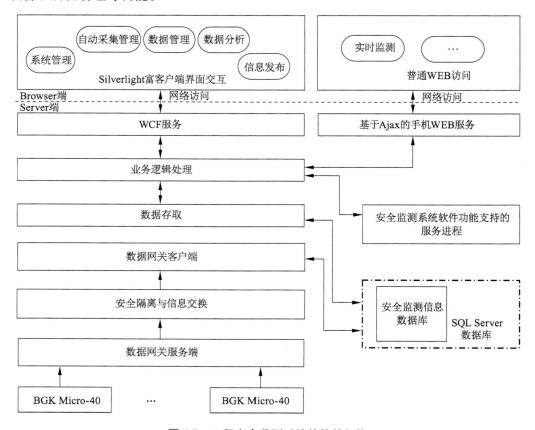

图 6-7　工程安全监测系统的软件架构

此外，为方便手机用户能通过浏览器直接访问使用本系统，在基于 Silverlight 的 RIA 架构的基础上，进一步集成传统的 WEB 服务，其中利用 Ajax 技术实现了 WEB 数据的动态请求与刷新。

监测软件系统包括以下内容：① 用户管理——管理各个工程的操作用户及用户权限。级别共分三级：系统管理员（可以操作系统所有工程）、管理员（管理所属工程）、操作员（查看所属工程数据）。② 日志管理，分为用户日志管理和采集单元日志管理。用户日志管理：管理操作用户的操作记录，用户每一次登录到本系统或从本系统退出时的信息、重要的操作，如删除数据、输出数据、更改系统配置信息等历史日志记录；采集单元日志管理：记录自动化采集单元的操作状态。③ 工程文档管理——对重要工程技术资料档案及巡视检查文档的管理，方便日后查找，包括多种文档格式（PDF 等）。

参数配置包括设置采集单元的通道配置、自动测量方式等。可将储存在采集单元内自动测量的全部数据输送至软件中，并可将上一次获取数据时间后，储存在采集单元内自动测量的新增数据输送至软件中。在线采集用于测量数据采集装置测点，得到测量结果并计算出工程物理量，数据采集软件以树状结构形式给出与各数据采集装置相连的测点，供操作人员选择。同时对测量数据进行检查，当测量数据超出量程范围或事先设置的安全警戒即给出提示或警告。给予用户自定义是否保存该次在线采集数据权限。当测量得到的某一测点的测值达到配置的加密测量条件时，软件自动将采集单元的测量方式更改为预先设置好的加密测量方式。加密测量条件包括测值超限和测值变化速率超限。

数据管理模块按照相关规程要求对观测资料进行整编，同时该模块包括对数据库的操作与维护。数据管理模块由人工数据录入、数据查询、数据报表曲线、数据库备份等子模块组成，具体如下：① 人工数据录入。对人工测点数据录入及对自动测点数据进行人工比测数据的录入，包括手动录入和文件录入，并在入库过程中自动完成监测数据至监测物理量的转换与存储。② 数据查询。对监测数据进行分类查询，包括历史数据、实时数据、最新数据和断面最新数据，以及对自动化测点数据在更改了计算公式后的重新计算。③ 数据报表。输出安全监测数据常用报表，支持多种格式自定义的报表。时间格式包括年报、季报、月报、自定义时间；取值方式包括每天一次、每周一次、每月一次；统计量显示包括最大值、最小值、平均值、变幅；过程线输出包括单测点过程线及多测点过程线。④ 数据备份。对数据库数据进行备份及还原。支持数据库的自动备份，自动备份的方式包括一周一次、一月一次等，同时支持远程自动备份。

数据分析模块可以协助监测工程师对工程安全监测数据进行数据分析、误差处理、资料整编、实时安全分析和辅助决策。如通过扬压力值推算其水位变化值，经计算后得出测点的水位高程及渗压系数；另外，还可以与前期同等工况下的数据进行比较分析，看有无异常。可分析以下内容：① 监控指标。对测点数据进行统计分析，拟定测点的监控指标最大、最小值信息。② 安全评价。根据统计模型和监控指标分析结果，对数据测值进行评判，为工程安全稳定运行提供依据。③ 相关性分析。分析两个测点之间的相关性，得到工程常用的散点图和测点间相关性信息。④ 渗压系数。对测点数据进行分析，计算该测点的渗压系数。⑤ 测值分布图。将某一时间点不同测点的测值绘制在一个图中进行比较分析，可以实现绘制传感器测值与空间分布位置的相关曲线图形。系统提供按实际比例绘制的截面底图，在底图上以柱状图形式绘制各测压管的渗压水头，并将各渗压管水头连线，与上下游水位连接平齐，自动根据浸润线的实际位置和上下游水位位置计算和绘制水浸区域，并且在运行状态下，浸润线图能够实现不同时段数据的动态放映效果。

数据经处理分析，当超出界限后即主动报警，并根据需要向应用终端发送报警信息，标明超限测点位置、实时数据、超限数值。如实测数据值超过设定值或同工况平均值，或与过去相同工况的数据相比有上升趋势，根据趋势分析将在未来的某个时期内出现超限情况，需要做好预防措施，则系统在各应用终端发出预警，包括将有关报警或预警信息由短信形式发送到手机中，短信系统发送的信息需要回复确认。

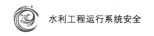

6.5 水工建筑物运行安全观测

6.5.1 水工建筑物观测内容和方法

6.5.1.1 水工建筑物观测内容

泵站工程观测项目包括垂直位移、测压管水位、引河河床变形、混凝土建筑物裂缝和伸缩缝、水位、流量等。根据工程需要，必要时可增列其他专业性观测项目，包括水平位移、绕渗、混凝土碳化深度、水流形态、水质、泥沙、冰凌等。

水闸工程的观测项目主要包括变形、渗流、应力和温度、动态响应、环境量、河道冲淤和其他项目。变形监测包括沉降位移、水平位移、永久缝（包括裂缝和接缝）、倾斜及特殊结构的变位等；应力监测主要包括地基反力、岸（翼）墙后土压力、冰压力、淤泥压力及关键部位的（应）力，如钢筋应力、混凝土应力、闸门转轴支撑部位的应力和启闭（应）力等；温度监测主要针对闸墩和底板内比较厚实混凝土或基础，因为其内部温度与水温或气温存在差别，在进行水温和气温监测的情况下，混凝土温度监测可以为变形、应力和渗流分析提供资料。动态观测包括动（空隙）水压力、波浪压力、结构振动频率、振幅与加速度、动位移（应变）和粉沙地基的沙土液化观测等，具体观测部位包括交通桥、闸门、支撑梁、导墙、开关站等易产生振动的部位和混凝土与沙土接触部位；其他监测包括电源电压、电流和电阻等电力量的监测和液压压强等的监测，它是分析电机等机械设备工作状况的重要物理量，尤其对防止闸门卡死、超过限位等十分有用。另外空蚀、通气量和掺气浓度等也可根据实际情况加以设置；环境量监测主要包括上下游水位、流量、闸下流态、冲刷、淤积、气（水）温、风向风速、降雨、冰凌等监测，水闸上下游水深监测包括静水深、动水位、消能水深和岸（翼）墙前水深，对水深监测需要设置多个测点。

船闸工程的观测项目主要有水平位移、垂直位移、结构基底的基岩变形、结构物之间的相对变形、渗流、土压力、混凝土应力应变及温度监测等。

6.5.1.2 水工建筑物观测方法

垂直位移观测。垂直位移的观测应按照建筑物类别确定观测等级和限差。方法其实就是水准测量，根据工作基点的高程测出各垂直位移标点的高程，再将本次所测得各标点与上次所测得各标点的高程进行比较，各点本次与上次之差值就是沉陷量。具体做法：从水闸的左岸或右岸工作基点开始，在选定的测站上安装平仪器，以工作基点为后视，向距工作基点最近的第一个垂直位移标点引测，然后将仪器移至第一个与第二个垂直位移标点之间，以第二个垂直位移标点为前视依次进行，直至测定最后一个垂直位移标点，然后返测到工作基点为止。将测得的各读数逐级填入记录表中。用水准仪观测建筑物垂直位移时，需埋设水准基点、工作基点和垂直位移标点。水准基点是观测垂直位移高程的依据，设在不受建筑物变形影响，且地基坚实稳定的地点，为了便于校测，埋设的数量不少于两个。水准基点的高程从精密水准点引测，每隔1~2年校测一次。工作基点一般埋设在建筑物两岸的基岩或坚实的土基上，其安装数量视垂直位移校点的布置情况而定。工作基点每年至少校测一次。垂直位移标点布置在闸室、闸顶、岸、翼墙等主要地方。

水平位移观测。水平位移观测的方法很多，有视准线法、前方交会法、三角交会法、印张线法、激光准直法等。前方交会法是几种交会定点方法中最基本的方法，即在两个固定工作基点上用观测交会角来测定位移标点的坐标变化，从而确定其位移情况。在每个闸墩上各安设一个标点，并在一条直线上，工作基点设在距闸 50 m 外的下游两岸，分别为 A、B 点，布置在不受任何破坏而又便于观测的坚实的土基上，为校核工作基点本身的位移，在垂直闸的工作基点的延长线上各埋设一个校核基点 C、D 点。

变形观测。基岩变形一般采用多点位移计进行监测，监测点布置应根据工程地质情况，布置在有断层、裂隙、夹层的结构段，并结合结构物上部荷载分布情况及不良地质发育情况有针对性地布置监测位置；结构物之间相对变形一般采用测缝计进行监测，测缝计分为单向、双向、三向测缝计。测缝计宜分别布置在不良地质区域、不良地质与良好地质跨段区域、良好地质区域，根据结构分段数量，可按结构缝数量的 10% ~30% 进行布置。

渗流观测。渗流观测根据建筑物类型、工程规模、地质条件等进行布置，观测方法采用在基岩内埋入渗压计的方法，船闸基底渗流监测断面主要为横向断面，其中上、下闸首各设置 1 个监测断面，闸室墙按间距 50 ~150 m 沿防渗圈设置监测断面，每个断面设置 3 ~4 个测点。

测压管水位观测。测压管水位观测通常有基础扬压力观测和建筑物两岸的绕流观测等。基础扬压力观测使用测锤法，由测绳和重锤两部分组成，测绳一般用柔性好、伸缩性小的绳索。为了便于观测读数，测绳上一般都设有长度标志，重锤为一个金属圆柱体。用测绳观测测压管水位时，将测锤徐徐放入测压管竖管，当重锤下端触及水面，听到锤击水面的响声时，立即拉住测绳，并反复上下移动几次，以测锤下端刚触及水面为准，然后，读出测绳下放长度，再换算成测压管的水位。绕流测压管主要由进水管段、导管和管口保护设备等组成。它一般是在工程竣工后钻孔埋设。

混凝土伸缩缝观测。伸缩缝观测方法有单向测缝标点法和型板式三向测缝标点法。单向测缝标点法是在伸缩缝两侧的混凝土体上各埋设一段角钢，角钢轴线与伸缩缝平行，一肢向上，另一肢用螺栓固定在混凝土上，向上的肢侧各焊一半圆形的标点，进行伸缩缝宽度的观测时，用游标卡尺测量两标点之间距离，即可得出伸缩缝宽度的变化值。型板式三向测缝标点法用于观测伸缩缝的开合、错动和高差三个方向的变化值，它是用螺栓埋设在伸缩缝两侧混凝土上的两块弯曲成相互垂直的成型铁板，型板宽约 30 cm，厚 5 ~7 mm，在型板上焊三对不锈钢或铜质的标点，观测时，用外径游标卡尺分别测量三个方向上三对不锈钢（或铜）质的三棱柱条之间的距离，可得出该段伸缩缝沿三个方向的相对位移值。

混凝土裂缝观测。混凝土裂缝宽度的观测，水闸上通常用带有刻度的放大镜测定，对于重要部位的裂缝，为观察其宽度的变化与发展，一般采用在裂缝两侧的混凝土表面各埋设一个金属标点，观察这两点间距离的变化值，即为裂缝宽度的变化值，当用游标卡尺测定时，其精确度可至 0.1 mm，也有用电阻丝片粘于裂缝上来观察裂缝宽度的，当裂缝宽度发生伸缩时，电阻丝片随之被拉长或缩短，电阻值随着电阻丝截面积的变化而增大或减小，通过测量仪器测出电阻的变化值，可换算成混凝土相应的裂缝宽度的变化值。裂缝深度的观测一般采用金属丝探测，也可以用无损伤超声波探伤仪测定，或用钻孔取样及孔内电视照相等方法观测，观测方法有浅层裂缝平测法、深层裂缝柱状探头对测法。平测法是在混凝土表面将一组平探头（一个发射、一个接收）分置于裂缝两侧，通过测定超声波传播的时间，计算出裂缝的深度，柱状探头对测法是在被测裂缝的两侧各钻一孔，在孔内注满水，将两柱状探头分别置于孔中，再在距表面不同的深度上分别进行对测，视其接收波形的变化幅度和频率来判断裂缝的大概深度。

混凝土应力、应变及温度观测。应力、应变观测可采用单向或两向应变计，每一应变计组旁 1.0 ~ 1.5 m 处布置 1 只无应力计。对于结构底板大体积混凝土，若其温度应力为主要受力，可增加混凝土温度计进行温度观测。应力、应变观测根据结构特点、应力状况进行布置，使观测结果能反映结构应力分布及最大应力的大小和方向，以便与其他研究成果及其他监测资料综合分析。

土压力观测。对于结构物后需进行回填的建筑物，应进行土压力观测，以便于变形、应力监测成果的综合分析。观测方法采用土压力计进行，墙后回填土压力观测时，每个观测断面应自下而上布置 3 ~ 4 个测点，观测断面间距为 50 ~ 100 m。

动态观测。一般采用加速度计、拾振器、测振仪和声发射监测等进行观测。

上下游河道冲淤观测。河道冲淤的观测方法，一般采用断面测量法或地形测量法。断面测量包括水面以上的水准测量和水面以下的水道断面测量两部分。水面以上的断面，要求测到最高水位以上 0.5 ~ 1.0 m。水道断面测量用经纬仪和水准仪按照一般断面测量的方法施测，包括水深测量（用测探杆测深）、垂直测点至起点的距离测量（断面索法）以及在测深期间的水位观测，将测得的结果分别记入记录本中。

6.5.2　观测工作要求

根据上级要求开展工程观测的项目、时间、测次、方法和精度，不得擅自变更观测项目，如确需变更，应报经工管科批准后执行。必要时，可开展专门性观测项目。具体要求如下：

（1）保持观测工作的系统性和连续性，按照规定的项目、测次和时间，在现场进行观测。

（2）要求做到"四随"（随观测、随记录、随计算、随校核）、"四无"（无缺测、无漏测、无不符合精度、无违时）、"四固定"（人员固定、设备固定、测次固定、时间固定），以提高观测精度和效率。

（3）观测人员必须树立高度的责任心和事业心，严格遵守《水利工程观测规程》的规定，确保观测成果真实、准确、符合精度要求。所有资料必须按规定签署姓名，切实做到责任到人。

（4）当工程出现异常、超设计标准运用、地震或其他影响建筑物安全的情况时，应随时增加测次，如发生工程事故，应及时做好事故后的观测工作，分析事故的原因。

（5）工程观测人员应结合本工程具体情况，积极研究改进测量技术和监测手段，推广应用自动测量技术，提高观测精度和资料整编分析水平。

（6）观测人员应重视观测期间的安全，观测前需对测量辅助人员进行安全教育，水上作业时应配备救生设备。

（7）观测技术负责人、观测人员和档案管理员等相关人员，对掌握的观测资料成果负有保密义务，不得擅自泄漏或谋取私利。

（8）一切外业观测值和记事项目均必须在现场直接记录于规定的手簿中，需现场计算检验的项目，必须在现场计算填写，如有异常，应立即复测；作业原始记录使用 2H 铅笔，记录内容必须真实、准确，字迹清晰端正，严禁擦去或涂改；原始记录手簿每册页码应连续编号，记录中间不得留下空页，严禁缺页、插页。

（9）每次观测结束后，观测人员必须及时对记录资料进行计算和整理，并对观测成果进行初步分析，如发现观测精度不符合要求，必须立即重测。如发现其他异常情况，应查明原因，必要时应立即复测、增加测次或开展新观测项目，如有异常需立即上报主管部门，同时加强观测，并采取必要的措施，严禁将原始记录留到资料整编时再进行计算和检查；观测人员在数据整理完成后，应检查有无漏测、缺测；记录数字有无遗漏；计算依据是否正确；计算结果是否正确；观测精度是否符合要求；技术负责人应检查有无漏测、缺测；记录格式是否符合规定，有无涂改和转抄；观测精度是否符合要求；应填写的项目和观测、记录、计算、校核等签字是否齐全。

6.5.3 观测设施设备管理

观测人员应加强对观测设施和各种观测仪器、设备的检查和保养，防止人为损坏。在工程施工期间，必须采取妥善防护措施，覆盖、拆除、移动现有观测设施或重新埋设新观测设施，必须经过批准，并及时加以考证。妥善保管好观测仪器，做好防雨、防潮、防霉变和防跌落工作。在观测设施旁设立铭牌，其上注明观测项目和测点编号，确保观测设施不受交通车辆、机械碾压和人为活动等破坏。如观测设施、铭牌遭到破坏，应及时修复。垂直位移观测基点要定期校验，保证设施完好，表面清洁，无锈斑，基底混凝土无损坏，测井保护盖完好；垂直位移观测标点、伸缩缝观测标点完好，无破损；测压管完好，淤积不影响使用，无堵塞现象；断面桩观测设施完好，无破损、锈蚀；各类铭牌字迹清晰，无缺损。每月检查各类观测仪器，确保设备状况完好。观测人员每月对自动监测设备进行检查，校核修正数值；对损坏的自动监测设备及时维修更换。

6.6 设施设备安全维护

6.6.1 设施设备养护

6.6.1.1 建筑物

（1）对一般砖石、混凝土建筑物，应经常检查上下游护坦、消力池、伸缩缝、勾面砂浆内缝及墙后填土等部位。如发现变异（如沉降、裂缝、漏水等情况）要及时补救，防止严重发展。

（2）要经常注意渠道建筑物的进水口有无淤积或漂浮物的阻塞，并避免漏水现象发生。启闭闸门用力要均匀，以免损坏构件。放水时应逐渐加大，不要猛放。

（3）对钢木结构，要经常拧紧其联结部位，损坏的零件要及时更换，并定期涂抹防腐油料。

6.6.1.2 水泵机组

（1）电机部分。机组停机一段时间后，再次开机前，应擦拭滑环上的水汽，重新调整碳刷松紧度，尽量保证滑环面的干燥，碳刷和滑环平滑接触；运行前应测试绕组的绝缘阻值，保证电机绕组正常。

（2）水泵部分。泵体需要经常清洁，检查其是否存在泄漏、内部零件松动及老化生锈等现象，定期检查水泵轴承油位情况，使其保持在规程标准量范围内，定期给水泵阀门丝杆涂抹润滑油，保持其灵活性；水泵填料函下的接水托盘要经常清理，填料要经常更换；定期对拦污栅前后进行清理，保证树枝杂物尽量不进入机组。

（3）配电柜部分。先要对配电柜的内外进行相应的清洁工作，包括对配电柜中全部电气元件的清洁工作，之后详细检查母线及引下线是否存在连接松动的现象、接头处是否出现变色、电缆头和接线桩头的连接是否牢固等，还要确保接地线缆的接地状况良好且无锈蚀，最后认真检查配电柜中的所有二次回路接线，确保其连接足够紧密、绝缘符合技术要求。

（4）变压器部分。要对变压器的上层油温进行检查，确保其没有超出允许的范围，如果出现油温突然上升的现象，应对冷却装置及时进行检查，看其是否工作正常，同时检查油循环是否遭到损坏，从而判断出变压器是否有内部故障。检查油的颜色是否正常，正常的油颜色应是透明带黄，同时检测油面是否符合温度标准线，如果油面低于正常水平，要检查变压器的漏油情况，而油面高于正常水平时则有可能是冷却装置出现故障。正常运行的变电器应有均匀的电磁声，如果声音出现变化，应在仔细检查后及时报告值班人员进行处理。检查套管的清洁情况和破损情况，如出现放电现象应及时更换，并确保冷却装置工作正常，同时按运行要求设置工作及备用电源和油泵。当天气出现变化时要引起特别注意，如出现大风天气，要确保变压器的顶盖和套管引线等处没有杂物覆盖，引线没有剧烈摇晃现象；大雪天气时，确保各个触电部分的积雪不会立即融化，或出现放电等。

（5）其他方面。定期检查管道支架，观察其是否存在松动及生锈情况，定期为其刷漆防腐；定期为水泵轴承涂抹润滑油，检查游隙，适当调整；定期检查水泵检修记录情况及相关标识；为保证水泵供水质量，每个月都要对平时较少使用的水泵机组进行试泵，时间在 30 min 以上；在冬季来临前，要做好水泵机组的防冻工作，以避免阀门、泵壳、管道等被冻裂；定期进行水泵机组的解体检查。

6.6.1.3 闸门

（1）要经常清理闸门上附着的水生物和杂草污物等，避免钢材腐蚀，保持闸门清洁美观，运用灵活。要经常清理门槽处的碎石、杂物，以防卡阻闸门，造成闸门开度不足或关闭不严。

（2）严禁水闸的超载运行。严禁在水闸上堆放重物，以免引起地基不均匀沉陷或闸身裂缝。

（3）门叶是闸门的主体，要求门叶不锈不漏。要注意发现门叶变形、杆件弯曲或断裂及气蚀等病害。发现问题应及时处理。

（4）支承行走装置是闸门升降时的主要活动和支承部件，支承行走装置常因维护不善而引起不正常现象，如滚轮锈死，由滚动摩擦变为滑动摩擦；压合胶木滑块变形，增大摩擦系数等。对支承行走装置的养护工作，除防止压合胶木滑块劈裂变形及表面保持一定光滑度外，主要是加强润滑和防锈。

（5）水封装置要保证不漏水，按一般使用要求，闸门全闭时，各种水封的漏水量不应超过下列标准：木水封 1.0 l/s.m；木加橡皮水封 0.33 l/s.m；橡皮水封 0.1 l/s.m；金属水封（阀门上用）0.1 l/s.m。水封养护工作主要是及时清理缠绕在水封上的杂草、冰凌或其他障碍物，及时拧紧或更换松动锈蚀的螺栓，定期调整橡胶水封的预压缩量，使松紧适当；打磨或涂抹环氧树脂于水封座的粗糙表面，使之光滑平整；对橡皮水封要做好防老化措施，如涂防老化涂料；木水封要做好防腐处理，金属水封要做好防锈蚀工作等。

（6）闸门工作时，往往由于水封漏水，开度不合理、波浪冲击、闸门底缘型式不好或门槽型式不适当等，闸门容易发生振动。振动过大，就容易使闸门结构遭受破坏。因此，在日常养护过程中，一旦发现闸门有异常振动现象，应及时检查，找出原因，采取相应处理措施。

6.6.1.4 启闭机

（1）启闭机的动力部分应保证有足够容量的电源，良好的供电质量；应保持电动机外壳上无灰尘污物，以利散热；应经常检查接线盒压线螺栓是否松动、烧伤，要保证润滑油脂填满轴承空腔的 1/2~2/3，脏了要更换。

（2）电动机的主要操作设备如闸刀、开关等，应保持清洁、干净、触点良好，接线头连接可靠，电机的稳压、过载保护装置必须可靠。

（3）电动部分的各类指示仪表，应按有关规定进行检验，保证指示正确。

（4）启闭机的传动装置，润滑油料要充足，应及时更换变质润滑油和清洗加油设施。启闭机的制动器是启闭机的重要部件之一，要求动作灵活、制动准确，若发现闸门自动沉降，应立即对制动器进行彻底检查及修理。

（5）不经常运用的启闭机械，要定期试运转，防止失灵。停水后，将小型启闭机及小闸门拆回，擦洗干净，妥善保存，防止遗失损坏。

6.6.1.5 土石坝

（1）不得在坝面上种植树木、农作物，严禁放牧、铲草皮以及搬动护坡的砂石材料，以防水土流失、坝面干裂或出现其他损害。

（2）经常保持坝顶、坝坡、戗台、防浪墙的完整，对表面的坍塌、隆起、细微裂缝、雨水冲沟、蚁穴兽洞，应加强检查，及时养护修理。护坡砌石如有松动、风化、冻毁或被风浪冲击损坏，应及时更新修复，保证坝面完整清洁、坝体轮廓清楚。

（3）严禁在坝顶、坝坡及戗台上堆放重物，建筑房屋，敷设水管，行驶重量、振动较大的机械车辆，以免引起不均匀沉陷或滑坡破坏。

（4）在对土石坝安全有影响的范围内，不准任意挖坑、建塘、打井、爆破、炸鱼或进行其他对工程有害的活动，以免造成土坝裂缝、滑坡和渗漏。

（5）不得利用护坡作装卸码头，靠近护坡不得停泊船只、木筏，更不允许船只高速行驶，对坝前较大的漂浮物应及时打捞，以保护护坡的完整。

（6）经常保持坝面和坝端山坡排水设施的完整，经常清淤，保证排水畅通。

（7）在下游导渗设备上不能随意搬动砂石材料以及进行打桩、钻孔等损坏工程结构的活动，并应避免河水倒灌和回流冲刷。

（8）正确地控制库水位，务必使各时期水位及其降落速度符合设计要求，以免引起土坝上游坡滑坡。

（9）注意各种观测仪器和其他设备的维护，如灯柱、线管、栏杆、标点盖等，应定期涂刷油漆，防锈防腐。

（10）寒冷地区，冰冻前应消除坝面排水系统内的积水，每逢下雪，应将坝顶、台阶及其他不应积雪部位的积雪扫除干净，以防冻胀、冻裂破坏。

6.6.1.6　堤防

除参照土坝的养护外，还应注意以下各点：

（1）预留护堤地。堤防两侧多是沿河群众从事生产建设活动的地方，有些活动如取土、挖沟等常使堤防遭受破坏。为此应根据当地政府的规定在堤防两侧划出一定宽度的保护地，作为保护堤防的范围。

（2）植草护坡。在堤坡植草、保护地植树既是保护堤防、防风、防雨、防浪的重要措施之一，又是综合经营的主要项目，应禁止破坏。

（3）禁作他用。禁止在堤防及规定的范围内取土、挖窖、放牧、耕耘、堆放杂物等危害堤防完整和安全的活动。例如在临水坡外挖沟、建窑将破坏地表的铺盖层，在汛期高水位时，易发生流土、管涌、渗水等险情。

（4）交通限制。堤顶行车应予控制，履带拖拉机、铁木轮车等损坏堤顶平整的交通工具一律禁止通行；下雨及堤顶泥泞期间，除防汛抢险和紧急军事专用车辆外，其他车辆一律不准在堤上通行。堤顶一般不作公路使用，如需要应经上级批准后方可使用。

（5）消除隐患。当堤身有蚁穴、兽洞、坟墓及窑洞等隐患时，应及时开挖回填或用灌浆等方法处理。

（6）确保行洪能力。必须严格遵守河道管理的各项规定，以维持河道泄洪能力，防止对堤防造成威胁。一般要求：严禁在河道内任意拦河打坝、筑坝挑流、修筑道路、鱼塘等，如确实需要，应事先报请上级领导部门批准；禁止向河内倾倒垃圾、废渣等物，防止堵塞河道和引起河道污染。河道内的杂草、芦苇、妨碍行洪树木及损伤闸坝工程的漂浮物等，均应彻底清除；在河道上修筑桥梁或码头时，必须保证不影响泄洪能力，并报请上级主管部门同意后方可兴建；禁止在河道内或行洪区、蓄洪区内任意围筑圩垸。

6.6.1.7　特种设备

特种设备的保养必须由持特种设备作业人员资格证的人员进行，人员数量应与工作量相适应。本单位没有能力保养的，必须委托有资格的单位进行保养。使用单位自行承担特种设备保养的，保养的质量和安全技术性能由使用单位负责。

6.6.1.8 其他

（1）定期清理机房、机身、闸门井、操作室及照明设施等，并充分通风。

（2）拦污栅必须定期清污，特别是水草和漂浮物多的河流上更应注意。在多泥沙河流上的闸门，为了防止门前大量淤积泥沙，影响闸门启闭，要定期排沙，并防止表面磨损。

（3）备用照明、通信、避雷设备等要经常保养，保持完好状态。

6.6.2 设施设备维修

6.6.2.1 土工和混凝土建筑物

土工建筑物出现严重塌陷的，要采取开挖回填结合灌浆方法处理。土工建筑物在高水位时发生渗漏、管涌时，根据检查计算出的渗漏量，判断险情，采取相应措施。一般情况采取上游堵截、下游设反滤导渗的方法处理，应急措施可采用迎水面使用土工膜，加土筑戗等方法截流，背水面开沟导渗（沟的形式可采用纵横沟、人字沟、Y形沟）。如果是管涌，迎水面要截流，背水面采用围井或蓄水池蓄水以抬高背水面水位，减小内、外水头差，控制险情。根治办法可采取开挖回填、灌浆、打截渗墙等。土工建筑物发生裂缝时，首先应对裂缝进行临时防护，防止雨水或其他因素对裂缝的进一步破坏影响，然后对裂缝进行观测。待裂缝趋于稳定后，分析裂缝产生的原因，研究处理措施。对于深度不大的表层裂缝，可采取开挖回填的办法处理；对于干缩裂缝、冰冻裂缝和深度小于 0.5 m、宽度小于 5 mm 的纵向裂缝，一般可采取封闭缝口的办法处理；如果堤防产生内裂缝和非滑动性的内部深层裂缝，由于开挖回填处理工程量大，宜采取黏土灌浆处理；对自表层延伸至土工建筑物深层的裂缝，宜采取上部开挖回填与下部灌浆相结合的方法处理。

混凝土建筑物的维修分为保养性修理与损坏性修理。保养性修理是预防混凝土遭破坏而进行的一种预防性修理措施，如混凝土的防碳化处理、混凝土防冲刷的加固处理等；损坏性修理是混凝土已遭受破坏而采取的一种补救措施，如混凝土裂缝处理、混凝土剥蚀处理等。

6.6.2.2 水泵机组

1. 泵体部分

水泵振动异响时，先分析振动原因，再采取相应方法。如对于水泵与电机不同心引起的振动，应将泵体口环定位槽外结合面处的杂质清理干净，保证泵体与泵盖的紧密结合，当转子安装到位后，应在联轴器上检查同轴度，并加以调整直到同轴度符合要求；叶轮偏心引起的振动，应检查叶轮偏心度，并加以修正以消除不平衡量或是更换叶轮；泵腔进入杂物引起的振动，应定期清理拦污栅前的杂质物，保持设备在设计水位以上运行，以防止杂物进入泵腔，当发现有杂物进入泵腔时，应及时停机，将出水闸阀开启后倒转机组以排除杂物；气蚀和压力脉动引起的机械振动，用调节阀排出空气。

水泵吸力不足、出水量小时，先检查水泵启动时管道的注水量，防止缺水；然后检查水泵吸气管和机械密封部位是否存在密封不良、漏水漏气及堵塞的现象，通过清理堵塞，紧固和更换密封件、吸气管等措施，确保水泵管路畅通，保持其良好的密封性；最后检查水泵运行时的电流，如果电流与平时比较无明显变化，则故障原因可能为管路或泵体漏水，如果电流比平时偏小，则可判断为水泵止逆阀堵塞或叶轮磨损。

扬程短时，可以通过降低水泵的安装位置，增加水泵进口处液位高度；如无效果，则需要选择较大功率的电机及更换严重磨损的叶轮。

2. 电机部分

故障诊断。机电定子绕组若处于一相虚接或断开一相无电流的状态下，电机运行时输出功率减少，运行速度变慢，且发出嗡嗡声，较长时间运行后外壳温度升高，启动时机电声音大、速度慢、出现电流保护装置动作，则可诊断为定子线圈断相运行故障；电机运行时，电流表指针大小变化频率快，大小不一，且机身发热，有摩擦声出现，启动时电流偏大则判断为转子运转扫膛故障；电机运行时，轴承端盖严重发热，且伴有定转子摩擦声，停机检查有径向间隙存在，则可诊断为轴承跑内外圈故障。

维修方法。维修方法主要是更换线圈法或电焊车削法。更换线圈法是拆除烧毁或受损线圈，更换新线圈，拆除过程中清楚记录原线圈型号、连接方式等详细情况，并用相同参数规格的线圈按工艺进行整形、连接，并对每匝线圈两端分别浸出漆后再烘4 h，浸漆后若出现接地、短路等故障，可采用整体线圈排除故障；未浸漆前若出现电流失衡、功率减少等故障，可采取局部更换线圈排除故障。电焊车削法是在轴承跑内外圈时，使用电焊对轴颈和端盖内孔堆焊，最后加工成所需尺寸大小。焊前先预热，焊轴时一般选择 J507Fe 的焊条，端盖内孔使用普通焊条，焊接后立即将焊条深埋石粉内。

6.6.2.3 水闸

对水闸损坏的维修，首先应找出损坏产生的原因，采取措施改变引起损坏的条件，然后对损坏部位进行修复。

1. 水闸的裂缝与维修

分以下情形进行：

（1）闸底板和胸墙的裂缝与修理。闸底板和胸墙的刚度比较小，适应地基变形的能力较差。因此，很容易由地基不均匀沉陷引起裂缝。另外，混凝土强度不足、温差过大或施工质量差等也容易引起闸底板和胸墙裂缝。因地基不均匀沉陷产生的裂缝，在裂缝修补前，首先应采取稳定地基的措施。稳定地基的一种方法是卸载，如将墙后填土的边墩改为空箱结构，或拆除增设的交通桥等。此法适用于有条件进行卸载的水闸。另一种方法是加固地基，常用的方式是对地基进行补强灌浆，提高地基的承载能力。对于因混凝土强度不足或因施工质量而产生的裂缝，主要应对结构进行补强处理。

（2）翼墙和浆砌块石护坡的裂缝与维修。地基不均匀沉陷和墙后排水设备失效是造成翼墙裂缝的两个主要原因。对于不均匀沉陷而产生的裂缝，首先应通过减荷稳定地基，然后再对裂缝进行修补处理；因墙后排水设备失效而产生的裂缝，应先修复排水设施，再修补裂缝。浆砌石护坡裂缝常常是由填土不实造成的，严重时应进行翻修。

（3）护坦的裂缝与维修。护坦的裂缝产生的原因有地基不均匀沉陷、温度应力过大和底部排水失效等。因地基不均匀沉陷产生的裂缝，可待地基稳定后，在缝上设止水，将裂缝改为沉陷缝。温度裂缝可采取补强措施进行修补。底部排水失效产生的裂缝，应先修复排水设备。

（4）钢筋混凝土的顺筋裂缝与维修。钢筋混凝土的顺筋裂缝是沿海地区挡潮闸普遍存在的一种病害现象。裂缝的发展可使混凝土脱落、钢筋锈蚀，使结构强度过早地丧失。顺筋裂缝产生的原因是海水渗入混凝土后，降低了混凝土碱度，使钢筋表面的氧化膜遭到破坏，结果导致海水直接接触钢筋而产生电化学反应，使钢筋锈蚀，钢筋锈蚀引起的体积膨胀致使混凝土顺筋开裂。顺筋裂缝的修补，其施工过程为：沿缝凿除保护层，再将钢筋周围的混凝土凿除 2 cm；对钢筋彻底除锈并清洗干净；在钢筋表面涂上一层环氧基液，在混凝土修补面上涂一层环氧胶，再填筑修补材料。顺筋裂缝的修补材料应具有抗硫酸盐、抗碳化、抗渗、抗冲、强度高、凝聚力大等特性。目前常用的有铁铝酸盐水泥砂浆及混凝土、抗硫酸盐水泥砂浆及细石混凝土、聚合物水泥砂浆及混凝土和树脂砂浆及混凝土等。

（5）闸墩及工作桥维修。闸墩及工作桥会因钢筋表面的氢氧化钙保护膜破坏而开始生锈，混凝土膨胀形成裂缝，应对锈蚀钢筋除锈，锈蚀面积大的加设新筋，采用预缩砂浆并掺入阻锈剂进行加固。

2. 消能防冲设施的破坏及维修

（1）护坦和海漫的冲刷破坏及维修。护坦和海漫常因单宽流量大而发生冲刷破坏。对护坦因抗冲能力差而引起的冲刷破坏，可进行局部补强处理，必要时可增设一层钢筋混凝土防护层，以提高护坦的抗冲能力。

（2）下游河道及岸坡的破坏及维修。水闸下游河道及岸坡的冲刷原因较多，当下游水深不够，水跃不能发生在消力池内时，会引起河床的冲刷；上游河道的流态不良使过闸水流的主流偏向一边，会引起岸坡冲刷；水闸下游翼墙扩散角设计不当产生折冲水流也容易引起河道及岸坡的冲刷。河床的冲刷破坏的处理可采用与海漫冲刷破坏大致相同的处理方法，河岸冲刷的处理方法应根据冲刷产生的原因来确定，可在过闸水流的主流偏向的一边修导水墙或丁坝，亦可通过改善翼墙扩散角以及加强运用管理等来处理河岸冲刷问题。

3. 气蚀及磨损的处理

水闸产生气蚀的部位一般在闸门周围、消力槛、翼墙突变等部位，这些部位往往由于水流脱离边界产生过低负压区而产生气蚀。对气蚀的处理可采取改善边界轮廓、对低压区通气、修补破坏部位等措施。对因设计不周而引起的闸底板、护坦的磨损，可通过改善结构布置来减免。对难以改变磨损条件的部位，可采用抗蚀性能好的材料进行护面修补。

4. 闸门的防腐处理

对不同材质，分三种情况：

（1）对于钢闸门来说，钢闸门常在水中或干湿交替的环境中工作，极易发生腐蚀，加速其破坏，引起事故。钢闸门防腐蚀措施主要有两种：一种是在钢闸门表面涂上覆盖层，借以把钢材母体与氧或电解质隔离，以免产生化学腐蚀或电化学腐蚀；另一种是设法供给适当的保护电能，使钢结构表面积聚足够的电子，成为一个整体阴极而得到保护，即电化学保护。在具体实施过程中，首先都必须对钢闸门进行表面的处理，即清除钢闸门表面的氧化皮、铁锈、焊渣、油污、旧漆及其他污物，经过处理的钢闸门要求表面无油脂、无污物、无灰尘、无锈蚀、表面干燥、无失效的旧漆等。目前钢闸门表面处理方法有人工处理、火焰处理、化学处理和喷砂处理等。

（2）对于钢丝网水泥闸门来说，它由若干层重叠的钢丝网、浇筑高强度等级水泥砂浆而制成，具有重量轻、造价低、便于预制、弹性好、强度高、抗震性能好等优点。完好无损的钢丝网水泥结构，其钢丝网与钢筋被氢氧化钙等碱性物质包围着，钢丝与钢筋在氢氧化钙碱性作用下生成氢氧化铁保护膜保护网、筋，防止了网、筋的锈蚀。因此，对钢丝网水泥闸门必须使砂浆保护层完整无损。要达到这个要求，一般采用涂料保护。钢丝网水泥闸门在涂防腐涂料前也必须进行表面处理，一般可采用酸洗处理，使砂浆表面达到洁净、干燥、轻度毛糙。常用的防腐涂料有环氧材料、聚苯乙烯、氯丁橡胶沥青漆及生漆等。为保证涂抹质量，一般需涂 2～3 层。

（3）木闸门的防腐处理。木闸门常用的防腐剂有氟化钠、硼铬合剂、硼酚合剂，铜铬合剂等。使用防腐剂的作用在于毒杀微生物与菌类，达到防止木材腐蚀的目的。施工方法有涂刷法、浸泡法、热浸法等。处理前应将木材烤干，使防腐剂容易吸附和渗入木材体内。木闸门通过防腐剂处理以后，为了彻底封闭木材空隙，隔绝木材与外界的接触，常在木闸门表面涂上油性调和漆、生桐油、沥青等，以杜绝腐蚀的发生。

6.6.2.4 启闭机维修

启闭机维修的主要内容是拆卸、修复、更换和安装调试。修复是对损坏零件通过各种工艺进行再加工，使其恢复原有的几何尺寸、形状和理化性能。启闭机按日常保养、小修和大修三级标准进行养护维修。小修也称岁修，大修是对启闭机全面的养护性维修、修复或更换零部件，从而恢复其功能。

6.6.2.5 特种设备

对于特种设备，应严格执行特种设备的维修制度，明确维修者的责任，对特种设备定期进行维修。特种设备的维修必须由持特种设备作业人员资格证的人员进行，人员数量应与工作量相适应。本单位没有能力维修保养的，必须委托有资格的单位进行维修，应向维修单位提供有关设备资料，配合办理设备维修告知手续，督促并支持维修单位依法申报监督检验或验收检验，并对维修的质量和安全技术性能负责。使用单位自行承担特种设备维修的，维修的质量和安全技术性能由使用单位负责。特种设备维修完毕，应及时进行现场验收和设备交接，向施工单位索取竣工资料并归入相关特种设备档案。应依法进行监检而未监检或监检不合格的设备，不应接收相关设备或将相关设备投入使用。经改造验收合格的设备，应当在验收合格后 30 日内持有关资料向原设备登记机关申请变更登记。

设施设备维修应制订并落实维修计划，进行安全技术交底，落实各项安全措施，加强检修全过程安全监督管理，特别是电气设备检修须严格执行工作票、操作票制度；设备维修成后应进行质量验收，对于电气设备必要时要进行电气试验，维修质量符合标准规范要求；大修工程应有工程项目批复文件，经批准的设计文件及图纸符合项目验收管理要求，有完整的竣工验收资料。设施设备维修工作必须严格按照维修计划施工，并按照维修计划中所列的安全保护项进行安全交底；高处作业及电气设备维修等特种作业应详细填写工作票、操作票，并严格执行操作监护、唱票和复诵制度；对于大修工程的设计、招标、施工、验收符合水利工程项目管理要求；设施设备维修工作需有维修记录，维修人员需认真规范填写，设施设备维修完成后，质量必须符合要求才能重修投入使用。制订并落实综合检维修计划，落实"五定"原则，维修方案应包含作业安全风险分析、控制措施、应急处置措施及安全验收标准，严格执行操作票、工作票制度，落实各项安全措施；维修质量符合要求；大修工程有设计、批复文件，有竣工验收资料；各种维修记录规范。

6.6.3 典型设备设施的除险加固

6.6.3.1 水闸

水闸除险加固改造的内容，按部位分一般有地基与基础加固、防渗与排水设施加固、消能与防护设施加固、岸墙与翼墙加固、闸室加固、电器、闸门及启闭机改造等。

1. 地基与基础

当沉降已经稳定而水闸尚未因沉降而影响正常运用时，可不对沉降进行处理，只对因沉降而产生的缺陷进行加固；当沉降继续发展影响到水闸正常运用，或急于处理沉降产生的缺陷时，则需对水闸基础或地基进行处理，以控制沉降；水闸因地基不均匀沉降而导致闸室倾斜，在这种倾斜已影响到水闸正常运用，或不允许其继续发展时，可采用适当的基础纠偏措施，使水闸恢复正常状态；水闸因设计缺陷或施工质量缺陷、增加或改变功能、水文地质条件变化使水闸地基承载力已不能满足要求等情况时，要求对水闸地基和基础进行加固。地基和水闸基础进行加固改造的方法主要有地基处理、基础托换和结构措施。

2. 防渗与排水设施

对铺盖、帷幕、板墙等因长度、厚度不够，或已遭受破坏，导致闸基渗透变形的病害加固改造，常采用加长、加厚铺盖，补做或增设防渗帷幕等措施。

当岸墙、翼墙布置不满足侧向防渗要求，或对两岸地下水向河槽渗透补给情况估计不足，导致闸两侧绕渗破坏时，可在岸墙后增设防渗刺墙或垂直防渗设施，如构筑防渗墙、灌浆、建造防渗帷幕、射水法工艺、垂直铺塑等。防渗墙最主要的特点为渗透系数低，另外，防渗墙的耐久性和柔性都应该较好，对于防渗墙的施工有不同的工艺，如锯槽成墙工艺，链斗法成墙工艺，链斗式工艺对沙土、黏土等砂砾石底层较为适用；灌浆也是对付渗透的一个重要手段，灌浆的方法有土坝坝体劈裂灌浆，另外，还有高压喷射灌浆，坝基卵砾石层防渗帷幕灌浆等一系列的灌浆手段。

当排水设置布置不合理时，如布置在消力池斜坡段末端的急流低压区，出逸坡降过大；排水沟管堵塞；反滤层级配不良，层间系数过大，层厚过小或已被淤塞；止水撕裂或漏水等，使闸基扬压力过大，影响闸室稳定，或导致闸基渗透破坏时，应分析原因，提出改进措施，进行修复、完善或重新设置。

3. 消能与防护设施

消能与防护设施的破坏或冲毁是水闸较为普遍的现象。不同的破坏情况应采用不同的加固改造措施。

（1）未设消力池，或消力池过浅的水闸，常因下游河床过低，使下游水深不能保证下泄水流在护坦内形成水跃，河床受到较大流速冲刷而不断下降，导致尾水愈来愈低，护坦末端被淘空，消力池遭破坏，海漫和护坡被冲毁。针对这类病害情况，需要增设消力池或对现有不符合要求的消力池进行改造，使水跃发生在消力池内。同时修复下游冲毁的海漫和护坡。还可以在护坦（消力池）末端增设钢筋混凝土防冲齿墙，以保护护坦基础不被淘空。

（2）护坦、消力池受高速水流作用而破损、裂缝、空蚀、磨损和剥蚀；海漫、防冲槽常因水流流速过大，或本身长度、厚度不够，垫层、反滤层被淘空等原因而被破坏。这时，应分析破坏原因，提出完善、改进方案，进行改造和修复。

（3）护坡因垫层淘空、地基沉陷、冲刷、排水不畅、管理不善等原因而塌陷、破损是极为普遍的。这类病害加固改造的关键是改进设计，严格施工，加强管理。

4. 岸墙与翼墙

当翼墙选定的布置形式不合理，扩散角过大时，水流条件很差，扩散不良，冲刷严重，绕渗长度不够，防渗效果差；或因水闸加固改造中铺盖接长、消力池改造等，要求对翼墙进行改造或拆除重建。

当岸墙、翼墙因地下水位、上下游水位的变化，边荷的增加，地震等级的提高，防渗和排水设施的失效等原因，导致墙后水土压力加大时，墙体稳定安全系数会不足。加固改造措施主要有：疏通或增设排水措施，以减少墙后水压力；墙后换填摩擦角较大、重度较小的回填料，减小土压力；加大底宽，增加底板后趾长度，以利用底板上的填土重量；在墙底板下增设阻滑桩，或在墙后增设滑拉板，对于小型水闸，还可连接翼墙和消力池（护坦），利用消力池（护坦）作为支撑，起部分阻滑作用；墙后增设锚杆。

5. 闸室

因蓄水位的提高、运用条件的改变、地震等级的提高、防渗和排水设施的失效等原因导致闸室整体稳定不满足要求的，增强抗滑的措施有加长或加厚底板，将钢筋混凝土铺盖改造为阻滑板，增设抗滑桩或采用预应力锚固措施等。

如水闸结构因老化、病害、设计规范的变化导致结构强度不足，或因各种原因要求增强构件承载能力，提高结构强度的，这时应根据构件性质、结构现状和病害原因，分别采用加大构件尺寸，增设拉杆、支承，喷锚补强，粘贴钢板和施加预应力等方法进行加固改造。

如闸室墩墙、翼墙被过往船舶撞坏，需要在墩墙的外层包上一层钢板，从而使混凝土墙避免直接被过往的船舶撞击。上下游的翼墙因为位置较为特殊，所以被撞坏后会直影响闸室内部的回填土，导致挡水工程受到破坏，因此，需要在容易被撞击的部位外层包上一层钢板，而对于被撞坏的部分则直接改成钢筋混凝土翼墙。

6. 水闸混凝土

常用的加固改造措施可归为碳化防护、裂缝修补、渗漏处理、剥蚀破坏修补、结构补强加固等。

（1）碳化防护。即对既有受损的混凝土和钢筋混凝土建筑物，程度严重的采取钢筋和混凝土双重加固、修补和表面封闭的综合防护措施；程度不严重的钢筋有效面积未减小的，采用表面封闭法，以阻碍二氧化碳、水和氧继续顺利进入混凝土，达到防护效果，修补封闭材料有树脂系列、聚合物系列、水泥系列，施工工艺有喷、涂、立模浇筑等。

（2）裂缝修补。水闸混凝土裂缝修补，目的是恢复其整体性、耐久性和抗渗性。一般宜在低水头和宜于修补材料凝固的环境条件下进行。如必须在水下修补时，应选用相应的修补材料和方法；对于受温度影响的裂缝，宜在低温季节修补；对于不受温度影响的裂缝，则宜在裂缝已稳定情况下修理。处理方法应根据裂缝原因、种类和特征、对结构的影响、处理的目的和要求，采取不同的方法。

（3）渗漏处理。对于不同的渗漏，处理的方法不同。点渗漏的处理：根据水压力的大小和孔洞大小采用直接堵漏法、下管堵漏法、木楔堵漏法、灌浆堵漏法等。这些方法均属背水面堵漏；大面积散渗处理，尽量先将水位降低，如可以，选在无水情况下直接进行施工操作，且最好能在迎水面完成作业；若不能降低水位，须在渗漏状态下于背水面作业时，首先导渗降压，以便在混凝土表面进行防渗层施工，待防渗层达到一定强度后，再堵排水孔，防水层一般做在迎水面，处理大面积散渗常用的方法有表面涂抹覆盖、浇筑混凝土或钢筋混凝土、灌浆处理。变形缝渗漏的处理，常用方法有嵌填止水密封材料法、环氧粘贴橡胶板等止水材料法、锚固橡胶板等止水材料法、灌浆堵漏法。无渗漏水或是水头较低、渗水压力低、渗漏水量小时，是修补渗漏裂缝的最佳时机，修补处理应在裂缝已稳定的状况下进行，在有些情况下，必须先采取措施稳定裂缝，所选用修补材料在修补施工期内温度条件下应能正常固化。当修补处理时有渗漏水逸出，则应先导渗止漏，然后再选择合适的修补处理方法，进行内部或表面防渗处理。视裂缝渗漏水的流量、流速和静水压力不同，采用不同的导渗止漏方法，如直接堵漏法、埋管导渗法、动水灌浆堵漏法等。渗漏裂缝表面修补处理方法主要有表面覆盖法，该法又可分为涂刷防水涂膜、涂抹防渗层、粘贴或锚固高分子防水片材、钢筋混凝土护面等四种；渗漏裂缝内部处理方法是灌浆法。

（4）剥蚀破坏处理。针对剥蚀破坏是应通过对水闸混凝土建筑物的剥蚀破坏的诊断和危害性分析，做出修补决策，选用适宜的处理措施。无论选用何种修补处理措施，所采取的修补方法都是"凿旧补新"，即清除受到剥蚀作用损伤的老混凝土，浇筑回填能满足特定耐久性要求的修补材料。"凿旧补新"的步骤为清除损伤的老混凝土、修补体与老混凝土接合面的处理、修补材料的浇筑回填、养护。

（5）结构补强加固。结构补强加固技术包括补强加固设计，补强加固方法、材料及工艺，以及补强加固的检查和效果的确认。补强加固方法有锚贴钢板（材）法、预应力法、增加断面法、增设杆件法、粘贴玻璃钢法、喷射混凝土法、锚杆锚固法等。

7. 水工闸门加固改造与冻害防治

闸门的加固改造措施主要有防腐蚀、结构补强、拆除更换等。

水闸冻害防治方法有两种基本类型：消除或削弱冻因的地基础处理措施；增强水闸抗冻融能力的结构措施。地基处理方法有置换法、物理化学法、保温法和排水隔水法，结构措施是从布置与结构上采取措施增强水闸抗冻能力。如减小基础分块尺寸增强结构单元整体刚度、减小结构与冻土接触面积等，结构措施应该是新建、改建水闸抗冻设计内容，但对于既有水闸的冻害防治，在条件允许时也可以采用。实际工程中，应根据水闸级别、地基土的冻胀量和冻胀性级别，采用一种或综合几种防治冻害措施。水闸冻害的修复应在水闸无水情况下进行，温度裂缝的修补宜在低温季节实施。

6.6.3.2 堤防除险加固

1. 利用当地土沙石料进行防渗加固

包括以下方法：

（1）钻探（锥探）灌浆加固。对堤身进行钻探灌浆，这是较常用的方法。浆液材料一般就地选用黏土或沙壤土，视需要也可掺用少量水泥，搅拌成泥浆。钻孔的布置，视堤身隐患位置而定，一般按梅花形布置。孔深应穿过隐患的部位。灌浆压力视孔深而定，一般在现场试验确定。

（2）铺盖防渗。当堤基相对不透水层埋藏较深，透水层较厚，同时临水侧有稳定滩地的堤基时，宜采用铺盖防渗。铺盖的长度和厚度通过计算确定。当利用天然弱透水层作为防渗铺盖时，应查天然弱透水层及下卧透水层的分布、厚度、级配、渗透系数和允许的渗透坡降等情况，在天然铺盖不足的部位应采用人工铺盖补强措施，确保铺盖起到设计的作用。

（3）黏土截水槽。当堤基透水层较浅时，在迎水侧堤脚宜采用黏土截水槽或其他垂直防渗措施截渗。截水槽底部应达到相对不透水层或基岩，采用与堤身防渗体相同的土料填筑，其压实密度不应小于堤身的同类土料。截水槽的底宽，应根据回填土料、下卧的相对不透水层的允许渗透坡降及施工条件而定。

（4）堤身临水侧筑前戗。在堤身临水侧填筑土平台，一般称为前戗。要求选择渗透系数小的土料进行填筑，以降低背水侧出逸比降，符合渗流控制"前堵"的原则，同时，也对堤身隐患起到补强作用。前戗的顶面高程应高出设计洪水位 1 m，一般顶宽为 10 m，临河坡度采用 1∶3。

（5）堤身背水侧筑后戗。在堤身背水侧，加大堤身断面，控制浸润线不在堤坡上出逸。要求后戗填筑的土料透水性比原堤身大，以符合渗流控制"后排"的原则。根据黄河多年来防洪实践经验，险工、老口门堤段堤身控制浸润线按 1∶10，平工堤段按 1∶8 考虑后戗填筑。后戗顶面高程高出浸润线背河堤坡出逸点 1.5 m，后戗顶宽一般 4~6 m，边坡为 1∶5。当出逸点较高时，修筑一级后戗不能满足要求时，可按多级后戗修筑，以节省土方量。

（6）劈裂灌浆。沿堤身轴线小主应力面布钻孔，用一定的压力灌注泥浆，人为地劈开堤身，并利用浆堤互压、泥浆析水固结和堤身湿陷密实等作用，使所有与浆脉连通的裂缝、洞穴、砂层等隐患得到充填挤压密实，形成垂直连续的泥浆体防渗墙。

2. 利用土工合成材料进行防渗加固

土工合成材料是人工合成的聚合物。一般有土工膜或复合土工膜，用在堤防工程上起防渗作用。另一种是土工织物，分无纺织物和有纺织物，用在堤防工程上起导渗作用。这种材料的使用，发展比较迅速，主要在于它有很多优点：整体性好，产品规格化；铺设简便，施工进度快；抗拉强度高，适应堤身变形；质地柔软，能与土料密切结合，重量轻，运输方便；经过处理后，其抗老化性能较好；临水侧斜坡面和水平防渗。在堤防迎水面堤身、堤基防渗，可按防渗和铺盖计算其长度，在堤坡上铺设应高于设计洪水位 1 m。在整修后的坡面上，由于土工膜与沙土间的摩擦系数小于土石料摩擦系数，因此，为了堤坡稳定，防止土工膜与堤坡接触面滑动，常采用锯齿、齿槽、台阶等形式，将土工膜平置于基面上，四周边缘要展平，保持整齐。铺膜不应拉得太紧，要均匀地留有小褶皱，以保证膜本身良好的伸缩性。要从下向上，从一端向另一端平铺，铺放面积应是计算面积的 110%。土工膜的接缝有搭接、粘接和焊接，以粘接和焊接效果好。铺好后，膜上要加保护层，不单保护土工膜不受损坏，还考虑了水位下降时的反向渗压力。保护层一般使用沙壤土，其厚度不少于 0.5 m，并加以夯实。

3. 利用水泥土、混凝土材料进行防渗加固

对堤身、堤基进行垂直防渗，以符合"中间截"的原则。由于使用的机械设备不同，施工方法也多种多样，有泥浆槽防渗墙、板桩灌注防渗墙、高压喷射灌浆防渗墙、多头小直径涂层搅拌桩防渗墙。振动沉模防渗板墙、薄抓斗成槽防渗墙、液压开槽机成槽防渗墙、射水法成槽防渗墙、锯槽成墙防渗等。

6.6.3.3 水泵除险

若水利设施的水泵出现水利故障，有可能是叶片被装反或者转速过低造成的，对于这种状况，要相应地调整水泵的转速或者叶片安装的位置；若叶片出现损坏或零部件松动，则需要更换相应的零部件；若叶片被杂物环绕，要及时清理并且增加防护措施使杂物不再进入叶片；若出现淤泥堵塞排水管道或进水口，要及时将淤泥清除，这样才能解决水利故障。当闸室出现机械故障时，若由水泵的转速太高造成的，要使水泵的转速降低，若是杂物造成的机械损坏需将杂物及时清除，避免动力机的超负荷运转等。当护岸墙体发生位移时，若是由地基的土层不稳定造成的，应先探清不稳定土层的位置，根据土层的位置和范围确定最佳的处理方案。当河床被挖深之后，也可能出现墙体漂移的现象，这种状况在河道的疏浚时有可能发生，当这种情况发生时，需要停止对河床的挖深，采取相应的抢救措施。当护岸建成时，要留有保护区域，若有超载损坏现象发生，则需要对受损的护岸进行加固处理，若位移现象已经出现，则需要控制位移。

6.6.4 设施设备的拆除报废

对不符合安全条件的设施设备或更新淘汰的设备要按《灌区改造技术规范》

（GB50599—2010）、《泵站更新改造技术规范》（GB/T50510—2009）、《大型灌区技术改造规程》（SL226—1998）、《水利水电工程金属结构报废标准》（SL226—1998）、《灌区泵站机电设备报废标准》（SL510—2011）、《水库降等与报废管理办法（试行）》（水利部令第 18 号）等规程规范及时报废，防止引发生产安全事故。在组织实施设施设备拆除作业前，要制定拆除计划和方案，办理拆除设备交接手续，并经清理、验收合格。对于用于存储易燃、易爆、有毒、有害物质的设施设备，应进行风险评估，制定拆除处置方案，进行危险性辨识，提出有效的风险对策，落实主要任务和安全措施，办理拆除手续（包括作业许可等）等方可实施拆除。应建立设备设施报废管理制度，设备设施报废应办理审批手续，在报废设备设施拆除前应制定方案，并在现场设置明显的报废设备设施标志，报废、拆除涉及许可作业的，应在作业前对相关作业人员进行培训和安全技术交底，报废、拆除应按方案和许可内容组织落实。拆除过程按要求进行风险评估，建立风险评估相关记录。按确定的安全措施要求，落实安全技术交底并保存相关资料。

特种设备或者其零部件，达到或者超过执行标准或者技术规程规定的寿命期限后，水利工程运行单位应予以报废处理。特种设备进行报废处理后，使用单位应当向该设备的注册登记机构报告，办理注销手续。厂内机动车辆报废后，还应将厂内机动车辆牌照交回原注册登记机构。

7 水利工程运行生产安全风险防范与控制

7.1 过程安全控制

7.1.1 调度运行

科学合理的调度运行是保证水利工程安全和人民生命财产安全的必然要求。

7.1.1.1 调度依据

主要根据水文资料及规划设计的特征值进行。如某泵闸水利枢纽的调度依据：

（1）根据水文资料以及规划设计的特征值，下列指标作为泵站控制运用的依据：上游最高水位为 3.0 m，最低水位为 0.5 m，下游百年一遇高潮位为 6.41 m，三百年一遇高潮位为 6.82 m，最低潮位为 −1.0 m；设计排涝时，水位组合上游为 0.5 m，下游（长江）为 3.73 m；设计灌溉时，水位组合上游为 2.0 m，下游为 0.5 m；设计灌溉、排涝时流量为 300 m^3/s，自流引江流量为 160 m^3/s。

（2）根据水文资料以及规划设计的特征值，下列指标作为水闸控制运用的依据：上游最高水位为 3.0 m，最低水位 0.5 m，下游百年一遇高潮位为 6.41 m，三百年一遇高潮位为 6.82 m，最低潮位为 −1.0 m，节制闸设计水位组合上游为 2.0 m，下游为 2.06 m；校核水位组合上游为 1.0 m，下游为 6.82 m，节制闸最大过闸流量为 440 m^3/s；调度闸设计水位上游为 1.0 m、下游为 1.05 m 时，相应过闸流量为 100 m^3/s；送水闸设计水位上游为 2.8 m、下游为 2.9 m 时，相应过闸流量为 100 m^3/s。

7.1.1.2 调度准则

泵站在抢排涝水期间，应按泵站最大排水流量进行调度；灌溉时，应充分利用低扬程工况按水泵提水成本最低进行调度；按控制运用原则进行调度。应根据枢纽上下游水位、供用水需求、泵站设备和工程设施技术状况，进行泵站优化调度，尽可能实现最优经济运行。泵站运行调度的主要内容：合理安排泵站机组的开机台数、顺序及水泵叶片角度的调节；泵站与其他相关工程的联合运行调度；泵站运行与供、排水计划的调配；在满足供、排水计划前提下，通过站内机组运行调度和工况调节，改善进、出水池流态，减少水力冲刷和水力损失；节制闸、送水闸、调度闸的控制运用应符合下列要求：根据省防指调度指令有计划地进行引水，防止超标准引水，充分利用潮差及时引水，做好开闸前的准备工作，开闸前应做好宣传工作，调度闸、送水闸应根据泵站主机灌排方向选择启闭状态。

7.1.1.3 相关要求

（1）为确保工程安全，充分发挥工程效益，实现工程管理的规范化、制度化，应制定调度规程和调度制度。水利工程的控制运用，应按照批准的控制运用原则、用水计划或上级主管部门的指令进行，不得接受其他任何单位和个人的指令。对上级主管部门的指令应详细记录、复核；汛期调度运用计划经批准后，由水库、水电站、拦河闸坝等工程的管理部门负责执行，执行完毕后，应向上级主管部门报告。

（2）收到上级防办的调度指令时，必须立即汇报领导及工程管理部门负责人，并由防汛防旱办公室主任签发书面通知执行。设备初始运行、调整运行或停止运行时，由防汛防旱办公室通知相关基层工程单位主要负责人执行。各基层单位接到指令后，应立即执行，执行完毕后，需立即将执行情况反馈到防汛防旱办公室。

（3）水文气象信息在水利工程的调度运行中具有重要价值，应完善水文气象信息传输方式，建立及时有效的信息交换系统，实现雨情、水情、旱情、风情、灾情等信息和预测预报成果的实时共享。充分利用各种通信手段，必要时要设立专用通信设施，保证水文气象信息传递及时准确。

（4）运行调度应发挥工程的最大效益，并确保设备的安全运行，运行过程中，应密切注视水情的变化，根据水泵装置特征曲线，及时正确调整机组的运行参数，保证机组运行状态良好。

（5）若水泵发生汽蚀和振动，应按改善水泵装置汽蚀性能和降低振幅的要求进行调度，投运机组台数少于装机台数的泵站，运行期间宜轮换开机。

（6）泵站设备和工程设备在调度运行中，应加强巡视，密切观察并摘录运行的主要参数，发现异常及时处理，并上报主管部门。

（7）水闸开闸前应及时与船闸联系，确保过往船只的安全，防止船舶进入安全警戒区，并确定闸室上下游无渔民和影响闸门启闭的漂浮物。

7.1.2 防洪度汛

7.1.2.1 度汛准备

（1）制定度汛实施细则、技术措施和超标准洪水的度汛预案，防汛预案按照"安全第一，常备不懈，以防为主，全力抢险"的工作方针，做到责任到位、指挥到位、人员到位、物资到位、措施到位、抢险及时，保证汛期水利工程安全正常运行。

（2）参照《防汛物资储备定额编制规程》（SL298—2004）等相关规定储备足够的防汛物资、设备（包括抢险物料、救生器材、小型抢险机具等），防汛物资实行分级负担、分级储备、分级使用、分级管理、统筹调度的原则。建立防汛物资设备台账，物资设备台账应载明物资设备的种类、规格、数量、存放地点及管理责任人。对需要定期检查试车的抢险设备要做好检查记录。

（3）落实防汛人员安排和防汛物资的准备工作，建立健全防汛抢险队伍，明确分工和职责，做好防汛设备、设施和防汛物资的维护保养工作，定期检查防汛物资，确保防汛物资储备充足、可靠，防汛物资按防办要求实行统一调配，汛前组织防汛抢险演练，提高应急抢险能力。

（4）采取分级负责的原则，由防汛抗旱指挥机构统一组织培训，培训工作应做到合理规范课程、考核严格、分类指导，保证培训工作质量；培训工作应结合实际，采取多种组织形式，定期与不定期相结合，每年汛前至少组织一次培训；防汛抗旱指挥机构应定期举行不同类型的应急演习，以检验、改善和强化应急准备和应急响应能力；专业抢险队伍必须针对当地易发生的各类险情有针对性地每年进行抗洪抢险演习；多个部门联合进行的专业演习，一般 2 ~ 3 年举行一次，由省级防汛抗旱指挥机构负责组织。

（5）对于存在险工、隐患的工程，要完善工程险工、隐患图表，制定度汛措施和应急抢险预案，明确和落实每个险工、隐患具体的防汛行政负责人、技术责任人和巡查、防守人员及其巡查路线、频次，并进一步细化抢险物资储备和抢险队伍组织工作；对排查出的各类度汛险工隐患，要完善细化工程险工、隐患图表，制定应急处置方案，一时难以解决的要落实有效措施，完善度汛预案的可操作性，确保防汛安全。一旦发生险情，迅速启动应急预案，及时有效处置。

7.1.2.2　安全度汛

（1）度汛期间服从上级防汛指挥中心的指挥和调度，执行调度命令，严格防汛值班制度，值班人员实行 24 小时值守，密切监视雨情、汛情、工情变化，做好信息反馈，及时接受和下达省防指调度，并做好值班记录。单位领导要亲自带班，确保汛情发生时，能够第一时间赶赴现场指挥工作，所有人员服从统一调度，顾全大局，绝不能推诿扯皮，贻误时机，否则，追究其责任人责任。各有关部门应加强日常检查、定期检查，在台风或暴雨等极端天气前后进行特别巡视检查，遇有险情及时上报。相关部门应密切关注气象动态和水情变化，加强预测研判，提前做好机组运行、人员调配、船舶应急调度等准备工作。各级防汛抢险小组面对汛情、灾情要立即采取有力措施，服从统一指挥，必要时启动防汛抢险工作应急预案。防汛期间做好职工防暑降温和个人防护措施，确保无疫情、食物中毒、中暑等现象的发生。

（2）主汛期严格落实项目施工安全措施，在危险区域的施工设备、人员撤离到安全区域，六级以上大风应停止高空作业，切断临时电源，人员应及时撤离到安全地带，露天机电设备做好防潮措施；加强汛期安全保卫工作。度汛期间，加强上下游河道水上作业安全管理，严禁在上下游行洪区域捕鱼、停泊船只，严禁破坏工程安全设施和堤防取土行为。

（3）发生超标洪水时，应加强对工程设备设施的安全监测，加强对堤防、闸站工程、安全设施的特别巡视检查，如发现隐患应及时上报。做好上下游河道的清理工作，清除阻碍行洪的障碍物，做好抢险准备工作，抢险人员保持 24 小时待命，随时准备接受抢险任务。准备好足够的防汛物资，根据指挥部命令装车待命，保证以最快的速度投入防洪抢险。

（4）加强汛后检查，总结度汛经验。做好防汛设备设施、抢险物资的入库、维修保养工作。做好部门防汛抢险人员数量、机械台班、工程数量、资金投入等的统计工作，及时上报。

7.1.3　工程范围安全保护

水利工程范围的管理和保护的要点如下：

（1）工程管理和保护范围内禁止下列行为：禁止损坏涵闸、抽水站、水电站等各类建筑物及机电设备、水文、通信、供电、观测等设施；禁止在堤坝、渠道上扒口、取土、打井、挖坑、埋葬、建窑、垦种、放牧和毁坏块石护坡、林木草皮等其他行为；禁止在水库、湖泊、江河、沟渠等水域炸鱼、毒鱼、电鱼；禁止在行洪、排捞、送水河道和渠道内设置影响行水的建筑物、障碍物、鱼罾鱼簖或种植高秆植物；禁止向湖泊、水库、河道、渠道等水域和滩地倾倒垃圾、废渣、农药，排放油类、酸液、碱液、剧毒废液及《中华人民共和国环境保护法》《中华人民共和国水污染防治法》禁止排放的其他有毒有害的污水和废弃物；禁止擅自在水利工程管理范围内盖房、圈围墙、堆放物料、开采沙石土料、埋设管道、电缆或兴建其他的建筑物。在水利工程附近进行生产、建设的爆破活动，不得危害水利工程的安全；禁止擅自在河道滩地、行洪区、湖泊及水库库区内圈圩、打坝；禁止拖拉机及其他机动车辆、畜力车雨后在堤防和水库水坝的泥泞路面上行驶；禁止任意平毁和擅自拆除、变卖、转让、出租农田水利工程和设施。

（2）要梳理管理和保护范围内的违法违章项目，对于法规明令禁止的项目坚决取缔，及时查处违法行为，执法程序符合《水行政处罚实施办法》和其他相关法规规定，对于没有履行报批手续的及时督促建设单位履行报批手续。

（3）在管理范围内重要和危险的区域应设置警告警示标志和宣传标语、标牌，警告警示标志内容要与工程的性质、设置部位相符。警示标志以禁止游泳、垂钓、养殖、排污、违建等为主；宣传标语和标牌以依法管理水利工程、维护工程完整、节约保护利用水资源为主；对于距离远、四周均与外界接壤的水利工程，在其上下游、左右岸均应设置同样内容的警告警示牌。水法规等标语、标牌设置应符合《内河助航标志》（GB5863—93）、《道路交通标志和标线》（GB5768—2009）、《安全标志及其使用导则》（GB2894—2008）和《公共信息导向系统置原则与要求》（GBT—15566）等相关规范的要求。

（4）在水利工程管理范围内，危害水利工程安全和影响防洪抢险的生产、生活设施及其他各类建筑物，在险工险段或严重影响防洪安全的地段，应限期拆除；其他地段，应结合城镇规划、河道整治和土地开发利用规划，分期、分批予以拆除。

（5）水事违法违章事件不仅涉及水利部门，常常还同时涉及国土资源、林业、渔业、环保、城建规划等部门，执法时配合案件所涉及的其他具有执法主体资格的行政主管部门联合执法，并联合开展水环境保护。案件取证查处手续、资料齐全和完备，执法规范。

7.1.4 安全保卫

水利工程管理单位是治安保卫重点单位，应当设置与治安保卫任务相适当的治安保卫机构，配备专职治安保卫人员，并将治安保卫机构的设置和人员的配备情况报当地公安机关备案。根据水利工程的规模及其重要程度，应设民兵、民警或公安派出所。

7.1.4.1 相关制度

安全保卫相关制度包括门卫、值班、巡查制度；工作、生产、经营等场所的安全管理制度；现金、票据、印鉴等重要物品使用、保管、储存、运输的安全管理制度；单位内部的消防、交通安全管理制度；治安防范教育培训制度；单位内部发生治安案件、涉嫌刑事犯罪案件的报告制度；治安保卫工作检查、考核及奖惩制度；存放有爆炸性、易燃性、放射性、毒害性、传染性、腐蚀性等危险物品的单位，还应当有相应的安全管理制度。

7.1.4.2 相关要点

（1）加强闸门启闭设施、安全防护等重要工程设施的保卫，防止人为破坏。按照有关国家标准对重要部位设置必要的技术防范设施，并实施重点保护。

（2）加强安防设施的建设和维护。关系人身安全的工程部位，应设置安全防护装置，对照明、防火、避雷、绝缘设备等，要定期检查，经常维护，保持其防护性能。

（3）储存、运输和使用易燃、易爆、剧毒、放射性物品时，必须严格执行有关安全使用规定，在公安机关和有关部门指导下制定应急方案。

（4）工作人员必须遵守各项内部治安保卫工作制度，自觉维护治安秩序；新进职工上岗前，应接受法纪和安全保卫教育；中标的外来务工人员，应按照有关规范，签订治安管理责任书；使用外地临时用工人员时，应报治安保卫机构登记备案，并按规定办理暂住证等手续。

（5）落实出入登记、守卫看护、巡逻检查、重要部位重点保护、治安隐患排查处理等内部治安保卫措施。上下游工程保护范围内，禁止游泳、禁止捕鱼，节制闸、送水闸、调度闸、闸站厂房、中控室及变电所等安全重要部位，未经处部批准，禁止非工作人员入内。

（6）对保密资料、现金、贵重物品及物资仓库、危险品仓库的管理，必须遵守有关保密存放规定，存放部位应当配备防火、防盗设施和技术防范装置。

（7）在公安机关指导下制定内部治安突发事件处置预案，并定期演练。

7.1.5 现场临时用电安全

7.1.5.1 过程管理

按《施工现场临时用电安全技术规范》（JGJ46—2005）要求编制临时用电专项方案及安全技术措施，并经验收合格后投入使用；用电配电系统、配电箱、开关柜符合相关规定；自备电源与网供电源的联锁装置安全可靠，电气设备等按规范装设接地或接零保护；现场内起重机等起吊设备与相邻建筑物、供电线路等的距离符合规定；定期对施工用电设施进行检查。

施工现场临时用电设备在 5 台及以上或设备总容量在 50 kW 及以上的，应编制用电组织设施设计，临时用电工程图纸单独绘制，经用电管理单位审核及工程管理负责人批准后方可实施；临时用电工程应经编制、审核、批准部门和使用单位共同验收合格后方可投入使用；临时用电必须严格确定用电时限，超过时限要重新办理临时用电作业许可的延期手续，同时办理继续用电作业许可手续；用电结束后，临时施工用的电气设备和线路应立即拆除，由用电执行人所在生产区域的技术人员、供电执行部门共同检查验收签字；安装和拆除临时用电线路的作业人员，必须持有效的电工操作证并有专人监护方可施工。

7.1.5.2 临时用电安全要求

（1）施工单位应做好用电安全技术交底工作，确保施工过程中各项安全措施落实到位。

（2）临时用电期间，本单位相关部门管理人员采取定期检查和不定期抽查方式加强临时用电安全监督检查，定期检查有班前检查、周检查及每月的全面检查，不定期抽查贯穿整个施工期间。从事电气作业的电工、技术人员必须持有特种作业操作许可证，方可上岗作业。安装、维修、拆除临时用电设施必须由持证电工完成，其他人员禁止接驳电源。

（3）施工单位制定预防火灾等安全事故的预防措施，用电人员认真执行安全操作规程，本单位相关部门做好监督检查工作。发生触电和火灾事故后，施工单位和建设单位相关部门应立即组织抢救，确保人员和财产的安全，并及时报告单位相关领导，必要时请求公安、消防等国家部门救援。

（4）施工现场对配电箱、开关箱、配电线路的要求：配电箱、开关箱应采用铁板或优质绝缘材料制作，门（盖）必须齐全有效，安装符合要求，并保持有二人同时工作通道并接地，配电箱及开关箱均应标明其名称、用途，并做出分路标记；对配电箱、开关箱进行定期维修、检查时，必须将其前一级相应的电源隔离开关分闸断电，并悬挂"禁止合闸，有人工作"停电标志牌，严禁带电作业；配电箱、开关箱中导线的进线口和出线口应设在箱体的底下面，严禁设在箱体的上顶面、侧面、后面或箱门处；移动式配电箱和开关箱的进、出线必须采用橡皮绝缘电缆；总、分配电箱门应配锁，配电箱和开关箱应指定专人负责；施工现场停止 1 h 以上时，应将动力开关箱上锁；各种电气箱内不允许放置任何杂物，并应保持清洁。箱内不得挂接其他临时用电设备；施工现场的设备用电与照明用电线路必须分开设置；临时用电线路必须安装有总隔离开关、总漏电开关、总熔断器（或空气开关）；架空电线、电缆必须设在专用电杆上，严禁设在树木或脚手架上，架空线的最大弧垂处与地面的距离不小于3.5 m，跨越机动车道时不小于 6 m；电缆线路应采用埋地或架空敷设，严禁沿地面明设，并应避免损伤和介质腐蚀；埋地电缆路径应设方位标志；施工现场用电设备必须是"一机、一闸、一漏电保护、一箱"；施工现场严禁一闸多机。

（5）施工现场对电动建筑机械或手持电动工具的要求：电动建筑机械或手持电动工具的负荷线必须按其容量选用无接头的多股铜芯橡皮护套电缆，手持电动工具的原始电源线严禁接长使用并且不得超过 3 m；每台电动建筑机械或手持电动工具的开关箱内除应装设过负荷、短路、漏电保护装置外，还必须装设隔离开关；焊接机械应放置在防雨和通风良好的地方，交流弧焊机变压器的一次侧电源进线处必须设置防护罩。焊接现场不准堆放易燃易爆物品；手持式电动工具的外壳、手柄、负荷线、插头、开关等必须完好无损，使用前必须做空载检查，运转正常方可使用；各电动工具、井架等以用电设备相连接的金属外壳必须采用不小于 2.5 mm² 的多股铜芯线接地。

（6）施工现场对照明、自备电源的要求：隧道、人防工程、高温、导电灰尘或灯具离地面高度低于 2.4 m、电源电压不大于 36 V 等场所的照明，在潮湿和易触及带电体场所电源电压不大于 24 V 的照明，在特别潮湿的场所、导电良好的地面、锅炉或金属容器内工作、电源电压不大于 12 V 的照明，应使用安全电压照明器，照明变压器必须使用双绕组型，严禁使用自耦变压器；凡有备用电源（发电机）或配电房应设置防护向电网反送电措施及装置，并设置砂箱和 1211 等灭火设施，凡高于周边建筑的金属结构应设置防雷设施。

（7）施工单位应制定的电气防火措施：施工组织设计时根据设备用电量正确选择导线截面；施工现场内严禁使用电炉，使用草坪灯时，灯与易燃物间距要大于 30 cm，室内不准使用功率超过 100 W 的灯泡；配电室的耐火等级要大于三级，室内配置砂箱和干粉灭火器，严格执行变压器的运行检修制度，现场中的电动机严禁超载使用，电机周围无易燃物，发现问题及时解决，保证设备正常运行；施工现场的高大设备和有可能产生静电的电器设备要做好防雷接地和防静电接地，以免雷电及静电火花引起火灾；电气操作人员要认真执行规范，正确连接导线，接线端要压牢、压实。各种开关触头要压接牢固，铜铝连接时要有过渡端子。多股导线要用端子或涮锡后再与设备安装，以防加大电阻引起火灾；配电箱、开关箱内严禁存放杂物及易燃物体，并派专人负责定期清扫；施工现场应建立防火检查制度，强化电气防火组织体系，加强消防能力建设。

7.1.5.3 临时用电检查内容

临时施工用工程是否经编制、审核、批准和验收合格；工地临近高压线是否有可靠的防护措施，防护要严密，达到安全要求；支线架设是否符合下列要求，即配电箱引入、引出线要采用套管和横担，进出电线要排列整齐，匹配合理，严禁使用绝缘差、老化、破皮电线，防止漏电，应采用绝缘子固定，并架空敷设，线路过道要有可靠的保护，线路直接埋地，敷设深度不小于 0.6 m，引出地面从 2 m 高度至地下 0.2 m 处，必须架设防护套管；现场照明是否符合下列要求，即手持照明灯应使用 36 V 以下安全电压，危险场所用 36 V 安全电压，特别危险场所采用 12 V 安全电压，照明导线应固定在绝缘子上，现场照明灯要用绝缘橡套电缆，生活照明采用护套绝缘导线，照明线路及灯具距地面距离不能小于规定，严禁使用电炉，防止电线绝缘差、老化、破皮、漏电，严禁用碘钨灯取暖；架设低压干线是否符合下列要求，即不准采用竹质电杆，电杆应设横担和绝缘子，电线不能架设在脚手架或树上等处；架空线离地按规定有足够的高度；电箱配电箱是否符合下列要求，即配电箱制作要统一，做到有色标、有编号，电箱制作要内外油漆，有防雨措施，门锁安全，金属电箱外壳要有接地保护，箱内电气装置齐全可靠，线路、位置安装要合理，有地排、零排，电线进出配电箱应下进下出；开关箱熔丝是否符合下列要求，即开关箱要符合一机一闸一保险，箱内无杂物，不积灰，配电箱与开关箱之间距离 30 m 左右，用电设备与开关箱超过 3 m 应加随机开关，配电箱的下沿离地面不小于 1.2 m，箱内严禁动力、照明混用，严禁用其他金属丝代替熔丝，熔丝安装要合理；接地或接零是否符合下列要求，即严禁接地接零混接，接地体应符合要求，两根之间距离不小于 2.5 m，电阻值为 4 Ω，接地体不宜用螺纹钢；变配电装置是否符合下列要求，即露天变压器设置符合规范要求，配电间安全防护措施和安全用具、警告标志齐全；配电间门要朝外开，高处正中装 20 cm×30 cm 玻璃。

7.1.6 危险化学品安全管理

危险化学品是指具有毒害、腐蚀、爆炸、燃烧、助燃等，对人体、设施、环境具有危害的剧毒化学品和其他化学品，它具有以下特征：具有爆炸性、易燃、毒害、腐蚀、放射性等性质；在生产、运输、使用、储存和回收过程中易造成人员伤亡和财产损毁；需要特别防护。涉及的危化品主要有汽油、氧气、乙炔等。

（1）危化品的采购管理。危化品采购由使用单位负责实施，购买汽油、柴油须按照采购计划到当地公安部门进行备案审批，严禁向无生产或销售资质的单位采购危化品；凡包装、标志不符合国家标准规范（或有破损、残缺、渗漏、变质、分解等现象）的危化品，严禁入库存放；严格控制采购和存放数量。危化品采购数量在满足生产的前提下，原则上不得超过临时存放点的核定数量，严禁超量存放；建立危化品管理档案，建立管理制度，加强对危化品的日常安全管理，认真做好物资的检验和交付记录。

（2）危化品的存放管理。危化品应当储存在专用仓库、专用场地或者专用储存室内，并由专人负责管理；危化品存放点建筑耐火等级必须达到二级以上，防火间距应符合安全性评价要求和消防安全技术标准规范的要求；危化品存放点应张贴危化品MSDS 单（化学品安全技术说明书），标明存放物品的名称、危险性质、灭火方法和最大允许存放量等信息；危化品存放点应根据危化品的种类、性质、数量等设置相应监测、监控、通风、防晒、调温、防火、灭火、防爆、泄压、防毒、中和、防潮、防雷、防静电、防腐、防泄漏等安全设施、设备，并按照国家标准、行业标准或者国家有关规定对安全设施、设备进行经常性维护、保养，保证安全设施、设备的正常使用；氧气、乙炔气瓶应放置在通风良好的场所，不应靠近热源和电气设备，与其他易燃易爆物品或火源的距离一般不应小于 10 m（高处作业时指与垂直地面处的平行距离）。使用过程中，乙炔瓶应放置在通风良好的场所，与氧气瓶的距离不应少于 5 m；危化品存放点应有醒目的职业健康、安全警示标志；加强存储危险化学品仓库的管理和巡查力度，定期检查危险化学品是否过期，是否存在安全隐患，发现安全隐患，要及时进行改正；建立完善的安全管理制度，定时定期进行安全检查和记录，做到账物相符，发现隐患及时整改处置和上报。

（3）危化品的运输管理。在管理区域内运输危化品时，应仔细检查包装是否完好，防止运输过程中危化品出现撒漏、污染环境或引发安全事故；运输危化品的各种车辆、设备和工具应当安全可靠，防止运输过程中因机械故障导致危化品出现剧烈碰撞、摩擦或倾倒。在运输危化品过程中尽量选择平整的路面，控制速度，远离人群，一旦发生事故，要扩大隔离范围，并立即向安全部门报告；对不同化学性质，混合后将发生化学变化，形成燃烧、爆炸，产生有毒有害气体，且灭火方法又不同的化学危险品，必须分别运输、贮存，严禁混合运输、贮存；对遇热、受潮易引起燃烧、爆炸或产生有毒有害气体的化学危险品，在运输、贮存时应当按照其性质和国家安全标准规范，采取隔热、防潮等安全措施；乙炔瓶在使用、运输和储存时，环境温度不宜超过 40 ℃，超过时应采取有效的降温措施；危化品运输工具，必须按国家安全标准规范设置标志和配备灭火器材。严禁无关人员搭乘装运有危化品的运输工具。

（4）危化品的使用管理。操作人员使用危险化学品时，需取得相应的作业证，并由专人监督指导；用汽油等易燃液体清洗物品时，应在具备防火防爆要求的房间内进行，生产现场临时清洗场地的，应采取可靠的安全措施，废油用有色金属盛装，统一回收存放并加盖封闭，严禁倒入地下沟道和乱存乱放；喷漆场所的漆料、稀释剂不得超过当班的生产用量，暂存的漆料、稀释剂周转储量不得超过一周的生产用量；易燃、易爆、剧毒品，必须随用随领，领取的数量不得超过当班用量，剩余的要及时退回库房；使用危化品的场所，应根据化学物品的种类、性能设置相应的通风、防火、防爆、防毒隔离等安全设施。操作者工作前必须穿戴好专用的防护用品；氧气瓶严禁沾染油脂，检查气瓶口是否有漏气时可用肥皂水涂在瓶口上试验，严禁用烟头或明火试验，氧气、乙炔瓶如有漏气应立即搬到室外，并远离火源，乙炔瓶应保持直立放置，使用时要注意固定，并应有防止倾倒的措施，严禁卧放使用，卧放的气瓶竖起来后需待 20 min 后方可输气；氧气、乙炔气瓶在使用过程中应按照有关规定定期检验。过期、未检验的气瓶严禁继续使用。

（5）废弃物处理。危化品及其用后的包装箱、纸袋、瓶桶等，必须严加管理，统一回收；任何部门和个人不得随意倾倒危化品及其包装物；废弃危险化学品的处置，依照有关环境保护的法律、行政法规和国家有关规定执行，严禁随一般生活垃圾运出。

7.1.7 交通安全

7.1.7.1 交通驾驶安全管理

上路行驶的机动车辆必须证件齐全，保险、年检有效，用车单位和驾驶员负责车辆和驾驶证的年检年审工作，车辆保险由办公室统一办理。

驾驶员负责车辆的日常例行保养和清洁工作，出车前检查方向、制动、灯光等安全设施是否正常，发现问题及时维修处理；驾驶员出车时必须证照齐全有效，遵守道路交通安全管理规定，不超载，不超速，不闯红灯，不违章停车，不抢占道路，不强行超车，不疲劳驾驶，做到遵章守纪，"礼让三先"，文明行车；严禁无证驾驶、驾驶与准驾车型不符、酒后驾驶或把机动车辆交给非单位专职驾驶员驾驶，一经发现，严肃处理，情节严重的按有关规定解除劳动合同。

车辆归属管理单位应与驾驶员签订安全责任状，进行安全考核，兑现安全奖惩。日常工作中经常开展对驾驶员的安全教育，接受管理处安委办、办公室的安全监督和检查。因违反交通规则，被交通监管部门处罚的，由驾驶员个人承担，车辆管理部门还要对驾驶员进行再教育。违章行车造成事故的，根据公安部门确定的责任，按次要责任、同等责任、全部责任，分别记入对驾驶员的季度和年度考核中，按考核规定和安全责任状规定处理。

7.1.7.2 管辖区域交通安全管理

车辆应按指定地点有序、整齐停放。运输设备车辆进入施工现场前，应对设备的完好状况进行检查，检查合格方可进场。对进入管辖区域施工的车辆驾乘进行必要的安全提示，对新聘驾驶员应按处教育培训规定进行岗前安全教育，教育培训合格后方可上岗。工程项目施工现场应设置交通标志、交通标线。处区车辆应按照管理部门指定的线路和速度（出入大门 5 km/h，主支干线 20 km/h，弯道、特殊路段 5 km/h）安全行驶。

根据管辖区域道路情况，对进出载货汽车的载货量、高度做出规定，严禁超载、超宽、超高、超长汽车强行进入处区。装载散装、粉状和易滴漏的物品，不能散落、飞扬或滴漏车外，车辆通过电缆沟、排水沟、有管线的道口时必须采取安全措施方能行驶。履带车不得在处区道路行驶，如确有必要应得到主管部门批准并铺设基垫。车辆在管辖区域发生交通事故时，应及时报告。

7.1.7.3　船舶过闸管理

所有过闸船舶必须服从船闸管理人员的监督、检查、指挥制度，过闸船舶的所有人、经营人必须严格遵守港航规章及有关管理规定，自觉服从管理。除水政监察、港航监察、公安的各种专业用船艇外的其他所有过闸船舶均必须按照各类船舶停靠位置待闸，严禁乱停乱泊，监护船舶，保证航道畅通。属于提放范围内的船舶，如工程建设船舶、装运鲜活货船舶、军用及抢救的船舶，必须持有规定的证明手续。装运危险品的船舶必须在安全地点单独停泊，主动与值班登记员联系，接受港监人员的检查，办理登记手续，听候安排过闸。

除水政监察、港航监察、公安的各种专业用船艇外的其他过闸船舶均必须在远方登记站处履行报到、接受检查、办理登记手续，听候远方登记站通知进入闸口引航桥处停靠，停靠时限两条一帮。船舶进闸时，必须服从值班人员的指挥，严格遵循先出后进的规定，单帮进出闸，顺序慢行，不得抢挡超越。对于 30 t 以下的农杂船，实行登记单独排序，优先过闸。过闸船舶的船员必须认真驾驶操作，注意安全，要爱护国家财产，不损坏船闸建筑物及其附属物，不准用镐钩勾捣闸门，不准在铁爬梯上带缆，不准在闸室上下旅客、装卸货物，倾倒垃圾污物，不准在闸墙上涂写刻画，不准进闸在闸室内生火和使用火源，闸门运行时严禁船舶进出。进闸后的船舶必须在安全警戒线后停泊，必须上足挡位，带活缆绳，密切注视闸室涨落水时自身船舶的安全，闸门开启后听指挥出闸。

为确保船闸安全畅通和过往船舶的安全航行，船闸有权禁止下列船舶通过：违反国家有关规律、法规和港航规章的；不符合航行规定或港监部门通知扣留的；船舶局部破损或安全状况差，严重不适航，不适拖的；发生交通事故以后手续未清或未承担赔偿费用又无适当担保的；有其他妨碍交通安全的情况和可能对船闸安全畅通、设备、设施造成危害的。

7.1.8　消防安全

7.1.8.1　消防安全制度与检查维修

消防安全制度主要包括以下内容：消防安全教育、培训；防火巡查、检查；安全疏散设施管理；消防（控制室）值班；消防设施、器材维护管理；火灾隐患整改；用火、用电安全管理；易燃易爆危险物品和场所防火防爆；义务消防队的组织管理；灭火和应急疏散预案演练；燃气和电气设备的检查和管理（包括防雷、防静电）；其他必要的消防安全内容。

安委会每季度组织进行一次防火检查，各基层单位（部门）每月组织一次防火检查。检查的内容：火灾隐患的整改情况及防范措施的落实情况；安全疏散通道、疏散指示标志、应急照明和安全出口情况；消防车通道、消防水源情况；灭火器材配置及有效情况；用火、用电有无违章情况；重点工种人员及其他员工消防知识的掌握情况；消防安全重点部位的管理情况；易燃易爆危险物品和场所防火防爆措施的落实情况及其他重要物资的防火安全情况；消防（控制室）值班情况和设施运行、记录情况；防火巡查情况；消防安全标志的设置情况和完好、有效情况；其他需要检查的内容。防火检查应当填写检查记录。检查人员和被检查单位（部门）负责人应当在检查记录上签名。

消防安全重点单位（部门）应当进行每日防火巡查，确定巡查的人员、内容、部位和频次并每天登录管理系统认真填报。其他单位（部门）可以根据需要组织防火巡查。巡查的内容：用火、用电有无违章情况；安全出口、疏散通道是否畅通，安全疏散指示标志、应急照明是否完好；消防通道是否畅通，有无占用消防通道停泊车辆；消防设施、器材和消防安全标志是否在位、完整；常闭式防火门是否处于关闭状态，防火卷帘下是否堆放物品影响使用；消防安全重点部位的人员在岗情况；其他消防安全情况。防火巡查人员应当及时纠正违章行为，妥善处置火灾危险，无法当场处置的，应当立即报告，发现初起火灾应当立即报警并及时扑救。防火巡查应当填写巡查记录，巡查人员及其主管人员应当在巡查记录上签名。

应当按照建筑消防设施检查维修保养有关规定的要求，对建筑消防设施的完好有效情况进行检查和维修保养。设有自动消防设施的单位（部门），应当督促维保单位按照有关规定每月对其自动消防设施进行全面检查测试，发现存在的安全隐患及时整改，并出具检测报告，存档备查。应当按照有关规定定期对灭火器进行维护保养和维修检查。对灭火器应当建立档案资料，记明配置类型、数量、设置位置、检查维修单位（部门、人员）、更换药剂的时间等有关情况。

7.1.8.2　消防设施与动用明火管理

消防器材及设施必须纳入生产设备管理中，配置的灭火器一律实行挂牌责任制，实行定位放置、定人负责、定期检查维护的"三定"管理。消防灭火器的设置应根据《建筑灭火器配备设计规范》（GB50140—2005）的规范要求进行配置。按照可能产生的火灾种类、危险等级、使用场所等合理配置相应的灭火器，如变电所、站变室、高低压控制室、厂房、启闭机房、发电机房、仓库、办公区、生活区等场所配置干粉灭火器；直流控制室、网络数据中心机房、档案室等有贵重物品、仪器仪表的场所配置二氧化碳灭火器。建立详细的消防设备设施台账。

应当保障疏散通道、安全出口畅通，并设置符合国家规定的消防安全疏散指示标志和应急照明设施，保持防火门、防火卷帘、消防安全疏散指示标志、应急照明、火灾事故广播等设施处于正常状态。严禁下列行为：占用疏散通道或消防通道；在安全出口或者疏散通道上安装栅栏等影响疏散的障碍物；在生产、会务、营业、工作等期间将安全出口上锁、遮挡或者将消防安全疏散指示标志遮挡、覆盖；其他影响安全疏散的行为。

禁止在具有火灾、爆炸危险的场所使用明火；因特殊情况在易燃等危险场所需要进行电、气焊等明火作业的，动火单位（部门）和人员应当按照单位（部门）的用火管理制度办理审批手续，落实现场监护人，在确认无火灾、爆炸危险后方可动火施工。动火施工人员应当遵守消防安全规定，并落实相应的消防安全措施。在危险品仓库、档案室、办公室等危险场所动用电、气焊等明火作业的必须报请安委会审批。

7.1.8.3　火灾隐患整改

对存在的火灾隐患，应当及时予以消除，并有记录存档。对下列违反消防安全规定的行为，应当责成有关人员当场改正并督促落实：违章进入储存易燃易爆危险物品场所的；违章使用明火作业或者在具有火灾、爆炸危险的场所吸烟、使用明火等违反禁令的；将安全出口上锁、遮挡，或者占用、堆放物品影响疏散通道畅通的；消火栓、灭火器材被遮挡影响使用或者被挪作他用的；常闭式防火门处于开启状态，防火卷帘下堆放物品影响使用的；消防设施管理、值班人员和防火巡查人员脱岗的；违章关闭消防设施、切断消防电源的；其他可以当场改正的行为。

对不能当场改正的火灾隐患，应及时报告，提出整改方案，明确整改的措施、期限。在火灾隐患未消除之前，应当落实防范措施，保障消防安全，如不能确保消防安全，随时可能引发火灾或者一旦发生火灾将严重危及人身安全的，应当将危险部位停产停业整改。

7.1.8.4　应急预案与灭火

消防安全重点单位（部门）应制定灭火和应急疏散预案，内容：组织机构、灭火行动组、通信联络组、疏散引导组、安全防护救护组；报警和接警处置程序；应急疏散的组织程序和措施；扑救初起火灾的程序和措施；通信联络、安全防护救护的程序和措施等。至少每半年进行一次演练，并结合实际，不断完善预案。其他基层单位应当结合实际制定相应的应急方案，至少每年组织一次演练。消防演练时，应当设置明显标志并事先告知演练范围内的人员。

基层单位应成立消防安全领导小组和义务消防队（组），按照灭火和应急疏散预案，配备相应的消防装备、器材，并组织开展消防业务学习和灭火技能训练，提高预防和扑救火灾的能力。发生火灾时，应当立即启动灭火和应急疏散预案，务必做到及时报警，迅速扑救火灾，及时疏散人员。邻近单位（部门）应当给予支援，任何单位（部门）、人员都应当无偿为报火警提供便利，不得阻拦报警。火灾扑灭后，起火单位（部门）应当保护现场，接受事故调查，如实提供火灾事故的情况，协助公安消防机构调查火灾原因，核定火灾损失，查明火灾事故责任。未经公安消防机构同意，不得擅自清理火灾现场。

7.1.8.5　消防档案

消防重点单位应当建立健全消防档案，消防档案应当包括消防安全基本情况和消防安全管理情况。消防档案应当翔实，全面反映消防工作的基本情况，并附有必要的图表，根据情况变化及时更新。消防安全基本情况应当包括以下内容：基本概况和消防安全重点部位情况；建筑物或者场所施工、使用或者开业前的消防设计审核、消防验收，以及消防安全检查的文件、资料；消防管理组织机构和各级消防安全责任人；消防安全制度；消防设施、灭火器材情况；义务消防队人员及其消防装备配备情况；与消防安全有关的重点工种人员情况；新增消防产品、防火材料的合格证明材料；灭火和应急疏散预案。消防安全管理情况应当包括以下内容：公安消防机构填发的各种法律文书；消防设施定期检查的记录、自动消防设施全面检查测试的报告以及维修保养的记录；火灾隐患及其整改情况记录；防火检查、巡查记录；有关燃气、电气设备检测（包括防雷、防静电）等记录资料；消防安全培训记录；灭火和应急疏散预案的演练记录；火灾情况记录；消防奖惩情况记录。

7.1.9　仓库安全

仓库是储存抢险物料、救生器材、抢险机工具的场所。应根据所储备的物资，建立相对应的防火、防盗、防霉变安全管理制度，建立健全仓库岗位责任制度、值班巡查制度、验收发放制度、维护保养制度、物资台账制度、管理档案制度等，并严格执行。仓库应达到专业化、标准化要求，其仓储面积、整体功能、配套设备设施等各方面能够满足防汛抗旱物资储备需求，并落实各项保管和安全措施。严格执行仓库防火、防盗工作，保证仓库和物资财产的安全。

在仓库内外及周边区域配备安全器材，对仓库保管人员进行消防器材使用培训，确保消防安全，并加强日常巡逻，确保仓库周围消防安全，排除安全隐患，保持消防通道畅通，无堆积物。对于易燃、易爆等物资，应指定专人定点管理，并设置明显标志。

仓库物资摆放整齐有序，物品种类根据各水管单位实际情况及应急要求配备齐全，定时检查应急物资质量和数量，确保应急物资安全可靠。检查人员认真填写日常管理、维修养护记录，仓库管理员严格记录仓库物资进出库明细。

保管人员每天上下班前要做到"三检查"，即上班检查仓库门锁有无异常，物品有无丢失；下班检查是否锁门、拉闸、断电及其他不安全隐患；检查易燃、易爆物品是否单独存储、妥善保管，确保财产物资的完整。如有异常情况，要立即上报主管领导。

严格遵守仓库保管纪律规定：严禁在仓库内吸烟，严禁无关人员进入仓库，严禁涂改账目，严禁在仓库堆放杂物、废品，严禁在仓库内存放私人物品，严禁在仓库内闲谈、打闹。

7.1.10　变更安全

变更是指作业工作场地、工艺、设备、安装位置及管理等发生变化，包括新建、改建、扩建项目引起的技术变更；操作规程的变更；操作条件的重大变更；环境的变更；设备设施的更新改造；安全设施的变更；更换与原设备不同的设备或配件；设备材料代用变更；临时的电气设备；法律法规和标准的变更；人员的变更；管理机构的较大变更；管理职责的变更；安全标准化要求的变更等。

变更安全是对机构、人员、管理、工艺、技术、设备设施、作业环境等永久或暂时性的变化进行有计划的安全控制，以减轻或避免对安全生产的影响。组织机构、作业人员、设备设施、作业过程及环境发生变化时，及时对变更后所产生的风险和隐患进行辨识、评价；根据变更内容制定相应的安全措施和变更实施计划，履行审批及验收程序，并告知和培训相关从业人员。

变更程序按变更申请、变更审批、变更实施、变更验收环节进行。变更申请中，变更申请单位（部门）应对每项变更过程产生的风险和隐患进行分析、辨识和评价，制定针对性的控制防范措施，填写《项目变更申请表》，明确说明变更的内容、风险分析、防范措施等，经申请单位负责人签字确认后再进行变更审批；变更审批时，危险性较大的项目变更，应组织有关人员根据变更原因和实际的需要确定变更是否可行，同时报安全监管部门审核、分管领导审批；变更批准后，由变更申请单位（部门）负责及时组织培训和交底，实施变更全过程的风险管理，确保作业人员掌握必要的安全知识和技能，任何临时性的变更，未经审查和批准，不得超过原批准的范围和期限；变更实施结束后，变更部门应对变更情况组织验收，填写《项目变更验收表》确保变更达到计划要求，并报安委办备案。

7.2 典型作业行为安全控制

7.2.1 高处作业（含登高架设作业、悬空作业）

高处作业是指在坠落高度基准面 2 m 以上（含 2 m）有可能坠落的高处进行的作业；登高架设作业指在高处从事脚手架、跨越架架设或拆除的作业，为特种作业；悬空作业是指在周边临空、无立足点或无牢靠立足点的条件下进行的高处作业。

7.2.1.1 作业人员条件与防护措施

高处作业易发生高处坠落和物体打击事故，从事高处作业人员必须每年进行一次体检，应无妨碍从事高空作业的疾病和生理缺陷。登高作业人员须进行专门的安全技术培训并经安全生产监督管理部门考核合格，取得《中华人民共和国特种作业操作证》后，方可上岗作业。

悬空高处作业时，需要建立牢固的立足点，如设置防护栏网、栏杆或其他安全设施。悬空作业所用的索具、脚板、吊篮、吊笼、平台等设备，均需经过技术鉴定或检证方可使用。安全网必须随着建筑物升高而提高，安全网距离工作面的最大高度不超过 3 m。登高作业人员必须按照规定穿戴个人防护用品，作业前对防护用品要检查验收合格方能使用，作业中要正确使用防坠落用品与登高器具、设备。

有坠落危险的物件应固定牢固，无法固定的应先行清除或放置在安全处，高处作业中所用的物料，均应堆放平稳，不妨碍通行和装卸。工具应随手放入工具袋，作业中的走道、通道板和登高工具，应随时清扫干净。拆卸下的物件及余料和废料均应及时清理运走，不得任意乱置或向下丢弃，传递物件禁止抛掷。

雨天和雪天进行高处作业时，必须采取可靠的防滑、防寒和防冻措施。凡水、冰、霜、雪均应及时清除。在六级及六级以上强风和雷电、暴雨、大雾等恶劣气候条件下，不得进行露天高处作业。

7.2.1.2 作业安全监管

工程单位应加强对危险性较大高处作业的监管，施工作业前，对登高架设作业人员体检、持证、安全措施、安全用品等情况进行检查；作业过程中，对现场组织管理、现场防护等进行监督检查。做好高处作业安全监督检查记录并及时归档。

高处作业前设置警戒线或警戒标志，防止无关人员进入有可能发生物体坠落的区域。

高处作业现场应设有监护人员，监护人员在作业前，应会同作业人员检查脚手架、防护网、梯子等登高工具和防护措施的完好情况，保持疏散通道畅通；监督作业人员劳动保护用品的正确使用，物品、工具的安全摆放，防止发生高处坠落。监护人员不得离开作业现场，发现问题及时处理并通知作业人员停止作业。

7.2.1.3 安全检查内容

（1）基本规定：高处作业人员持证上岗，高处作业人员年度体检合格，作业前进行高空作业安全技术交底，安全标志、工具、仪表、电气设施和各种设备，施工前应检查合格，高空作业物料堆放平稳，工具放入工具袋，雨雪天气采取可靠的防滑、防寒、防冻措施，冰、霜、雪、水应及时清除，防护棚搭设与拆除时，设警戒区，高空作业必须系挂安全带，高挂低用。

（2）临边：基坑周边，尚未安装栏杆或栏板的阳台、料台与挑平台周边等设置防护栏杆；垂直运输接料平台，除两侧设防护栏杆外，平台口还应设置安全门或活动防护栏杆；两侧栏杆加挂安全立网；分层施工的楼梯口和梯段边，安装临时护栏；地面通道上部应装设安全防护棚；钢管栏杆采用 $\phi48\times3.5$ mm 的管材，以扣件或电焊固定；栏杆柱间距不大于 2 m，上杆距地高度 1.05~1.2 m、下杆距地高度 0.5~0.6 m 防护栏杆设置自上而下的安全立网封闭，或不低于 0.18 m 的挡脚板；有坠落危险的物件应固定牢固，或先行清除，或放置在安全处。

（3）洞口：尺寸小于 0.5 m 的洞口，设置牢固的盖板；边长 0.5~1.5 m 的洞口，设置以扣件扣接钢管而成的网格；边长 1.5 m 以上的洞口，四周设防护栏杆，洞口下张设安全平网；对邻近的人与物有坠落危险性的其他竖向的孔、洞口，均应予以设盖板或加以防护，并有固定其位置的措施。

（4）攀登：移动式梯子梯脚底部坚实，不得垫高使用；立梯工作角度以 75°±5° 为宜，踏板上下间距以 0.3 m 为宜，不得有缺档；梯子如需接长使用，必须有可靠的连接措施，且接头不得超过 1 处；折梯使用时上部夹角以 35°~45° 为宜，铰链必须牢固，并应有可靠的拉撑措施；使用直爬梯进行攀登作业时，攀登高度以 5 m 为宜。超过 2 m 时，宜加设护笼；超过 8 m 时，必须设置梯间平台。

（5）悬空：钢柱安装登高时，应使用钢挂梯或设置在钢柱上的爬梯；构件吊装、管道安装、钢筋绑扎、混凝土浇筑、预应力张拉等悬空作业处应有牢靠的立足处，并必须视具体情况，配置安全网、栏杆、操作平台或其他安全设施；高空吊装预应力钢筋混凝土层架、桁架等大型构件前，应搭设悬空作业所需的安全设施，支设悬挑形式的模板，有稳固的立足点。

（6）操作平台：平台脚手板铺满钉牢、临空面有护身栏杆，不准有探头板；操作平台上应显著地标明容许荷载值；移动式操作平台面积不应超过 10 m^2，高度不应超过 5 m；悬挑式钢平台的搁支点与上部拉结点，必须位于建筑物上，不得设置在脚手架等施工设备上。

（7）交叉作业：钢模板部件拆除后，临时堆放处离楼层边沿不应小于 1 m，堆放高度不得超过 1 m；楼层边口、通道口、脚手架边缘等处，严禁堆放拆下物件；高处动火应有防止焊接（或气割）火星溅落的措施。

（8）其他：安全防护设施验收合格，夜间施工有足够的照明，六级以上大风不得在室外从事高空作业，暴风雪及台风暴雨后应对安全设施进行检查、修理完善，专人监护。

7.2.2 起重吊装作业

起重吊装作业是指利用起重机械或起重工具移动重物的操作活动，包括利用起重机械（行车、吊车等）搬运重物及使用起重工具（千斤顶、滑轮、手拉葫芦、自制吊架、各种绳索等）垂直升降或水平移动重物。

7.2.2.1 设备和人员条件

作业使用的起重机应具备特种设备制造许可证、产品合格证和安装说明书等，起重吊装为特种作业，吊装作业人员（指挥人员、起重工）应持有效的特种作业人员操作证，方可从事吊装作业指挥和操作。

7.2.2.2 作业安全监管

起重吊装作业前按规定对设备、工器具进行认真检查；指挥和操作人员持证上岗、按章作业，信号传递畅通；大件吊装办理审批手续，并有施工技术负责人在场指导；不以运行的设备、管道等作为起吊重物的承力点，利用构筑物或设备的构件作为起吊重物的承力点时，应经核算；照明不足、恶劣气候或风力达到六级以上时，不进行吊装作业。

实施起重吊装作业单位的有关人员在起重作业前应对起重机械、工机具、钢丝绳、索具、滑轮、吊钩进行全面检查，确保它们处于完好的状态。

吊装作业时指挥人员应佩戴明显的标志，戴安全帽，站在能够照顾到全面工作的地点，所发信号应事先统一，并做到准确、洪亮和清楚。操作人员在作业中要按照指挥人员发出的信号、旗语、手势进行操作，操作前要鸣笛示意。严格执行起重作业"十不吊"。

严禁以运行的设备、管道，以及脚手架、平台等作为起吊重物的承力点。利用建（构）筑物或设备的构件作为起吊重物的承力点时，应经核算满足承力要求，并征得原设计单位同意。

遇大雪、大雾、雷雨等恶劣气候，或因夜间照明不足，指挥人员看不清工作地点、操作人员看不清指挥信号时，不得进行起重作业。当作业地点的风力达到五级时，不得吊装受风面积大的物件；当风力达到六级及以上时，不得进行起重作业。

危险性较大的吊装工程，如采用非常规起重设备、方法，且单件起吊重量在 10 kN 及以上的起重吊装工程，起重机械设备自身的安装、拆卸，吊装超高、超重、受风面积较大的大型设备等危险性较大的吊装工程，大型水闸的闸门、启闭机的吊装及临近带电体的吊装等，作业前应制定专项施工方案，办理审批手续，作业过程中施工技术负责人应在现场指导。

7.2.2.3　大型设备起重吊装作业检查内容

（1）吊装准备：是否编制专项施工方案，并按规定进行审核、批准；是否已核实货物准确质量；是否考虑吊装附件引起起吊重量增加；吊装角度是否合适；吊装重物是否符合起重机额定载荷；是否已按规定对起重机进行了各类检查和维护；吊索具及其附件是否满足吊装能力需要；是否已清楚货物的规格尺寸及重心；是否明确货物的吊运路线、放置地点；是否已考虑强风下的稳定措施。

（2）吊装区域：是否已经布置路障和警告标志；是否需要梯子或脚手架；是否已考虑辅助工具和设备；货物吊装、移动过程中是否有障碍。

（3）起重机及人员：是否已确定作业人员的任务；是否已确定吊装作业的负责人；起重机司机是否持证上岗；确定起重机操作室能清楚看到指挥信号；无线电通信是否正常；是否已对相关人员进行吊装计划交底培训；是否已明确指挥信号；是否已明确指挥人员；吊装指挥人员是否持证上岗；天气情况是否适合吊装；是否确认已落实应急措施。

（4）关键性吊装作业：是否已制定监护人员；是否确认操作区域附近的电线及防护措施；是否确认操作区域附近的管道及防护措施。

7.2.3　临近带电体作业

临近带电体作业是指在运行中的电压等级在220 V及以上的发电、变电、输配电（线路保护区内）和带电运行的电气设备附近进行的可能影响电气设备和人员安全的一切作业。主要存在触电伤害、设备烧坏、设备跳闸等危险因素。

7.2.3.1　感应电压防护措施

在330 kV及以上电压等级的线路杆塔上及变电站构架上作业，应采取防静电感应措施，例如，穿静电感应防护服、导电鞋等（220 kV线路杆塔上作业时宜穿导电鞋）。

绝缘架空地线应视为带电体，在绝缘架空地线附近作业时，作业人员与绝缘架空地线之间的距离不应小于0.4 m。如需在绝缘架空地线上作业，应用接地线将其可靠接地或采用等电位方式进行。

用绝缘绳索传递大件金属物品（包括工具、材料等）时，杆塔或地面上作业人员应将金属物品接地后再接触，以防电击。

7.2.3.2　作业安全监管

做好作业前准备工作：办理施工作业票；查阅资料、查勘现场；进行危害识别，对作业人员进行风险告知、技术交底；划定警戒区域，设置警示标志等。邻近带电体施工现场负责人、安全员、技术员应到岗到位并设专责监护人。临近高压带电体作业时必须严格执行作业许可证制度。

进行临近带电体作业时，应对施工现场进行详细勘察，注意作业方式、设备特性、工作环境、间隙距离、交叉跨越等情况，制定作业方法和安全防护措施，办理安全施工作业票，安排监护人并进行安全技术交底后才可进行施工。对于复杂、难度大的带电作业项目应编制操作工艺方案和安全措施，经批准后执行。

带电作业人员应经专门培训并持证上岗，按规定执行工作票、监护人等制度。临近带电体作业的作业人员与带电体的安全距离，起重机械臂架、吊具、辅具、钢丝绳及吊物等与架空输电线及其他带电体的最小安全距离应符合相关规定要求，邻近高压设备还应有对感应电压的防护措施。当作业人员在高压设备上处于零电位作业时，如果没有采取防护措施而与带有较高感应电压的停电线路（包括绝缘架空避雷线）直接接触，将会直接对人体造成电击，对人体生命安全造成严重威胁。

在停电检修高压电气设备，如高压线路、变压器、高压电器柜时，要做好停电、验电、挂接地线等防护措施，以防止停电检修设备突然来电和邻近高压带电设备所产生的感应电压对人体的危害。

当达不到规定的最小安全距离时，必须向有关电力部门申请停电，办理安全施工作业票，经有资质的签发人签发后执行，或增设屏障、遮拦、围栏、保护网，并悬挂醒目的警告标志牌等安全防护措施。

7.2.4 水上水下作业

水管单位常见的水上水下作业主要有：工程观测、水利工程设施维修、临水边作业、水下堵漏与焊接、水下清淤与拆除、水下检查、打捞漂浮物等。

7.2.4.1 作业许可

从事下列水上水下活动必须按照《中华人民共和国水上水下活动通航安全管理规定》要求领取《中华人民共和国水上水下活动许可证》，方可作业。

在内河通航水域进行的气象观测、测量、地质调查，航道日常养护、大面积清除水面垃圾和可能影响内河通航水域交通安全的其他行为，必须按照《中华人民共和国水上水下活动通航安全管理规定》要求，在活动前将作业或者活动方案报海事管理机构备案。

作业船舶必须具备《内河交通安全管理条例》的相关要求，具有经海事管理机构认可的船舶检验机构依法检验并持有合格的船舶检验证书，具有海事管理机构依法登记并持有船舶登记证书，配备符合国务院交通主管部门规定的船员，以及必要的航行资料。船员、装吊工、潜水员及其他特种作业人员必须取得相应证书，持证上岗。

7.2.4.2 作业安全监管

应加强水上水下作业安全监管，涉水工程施工单位应当落实国家安全作业和防火、防爆、防污染等有关法律法规，制定施工安全保障方案，完善安全生产条件，采取有效安全防范措施，制定水上应急预案，保障涉水工程的水域通航安全。作业前对各项安全措施进行确认。

水上作业应急预案应能迅速、有序、高效地组织应急行动，及时搜寻救助遇险船舶和人员等，最大限度地减少人员伤亡、财产损失和社会负面影响，应急预案中应包括应急组织机构及其职责、预防和信息报告、应急响应、应急救援物质和应急预案的实施等要点。

落实安全管理措施，与施工作业无关的船舶不准进入施工水域内，防止发生有碍正常施工的安全事故。

应随时与当地气象、水文站等部门保持联系，每日收听气象预报，做好记录，随时了解和掌握天气变化和水情动态，以便及时采取应对措施。

7.2.5　焊接作业

水管单位在维修养护过程中常见的焊接作业有焊条电弧焊和气割等，容易发生触电、火灾、爆炸和灼烫事故。

7.2.5.1　人员条件和设备防护

焊接和切割属于特种作业，从事本工作应经过专业安全培训，取得特种作业人员操作证后方可作业。工作前作业人员要穿戴好合适的劳动保护用品，做好头、面、眼睛、耳、呼吸道、手、身躯等方面的人身防护。

电焊机回路应配装防触电装置，电缆连接符合要求，电焊机械应放置在防雨、干燥和通风良好的地方。

交流弧焊机变压器的一次侧电源线长度不应大于 5 m，其电源进线处必须设置防护罩。发电机式直流电焊机的换向器应经常检查和维护，应消除可能产生的异常电火花。

电焊机械开关箱中的漏电保护器额定漏电动作电流不应大于 30 mA，额定漏电动作时间不应大于 0.1 s。使用于潮湿或有腐蚀介质场所的漏电保护器应采用防溅型产品，其额定漏电动作电流不应大于 15 mA，额定漏电动作时间不应大于 0.1 s。交流电焊机械应配装防二次侧触电保护器。

电焊机械的二次线应采用防水橡皮护套铜芯软电缆，电缆长度不应大于 30 m，不得采用金属构件或结构钢筋代替二次线的地线。

气瓶应放置在通风良好的场所，不应靠近热源和电气设备，与其他易燃易爆物品或火源的距离一般不应小于 10 m（高处作业时指与垂直地面处的平行距离）。使用过程中，乙炔瓶应放置在通风良好的场所，与氧气瓶的距离不应少于 5 m。胶管长度每根不应小于 10 m，以 15～20 m 为宜。

7.2.5.2　作业安全监管

焊接前对设备状况、作业人员持证情况、防护用品的使用、安全防护措施等进行检查。焊条电弧焊作业前必须认真检查电源开关、防护装置、焊钳、电缆线、接地和绝缘等；气割作业前必须认真检查气瓶、气管、减压阀、气压表、回火防止器、割炬等，确保设备的工作状态符合安全要求。

焊接与气割场地应通风良好（包括自然通风或机械通风），应采取措施避免作业人员直接呼吸到焊接操作所产生的烟气流；焊接或气割场地应无火灾隐患。若需在禁火区内焊接、气割时，应办理动火审批手续，配备现场监护人员，落实焊接作业中的安全防范措施后方可进行作业，现场监护人员对发现的隐患应及时消除，制止违规作业行为；在室内或露天场地进行焊接及碳弧气刨工作，必要时应在周围设挡光屏，防止弧光伤眼；焊接场所应经常清扫，焊条和焊条头不应到处乱扔，应设置焊条保温筒和焊条头回收箱，焊把线应收放整齐。

作业过程中应严格遵守焊工安全操作规程和焊（割）炬安全操作规程，做到"十不焊割"，即焊工未经安全技术培训考试合格，领取操作证者，不能焊割；在重点要害部门和重要场所，未采取措施，未经单位有关部门批准和办理动火证手续者，不能焊割；在容器内工作没有 12 V 低压照明、通风不良及无人在外监护不能焊割；不了解所焊接件用途和构造情况，不能焊割；盛装过易燃、易爆气体（固体）的容器管道，未经用碱水等彻底清洗和处理消除火灾爆炸危险的，不能焊割；用可燃材料充作保温层、隔热、隔音设备的部位，未采取切实可靠的安全措施，不能焊割；有压力的管道或密闭容器，如空气压缩机、高压气瓶、高压管道、带气锅炉等，不能焊割；焊接场所附近有易燃物品，未作清除或未采取安全措施，不能焊割；在禁火区内（防爆车间、危险品仓库附近）未采取严格隔离等安全措施，不能焊割；在一定距离内，有与焊割明火操作相抵触的工种（如汽油擦洗、喷漆、灌装汽油等能排出大量易燃气体），不能焊割。

作业人员现场动火安全须知内容：动火人必须持有特种作业人员操作证、动火作业证，按操作规程动火；动火现场须配有相应灭火器材，动火前清除周围 5 m 内易燃易爆物品；遇有无法清除的易燃物，必须采取防火措施；动火结束后必须对施工现场进行检查，确认无火灾隐患，方可离开；监护人员在作业前应查看现场，消除隐患；作业中，应跟班看护；作业后，督促做好清理工作。

作业人员工作时必须正确穿戴好专用防护工作服以防灼伤；焊接和气割的场所周围 10 m 范围内，各类可燃易爆物品应清除干净。如不能清除干净，应采取可靠的安全措施，如用水喷湿或用防火盖板、湿麻袋、石棉布等覆盖。焊接和气割的场所，应设有消防设施，并保证其处于完好状态焊工应熟练掌握其使用方法，能够正确使用。

在每日工作结束后应拉下焊机闸刀，切断电源。对于气割（气焊）作业则应解除氧气、乙炔瓶（乙炔发生器）的工作状态。要仔细检查工作场地周围，确认无火源后方可离开现场。

7.2.6　交叉作业

两个或两个以上的工种在同一个区域同时施工称为交叉作业，包括立体交叉作业和平面交叉作业，立体交叉作业是指在上下立体交叉的作业层次中，处于空间贯通状态下同时进行的高处作业。常见的立体交叉作业有土石方开挖、设备（结构）安装、起重吊装、高处作业、模板安装、脚手架搭设拆除、焊接（动火）作业、施工用电、材料运输等。因作业空间受限制，人员多、工序多、联络不畅等原因，立体交叉作业中隐患较多，可能发生物体打击、高处坠落、机械伤害、火灾、触电等事故。

7.2.6.1　沟通与交底

双方单位在同一作业区域内进行立体交叉作业时，应对施工区域采取全封闭、隔离措施，应设置安全警示标识、警戒线或派专人警戒指挥，防止高空落物、施工用具、用电危及下方人员和设备的安全。对参加施工作业的人员进行安全技术交底，如交付《交叉作业安全技术交底单》，使施工人员了解作业的范围、作业程序、人员配合的问题、危险点的情况及其他安全注意事项。

7.2.6.2　防护和安全措施

交叉作业要设安全栏杆、安全网、防护棚和示警围栏；夜间工作要有足够的照明；当下层作业位置在上层物料可能坠落的范围半径之内时，则应在上下作业层之间设置隔离层，隔离层应采用木脚手板或其他坚固材料搭设，必须保证上层作业面坠落的物体不能击穿此隔离层，隔离层的搭设、支护应牢靠，在外力突然作用时不至于垮塌，且其高度不影响下层作业的高度范围。

上层作业时，不能随意向下方丢弃杂物、构件，应在集中的地方堆放杂物，并及时清运处理，作业人员应随身携带物料袋或塑料小胶桶，以便随身带走零散物件。上层有起重作业时，吊钩应有安全装置；索具与吊物应捆绑牢固，必要时以绳索予固定牵引，防止随风摇摆，碰撞其他固定构件；吊物运行路线下方所有人员应无条件撤离；指挥人员站位应便于指挥和瞭望，不得与起吊路线交叉，作业人员与被吊物体必须保持有效的安全距离。不得在吊物下方接料或逗留。

上下交叉作业时，必须在上下两层中间搭设严密牢固的防护隔板、罩棚或其他隔离措施。工具、材料、边角余料等严禁上下投掷，应用工具袋、箩筐或吊笼等吊运，严禁在吊物下方接料或逗留。

7.3　安全警示标志

危险作业是指不适合执行一般性的安全操作规程，安全可靠性差，容易发生人身伤亡或设备损坏，事故后果严重，需要采取特别控制措施的特殊作业，主要包括特种作业或特种设备作业。特种作业包含4种，分别是高处作业、电工作业、焊接与热切割作业和高处作业，常用特种设备作业共有4种，主要是压力容器作业、压力管道作业、起重机械作业和特种设备焊接作业，进行上述作业的现场就构成了危险作业现场。危险作业场所、危险部位主要包括工程设备设施和管理区域、建筑施工现场、设备检修及清理现场、重大危险源现场、管理区交通道路等。

为了降低危险作业事故发生的概率，保证施工正常进行，不受无关人员等外来因素影响，按照有关规定，应在危险作业现场划定警戒区域，设置安全隔离设施和警示标志，安排专人监护。设置的依据主要是《安全标志及其使用导则》（GB 2894—2008）和《安全色及其使用导则》（GB 2893—2008）。

警示标志是安全设施的重要组成部分，用以表达特定安全信息，由图形符号、安全色、几何形状（边框）或文字构成。警示标志分为禁止标志、警告标志、指令标志和提示标志四大类型。禁止标志是禁止人们不安全行为的图形标志；警告标志是提醒人们对周围环境引起注意，以避免可能发生危险的图形标志；指令标志是强制人们必须做出某种动作或采用防范措施的图形标志；提示标志是向人们提供某种信息（如标明安全设施或场所等）的图形标志；安全色是传递安全信息含义的颜色，包括红、蓝、黄、绿4种颜色；对比色是使安全色更加醒目的反衬色，包括黑、白两种颜色。

警示标志的安全色和安全标志应分别符合 GB2893 和 GB2894 的规定，道路交通标志和标线应符合 GB5768 的规定，消防标志应符合 GB13495.1 的规定，工作场所职业病危害警示标识应符合 GBZ458 的规定。安全警示标志和职业病危害警示标识应标明安全风险内容、危险程度、安全距离、防控办法、应急措施等内容。

危险作业场所、危险部位警示标志的特殊要求：（1）设备检修、清理等现场应设置警戒区域，设有明显的警示牌、标识或围栏，夜间照明要良好；吊装孔上的防护盖板或栏杆上设置警示标志。作业现场应设置安全通道标志，跨越道路管线应设置限高标志。（2）在有较大危险因素的场所和有关设施、设备上设警示标志。（3）道路设置限速、限高、禁行等标志。（4）在重大危险源现场设置明显的安全警示标志。

7.4 相关方作业安全监管

相关方主要指在管辖范围进行建设项目工程施工、设备安装维修、原辅材料供货、产品配套供货、环卫绿化服务、废弃物处置、参观、检查、培训、实习等活动的外来单位或个人。

7.4.1 监管职责

对相关方和外来人员实行"谁主管，谁负责"的原则，由签订合同的单位指定专人进行安全监督管理，并负责相关方和外来人员的安全教育管理，建立教育档案。

相关方和外来人员的作业现场安全，由所在单位或部门进行监督管理，发现问题必须立即制止；对于进入管辖范围进行业务洽谈、送货的个人或单位，由联系人负责告知安全须知和陪同；对于来管辖范围参观、学习人员的教育及安全管理，由接待部门负责；临时工、实习人员视同正式职工进行安全管理。

参观、学习人员由接待部门负责介绍安全注意事项，同时做好全过程的安全管理工作，确保参观、学习人员的安全，接待部门应向外来参观、学习人员提供相应的安全用具，安排专人带领并做好监护工作，填写并保留外来参观、学习人员进行安全教育培训的记录和劳动保护用品领用的记录。

采购人员应依据供货合同规定对物资供应方进行管理，向供方索要材料或设备必要的资质证书、环境、安全性能指标和运输、包装、贮存条件说明等信息，并发放给相关部门。

7.4.2 监管方式

建立相关方安全管理制度，将承包商、供应商等相关方的安全生产和职业卫生纳入管辖单位内部管理体系，对相关方的资格预审、选择，作业人员培训，作业过程检查监督，提供的产品与服务，绩效评估，续用或退出等进行管理。

管辖单位对外来施工（作业）方的资质、安全生产许可证、安全管理机构、安全规章制度、安全操作规程、装备能力、安全业绩、经营范围和能力、持证情况进行资格审查。外来施工（作业）方应有相应的安全资质、项目负责人和安全负责人，并建立安全责任制和管理制度，具备安全生产的保障条件。

与外来施工（作业）方签订劳务、协作、承包、租赁合同时，同时签订一份安全生产协议，明确双方在安全生产及职业病防护方面的责任与义务，以及安全管理、防火管理、设备使用、人员教育与培训、安全检查与监督等方面的管理要求，同时将危险源、生产特点及安全注意事项告知对方，进行安全交底。与建筑工程承包方签订合同时，规定工程承包方需进行危险源辨识和环境因素调查，并制订预防控制措施；同时监督、检查施工方做好安全监护工作，督促其遵守本单位相关安全管理制度；发包部门还应督促承包方对进场作业人员进行安全教育培训，考核合格后方可进入现场作业；对涉及特种设备作业和特种作业的施工人员，必须取得特种设备作业人员证、特种作业操作证及特种作业许可证，方可参加作业，不得安排无证人员上岗作业。不应将维修养护项目委托给不具备相应资质或安全生产、职业病防护条件的承包商、供应商等相关方。单项工程的安全生产协议有效期为一个施工周期，长期从事零星项目施工的承包方，安全生产协议签订的有效期不得超过一年。

进入管理范围内从事检修、施工作业的，应指派熟悉工程和设备的专人对作业过程中涉及安全的事项进行跟踪监督，要求施工方对查出的安全隐患制定切实可行的整改措施，并督促其及时整改，确保检修、施工等作业的顺利进行和施工人员的人身安全，同时，及时填写施工现场安全监督记录表，并妥善保管。监督采用定期检查和不定期抽查的方式进行。

对招聘的短期合同工、临时工和实习人员进行安全教育培训，告知安全操作规程、作业区域的危险源和控制方法，同时加强管理，杜绝违章作业、违章指挥和违反劳动纪律。

接到相邻单位及相关方的投诉和意见后，相关部门应负责登记、整理并予以答复，处理不了的应向上级部门和领导反映，直到问题解决。

8 应急救援与事故管理

应急救援的基本任务主要包括以下几个方面：一是立即组织营救受害人员，组织撤离或者采取其他措施保护危害区域内的其他人员；二是迅速控制危险源，并对造成事故的危害进行检验、监测，测定事故的危害区域、危害性质及危害程度；三是做好现场清洁，消除危害后果，针对事故对人体、动植物、土壤、水源、空气造成的现实危害和可能的危害，迅速采取封闭、隔离、洗消等措施，对事故外溢的有毒有害物质和可能对人和环境继续造成危害的物质，应及时组织人员予以清除，消除危害后果；四是及时调查事故的发生原因和事故性质，评估出事故的危害范围和危险程度，查明人员伤亡情况，做好事故调查。

应急救援基本原则：一是以人为本，安全第一，把保障人民群众生命安全、最大限度地减少人员伤亡作为首要任务；二是统一领导、分级负责，在水管单位应急指挥机构统一领导下，根据安全事故等级、类型和职责分工，下属各职能部门、基层单位按照各自的职责和权限，负责相应的安全事故的应急管理和现场处置工作；三是分工负责，协同应对，综合监管与专业监管相结合，安全监督部门负责统筹协调，各单位（部门）按照业务分工负责，协同处置水利生产安全事故；四是预防为主，建立健全安全风险分级管控和隐患排查治理双重预防性工作机制，坚持事故预防和应急处置相结合，加强教育培训、预测预警、预案演练和保障能力建设。

8.1 应急救援体系与过程

8.1.1 应急救援体系

安全生产事故应急救援体系总的目标：控制突发安全生产事故的事态发展、保障生命财产安全、恢复正常状况。这三个总体目标也可以用防灾、减灾、救灾和灾后恢复来表示。由于各种事故灾难种类繁多，情况复杂，突发性强，覆盖面大，应急救援活动又涉及从管理人员到基层人员的各个层次，从公安、医疗到环保、交通等不同领域，这都给应急救援日常管理和应急救援指挥带来了许多困难。解决这些问题的唯一途径是建立起科学、完善的应急救援体系和实施规范有序的运作程序。一个完整的事故应急救援体系由组织体系、应急运作机制、保障系统和法制基础构成。

8.1.1.1 组织体系

如前所述，应急救援组织体系由应急领导小组（或称应急总指挥部）、现场应急指挥部和应急救援队伍组成。其中，应急救援队伍中的救援人员来自各个部门，如兼职的安全人员、义务消防员和红十字会救护员等，他们要经过系统的标准化应急培训，经过培训后给予相应资格，以适应应急活动的不同需求。根据工程单位的风险水平不同，应重点培养一批针对工程风险特点的、有经验的、具有不同应急技能的兼职人员，因其有可能是当事人和第一目击者，常常在应急响应中起到重要作用。

8.1.1.2 应急运作机制

应急运作机制包括统一指挥、分级响应、全员动员、属地为主机制等。

统一指挥是应急活动的最基本原则。在应急活动中必须是统一指挥，以保证应急活动的正常有效进行。应急指挥一般可分为集中指挥与现场指挥，或场外指挥与场内指挥等形式，但无论采用哪一种指挥系统都必须实行统一指挥的模式，无论应急救援活动涉及单位的行政级别高低和隶属关系不同，都必须在应急指挥部的统一组织协调下行动，有令则行，有禁则止，统一号令，步调一致。如何协调统一指挥，是规划现场指挥系统的一个关键目标。应急响应可能涉及部门中多个方面的人员、扩大应急时的政府各部门及其人员以及志愿者，所以必须在紧急事件发生之前，建立有关协调所有这些不同类型应急者的机制。应急指挥的组织结构应当在紧急事件发生前就已建立，如应急事件应由谁负责，以及谁向谁报告等情况应有明确的规定。应急预案应在指挥机构中做出明确的规定，并达成共识，这将有助于保证所有应急活动的参与人员明确自己的职责，并在紧急事件发生时很好地履行各自的职责。一般情况下，工程单位可以选择使用一个集中指挥控制系统和一个现场控制系统，或者两者合一的指挥系统。

分级响应是指在初级响应到扩大应急的过程中实行分级响应的机制。扩大或提高应急级别的主要依据：事故灾难的危害程度，影响范围和控制事态能力，而后者是事件"升级"的最基本条件。扩大应急救援主要内容是提高指挥级别，扩大应急范围等，增强响应的能力。因为对于应急响应的初期来讲，最重要的应急力量和响应是在工程单位，但有些事故的发生并不是工程单位的应急能力和资源能解决和完成的，当事态扩大，已经超出了工程单位的应急响应能力时，则必须扩大应急的范围和层次。不同的事故类型应有不同的响应级别，以确保应急活动的有效性，最大限度地降低风险后果。

属地为主强调"第一反应"的思想和以现场应急、现场指挥为主的原则。按照属地为主的原则，安全生产事故发生后，工程单位应当及时向当地政府主管部门报告。工程单位和个人对突发安全生产事故不得隐瞒、缓报、谎报。在建立安全生产事故应急报告机制的同时，还应当建立与当地其他相关机构的信息沟通机制。根据安全生产事故的情况，当地政府主管部门应当及时向当地应急指挥部机构报告，并向当地消防等有关部门通报情况。强调属地为主，主要是因为属地对本地区的自然情况、气候条件、地理位置、道路交通比较熟悉，能够提交及时、有效、快速的救援，并能协调各应急功能部门，优化资源，协调作战。

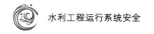

水利工程运行系统安全

8.1.1.3　保障体系

应急救援工作快速有效地开展依赖于充分的应急保障体系。保障体系包括各类应急预案保障、信息与通信系统保障、人力资源保障、各类物资和应急能力保障、应急财务保障。位于应急保障系统首位的是各类应急预案保障。原则上应该是每一个危险设施都有一个应急预案。

信息与通信系统，即建立集中管理的信息通信平台，是应急体系的最重要基础建设之一。事故发生时，所有预警、报警、警报、报告和指挥等活动的信息交流都要通过应急信息通信系统的保障才能快速、顺畅、准确地传达。在信息和通信系统建设过程中需要特别注意信息资源的安全问题。不但要保证有足够的物资与装备资源，而且还一定要实现快速、及时供应到位。要界定和明确对于不同应急资源管理、使用、维护和更新的相应职责部门和人员。用于应急的通信和通信联络设备、进入事故现场实施救援的人员的防护用品，以及消防设施和供应等，要保证充足的数量和合格的质量。

应急的人力资源保障，主要指的是紧急时可动员的全职及兼职人员，以及其应急能力和培训水平情况。人力资源保障包括专业队伍和志愿人员及其他有关人员，他们是经过相应的培训教育并能在应急反应中起到相应作用的人员，如指挥人员、医疗救护人员、抢险人员、指挥疏散人员等。

应急财务保障是要保证所需事故应急准备和救援工作的资金。对于应急财务保障应建立专项应急科目，如应急基金等，保障应急管理运行和应急反应中的各项开支。

8.1.1.4　法制基础

应急法制基础是应急体系的基础和保障，也是开展各项应急活动的依据。与应急有关的法规可分为四个层次：由立法机关通过的法律，如《中华人民共和国突发事件应对法》等；由政府颁布的规章，如《生产安全事故应急条例》等；包括预案在内的以政府令形式颁布的政府法令、规定等；与应急救援活动直接有关的标准或管理办法等。

8.1.2　事故应急管理过程

尽管重大事故的发生具有突发性和偶然性，但重大事故的应急管理不只限于事故发生后的应急救援行动。应急管理是对重大事故的全过程管理，贯穿于事故发生前、中、后的各个过程中，充分体现了"预防为主，常备不懈"的应急思想。应急管理是一个动态的过程，包括预防、准备、响应和恢复4个阶段。尽管在实际中这些阶段往往是交叉的，但每一阶段都有自己明确的目标，而且每一阶段又是构筑在前一阶段基础之上的，因而预防、准备、响应和恢复的相互关联构成了事故应急管理的循环过程。

8.1.2.1　预防

在应急管理中预防有两层含义，一是事故的预防工作，即通过安全管理和安全技术等手段，尽可能地防止事故的发生，实现本质安全；二是在假定事故必然发生的前提下，通过预先采取的预防措施，达到降低或减缓事故的影响或后果的严重程度，如加大建筑物的安全距离、减少危险物品的存量、设置防护墙及开展安全教育等。

8.1.2.2 应急准备

应急准备是应急管理过程中一个极其关键的过程，它是针对可能发生的事故，为迅速有效地开展应急行动而预先所做的各种准备，包括建立健全各项安全管理制度，根据本单位可能发生的事故特点和危害程度，建立事故应急管理工作的组织指挥体系，有关部门和人员职责的落实，应急预案的编制，应急队伍的建设，应急设备（施）、物资的准备和维护，预案的演习与外部应急力量的衔接等，其目的是保持重大事故应急救援所需的应急能力。在《生产经营单位安全生产事故应急预案编制导则》（GB/T 29639—2013，以下简称《编制导则》）标准中描述事前、事发、事中和事后的应急活动，应急准备属于事前阶段。这种准备要针对可能发生的重大事故种类和重大风险水平来进行配置。重点强调当应急事件发生时能够提供足够的各种资源和能力保证，保证应急救援需求。而且这种准备需不断地维护和完善，使应急准备的各项措施时时处于待用状态，进行动态管理，适应不断变化的风险和应急事件发生时的需求。

8.1.2.3 应急响应

应急响应是在事故发生后立即采取的应急与救援行动，包括事故的报警与通报、人员的紧急疏散、应急处置与救援、急救与医疗、消防和工程抢险、信息收集与应急决策和外部求援等。其目标是尽可能地抢救受害人员，保护可能受威胁的人群，尽可能控制并消除事故。

应急响应可划分为两个阶段，即初级响应和扩大应急。在《编制导则》中的描述事前、事发、事中和事后的应急活动，初级响应属于事发阶段。初级响应是在事故初期，主要是在现场开展。重点是减轻紧急情况与灾害的不利影响，水利工程单位或部门应用自己的救援力量，使最初的事故得到有效控制。但如果事故的规模和性质超出本单位的应急能力，则应请求增援和提高应急响应级别，进入扩大应急救援活动阶段。随着事态进展的严重程度的增加，需要扩大应急的级别也在不断地提高，不同的级别反映了应急事件发展、扩大的范围和严重程度，可以启动由县级、市级到省级其至国家级应急力量和资源，以便最终控制事故。

水利工程单位应当建立健全事故监测与预警制度，提供必要的设备、设施，配备专职或者兼职人员，对可能发生的突发事件进行监测，通过多种途径收集突发事件信息。组织相关部门、专业技术人员、专家学者进行会商，对发生突发事件的可能性及其可能造成的影响进行评估；认为可能发生重大或者特别重大突发事件的，或在获悉突发事件信息后，及时、客观、真实地向所在地人民政府、有关主管部门或者指定的专业机构报告，向消防机构和可能受到危害的毗邻或者相关地区的人民政府通报，不得迟报、谎报、瞒报、漏报。

根据《中华人民共和国突发事件应对法》，可以自然灾害、事故灾难和公共卫生事件的预警级别，按照突发事件发生的紧急程度、发展势态和可能造成的危害程度分为一级、二级、三级和四级，分别用红色、橙色、黄色和蓝色标示，一级为最高级别。

应急处置与救援是在事故发生后，针对事故的性质、特点和危害立即组织人员采取的应急与救援行动。包括组织营救和救治受害人员，紧急疏散并妥善安置受到威胁

水利工程运行系统安全

的人员，以及采取其他救助措施；控制危险源，封锁危险场所，划定警戒区及实施其他控制措施；禁止或者限制使用有关设备、设施，关闭或者限制使用有关场所；启用或调用设置的应急预备资金和储备的应急救援物资；消防和工程抢险措施等保障措施；组织有关人员参加应急救援和处置工作，要求具有特定专长的人员提供服务；采取防止发生次生、衍生事件的必要措施。信息收集与应急决策和外部求援等，其目标是尽可能地抢救受害人员、保护可能受威胁的人群，并尽可能控制并消除事故。

8.1.2.4 恢复

恢复与重建工作应在事故发生后立即进行，首先使事故影响区域恢复到相对安全的基本状态，然后逐步恢复到正常状态。需要立即进行的恢复工作包括事故损失评估、原因调查、清理废墟等，在短期恢复中应注意的是避免出现新的紧急情况；长期恢复工作范围包括厂区重建和受影响区域的重新规划和发展。在长期恢复工作中，应吸取事故和应急救援的经验教训，制订改进措施，以开展进一步的预防工作和减灾行动。长期恢复工作范围包括中间公众服务的功能与受害区，基本设施如水、电、通信交通等。对于一些仍然面临的威胁还应采取相应的减灾预防工作，如有的危险化学品车倾翻和泄漏，险情得到了控制，但临近的水源可能受到污染，就要进一步实施提供饮用水等措施。恢复工作包括恢复几乎所有的功能，就要进行减灾分析，确认下一步的需求、充分判断损失情况、进一步可能产生的残余风险及可采取的防护措施和资源的提供等方面。

8.2 应急准备

8.2.1 应急预案

事故应急预案是应急管理的核心，是控制重大事故损失的有效手段。工业化国家统计数据表明，有效的应急救援可以大幅度降低事故损失。事故应急预案应覆盖事故的预防与应急准备、监测与预警、应急处置与救援、事后恢复与重建4个阶段。应急预案是在评估特定对象或环境的风险、事故形式、过程和严重程度的基础上，为事故应急机构、人员、设备与技术等预先做出科学而有效的计划，因此，制定事故应急预案意义重大。

8.2.1.1 编制应急预案的原则

编制应急预案应满足下列基本要求：

（1）针对性。应急预案是为有效预防和控制可能发生的事故，最大限度减少事故及其造成的损害而预先制定的工作方案。因此，应急预案应结合危险分析的结果，针对重大危险源、各类可能发生的事故、关键的岗位和地点、薄弱环节等进行编制，确保其有效性。

（2）科学性。应急救援工作是一项科学性很强的工作。编制应急预案必须以科学的态度，在全面调查研究的基础上，在专家的指导下，开展科学分析和论证，制定出决策程序、处置方案和应急手段的应急方案，使应急预案具有科学性。

202

（3）可操作性。应急预案应具有可操作性或实用性，即突发事件发生时，有关应急组织、人员可以按照应急预案的规定迅速、有序、有效地开展应急救援行动，降低事故损失。为确保应急预案实用性和可操作，应急预案编制过程中应充分分析、评估本单位可能存在的危险因素，分析可能发生的事故类型及后果，并结合本单位应急资源、应急能力的实际，对应急过程的一些关键信息，如潜在重大危险及后果分析、支持保障条件、决策、指挥与协调机制等进行系统的描述。同时，应急相关方应确保事故应急所需的人力、设施和设备、资金支持及其他必要资源的投入。

（4）合法合规性。应急预案中的内容应符合国家相关法律、法规、标准和规范的要求，应急预案的编制工作必须遵守相关法律法规的规定。

（5）权威性。应急救援工作是紧急状态下的应急性工作，所制定的应急预案应明确救援工作的管理体系、救援行动的组织指挥权限、各级救援组织的职责和任务等一系列的行政性管理规定，保证救援工作的统一指挥。应急预案经上级部门批准后才能实施，保证其具有一定的权威性。同时，应急预案中应包含应急所需的所有基本信息，并确保这些信息的可靠性。

（6）相互协调一致、相互兼容。各单位应急预案应与上级部门应急预案、当地政府应急预案、主管部门应急预案、下级单位应急预案等相互衔接，确保出现紧急情况时能够及时启动各方应急预案，有效控制事故。

8.2.1.2　应急预案体系

应急预案体系由综合应急预案、专项应急预案、现场处置方案组成。

（1）综合应急预案。综合应急预案是生产经营单位应急预案体系的总纲，从总体上阐述事故的应急方针、政策，应急组织结构及相关应急职责，应急行动、措施和保障等基本要求和程序，是应对各类事故的综合性文件。综合应急预案的主要内容包括总则、单位概况、组织机构及职责、预防与预警、应急响应、信息发布、后期处置、保障措施、培训与演练、奖惩、附则11个部分。

（2）专项应急预案。专项应急预案是为应对某一类型或某几种类型事故，或者针对重要生产设施、重大危险源、重大活动等内容而制定的应急预案，是应急预案体系的组成部分。专项应急预案应制定明确的救援程序和具体的应急救援措施。专项应急预案的主要内容包括事故类型和危害程度分析、应急处置基本原则、组织机构及职责、预防与预警、信息报告程序、应急处置、应急物资与装备保障等部分。

水利工程专项预案一般包括防冰冻雨雪天气灾害应急预案、防震应急预案、防洪应急预案、防台应急预案、突发性环境污染事件应急预案、公务车交通事故应急预案、道路交通应急预案、高温中暑应急救援预案、电梯突发事故应急预案、有限空间作业应急预案、重要生产场所着火应急预案、大型变压器着火应急预案、机械伤害应急预案、爆炸事故应急预案、高处坠落事故应急预案、物体打击应急预案、触电事故应急预案、火灾事故专项应急预案、防风暴潮应急预案、反事故应急预案等。

（3）现场处置方案。现场处置方案是水利工程单位根据不同事故类别，针对具体的场所、装置或设施所制定的应急处置措施。现场处置方案应具体、简单、针对性强。现场处置方案应根据风险评估及危险性控制措施逐一编制，做到事故相关人员应知应会，熟练掌握，并通过应急演练，做到迅速反应、正确处置。现场处置方案的主要内容包括事故特征、应急组织与职责、应急处置、注意事项4个部分。水利工程单位应根据风险评估、岗位操作规程及危险性控制措施，组织本单位现场作业人员及安全管理等专业人员共同编制现场处置方案。现场处置方案一般包括生产安全事故现场应急处置方案、洪水灾害现场应急处置方案、恶劣天气现场应急处置方案、水上安全应急救援处置方案、环境污染事件应急处置方案等。

8.2.1.3 应急预案编制步骤

应急预案的编制过程大致可分为以下6个步骤：

（1）成立预案编制小组。结合本单位各部门职能和分工，成立以单位主要负责人（或分管负责人）为组长，单位相关部门人员参加的应急预案编制工作组，明确工作职责和任务分工，制订工作计划，组织开展应急预案编制工作。应急预案编制需要安全、工程技术、组织管理、医疗急救等各方面的知识，因此，应急预案编制小组是由各方面的专业人员或专家组成的，包括预案制定和实施过程中所涉及或受影响的部门负责人及具体执笔人员。必要时，编制小组也可以邀请地方政府相关部门和单位周边社区的代表作为成员。

（2）收集相关资料。收集应急预案编制所需的各种资料是一项非常重要的基础工作。相关资料的数量、资料内容的详细程度和资料的可靠性将直接关系应急预案编制工作是否能够顺利进行，以及能否编制出质量较高的应急预案。需要收集的资料一般包括相关的法律法规和技术标准；国内外同行业的事故资料及事故案例分析；以往的安全记录、事故情况；单位所在地的地理、地质、水文、环境、自然灾害、气象资料；事故应急所需的各种资源情况；同类单位的应急预案；政府的相关应急预案；其他相关资料。

（3）风险评估。危险源辨识与风险评估是编制应急预案的关键，所有应急预案都建立在风险评估的基础之上。风险评估就是在危险因素分析、危险源辨识及事故隐患排查、治理的基础上，确定本单位存在的危险因素、可能发生事故的类型和后果，并指出事故可能产生的次生、衍生事故，评估事故的危害程度和影响范围，形成分析报告，分析结果将作为事故应急预案的编制依据。

（4）应急能力评估。应急能力评估就是依据风险评估的结果，对应急资源准备状况的充分性和本单位从事应急救援活动所具备的能力进行评估，以明确应急救援的需求和不足，为应急预案的编制奠定基础。针对水利安全生产可能发生的事故及事故抢险的需要，实事求是地评估本单位的应急装备、应急队伍等应急能力。对于事故应急所需但本单位尚不具备的应急能力，应采取切实有效的措施予以弥补。事故应急能力一般包括应急人力资源（各级指挥员、应急队伍、应急专家等），应急通信与信息能力，人员防护设备，消灭或控制事故发展的设备，检测、监测设备，医疗救护机构与救护设备，应急运输与治安能力，以及其他应急能力。

（5）应急预案编制。针对本单位可能发生的事故，按照有关规定和要求，充分借鉴国内外同行业事故应急工作经验编制本单位的应急预案。应急预案编制过程中，应注重编制人员的参与和培训，充分发挥他们各自的专业优势，使他们均掌握风险评估和应急能力评估结果，明确应急预案的框架、应急过程行动重点以及应急衔接、联系要点等。同时，应急预案编制应注意系统性和可操作性，做到与地方政府预案、上级主管单位以及相关部门的应急预案相衔接。

（6）应急预案评审与发布。应急预案编制完成后应进行评审，并按规定报有关部门备案，并经水利工程单位主要负责人签署发布。根据评审性质、评审人员和评审目标的不同，将评审过程分为内部评审和外部评审两类，内部评审是指编制小组内部组织的评审，内部评审不仅要确保预案语句通畅，更重要的是评估应急预案的完整性，以获得全面的评估结果，保证各种类型预案之间的协调性和一致性。外部评审是预案编制单位组织本埠或外埠同行专家、上级机构及有关政府部门对预案进行评审，根据评审人员和评审机构的不同，外部评审可分为同行评审、上级评审和政府评审等。在以下情况下，应急预案应进行评审修订：定期评审修订，针对培训和演习中发现的问题随时对应急预案实施评审修订，评审重大事故灾害的应急过程，吸取相应的经验和教训并修订应急预案，国家有关应急的方针、政策、法律、法规、规章和标准发生变化时评审修订应急预案，危险源有较大变化时评审修订应急预案，根据应急预案的规定评审修订应急预案。

应急预案评审采取形式评审和要素评审两种方法。形式评审主要用于应急预案备案时的评审，重点审查应急预案的规范性和编制程序；要素评审用于水利工程单位组织的应急预案评审，依据国家有关法律法规、《生产经营单位生产安全事故应急预案编制导则》和有关行业规范，从合法性、完整性、针对性、实用性、科学性、操作性和衔接性等方面对应急预案进行评审。评审要点包括应急预案的内容是否符合有关法律、法规、规章和标准及有关部门和上级单位规范性文件的要求，应急预案的要素是否符合《应急预案评审指南》规定的要素，应急预案是否紧密结合本单位危险源辨识与风险分析的结果，应急预案的内容及要求是否切合本单位工作实际、与生产安全事故应急处置能力相适应，应急预案的组织体系、预防预警、信息报送、响应程序和处置方案是否科学合理，应急预案的应急响应程序和保障措施等内容是否切实可行，综合应急预案、专项应急预案、现场处置方案及其他部门或单位预案是否衔接。

应急预案备案应当提交应急预案备案申请表、评审专家的姓名及职称、应急预案评审意见和结论、应急预案文本及电子文档等。

8.2.1.4　应急预案的核心要素

完整的应急预案编制应包括以下 6 个一级关键要素：

（1）方针与原则。一是应强调的是事发前的预警和事发时的快速响应，高效救援；二是在救援过程中强调救死扶伤和以人为本的原则；三是应有利于恢复再生产，对于设备设施尤其是重大设备和贵重设备的救援，不能因为盲目救援，过多地使用一些不利的救援方式，如灭火方式的选择等；四是救援中应考虑到继发的影响，不能因为救援进一步扩大了环境污染，使事态扩大；五是事故应急救援工作是在预防为主的前提下，贯彻统一指挥、分级负责、单位自救和社会救援相结合的原则；六是预防工作是事故应急救援工作的基础，除了平时做好事故的预防工作，避免或减少事故的发生外，还要落实好救援工作的各项准备措施，做到预有准备，一旦发生事故能及时实

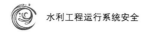

施救援。

（2）应急策划。应急策划必须明确预案的对象和可用的应急资源情况，即在全面系统地认识和评价所针对的潜在事故类型的基础上，识别出重要的潜在事故、性质、区域、分布及事故后果，同时，根据危险分析的结果，分析评估企业中应急救援力量和资源情况，为所需的应急资源准备提供建设性意见。在进行应急策划时，应当列出国家、地方相关的法律法规，作为制订预案和应急工作授权的依据。因此，应急策划包括危险分析、应急能力评估（资源分析）以及法律法规要求等。

（3）应急准备。主要针对可能发生的应急事件应做好的各项准备工作。应急预案能否成功地在应急救援中发挥作用，取决于应急准备得充分与否。应急准备基于应急策划的结果，明确所需的应急组织形式及其应急状态时的职责权限、应急队伍的建设和人员培训、使用与本企业或地区风险水平的各类应急物资的准备、预案的演习、公众的应急知识培训和签订必要的互助协议等。这种准备是为响应服务而事先做好的各项准备工作，包括使应急设备经常处于应急状态、事故模拟演练等内容。

（4）应急响应。企业应急响应能力的体现，应包括需要明确并实施在应急救援过程中的核心功能和任务，这些核心功能具有一定的独立性，又互相联系，构成应急响应的有机整体，共同完成应急救援的目的。应急响应的核心功能和任务包括接警与通知、指挥与控制、警报和紧急公告、通信、事态监测与评估、警戒与治安、人群疏散与安置、医疗与卫生、公共关系、应急人员安全、消防和抢险、泄漏物控制等。

（5）现场恢复。现场恢复是事故发生后期的处理，包括疏散人员的安置、受害人员及家属的心理疏导。在恢复阶段还应注意对于事故现场的连续监测，直到现场确认是安全的情况下，才可进入。

（6）预案管理与评审改进。强调在事故后（或演练后）对于预案不符合和不适宜的部分进行不断地修改和完善，使其更加适应实际应急工作的需要。预案的修改和更新要有一定的程序和相关评审指标。预案的评审应紧紧围绕以下几个方面进行：完整性、准确性、可读性、符合性、兼容性、可操作性或实用性。

以上 6 个一级要素之间既具有一定的独立性，又紧密联系，从应急的方针、策划、准备、响应、恢复到预案的管理与评审改进，形成了一个有机联系并持续改进的应急管理体系。根据一级要素中所包括的任务和功能，应急策划、应急准备和应急响应 3 个一级关键要素可进一步划分成若干个二级小要素。所有这些要素构成重大事故应急预案的核心要素。这些要素是重大事故应急预案编制应当涉及的基本方面，在实际编制时，根据单位的风险和实际情况的需要，也为便于预案内容的组织，可根据自身实际，将要素进行合并、增加、重新排列或适当的删减等，这些要素在应急过程中也可视为应急功能。

8.2.2 应急演练

8.2.2.1 应急演练方式

应急演练是指有关单位依据相应的应急预案，模拟应对突发事件的活动。应急预案演练是检验、评价和保持应急能力的重要手段，演练的作用在于通过开展应急演练，查找应急预案中存在的问题，进而完善应急预案，提高应急预案的实用性和可操作性；检查应对突发事件所需应急队伍、物资、装备、技术等方面的准备情况，发现不足及时予以调整补充，做好应急准备工作，增强演练组织单位、参与单位和人员等对应急预案的熟悉程度，提高其应急处置能力，进一步明确相关单位和人员的职责任务，理顺工作关系，完善应急机制；普及应急知识，提高公众风险防范意识和自救互救等灾害应对能力。工程单位应当制订应急预案演练计划，每年至少组织一次综合应急预案演练或者专项应急预案演练，每半年至少组织一次现场处置方案演练。

应急演练按组织形式可分为桌面演练和实战演练。桌面演练是指参演人员利用地图、沙盘、流程图、计算机模拟、视频会议等辅助手段，针对事先假定的演练情景，讨论和推演应急决策及现场处置的过程，从而促进相关人员掌握应急预案中所规定的职责和程序，提高指挥决策和协同配合能力，桌面演练通常在室内完成。实战演练是指参演人员利用应急处置涉及的设备和物资，针对事先设置的突发事件情景及其后续的发展情景，通过实际决策、行动和操作，完成真实应急响应的过程，从而检验和提高相关人员的临场组织指挥、队伍调动、应急处置技能和后勤保障等应急能力，实战演练通常要在特定场所完成。

应急演练按内容可分为单项演练和综合演练。单项演练是指只涉及应急预案中特定应急响应功能或现场处置方案中一系列应急响应功能的演练活动，注重针对一个或少数几个参与单位（岗位）的特定环节和功能进行检验。综合演练是指涉及应急预案中多项或全部应急响应功能的演练活动，注重对多个环节和功能进行检验，特别是对不同单位之间应急机制和联合应对能力的检验。

8.2.2.2 演练过程管理

演练实施前要对参加人员进行演练内容和流程的培训，通过组织观摩学习和培训，提高演练人员素质和技能，同时也使相关人员熟悉应急知识和技能。

演练的原则是先单项后综合、先桌面后实战，循序渐进、时空有序。演练实施过程中，一般安排专门人员，采用文字、照片和音像等形式记录演练过程。文字记录一般由评估人员完成，主要包括演练实际开始与结束时间、演练过程控制情况、各项演练活动中参演人员的表现、意外情况及其处置方式等内容，尤其是要详细记录可能出现的人员"伤亡"（如进入"危险"场所而无安全防护，在规定的时间内不能完成疏散等）及财产"损失"等情况。安排专业人员和宣传人员在不同现场、不同角度进行照片和音像记录和拍摄，尽可能全方位地反映演练实施过程。

演练结束后要组织评估，即演练评估是在全面分析演练记录及相关资料的基础上，对比参演人员表现与演练目标要求，对演练活动及其组织过程做出的客观评价，并编写演练评估报告的过程。可通过组织评估会议、填写演练评价表和对参演人员进行访谈等方式，也可要求参演单位提供自我评估总结材料，进一步收集演练组织实施的情况。演练评估报告的主要内容一般包括演练执行情况、预案的合理性与可操作性、应急指挥人员的指挥协调能力、参演人员的处置能力、演练所用设备装备的适用性、演练目标的实现情况、演练的成本效益分析、对完善预案的建议等。对演练中暴露出来的问题，演练单位应及时采取措施予以改进，包括修改完善应急预案、有针对性地加强应急人员的教育和培训、对应急物资装备有计划地更新等，并建立改进任务表，按规定时间对改进情况进行监督检查。

8.2.3 应急设施及物资

8.2.3.1 应急物资及配备

应急物资是突发事件应急救援和处置的重要物质支撑。应急物资储备以保障人民群众的生命安全和维护稳定为宗旨，确保突发事件发生后应急物资准备充足，及时到位，有效地保护和抢救人的生命，最大限度地减少生命和财产损失。水利工程单位根据应急预案和事故应急处置要求配备的应急物资有强光手电、梯子、编织麻袋、柴油、雨靴、铁锹、雨衣、喊话喇叭、担架、反光背心、警示带、警示条、警戒绳、三角旗、潜水泵、发电机、三级配电箱、交流电焊机、照明灯具、平板式手推车、水桶等。

应急装备可分为基本装备和专用救援装备。基本装备主要包括通信装备、交通工具、照明装置、防护装备等，专用救援装备主要指各专业救援队伍所用的专用工具（物品），主要包括消防设备、泄漏控制设备、个人防护设备、通信联络设备、医疗支持设备、应急电力设备、资料等。水利工程单位根据应急预案和事故应急处置要求在事故现场配备的常用应急设备与工具有输水装置、软管、喷头、自用呼吸器、便携式灭火器等消防设备，泄漏控制工具、探测设备、封堵设备、解除封堵设备等危险物质泄漏控制设备，防护服、手套、靴子、呼吸保护装置等个人防护设备，对讲机、移动电话等通信联络设备，救护车、担架、夹板、氧气、急救箱等医疗支持设备，以及备用发电机和相关资料；并做到数量充足、品种齐全、质量可靠。

8.2.3.2 应急设施设备及物资的储备发放与维护管理

（1）储备管理。经检验合格的应急物资根据仓库的条件和物资的不同属性，将被逐一分类，根据物资的保管要求、仓储设施条件及仓库实际情况，确定具体的存放区，为方便抢修物资存放，减少人为差错，露天存放的物资要上盖下垫，并持牌标明品名、规格、数量；性质相抵触的物资和腐蚀性的物资应分开存放，不准混存；加强物资保管和保养工作，做到"六无"保存，即无损坏、无丢失、无锈蚀、无腐烂、无霉烂变质、无变形；精密仪器、仪表、量具恒温保管，定期校验精度；轴承用不吸油或塑料薄膜纸包装存放，电气物资要做好防灭火措施；库存物资要坚持永续盘点和定期盘点，做到账、单、物、资金四对口，损坏物资要如实上报，并查明原因，报领导审批，保管员不得以盈补亏来自行处理盘盈和损坏物资；代保管物资应和在账物资同等对待；仓库卫生整洁，做到货架无灰尘、地面无垃圾；应急物资具备防止受到雨、雪、雾的侵蚀和日光暴晒的措施，有防止应急物资被盗用、挪用、流失和失效的措施，并及时对各类物资及时予以补充和更新，检查人员每月要定期检查一次应急物资和工具的情况，发现缺少和不能使用的及时提出和督促，确保物资和工具的正常功能；应急物资的调拨由事故应急救援领导小组统一调度、使用，应急物资调用根据"先近后远，满足急需""先主后次"的原则进行，建立与其他地区、其他部门物资调剂供应的渠道，以备物资短缺时，可迅速调入。

（2）发放管理。物资保管员坚守岗位，随到随发，发料迅速、准确。严格领发料手续，保管员发料时，要严格按规定签发的领料单的物资品名、规格、数量发放，实发物资论件的不得多发或少发，小件定量包装的尽量整包发放，料单和印签齐全。发料要一次发清，当面点清，凡已办完出库手续，领用单位不能领出的，或当月不能领出的设备及大宗材料，保管员应与领料人做好记录，双方签字认可办理代保管手续。出库物资的过磅、点件、检尺、计量要公平，磅码单、检尺数、材质检验单设备两证（产品合格证、质量检验证）、说明书及随机工具、零配件要在发料时一并发出。凡规定"交旧领新"或退换包装品物资必须坚持"交旧领新"和回收制度。材料保管员发料要贯彻物资"先进先出"、有保存期的先发出、不合格物资不出库的原则。材料保管员不得以任何理由，在发料时以盈补亏，刁难领料人员补单，为自己承担丢失、串发、损坏物资的责任。文明礼貌，不得对领料人员行使不文明、不道德的行为。

（3）维护管理。设备或设施、防护器材的每日检查应由所在岗位人员执行，内容是检查器材或设备的功能是否正常；定期对备用电源进行 1 或 2 次充放电试验，1~3 次主电源和备用电源自动转换试验，检查其功能是否正常，看是否自动转换，再检查一下备用电源是否正常充电；每周要对消防通信设备进行检查，并对所设置的所有电话进行调度与通话试验，确保信号清晰、通话畅通、语音清楚；每周检查备品备件、专用工具等是否齐备，并处于安全无损和适当保护状态；消火栓箱及箱内配装的消防部件的外观有无破损、涂层有无脱落，箱门玻璃是否完好无缺。消火栓、供水阀门及消防卷盘等所有转动部位应定期加注润滑油；每周对灭火器等消防器材进行检查，确保其始终处于完好状态。检查灭火器铅封是否完好。灭火器已经开启后即使喷出不多，也必须按规定要求再充装，充装后应做密封试验并牢固铅封，检查灭火器压力表指针是否在绿色区域，如指针在红色区域应查明原因，及时检修并重新灌装；检查可见部位防腐层的完好程度，轻度脱落的应及时补好，明显腐蚀的应送消防专业维修部门进行耐压试验，合格者再进行防腐处理；检查灭火器可见零件是否完整，有无变形、松动、锈蚀，如压杆和损坏装配是否合理；检查喷嘴是否通畅，如有堵塞应及时疏通。每半年应对灭火器的重量和压力进行一次彻底检查，并应及时充填；对干粉灭火器每年检查一次出粉管、进气管、喷管、喷嘴和喷枪等部分有无干粉堵塞出粉管防潮堵、膜是否破裂；筒体内干粉是否结块；灭火器应进行水压试验，一般每五年一次，化学泡沫灭火器充装灭火剂两年后每年一次，加压试验合格方可继续使用，并标注检查日期；检查灭火器放置环境及放置位置是否符合设计要求，灭火器的保护措施是否正常；防尘口罩及相关部件应经常保持清洁、干燥，防止损坏，每月至少进行一次全面检查。

8.3 应急响应及恢复

8.3.1 分级别的应急响应
8.3.1.1 生产安全事故的应急响应
一般水利工程生产安全事故类型主要有物体打击、车辆伤害、机械伤害、起重伤害、触电、淹溺、沉船、翻船、灼烫、火灾、高处坠落、坍塌等。根据水利生产安全事故级别和发展态势，将生产安全事故应急响应设定为一级、二级、三级3个等级。发生重大或特别重大生产安全事故，启动一级应急响应；发生较大生产安全事故，启动二级应急响应；发生一般生产安全事故或较大涉险事故，启动三级应急响应。

一级应急响应的程序：启动响应→成立应急指挥部→会商研究部署→派遣现场工作组→跟踪事态进展→调配应急资源→及时发布信息→配合国务院、省政府或有关部门开展工作→其他应急工作→响应终止。二级应急响应的程序：启动响应→成立应急指挥部→会商研究部署→派遣现场工作组→跟踪事态进展→调配应急资源→及时发布信息→配合省或地方有关部门开展工作→其他应急工作→响应终止。三级应急响应的程序：启动响应→成立应急指挥部→会商研究部署→派遣现场工作组→跟踪事态进展→其他应急工作→响应终止。

8.3.1.2 洪涝灾害的应急响应

按洪涝灾害的严重程度、范围，应急响应级别从高到低分为4级：Ⅰ级应急响应（红色）、Ⅱ级应急响应（橙色）、Ⅲ级应急响应（黄色）、Ⅳ级应急响应（蓝色）。警戒水位根据严重程度设防最高警戒水位、二级警戒水位、三级警戒水位、四级警戒水位。出现下列情况之一者为Ⅰ级应急响应：省防汛防旱指挥部发出防汛防旱一级预警；引河堤防水位超过最高警戒水位或出现堤防垮塌事故；闸站工程出现重大险情，极有可能出现垮塌；6小时内可能受台风影响或已遭受台风影响，平均风力12级以上，需要外部力量支持。出现下列情况之一者为Ⅱ级应急响应：省防汛防旱指挥部发出防汛防旱二级预警；引河堤防平均水位超过二级警戒水位，极有可能出现堤防垮塌事故；闸站工程出现较大险情，极有可能出现局部垮塌；12小时内可能或已经受强热带风暴影响，平均风力10~12级，需要外部力量支持。出现下列情况之一者为Ⅲ级应急响应：省防汛防旱指挥部发出防汛防旱三级预警；引河堤防平均水位超过三级警戒水位，极有可能出现堤防局部坍塌；24小时内可有或已经受热带风暴影响，平均风力8~10级。出现下列情况之一者为Ⅳ级应急响应：省防汛防旱指挥部发出防汛防旱四级预警；引河堤防水位超过三级警戒水位，有可能出现堤防局部坍塌；24小时内可能或已经受热带低压影响。

（1）Ⅰ级应急响应程序。Ⅰ级应急响应属于特别重大级别，管理处在启动相应应急预案的同时，应及时请求省厅或地方应急救援机构启动上一级应急预案。其程序：启动应急响应，部署防汛防旱应急工作；增加防汛值班人员，加强值班，密切监视汛情、旱情和工情的发展变化，及时发布汛（旱）情信息，报道汛（旱）情及抗洪抢险、防旱措施；组织人员加强防守巡查，及时控制险情；按照预案组织防汛抢险或组织防旱，并将工作情况上报当地政府和省防汛防旱指挥部；防汛防旱领导小组成员单位全力配合做好防汛防旱和抗灾救灾工作；船闸停航，且控制闸室上下游水位。

（2）Ⅱ级应急响应程序。Ⅱ级应急响应属于重大级别，在启动相应应急预案的同时，应及时请求省厅或当地应急救援机构启动上一级应急预案。除最后一条改为"船闸实行应急管制，根据水位变化随时停航"外，其他应急响应程序同Ⅰ级应急响应。

（3）Ⅲ级应急响应程序。Ⅲ级应急响应属于较大级别，由引江河水利工程单位防汛防旱领导小组启动相应应急预案并组织有关部门实施救援。其程序：防汛防旱领导小组组长或委托副组长主持会商，做出相应工作安排；密切监视汛情、旱情和工情的发展变化，定期发布汛（旱）情信息；按照预案组织防汛抢险或组织防旱，处防汛防旱领导小组办公室应将工作情况上报当地政府和省防汛防旱指挥部；防汛防旱领导小组成员单位全力配合做好相关工作。

（4）Ⅳ级应急响应程序。Ⅳ级应急响应属于一般级别，由发生地工程单位启动相应应急预案并实施救援。其程序：基层单位主要负责人启动相应预案；加强汛情、旱情监视；按照预案组织防汛抢险或组织防旱，发生地基层单位应将工作情况上报单位防汛防旱领导小组办公室。

8.3.1.3 冰冻雨雪等灾害性天气灾害的应急响应

按照冰冻雨雪等灾害性天气的影响范围、严重性和紧急程度，冰冻雨雪灾害应急预警分为特别严重（Ⅰ级）、较重（Ⅲ级）、严重（Ⅱ级）和一般（Ⅳ级）4级，依次用红色、橙色、黄色、蓝色表示。Ⅰ级预警说明即将发生或可能发生特大雨雪冰冻等灾害性天气过程，2小时内可能出现对工农业生产和人民生活等有重大影响的降雪和结冰，或者已经出现对工农业生产和人民生活等有重大影响的降雪和结冰并可能持续；Ⅱ级预警说明即将发生或可能发生重大雨雪冰冻等灾害性天气过程，6小时内可能出现对工农业生产和人民生活等有重大影响的降雪和结冰，或者已经出现对工农业生产和人民生活等有较大影响的降雪和结冰并可能持续，可能造成较大危害和社会影响；Ⅲ级预警说明即将发生或可能发生较大的雨雪冰冻等灾害性天气过程，12小时内可能出现对工农业生产和人民生活等有较大影响的降雪和结冰，并可能造成较大危害和社会影响；Ⅳ级预警说明即将发生或可能发生雨雪冰冻等灾害性天气过程，24小时内可能出现对工农业生产和人民生活等有影响的降雪和结冰，并将造成一定危害和社会影响。对照预警级别，冰冻雨雪天气的应急响应分为：Ⅰ级响应（对应Ⅰ级预警）、Ⅱ级响应（对应Ⅱ级预警）、Ⅲ级响应（对应Ⅲ级预警）、Ⅳ级响应（对应Ⅳ级预警）。

（1）Ⅰ级响应。发生特别严重冰冻雨雪灾害，由防范应对冰冻雨雪天气灾害领导小组组长宣布启动响应，并在1小时内召开会议，部署应急响应，明确防御目标和重点，指导全处的冰冻雨雪灾害处置工作。领导小组随时向各单位（部门）了解情况，并随时向省水利厅汇报有关情况。启动Ⅰ级响应后，基层所有单位（部门）进入Ⅰ级响应状态，主要领导24小时带班指挥本单位（部门）应急响应工作，确保与领导小组联络畅通，在Ⅱ级响应的基础上，全面了解工程安全状况，认真落实上级各项指令，及时处理救灾过程中出现的重大问题，准确掌握救灾进程，尽一切力量避免次生、衍生灾害的发生。必要时，领导小组应根据冰冻雨雪灾害的破坏程度，果断对工程设备是否需要停止运行等做出决策。

（2）Ⅱ级响应。发生严重冰冻雨雪灾害，由防范应对冰冻雨雪天气灾害领导小组组长宣布启动响应，并在1小时内召开会议，部署应急响应，指导全处的冰冻雨雪灾害处置工作。领导小组根据需要向省水利厅汇报应急处置情况。基层各单位（部门）的主要负责人应到岗指挥，在Ⅳ级、Ⅲ级响应的基础上增加应对措施。必要时，领导小组应根据冰冻雨雪灾害的破坏程度，果断对工程设备是否需要停止运行等做出决策。

（3）Ⅲ级响应。发生较重冰冻雨雪灾害，由防范应对冰冻雨雪天气灾害领导小组组长宣布启动响应，副组长负责指导其分管范围内的冰冻雨雪灾害处置工作。基层各单位（部门）应密切关注天气情况，加强对工程设施设备的检查，做好预防应对，做好除雪去冰工作，确保工程安全，并及时将情况上报。

（4）Ⅳ级响应。发生一般冰冻雨雪灾害，基层各单位（部门）自行启动响应，各自负责管理范围内的冰冻雨雪灾害处置工作，密切关注天气情况，做好工程设施设备的检查，采取预防措施，积极做好除雪去冰工作等，同时将有关情况及时上报。

8.3.1.4 台风的应急响应

台风应急响应级别、含义及应急响应措施如表8-1所示。

表8-1 台风应急响应级别、含义及应急响应措施

级别	含义	应急响应措施
Ⅳ级（一般，预警信号为蓝色）	24小时内可能或者已经受热带气旋影响，沿海或者陆地平均风力达6级以上，或者阵风8级以上并可能持续。	1. 召开防台风应急小组会议，研究布置防台风相关工作； 2. 停止露天集体活动和高空等户外危险作业； 3. 相关水域水上作业采取积极的应对措施，如回港避风或者抛锚固定等； 4. 加固门窗、围板、棚架、广告牌等易被风吹动的搭建物，切断危险的室外电源。
Ⅲ级（较大，预警信号为黄色）	24小时内可能或者已经受热带气旋影响，沿海或者陆地平均风力达8级以上，或者阵风10级以上并可能持续。	1. 做好防台风应急准备工作，召开防台风应急小组紧急会议，启动防台风应急预案； 2. 停止室内外大型集会和高空等户外危险作业； 3. 停止相关水域水上作业； 4. 加固或者拆除易被风吹动的搭建物。
Ⅱ级（重大，预警信号为橙色）	12小时内可能或者已经受热带气旋影响，沿海或者陆地平均风力达10级以上，或者阵风12级以上并可能持续。	1. 做好防台风抢险应急工作； 2. 停止室外作业活动； 3. 加固或者拆除易被风吹动的搭建物，人员应当尽可能待在防风安全的地方，当台风中心经过时风力会减小或者静止一段时间，切记强风将会突然吹袭，应当继续留在安全处避风，危房人员应及时转移； 4. 注意防范强降水可能引发的地质灾害。
Ⅰ级（特别重大，预警信号为红色）	6小时内可能或者已经受热带气旋影响，沿海或者陆地平均风力达12级以上，或者阵风达14级以上并可能持续。	1. 按照职责做好防台风应急和抢险工作； 2. 停止室外作业活动； 3. 人员应当待在防风安全的地方，当台风中心经过时风力会减小或者静止一段时间，切记强风将会突然吹袭，应当继续留在安全处避风，危房人员应及时转移； 4. 应当注意防范强降水可能引发的山洪、地质灾害。

8.3.2　报警与接警

突发安全事故发生时，处于生产现场或首先赶到现场的人员有责任立即报警。接到报警电话后，事故发生信息将立即送达对应级别的应急救援指挥中心，中心将在第一时间内发布救援命令，首先启动应急救援队的值班人员，值班人员及时记录报告的事故发生区的基本情况，按预案规定，通知指挥部所有人员在规定时限到达集中地点，并及时向省水利厅和当地地方政府及其有关部门报告，并根据情况与参与应急救援工作的当地驻军取得联系，且向他们通报情况，根据情况的危急程度，按预案规定通知各应急救援组织做好出动准备。这时应急救援指挥中心将与现场救援人员保持通信热线的畅通，并随时根据情况，下达指令，集合其他应急救援队员，在本行业、本地区的应急救援队员不能满足事故应急救援需求时，将请求外部救援队员的支持。

单位主要负责人、分管安全负责人、业务分管领导、安监部门及相关职能部门负责人在接到事故报告后必须立即赶到事故现场，启动相关预案，研究制定并组织实施相关可行处置措施，组织事故救援和抢救，有效控制事故的进一步蔓延扩大，减少人员伤亡和经济损失。同时，他们还应做好以下工作：指导和协助事故现场开展事故抢救、应急救援等；负责与有关部门的协调沟通；及时向上级报告事故情况、事态发展、救援工作进展等有关情况。

策划部及时掌握事故发生区报告的基本情况和已知的气象参数，进行事故后果评价，预判事故危害后果及可能发展趋势、事故级别、应急的等级与规模、需要调动的力量及其部署、公众应采取的防护措施，现场指挥机构开设的地点与时间，研究应急行动方案，并向总指挥建议。

应急办公室立即会同有关单位（部门）核实事故情况，收集掌握相关信息，做好信息汇总与传递，跟踪事故发展态势，及时畅通省水利厅与事故发生单位、相关部门和当地地方人民政府的联系渠道，沟通有关情况，按总指挥的指令调动并指挥各应急救援组投入行动，向驻军通报应急救援行动方案，并提出要求支援的具体事宜。事故报告有快报和书面报告两种形式。快报可采用电话、手机短信、微信、电子邮件等多种方式，但须通过电话确认。快报内容包含事故发生单位名称和地址、负责人姓名和联系方式、发生时间、具体地点，已经造成的伤亡、失踪、失联人数和损失情况，可视情况附现场照片等信息资料。书面报告内容应包含事故发生单位概况，发生单位负责人和联系人姓名及联系方式，发生时间、地点及事故现场情况，发生经过，已经造成的伤亡、失踪、失联人数，初步估计的直接经济损失，已经采取的应对措施，事故当前状态以及其他应报告的情况。

事故发生后，现场部门负责人员在进行事故报告的同时，应迅速组织实施应急管理措施，撤离、疏散现场人员和群众，防止事故蔓延、扩大，事故发生后，如有人员伤亡，应立即组织对受伤人员的救护，保护事故现场和相关证据。重点做好以下工作：一是及时掌握事故发生时间与地点、种类、强度、事故现场伤亡情况、现场人员是否已安全撤离、是否还在进行抢险活动；二是对可能引发事故的险情信息及时报告分管领导和值班室，如发生较大生产安全事故和有人员死亡的生产安全事故，根据事故的严重程度及情况的紧急程度，按预案规定的应急级别发出警报；三是迅速集中抢险力量和未受伤的岗位职工投入先期抢险，抢救受伤害人员和在危险区的人员，组织本单位医务力量抢救伤员，并将伤员迅速转移至安全地点，停止相关设备运转，清点撤出现场的人员数量，必要时，组织本单位人员撤离危害区；四是有效保护事故现场和相关证据，根据事故现场的具体情况和周围环境，划定保护区的范围，布置警戒线，必要时，将事故现场封锁起来，禁止一切人员进入保护区，即使是保护现场的人员，也不能无故出入，更不能擅自进行勘查，禁止随意触摸或者移动事故现场的任何物品，因抢救人员、防止事故扩大及疏通交通等原因，需要移动事故现场物件的，必须经过事故单位负责人或者组织事故调查的安全生产监督管理部门和负有安全生产监督管理职责的有关部门的同意，并做出标志，绘制现场简图并做出书面记录，妥善保存现场重要痕迹、物证。

通信协调和联络部门负责保持各应急组织之间高效的通信能力，保证应急指挥中心与外部的通信不中断，通知相关人员、动员应急人员并提醒其他无关人员采取防护行动，通信联络负责人根据情况使用警笛和公共广播系统向单位人员通报应急情况，必要时通知他们疏散。同时与外部机构保持联络。

8.3.3　主要应急处置措施

8.3.3.1　雨雪冰冻灾害

（1）泵站管理部门加强对水工建筑物、闸门、启闭机、机电设备等的检查，保障工程处于正常状态，及时除雪、除冰，如闸门受冰冻影响较大，应在结冰厚度达到危险厚度前召集人员进行破冰处理，消除闸门周边和运转部位的冻结，确保闸门的正常启闭，变电所内的母线等出现冰凌时应及时去除。雨雪冰冻灾害严重时，须根据领导小组指示，必要时关闭或停止运行相关工程设备等。

（2）船闸管理部门加强对水工建筑物、闸阀门、启闭机等的检查，保障运行正常，及时清除主要道路、船员行走通道等的积雪、结冰，闸阀门受冰冻影响较大时，应进行破冰处理，消除闸阀门周边和运转部位的冻结，并密切关注过往船只的航行安全。雨雪冰冻灾害严重时，须按照领导小组指示，必要时停止通航等。

（3）抗旱排涝管理部门加强对厂房、机库、船机、岸机及配套件等的检查，采取预防雨雪冰冻措施，保护好设备设施；对管理范围内进行除雪、除冰，确保生产生活秩序正常。

（4）其他部门做好防范冰冻雨雪灾害物资的储备，加强设施的防冻准备，及时对管理区域内进行除雪、除冰，保持道路畅通，雨雪冰冻天气，公务车辆出行应做好安全行车的各项准备，加装防冻液，必要时应加装防滑链，遇到较大雨雪冰冻情况时尽量避免外出，车辆停放尽量入库，室外停放在避风有遮挡的地方。

8.3.3.2　地震

（1）当地市政府、水利厅发布临震预报后的应急响应。根据厅抗震救灾指挥部的指示精神和地震预报情况，地震预案启动，抗震救灾领导小组迅速做出部署。① 通知各个基层单位及各抗震救灾工作小组人员立即上岗，并根据预案中各自的职责分工迅速展开工作。得到正式临震警报或通知后，正在运行的设备要立即停止运行，船闸关闸停航，进入临震备战状态。要迅速而有秩序地动员和组织群众撤离房屋。处办公楼内职工要有组织地就近沿楼梯疏散，避免乘坐电梯下楼。单位的车辆要开出车库，抢险冲锋舟要远离建筑物，停靠在空旷地方，以便在抗震救灾中发挥作用。为确保震时人员安全，震前要就近划定工作人员避震疏散路线和场所。当需要撤离时，泵站管理所职工、水闸管理所职工和机关工作人员疏散到广场、生活区篮球场等场所。② 根据预报的地震震情，下令启动各级应急预案，进入临震状态。③ 对工程设备、河道的关键部位部署严密的监控，发现问题及时处置，并采取必要的防范措施。④ 及时向省水利厅和当地市抗震救灾指挥部汇报我处的抗震救灾准备情况，并请上级部门及时协调存在的问题，按上级部门指令完成抗震救灾任务。

（2）地震后的应急响应。① 突发地震后，迅速组织抗震救灾领导小组成员上岗，进行灾情的调查汇总工作，并及时向省水利厅和当地市人民政府通报情况，启动应急预案。② 根据灾害情况及出现的险情，积极组织协调抢险队伍，研究调度方案，及时制订并落实抢险方案。③ 全面了解和掌握抢险救灾的进程，及时处理抢险过程中的重大问题，随时与省水利厅和当地市抗震救灾指挥部通报信息，及时落实上级部门的各项指令，必要时请求得到上级部门的支持。④ 尽一切力量避免次生灾害的发生，地震过后积极组织工程观测和设备检测，编制维修计划上报省厅，保证正常的生产生活秩序尽快恢复。

8.3.3.3 泵站

（1）主变失电。检查主机开关、站变开关、进线开关及变电所主变高压侧开关是否跳闸，如未跳闸，迅速采用电动或手动分闸，并将真空开关手车拉至试验位置；检查机组上道出水门是否已正常关断；主机组是否已停止运转。如没有关闭，使用现场快关旋钮，手动关闭出水侧快速闸门进行断流（如果直流也失电，立即采用现场紧急机械落闸工具松开抱闸装置，使闸门下降），防止机组飞逸，再分断励磁电源及各辅助设备工作电源开关；检查失电原因，根据不同失电原因采取不同应急措施；若高压进线断电，则联系上级供电部门（市调），配合查找失电原因，尽快恢复供电；若主变保护动作自动跳闸，查明主变何种保护动作及跳闸时有何外部现象，若是由二次回路故障或过负荷等外部因素引发，可通过修复控制回路、降低负荷后重新投入运行；若是瓦斯保护或差动保护跳闸，必须对变压器进行全面检查与试验，必要时进行变压器吊芯大修处理，所有故障消除后才能投运；主变投运前使用备用线路临时供生活、办公用电。

（2）主机跳闸。检查相应机组上道出水门是否已正常关断，主机组是否已停止运转，没有则应立即启用辅助设施使其可靠断流；检查励磁装置是否已自动灭磁，没有则应立即断开其交流电源开关；检查相应机组的真空断路器是否已在断开位置，没有则应立即予以断开退出相应主机真空断路器手车至试验位置；检查保护装置动作情况，分析故障原因，排除故障后重新投入运行。主机泵必须紧急停机情景：主机启动时投励过早（带励启动）引起机组剧烈振动或异步启动15秒内不能牵入同步（不投励），主机组启动后进出水工作门异常，主电机电气设备发生火灾及人身或设备事故，主电机声音、温升异常，同时转速下降（失步），主水泵内有清脆的金属撞击声，主机组发生强烈振动，同步电机的碳刷和滑环间产生火花且无法消除，同步电机励磁装置故障无法恢复正常，辅机系统（冷却水）故障无法修复使推力瓦温度超过 70 ℃、油缸内油的温度超过 60 ℃，主电机油缸内油位迅速降低或升高，发生危及主电机安全运行故障且保护装置拒绝动作，直流电源消失、一时无法恢复，冷却风机定子铁芯、线圈温度急剧上升超过规定数值（定子铁芯温度超过 110 ℃、定子线圈温度超过 115 ℃、转子温度超过 100 ℃），填料严重漏水危及机组安全运行，上下游引河道发生安全事故或出现危及泵站安全运行的险情。

（3）SF_6 气体中毒和有限空间作业事故。有 SF_6 气体泄漏信号发出或充 SF_6 设备发生爆炸，以及人员在巡视过程中发生中毒，且根据中毒的危害判断为 SF_6 气体分解物中毒时，安排人员拨打 120 求助医护人员，应急小组成员应穿好安全防护服，佩戴正压式空气呼吸器、手套和护目眼镜，采取充分防护措施后，才能进入事故设备区域，将 SF_6 气体分解物中毒人员撤离到安全区域，并及时送往市区医院救治，等待救护和送往救治前，若中毒人员皮肤仍残留有 SF_6 分解物应用清水洗净；现场对 SF_6 气体泄漏断路器或爆炸的设备进行检查，为防止 SF_6 气体使无防护人员中毒，在泄漏点周围 8 m 范围内要做好防止人员进入的隔离措施，若现场检查确为断路器 SF_6 气体泄漏或爆炸，电气设备已无法继续运行，应做好异常设备的隔离及安全措施，为设备检修和恢复运行做好准备，处理固体分解物时，必须用吸尘器，并配有过滤器，凡用过的抹布、防护服、清洁袋、过滤器、吸附剂、苏打粉等均应用塑料袋装好，放在金属容器里深埋，不允许焚烧；防毒面罩、橡皮手套、靴子等必须用小苏打溶液洗干净，再用清水洗净；工作人员身体裸露部分均需用小苏打水冲洗，然后用肥皂洗净抹干；SF_6 气体分解物中毒可能与人员触电、设备爆炸、着火、断路器爆炸、地震灾害、电压互感器爆炸着火、电流互感器着火等同时发生，按人身触电现场处置方案、火灾事故现场处置方案实施。发生有限空间作业事故时，现场应急指挥负责人和应急救援人员首先应对事故情况进行初始判断，根据观察到的情况，初步分析事故的范围和扩展的潜在可能性；使用检测仪器对有限空间有毒有害气体的浓度和氧气的含量进行检测，无检测仪器时可以使用动物检测法或蜡烛法进行检测；根据测定结果采取强制性持续通风等措施降低危险，保持空气流通，严禁用纯氧进行通风换气；应急救援人员要穿戴好必要的劳动防护用品（呼吸器、工作服、工作帽、手套、工作鞋、安全绳等），系好安全带，以防止受到伤害；在有限空间内救援照明灯应使用 12 V 以下安全行灯，照明电源的导线要使用绝缘性能好的软导线；发现有限空间有受伤人员，用安全带系好被抢救者两腿根部及上体妥善提升，使患者脱离危险区域，避免影响其呼吸或触及受伤部位；救援过程中，有限空间内救援人员与外面监护人员应保持通信联络畅通并确定好联络信号，在救援人员撤离前，监护人员不得离开监护岗位；救出伤员后应对伤员进行现场紧急救护，并及时将伤员转送医院。

（4）人员落水。人员落水后，现场负责人立即组织施救；在保证自身安全的前提下，迅速将溺水者从水中救出；多人落水时，应该按照"先近后远，先水上后水下"的顺序进行施救。投入木板、长杆等，让落水者漂浮在水面上或尽快上岸；溺水者救出水面后立即检查，清除其口、鼻腔内的水、泥及污物，将其脸歪向一侧，以清除出呼吸道的水、避免舌头堵住呼吸道；解开溺水者衣扣、领口，以保持呼吸道通畅，天气寒冷或溺水者体温较低时要采取保暖措施；如果溺水者处于昏迷状态但呼吸心跳未停止，应立即进行口对口人工呼吸，同时进行胸外按压，直至溺水者恢复呼吸为止；如溺水者心跳已停止，应先进行胸外心脏按压，直到心跳恢复为止；对溺水休克者，无论情况如何，都必须从发现开始持续进行心肺复苏抢救，不得放弃抢救，直到现场医疗急救医生确定溺水者死亡后，方可终止心肺复苏抢救；施救人员迅速确定事故发生的准确位置、溺水人数及程度、失踪人数等，看护现场，并维护现场秩序；指派专人拨打急救电话，施救困难时，及时拨打报警电话，要详细说明事发地点、溺水人数及程度、联系电话等，并到路口接应；及时将事件发生的时间、地点、溺水和失踪人数及采取救治措施等情况报告主管领导。

（5）雷击和火灾。作业区域发生雷击事故，最早发现事故的人员应迅速向应急指挥中心报告，应急指挥中心立即召集所有成员赶赴事故现场，了解事故伤害程度，疏散现场闲杂人员，保护事故现场，同时避免其他人员靠近现场；立即通知现场应急小组组长，说明伤者受伤情况，并根据现场实际，施行必要的医疗处理；在伤情允许的情况下，抢救抢险小组负责组织人员搬运受伤人员，转移到安全场所；通信组安排人员到道口指挥救护车的行车路线；警戒组应迅速对周围环境进行确认，在仍存在危险因素的情况下，立即加强人员防护，并禁止人员进出。作业区域发生火灾时，根据了解的事故情况及危害程度做出相应的应急决定，并立即赶往事故现场组织救援；抢救治安组成员到达现场后，迅速疏散人员，切断电力、燃气供应；迅速了解着火原因，查明现场有无人员受伤，并告知现场应急小组组长；当火势危及相邻建筑或其他易燃易爆物品时，迅速采取有效隔离措施，尽快把着火区域的易燃易爆物品转移到安全位置；同时在保证安全的前提下扑救初始火灾；在事故现场周围布置警戒线，疏通安全通道，在路口迎接消防救援车辆进入事故现场，为紧急救援队伍提供有利条件；根据抢救治安组报告的事故情况迅速向现场领导汇报，请示并落实抢救方案，协调指挥各小组迅速、有序展开救援工作，联络供电、供气、供水部门协助救援；迅速了解事故现场救援物资是否充足，立刻通知救援物资管理负责人运送物资至现场，组织调配应急车辆；协助消防部门、抢救治安组实施扑救、维护秩序，随时准备支援其他救援力量；以最快的速度将受伤者脱离现场，迅速联络医院，在路口迎接医疗救护车辆进入事故现场，做好伤员及家属的安抚工作。

（6）吊装和机械伤害事故。起重机械发生脱钩时，吊车工应立即鸣铃警示周围人员撤离，尽快观察周围场地及运行路线状况，尽可能地使用大车将吊物放置在安全地带；起重过程中物件突然失衡或摆动时，吊车工要利用大、小车进行"跟车"，平衡物件，同时尽快将吊物下落至安全地带；钢丝绳断裂抽打人或吊物突然坠落时，吊车司机立即停车，现场人员立即躲避至安全地带，待钢丝绳或吊物稳定后再做处理；移动吊物撞人时，吊车司机立即将吊物放置于安全地带，停止作业，地面人员对被撞者进行救护；绞入钢丝绳或滑车时，吊车司机尽快观察周围场地及运行路线状况，尽可能地将吊物放置在安全地带，等待排除异常情况后再继续吊装；如有人员受伤，查看受伤程度并进行急救，对于伤情较重者，应立即拨打120或送往医院，对于一些轻伤，可以进行简单的止血、消炎、包扎，然后送往医院，伤员发生休克，呼吸、心跳停止时，应立即施行心肺复苏术或人工呼吸，如伤员脊椎受伤，创伤处应用消毒的纱布或清洁布等覆盖伤口并用绷带或布条包扎，搬运时将伤者平卧放在帆布担架或硬板上以免受伤的脊椎移位、断裂造成截瘫或死亡，伤员肢体骨折时，在骨折部位用夹板把受伤的位置临时固定住，使断端不再移位或刺伤肌肉、神经或血管；若有人员被困，确认被埋人员的位置及被埋者周围物件堆放情况后，切勿生拉硬拽，调用起重设备或千斤顶缓慢升起覆埋物，确认安全后将伤者救出。发生机械伤害事故时，当班领导接报后立即到达现场，实施现场处置指挥工作，通知救护组人员到达事故现场；创伤出血者迅速包扎止血，送往医院救治；发生断指立即止血，尽可能做到将断指冲洗干净，用消毒敷料袋包好，放入装有冷饮的塑料袋内，将断指与伤者立即送往医院；肢体骨折者，固定伤肢，避免不正确的抬运，送往医院；肢体卷入设备内，立即切断电源，如果肢体仍被卡在设备内，不可用倒转设备的方法取出肢体，妥善的方法是拆除设备部件，无法拆除则拨打119报警；受伤人员呼吸、心跳停止，立即进行心肺复苏术和人工呼吸；受伤者伤势较重或无法现场处置，立即拨打120急救中心电话；做好事故现场的保护工作，以便进行事故调查。

（7）高处坠落和物体打击伤亡。发现有人高处坠落时，应迅速赶赴现场，检查伤者情况，不要乱晃动伤者，立即拨打应急电话或120急救电话；发现坠落伤员时，首先看其是否清醒，能否自主活动，若能站起来或移动身体，则要让其躺下用担架抬送至医院，或是用车送往医院，因为某些内脏伤害，当时可能感觉不明显；若伤员已不能动或不清醒，切不可乱抬，更不能背起来送医院。这样极容易拉脱伤者脊椎，造成永久性伤害。此时应进一步检查伤者是否骨折，若有骨折，应采用夹板固定，找两三块比骨折骨头稍长一点的木板，托住骨折部位，绑三道绳，使骨折处由夹板依托不产生横向受力，绑绳不能太紧，以能够在夹板上左右移动1~2cm为宜；送医院时应先找一块能使伤者平躺的木板，然后在伤者一侧将小臂伸入伤者身下，并有人分别托住头、肩、腰、胯、腿等部位，同时用力，将伤者平稳托起，再平稳放在木板上，抬着木板送医院。若坠落在地坑内，也要按上述程序救护。若地坑内杂物太多，应由几个人小心抬抱，放在平板上抬出。若坠落在地井中，无法让伤者平躺，则应小心地将伤者抱入筐中吊上来，施救时应注意无论如何也不能让伤者脊椎、颈椎受力。发生物体打击伤亡事故时，如受伤人员伤势较轻，创伤处用消毒纱布或干净的棉布覆盖；对有骨折或出血的受伤人员，要做相应的包扎，固定处理，搬运伤员时应以不压迫创伤面和不引起呼吸困难为原则；对心跳、呼吸骤停者应立即进行心肺复苏术和人工呼吸，胸部外伤者不能用胸外心脏按压术；若受伤者呼吸短促或微弱，胸部无明显呼吸起伏，应立即给其做口对口人工呼吸，频率为每分钟14~16次；如脉搏微弱，应立即对其进行人工心脏按压，在心脏部位不断按压、松开，频率为60次每分钟，帮助窒息者恢复心脏跳动；如有出血，应立即止血包扎；抢救受伤较重的伤员，在抢救的同时，及时拨打急救中心电话，由医务人员救治伤员；如无能力救治，尽快将受伤人员送往医院救治；肢体骨折者应尽快固定伤肢，减少骨折断端对周围组织的进一步损伤，如没有任何物品可作固定器材，可使用伤者侧肢体、躯干与伤肢绑在一起，再送往医院。

（8）触电。发生触电事故后，现场知情人应立即向四周呼救，并采取紧急措施以防止事故进一步扩大；对于低压触电事故，可立即拉开电源开关或拔下电源插头，或用有绝缘手柄的电工钳、干燥木柄的斧头、干燥木把的铁锹等切断电源线，或用干燥的衣服、手套、绳索、木板、木棒等绝缘物为工具，拉开提高或挑开电线使触电者脱离电源；对于高压触电事故，可通知有关部门停电、用绝缘手套及绝缘鞋和相应电压等级的绝缘工具按顺序拉开开关使触电者脱离电源、高压绝缘杆挑开触电者身上的电线等方法使触电者脱离电源；如果在高空作业时触电，断开电源时，要防止触电者摔下来造成二次伤害；如果触电者伤势不重，神志清醒，但有些心慌，四肢麻木，全身无力或者触电者曾一度昏迷，但已清醒过来，应使触电者安静休息，不要走动，严密观察并送医院；如果触电者伤势较重，已失去知觉，但心脏跳动和呼吸还存在，应将触电者抬至空气畅通处，解开衣服，让触电者平直仰卧，并用软衣服垫在身下，使其头部比肩稍低，并迅速送往医院；如果发现触电者呼吸困难，发生痉挛，应立即准备对心脏停止跳动或者呼吸停止后的抢救；如果触电者伤势较重，呼吸停止或心脏跳动停止或二者都已停止，应立即进行口对口人工呼吸法及胸外心脏按压法进行抢救，并送往医院，在送往医院的途中，不应停止抢救；人触电后会出现神经麻痹、呼吸中断、心脏停止跳动、昏迷不醒等状态，通常都是"假死"，万万不可将其当作"死人"草率对待；对于触电者，特别高空坠落的触电者，要特别注意搬动问题；对于"假死"的触电者，要进行迅速持久的抢救，有不少的触电者是经过四个小时甚至更长时间的抢救而抢救过来的，只有经过医生诊断确定死亡，才能停止抢救；口对口人工呼吸法是在触电者停止呼吸后应用的急救方法；胸外心脏按压法是触电者心脏停止跳动后的急救方法。

8.3.3.4　水闸

（1）闸门及启闭机运行故障。经常查看运行流量和上下游、长江口门监控界面，严防河道内有人落水、游泳、捕鱼、船舶误吸进引水河道等事故的发生，一旦发现事故发生，应立即关闸，并对人员和船舶等采取施救措施；闸门开启过程中发生卡阻、异常声响等现象，电机运行负载过大，发出沉闷声音，应立即关闭电源，检查闸门卡阻原因；如闸门两吊点高度不同，闸门不水平导致倾斜卡阻时，应使闸门向相反方向运行，关闭闸门后，调整钢丝绳使闸门水平后再运行；如有异物卡住，则应清除异物后，再进行相应操作；当闸门开启接近限高或关闭接近闸底时，应注意及时停止。上升中，当高度超过上限位，但闸门继续向上运行时，应立即手动停止，如拒停，立即关闭交流、直流电源，检查二合一行程开关接点、交流接触器、内部接线等；下降时，当高度超过下限位，但启闭机仍在继续运行时，应立即停止，如拒停，立即关闭交流、直流电源，防止绳鼓反转导致钢丝绳反向绕行，停止后，检查二合一行程开关接点、交流接触器、内部接线等。闸门开启到达预定高度停止时，发现闸门下滑，制动器制动失效，应立即启动下降按钮，将闸门关闭后，检查维修制动系统，正常后再开启闸门。如开机运行时发现闸门下滑，制动器制动失效，应按紧急停机按钮，使机组停机，闸门快关。如闸门关闭中靠近闸底板时被异物卡住，水流较大引起闸门震动，此时应将闸门开启，利用水流冲力作用，将异物冲走，再将闸门关闭。如异物还没有被水流冲走，将闸门关到异物处，放下检修门或辅助闸门，潜水作业将异物清除后，把闸门关闭。闸门操作过程中，若按钮失灵或有接触器损坏等电气控制故障，应立即关闭交流、直流电源，及时检查更换。如需闸门关闭，可采取手动松抱刹的方式，慢慢关闭闸门后再检修。在中控室通过微机进行节制闸或下层流道自控引水，如当提或降的报警音响，相应自控按钮变红，而闸门高度无变化时，应立即关闭自控，停止或复位相关闸门操作按钮，到现场查看闸门实际高度，检查闸门高度仪和编码器，如发现闸门上下乱动，自控失灵，应立即停止自控运行，将高度设定按钮复位，停止闸门上升和下降，手动调整闸门高度到合理位置，如引水监控画面闸门高度与现场闸门高度不对应，或者闸门高度突然变化，应关闭自控，现场检查闸门高度仪和编码器等。

（2）人员落水。节制闸附近有人落水，应立即关闭节制闸；发现闸室落水者，立即向其抛投救生衣、救生圈等救生器材，全力抢救和帮助落水者自救，立即向值班所长汇报，组织救援；发现引江口门或引航道落水者，应立即采取有效措施，高频或广播呼叫过往船舶、工作艇前往救援，并立即汇报值班领导；发现人员溺水后立即拨打120或附近医院急诊电话请求医疗急救，将溺水者救上岸后应立即对溺水人员实施心肺复苏术，清除溺水者口鼻淤泥、杂草、呕吐物等，并打开气道，进行控水处理（倒水），即迅速将患者放在救护者屈膝的大腿上，头部向下，随即按压背部，迫使其吸入呼吸道和胃内的水流出，时间不宜过长；现场进行心肺复苏后尽快搬上急救车，迅速向附近医院转送。

（3）洪涝灾害。当下游水位高于设计最高通航水位时，现场工作人员应立即报告领导，并立即下令船闸停航；为确保闸室防渗安全，关闭上、下闸首闸门和阀门，并向闸室充水，调整上下游和闸室各水位差，使下游、闸室、上游形成三级水位；疏散停靠在泵站上下游引河口门的船舶，使船舶远离引河口门，确保防汛抗洪工作的正常开展和船舶的自身安全。

（4）船舶搁浅。船舶在上游闸室口门搁浅，应立即汇报领导，经现场查看后确认船闸闸室水位及船舶吃水深度，如船舶吃水深度较小，且泵站正在引水，可加大泵站引水流量，帮助船舶脱险；船舶在下游航道搁浅，应立即组织人员乘坐工作艇进行查看，船闸视引航道交通情况决定是否停航，并向当地海事处进行汇报；船舶在引江口门搁浅，应立即组织人员乘坐工作艇进行查看，如果泵站节制闸引水或开机引水，应立即向基层领导报告或直接通知泵站值班室，采取减小流量或停止引水等措施，基层领导接报后，应立即向处领导或相关部门报告，同时向地方海事处进行汇报。

（5）船舶倾覆。当船舶有倾覆危险时，现场工作人员应及时报告基层领导；当船舶发生倾覆事故的位置在引航道或闸室时，应立即停航，同时报告单位领导和地方海事处或长江海事处，积极组织和配合打捞，并对沉船事故进行总结和上报有关部门；当船舶发生倾覆事故的位置在引江口门时，应立即组织人员乘坐工作艇进行查看，如果泵站节制闸引水或开机引水，应立即采取减小泵站流量或停止引水等措施。基层领导接报后，应立即向单位领导报告，同时向地方海事处和公安部门报告。

（6）危险品船火灾爆炸。如火势不大且没有蔓延迹象，现场应急救援小组组长应立即组织现场人员使用本部位消防设施灭火；如火势有发展趋势，现场应急救援小组组长在组织进行火灾扑救的同时，应及时向当地公安（110）、消防（119）、海事（12395）报警（报警要点：火灾地点、火势情况、燃烧物及大约数量、报警人姓名及电话）并派人迎接，对火灾扑救情况争取做到全过程、全方位、多角度地跟踪录像，保留第一手资料；根据事故类型组织营救，对事发水域实行警戒，迅速将警戒区及污染区内的船舶、船员及其他人员撤离，必要时，船闸实施停航；危险品船发生火灾事故要先控制后消灭，根据燃烧物性质正确选择最合适的灭火剂和灭火方法，采用不同灭火措施，堵截火势、防止蔓延，对可能发生爆炸、爆裂、喷溅等特别危险需紧急撤退的情况，应及时撤退，对闸室内船舶发生火灾的，应立即停止放行其他船舶，指挥事故船先行出闸，以防破坏船闸设施；保护现场。事故控制后，未经海事、消防、环保等相关部门同意，不得擅自清理现场。

（7）环境污染事件。危险品船发生泄漏事故，应及时控制危险源，防止事故继续扩展。泄漏源控制主要手段有关闭阀门、停止作业等，同时采用合适的材料和技术手段堵住泄漏处。泄漏源堵塞后，根据不同的阶段和形态，利用不同的清污技术将已经泄漏出来的污染物清除，基本的清污策略是围、收、吸、清。主要工具有围油栏、吸油材料（吸油毡、草包等）、消油剂。如果泄漏物是有毒的，必须由专业人员进行处理。下游发生泄漏事故的，必要时立即关闭闸门，在污染物清除前，暂停船闸运行，以防污染物进入引江河。

（8）突发恶劣天气。发生七级以上大风，或能见度在30 m以内的大雾，特大暴雨时，船闸停航；当发生六级以上大风、暴雪天气等恶劣天气时，船闸维修施工应立即停止现场高空作业，撤离作业场所；当发生连降暴雨天气，地面严重积水，工作区域出现雨水倒灌现象，且暴雨无停止迹象时，应急领导小组组织断电，并组织所有人员撤离至工作场所附近的高处；当恶劣天气停止后，在第一时间组织员工奔赴现场，抢救设备物资，把财产损失降到最低。

（9）触电。同泵站方法。

8.3.3.5　抗旱排涝过程

（1）人员落水。发生人员落水后，应立即向其抛投救生衣、救生圈等救生器材，采取必要的措施，立即向值班领导汇报，汇报事故发生的原因、地点、伤亡情况，立即组织现场救护人员对落水者进行救助，根据情况立即拨打120急救电话通知专业救护人员迅速赶到事发现场，将溺水者救上岸后应立即对溺水人员实施徒手心肺复苏术，并保护好事故现场。

（2）机船搁浅。停止船上机组运行，拆卸水泵进出水管，用拖轮把机船拖离浅水区域。

（3）机船倾覆。当机船发生倾覆危险时，现场工作人员应及时向现场指挥报告。如果是拖挂运行，应立即用太平斧砍断连接绳索，撤离船机人员。机船发生倾覆事故后，现场指挥部通知当地海事部门进行打捞。

（4）火灾。如火势不大且没有蔓延迹象，现场应急救援小组组长应立即组织现场人员使用本部位消防设施灭火；如火势有发展趋势，现场应急救援小组组长在组织进行火灾扑救的同时，应及时向消防（119）、海事（12395）报警（报警要点：火灾地点、火势情况、燃烧物及大约数量、报警人姓名及电话）并派人迎接，并及时汇报，对火灾扑救情况争取做到全过程、全方位、多角度地跟踪录像，保留第一手资料。机船初期发生火灾，应立即使用现场灭火器灭火，不可采用水灭火。如火势不能控制，应及时报警，同时组织力量拖离附近机船到安全区域。发生火灾事故后，为保障伤员的生命，减轻伤员的痛苦，现场人员采取必要的应急抢救，同时及时拨打急救中心电话。保护现场。事故控制后，未经上级主管部门同意，不得擅自清理现场。

（5）触电、机械伤害。同泵站方法。

8.3.4 应急救援行动和现场恢复

8.3.4.1 应急人员出动和救援

应急救援队值班人员接到出发指令以后，立即启动交通车辆，装载必要的救护专业设施，赶到应急事故现场进行施救。

在这一环节包括两个方面的任务，当应急救援人员到达现场时，根据对事故发生原因和影响后果的初步判断，确定应急对策，即应急行动方案，及时确定采取现场应急对策，包括初始评估、危险物质的探测、建立现场工作区域、确定重点保护区域、防护行动、应急行动的优先原则、应急行动的支援及其现场相应措施。应急行动的优先原则是员工和应急救援人员的安全优先、防止事故扩展优先、保护环境优先，避免事故严重程度升级，使事故点的生产设施尽快恢复正常运转，救护事故现场人身安全，使伤员得到及时的救治，并根据受伤危重程度，及时送医院救治。

在安全事故发生时，生产一线人员应该有责任对出现的安全事故进行第一时间的自救和互救，避免因为等待急救或外界援助而使微小事故酿成大灾难，为此，对全体员工安全事故应急处置与救援的培训应成为企业应急管理的必备环节，同时建立在应急预案基础上的应急救援与演练，对于提高员工应对突发安全事故的能力具有重要作用。

在专业应急救援队伍进行第一轮救援后，如果局势不能够得到很好的控制，而且，事故危害范围逐步扩大，超出了应急救援队现有能力能够处置的范围，则必须由应急指挥中心下达命令，调集应急志愿者队伍的参与。应急支援者队伍主要从事外围的辅助性救援工作，如事故现场的戒严与维持秩序、救援物资的搬运，以及群众性的宣传工作。因此，志愿者队伍的应急救援活动也是应急救援活动的一项重要补充。

8.3.4.2 现场恢复

现场恢复是指将事故现场恢复到相对稳定、安全的基本状态。根据事故类型和损害严重程度，具体问题具体解决，主要考虑如下内容：宣布应急结束，组织重新进入和人群返回，受影响区域的连续检测，现场警戒解除和清理，损失状况评估，恢复损坏区的水、电等供应，抢救被事故损坏的物资和设备，恢复被事故影响的设备、设施，事故调查。

8.4　事故管理

8.4.1　事故分类

8.4.1.1　按人员伤亡或者直接经济损失分

根据生产安全事故（以下简称"事故"）造成的人员伤亡或者直接经济损失，水利安全生产事故分为特别重大生产安全事故、重大生产安全事故、较大生产安全事故、一般生产安全事故。特别重大生产安全事故是指造成30人以上死亡或者100人以上重伤（包括急性工业中毒）或者1亿元以上直接经济损失的事故；重大生产安全事故是指造成10人以上30人以下死亡或者50人以上100人以下重伤或者5000万元以上1亿元以下直接经济损失的事故；较大生产安全事故是指造成3人以上10人以下死亡或者10人以上50人以下重伤或者1000万元以上5000万元以下直接经济损失的事故；一般生产安全事故是指造成3人以下死亡或者10人以下重伤或者1000万元以下直接经济损失的事故。

其中，未造成人员伤亡或直接经济损失的一般事故，根据涉险程度，又分为较大涉险事故和一般涉险事故。较大涉险事故包括涉险10人及以上的事故、造成3人及以上被困或者下落不明的事故、紧急疏散人员500人及以上的事故、危及重要场所和设施安全的事故和其他较大涉险事故。一般涉险事故是指人员、场所和设施涉及危险但不构成较大涉险事故指标的事故。

8.4.1.2　按伤害人体的程度分

按伤害人体的程度，分为轻伤事故、重伤事故、死亡事故。轻伤事故是指一次事故中只发生轻伤的事故，轻伤是指造成职工肢体伤残，或某器官功能性或器质性程度损伤，表现为劳动能力轻度或暂时丧失的伤害，一般指受伤职工歇工在一个工作日以上，计算损失工作日低于105日的失能伤害，但够不上重伤者；重伤事故是指一次事故发生重伤（包括伴有轻伤）、无死亡的事故，重伤是造成职工肢体残缺或视觉、听觉等器官受到严重损伤，一般能引起人体长期存在功能障碍，或损失工作日等于和超过105日，劳动能力有重大损失的失能伤害；死亡是指事故发生后当即死亡（含急性中毒死亡）或负伤后在30天以内死亡的。

8.4.1.3　按事故后果分

按事故后果可分为生产及设备事故、伤亡事故、未遂事故。生产及设备事故是指设备突然不能运行或生产不能正常进行的意外事故；伤亡事故是指损失日大于1天的人身伤害或急性中毒事故；未遂事故是指性质严重但未造成严重后果的事故，也就是说，未遂事故的发生原因及其发生、发展过程与某个特定的会造成严重后果的事故是完全相同的，只是由于某个偶然因素，没有造成该类严重后果。

8.4.1.4　按事故性质分

按事故的性质可分为责任事故、非责任事故和破坏事故。责任事故是指可以预见、抵御和避免，但由于人的原因没有采取预防措施造成的事故；非责任事故包括自然事故和技术事故，自然事故是指由于自然界的因素而造成的不可抗拒的事故，技术事故是指由未知领域的技术问题而造成的事故；破坏事故是指为达到一定目的而蓄意造成的事故。

8.4.1.5 按伤害方式分

按伤害方式或专业类别可分为物体打击、车辆伤害、机械伤害、起重伤害、触电、淹溺、灼烫、火灾、高处坠落、坍塌、冒顶片帮、透水、放炮、火药爆炸、瓦斯（煤尘）爆炸、锅炉爆炸、压力容器爆炸、其他爆炸、中毒和窒息等 20 类。

8.4.2 事故报告分

水利生产安全事故（包括较大涉险事故）的信息报告应当及时、准确和完整。任何单位和个人对事故不得迟报、漏报、谎报和瞒报。

8.4.2.1 事故报告程序

轻伤事故，由负伤者或事故现场有关人员直接或逐级报告单位负责人及相关部门。

重伤事故，由负伤者或事故现场有关人员直接或逐级报告单位负责人，再由单位负责人向当地安监部门、工会、公安部门、检察院和水行政主管部门报告。

一般生产安全事故，由负伤者或事故现场有关人员直接或逐级报告单位负责人，再由单位负责人向当地市级安监部门、劳动保障行政部门、工会、公安部门、检察院和水行政主管部门报告。

较大生产安全事故，由负伤者或事故现场有关人员直接或逐级报告单位负责人，再由单位负责人向当地市级安监部门、劳动保障行政部门、工会、公安部门、检察院和水行政主管部门报告，然后逐级报省级相关部门。

特别重大生产安全事故、重大生产安全事故，由负伤者或事故现场有关人员直接或逐级报告单位负责人，再由单位负责人向当地安监部门、劳动保障行政部门、工会、公安部门、检察院和水行政主管部门报告，然后由逐级报至国务院、国家安监总局、全国总工会、公安部、水利部、最高人民检察院等部门。

8.4.2.2 事故报告方式和内容

事故报告方式有文字报告、电话快报、事故月报和事故调查处理情况报告等。文字报告内容包括事故发生单位及工程概况，事故发生时间、地点及事故现场情况，事故的简要经过，事故已经造成或者可能造成的伤亡人数（包括下落不明、涉险的人数）和初步估计的直接经济损失，已经采取的措施，以及其他应当报告的情况；电话快报内容包括事故发生单位的名称、地址、性质，事故发生的时间、地点，事故已经造成或者可能造成的伤亡人数（包括下落不明、涉险的人数）等；事故月报内容包括事故发生时间、事故单位名称、单位类型、事故工程、事故类别、事故等级、死亡人数、重伤人数、直接经济损失、事故原因、事故简要情况等；事故调查处理情况报告包括负责事故调查的人民政府批复的事故调查报告、事故责任人处理情况等。

8.4.2.3 事故报告时间

事故发生后，事故现场有关人员立即向单位负责人电话报告；单位负责人接到报告后，在 1 小时内向主管单位、有管辖权的水行政主管部门和事故发生地县级以上安监部门电话报告。情况紧急时，事故现场有关人员可以直接向事故发生地有管辖权的水行政主管部门和事故发生地县级以上安监部门电话报告。在事故发生 24 小时内，向当地安监部门通报事故有关信息，填写生产安全事故信息快报；在事故发生 7 日内，及时通报补充完善事故快报信息，填写生产安全事故信息续报；在事故发生之日起 30 日内，事故情况和伤亡人员发生变化的及时续报。每月在水利部水利安全信息上报系统中及时上报当月发生的生产安全事故，若没有发生生产安全事故也应及时上报。

迟报、漏报、谎报和瞒报事故行为是指报告事故时间超过规定时限；因过失对应当上报的事故或者事故发生的时间、地点、类别、伤亡人数、直接经济损失等内容遗漏未报；故意不如实报告事故发生的时间、地点、类别、伤亡人数、直接经济损失等内容；故意隐瞒已经发生的事故。

8.4.3 事故调查

所谓事故调查，是指在事故发生后为获取有关事故发生原因的全面资料，找出事故的根本原因，防止类似事故的再次发生而进行的调查。事故调查的主要目的就是防止事故的再发生，也就是说，根据事故调查的结果提出整改措施，控制或消除此类事故。同时，对于重大特大事故，包括死亡事故，甚至重伤事故，事故调查还是满足法律要求，提供违反有关安全法规的资料，使司法机关正确执法的主要手段。此外，通过事故调查还可以描述事故的发生过程，鉴别事故的直接原因与间接原因，从而积累事故资料，为事故的统计分析及类似系统、产品的设计与管理提供信息，为企业或政府有关部门安全工作的宏观决策提供依据。事故调查对象主要是重大事故、未遂事故或无伤害事故、伤害轻微但发生频繁的事故、可能因管理缺陷引发的事故、高危险工作环境的事故、适当的抽样调查。事故调查是一门科学也是一门艺术。

8.4.3.1 事故调查准备

事故调查准备工作包括调查计划、人员组成及培训和调查工具的准备等。

事故调查计划中至少应包括：及时报告有关部门，抢救人的生命，保护人的生命和财产免遭进一步的损失，保证调查工作的及时执行。及时报告有关部门，是指及时通知事故直接影响区域内工作的人员或其他人员、从事生命抢救及财产保护的人员、上层管理部门的有关人员、专业调查人员、公共事务人员、安全管理人员等。

按不同程度事故有不同的人员组成。轻伤、重伤事故，由单位负责人或其指定人员组织生产、技术、安全等有关人员及工会成员参加的事故调查组进行调查；一般死亡事故，由主管部门会同所在地县（市）级安监部门、公安部门、检察院、工会组成事故调查组进行调查；较大死亡事故，由地市级主管部门、安监部门、公安部门、检察院、专家等人员组成事故调查组进行调查，重大事故由省级主管部门、安监部门、公安部门、工会、检察院、专家等组成事故调查组进行调查，特别重大事故由国务院或国务院授权部门组织主管部门、安全监督部门、公安部门、工会、检察院、专家组成事故调查组进行调查。

对于调查工具，则因被调查对象的性质而异。通常来讲，专业调查人员必备的调查工具有相机和胶卷，纸、笔、夹，有关规则、标准，放大镜，手套、录音设备、急救包、绘图纸、标签、样品容器、罗盘，常用的仪器（包括噪声、辐射、气体等的采样或测量设备及与被调查对象直接相关的测量仪器等）。

8.4.3.2 事故调查的一般程序

事故调查一般按以下顺序进行：事故通报；事故调查组成立；现场处理，如现场危险分析、现场抢救、现场保护、防止灾害扩大措施等；现场勘查人、部件、位置和文件等；人证的保护与问询；物证的收集与保护（包括破损部件、碎片、残留物、致害物、数据记录装置，事故位置地点、相关物质位置，受害者和肇事者相关情况、事故前设备性能和质量情况、设计和工艺资料、环境状况、个体防护情况等相关资料）；事故现场拍照；编制事故现场图（包括现场位置图、现场全貌图、现场中心图、专项图等，可采用比例图、示意图、平面图、立体图、投影图、分析图、结构图以及地貌图等）；技术鉴定及模拟试验；事故原因分析；完成事故调查报告书；归档。

8.4.3.3 事故分析

事故分析是根据事故调查所取得的证据，进行事故的原因分析和责任分析。事故的原因包括事故的直接原因、间接原因和主要原因；事故责任分析包括事故的直接责任者、领导责任者和主要责任者。

事故分析包括现场分析和事后深入分析两部分。

现场分析的原则和要求：必须把现场勘查中收集的资料作为分析的基础，同时，在分析前应对已收集材料甄别真伪；既要以同类现场的一般规律作指导，又要从个别案件实际出发；充分发扬民主，综合各方面的意见，得出科学的结论。

现场分析的方法有比较、综合、假设和推理。比较是将分别收集的两个以上的现场勘查材料加以对比，以确定其真实性和相互补充、印证的一种方法；综合是将现场勘查材料汇集起来，然后就事故事实的各个方面加以分析，是一个由局部到整体、由个别到全面的认识过程；假设是根据现场有关情况推测某一事实的存在，然后用汇总的现场材料和有关科学知识加以证实和否定；推理是从已知的现场材料推断未知的事故发生的有关情况的思维活动。要求现场分析人员运用逻辑推理方法，对事故发生的原因、过程、直接责任人等进行推论，这也是揭示事故案件本质的必经途径。

事后深入分析包括综合分析法、个别案例技术分析法、系统安全分析方法三大类。综合分析法是针对大量事故案例进行事故分析的一种方法。大体分为统计分析法和按专业分析法。统计分析法是以某一地区或某单位历来发生的事故为对象，进行统计综合分析；按专业分析法是将大量同类事故的资料进行加工、整理，提出预防事故措施的方法。

个别案例技术分析法是针对某个案例，特别是重大事故，从技术方面进行事故分析的方法。即应用工程技术知识、生产工艺原理及社会学等多学科的知识，对个别案例进行旨在研究事故的影响因素及组合关系，或根据某些现象推断事故过程的事故分析方法。

系统安全分析方法是运用逻辑学和数学方法，结合自然科学和社会科学的有关理论，分析系统的安全性能，揭示其潜在的危险性和发生的概率，以及可能产生的伤害和损失的严重程度。系统安全分析是系统安全的重要内容之一，是进行安全评价和危险控制及安全保护的前提和依据。只有分析准确，才能正确地评价，才有可能采取相应的安全措施，消除或控制事故的发生。

8.4.4 事故处理与结案

8.4.4.1 事故处理原则

事故处理原则为"四不放过"原则，即事故原因分析不清不放过，事故责任者和群众没有受到教育不放过，没制定出防范措施不放过，事故责任者未受处理不放过。

8.4.4.2 事故结案类型

（1）责任事故。因有关人员的过失而造成的事故。

（2）非责任事故。由于自然界的因素而造成的不可抗拒的事故，或由于未知领域的技术问题而造成的事故。

（3）破坏事故。为达到一定目的而蓄意造成的事故。

8.4.4.3 责任事故的处理

对于责任事故，应区分事故的直接责任者、领导责任者和主要责任者。其行为与事故的发生有直接因果关系的，为直接责任者；对事故的发生负有领导责任的，为领导责任者；在直接责任者和领导责任者中，对事故发生起主要作用的为主要责任者。

根据事故的责任大小和情节轻重，给予批评教育或必要的行政处分，后果严重已形成犯罪的，报请检察部门提起公诉，追究刑事责任。

（1）追究领导责任情形：由于安全生产规章制度和操作规程不健全，职工无章可循，造成伤亡事故的；对职工未按规定进行安全教育，或职工未经考试合格就上岗操作，造成伤亡事故的；设备超过检修期限运行或设备有缺陷，又不采取措施，造成伤亡事故的；作业环境不安全，又不采取措施，造成伤亡事故的；由于挪用安全技术措施经费，造成伤亡事故的。

（2）追究肇事者和有关人员责任情形：由于违章指挥或违章作业、冒险作业，造成伤亡事故的；由于玩忽职守、违反安全生产责任制和操作规程，造成伤亡事故的；发现有发生事故危险的紧急情况，不立即报告，不积极采取措施，因而未能避免事故或减轻伤亡的；由于不服从管理、违反劳动纪律、擅离职守或擅自开动机器设备，造成伤亡事故的。

（3）重罚情形：对发生的重伤或死亡事故隐瞒不报、虚报或故意拖延报告的；在事故调查中，隐瞒事故真相，弄虚作假，甚至嫁祸于人的；事故发生后，由于不负责任，不积极组织抢救或抢救不力，造成更大伤亡的；事故发生后，不认真吸取教训、采取防范措施，致使同类事故重复发生的；滥用职权，擅自处理或袒护、包庇事故责任者。

9 职业健康

水利工程的主要职业危害因素是工程设备设施运行过程中的噪声和振动；电焊等作业产生的烟尘等有毒有害物质；变电所及电气设备高频电场的电磁辐射；配电装置室等电气设备用的 SF_6 毒害物。

9.1 主要职业危害检测方法

9.1.1 粉尘、SF_6、温度和湿度

9.1.1.1 粉尘

粉尘检测包括粉尘浓度、粉尘分散度、游离 SiO_2 的测定。

（1）粉尘浓度的测定。测定粉尘浓度主要采用滤膜称重法，即抽取一定体积的空气，将粉尘阻留在已知质量的滤膜上，根据滤膜的增重，求出单位体积空气中粉尘的质量（mg/m^3），使用的器材包括采样器、滤膜、气体流量计、分析天平、秒表或相当于秒表的计时器、干燥器等。测定过程：新滤膜称重→采样→采集粉尘的滤膜称重→计算。

（2）粉尘分散度的测定。测定粉尘分散度主要采用滤膜法，即采样后的滤膜溶解于有机溶剂中，形成粉尘粒子的混悬液，制成标本在显微镜下测定，使用的主要器材和试剂包括乙酸丁酯、小烧杯、显微镜、目镜测微尺、物镜测微尺、载玻片等。操作步骤：先将已采有粉尘的滤膜放在小烧杯中，加入乙酸丁酯 1~2 ml 溶解滤膜，用玻棒充分搅拌，制成均匀的粉尘混悬液，立即用滴管吸取一滴，滴于载玻片上，用另一载玻片呈 45°角推片，把粉尘标本片放于显微镜下，测微尺依次测量粉尘粒径的大小，先低倍后高倍进行观察，用目镜至少测量 200 个尘粒，做好记录，算出百分数。

（3）游离 SiO_2 的测定。测定粉尘中游离二氧化硅主要采用焦磷酸重量法，此为国标法，即将硅酸盐溶于加热的焦磷酸，而石英几乎不溶，用质量法测定粉尘中游离二氧化硅的含量，主要器材和试剂包括烧杯、漏斗、瓷坩埚、分析天平、高温电炉和可调普通电炉、焦磷酸、氢氟酸、结晶硝酸铵、盐酸。

9.1.1.2 SF_6 气体

采用 SF_6 检测仪测定。

9.1.1.3 空气温度和湿度

测定气温、气湿，通常用普通干湿球温度计或通风温湿度计。当多个点需要同时测定时，可使用温差电偶温度计、电阻温度计。湿球上纱布应用薄而稀的脱脂纱布，纱布应紧贴温度计球部，以一层为宜，注意不可有皱褶，加水后应用手压去气泡，使温度计球部充分湿润。使用前需检查水银（酒精）柱有无间断。在进行温、湿度测量时，应将温、湿度计悬挂在职工操作岗位的胸部位置，不要靠近冷、热物体表面，并避免水滴沾在干球温度计上，悬挂 5 min 后读数。读数时，眼睛需与液柱顶点成水平位置，先读小数点后数值，再读整数，并避免手接触球部和手气对温湿度的影响。记下湿球和干球温度的度数，查专用表求得所测的相对湿度。一般温湿度计都备有可查的相对湿度表。

9.1.2 噪声和振动

9.1.2.1 噪声

测定运行场所噪声常用的仪器为声级计，测量噪声的声级计应符合国家标准（GB3785—83）的要求，并定期校准，也可以使用仪器内部电器校正信号进行校正。

检测点选择。若作业场所内声场分布均匀，工作地点很多，一般选 3 ~ 5 个检测点。具体来说，工作点覆盖面积小于 50 cm² 的，检测点应选在工作点对角线两个端点和一个中心点；对工作点覆盖面积在 50 ~ 100 cm² 的，除上述三点外，另加一个边点；对覆盖面积大于 100 cm² 的，选择在工作点两条对角线上的四个端点和一个中心点。

测量方法。声级计接上延伸杆，固定在三脚架上，置于测点，调整传声器高度和角度，使传声器指向被测声源，同时应满足离地 1.5 m 高度的要求。测量人员接触的噪声强度时，传声器应置于人耳高度，距耳部 10 cm 左右，并将传声器按水平方向放置。若现场不适于放三脚架，可手持声级计，但应保持测试者与传声器的间距大于 0.5 m。进行测量时，应将计权网络开关置于 "A" 滤波器位置，如果所测噪声比较稳定，可使用 "快" 挡测量，如果所测噪声稳定性不好，使用 "慢" 挡能够读出比较准确的读数。一般用 "慢" 挡，当数值波动≤6 dB 时读中间值，数值波动>6 dB 时最大读数减去 3 dB，结果记作 dB（A）。当噪声强度超标时，应对噪声源做频谱分析，用声级计倍频程滤波器直接测量，先测线性档有效值，然后再依次测量中心频率为 31.5 ~ 8000 Hz 倍频率带声级，将结果记在测量表格上。

9.1.2.2 振动

测量振动的仪器一般由传感器、放大器、指示器或记录器及附属装置（如频率分析、计权网络）组成。测量局部振动的仪器可采用设有计权网络的手传振动专用测量仪，直接读取计权加速度或计权加速度级。常用的测量仪器有 ZDJ - 1 型人体振动计、精密声级计。振动的测量应在生物动力学坐标系三个轴向进行，即手的振动方向以第三掌骨头作为坐标原点或以人体心脏为坐标原点，X 轴垂直于掌面以离开掌心方向为正向或人体的背—胸为正向，Y 轴通过原点并垂直于 X 轴，对人体来说为右侧—左为正向，Z 轴由第三掌骨的纵轴方向确定或以人体脚—头轴为正向。

在测量时，加速度计应能牢固地固定在工具或工件上，在三个不同轴向上分别进行测定，并记录其测定结果，通过一系列的计算或直接得出频率计权加速度有效值，

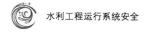

进行评价。

9.1.3 高频电场辐射

9.1.3.1 环境电磁波的测量

测量时常以辐射源为中心，以在不同方位取点的方式进行测量，简称点测。点测时将待测区按5°～10°角度画线，呈扇形展开，随此画线，近区场以每隔5～20 m定点测量，远区场以每隔50～100 m定点测量，或按特殊需要选点测量，测量位置处在平坦的地面环境时，一般以人的高度即离地1.7 m左右处为测点。在建筑物内部测量，应以不同层次选择有代表性的若干点分别测定。测量结果应根据记录各频段的不同数据和不同类型的波分别进行计算，得出这一区域内的环境电磁波辐射量，从而确定安全区域。

9.1.3.2 作业场所电磁波的测量

工频电场的测量，是测量距地面高1.5 m的电场强度。测量地点应比较平坦且无多余的物体，对不能移开的物体应记录其尺寸及其与线路的相对位置，并应补充测量离物体不同距离处的场强。测定超高频辐射强度时应分别测量操作位的头、胸、腹各部位。测量设备泄露场强时，可将仪器天线探头置于距设备5 m处测量，所测数据仅供防护时参考。

9.2　主要职业危害控制技术

9.2.1 噪声控制技术措施

泵站等场所，控制噪声的基本途径从声源、传播、接受者三个方面着手。

（1）声源降噪。如：选择加工精细的水泵，避免选用工作性能不稳定的水泵，防止引起喘动和噪声；水泵必须在高效率区域内运行；水泵安装高程需预留一定的安全裕量；吸水管路设置偏心锥管，避免管内积存空气；在水泵出口处设置能防止管路振动和温度应力的伸缩管节；在水泵出口管路上设置旁通管以缓和压力脉动。

（2）吸声降噪。如：在泵房等房间的内表面装饰吸声材料，电动机定子内壁上刷涂吸声涂料，以降低泵房等场所内噪声的方法。常用的吸声材料按吸声效果的大小排列为玻璃棉、矿渣棉、卡普隆纤维、石棉、工业毛毯、加气混凝土、木屑、木丝板、甘蔗板等，泡沫塑料板的吸声效果取决于加工时形成的孔隙的质量。吸声结构分薄板共振吸声结构、穿孔板共振吸声结构、微穿孔板共振吸声结构。将薄的塑料、金属或胶合板等材料的周边固定在框架（称为龙骨）上，并将框架牢牢地与刚性板壁相结合，这种由薄板与板后的封闭空气层构成的系统就称为薄板共振吸声结构；在薄板上穿以小孔，在其后与刚性板壁之间留有一定深度的空腔所组成的吸声结构称为穿孔板共振吸声结构；在厚度1 mm的金属薄板上，钻出许多孔径小于1 mm的小孔（穿孔率为1%～4%），将这种孔小而密的薄板固定在刚性壁面上，并在板后留以适当深度的深腔，便组成微穿孔板共振吸声结构。

（3）隔声降噪。即采取隔声罩、隔声间、隔声屏、管道隔声等方法减少噪声外溢。隔声罩是将声源部分或全部予以封闭，减少噪声外溢的装置，如在发电机、电动机、空压机等机电设备外加隔声罩，其罩壁由罩板、阻尼涂料和吸声层构成，大多使用薄金属板、木板、纤维板等轻质板材，隔声罩可分为全封闭型隔声罩、局部封闭型隔声罩和隔声消声箱。隔声间是在水泵房、主变压器等部位建造隔声间，用建筑材料砌筑成不同隔声构件组成的具有良好隔声性能的房间，把声源密封起来使之与外界隔开，对窗、门、墙体均采用相应隔声措施，即隔声墙、隔声门、隔声窗。制作隔声墙板时采用以下措施：采用薄钢板、纤维板等材料制成的轻质结构增加双层板之间的距离、增加板的面密度和涂阻尼层等方法减弱共振现象的影响；双层墙板之间填充柔性吸声材料，以显著改善共振频率和临界频率处的隔声性能；吸声材料固定在一层墙板的内侧，而不悬挂或放置在双层墙板的中间；安装双层隔声结构时，避免双层板材之间出现刚性接触，如需在两板之间加入支撑物，宜选用弹性支撑。制作隔声门时采用以下措施：将窗做成两层或多层，多层结构采用钢板、胶合板、玻璃棉、毛毡等材料制成；采用多层结构以及门板中填充多孔性吸声材料；将门框做成阶梯状，在接缝处嵌软橡皮、毛毡等弹性材料，门缝实际宽度不应超过 1 mm，门与地板间实际缝隙亦不应超过 2 ~ 3 mm，在门框与墙间的接缝处应采用沥青、麻刀等软材料进行填充并做封堵。制作隔声窗时采用以下措施：将窗做成两层或多层；玻璃间距为 8 ~ 12 cm；采用多层玻璃窗时，各层玻璃选用不同的厚度，可避免吻合效应的影响；安装时，最好使中间空气层的厚度不一致，即各层玻璃并不相互平行；玻璃边缘采用细毛毡条、多孔橡皮垫等压紧材料；窗扇之间、窗扇与窗框之间的接触面进行密封。管道隔声的做法同保温做法一样，不同的是吸声材料代替了保温材料，外壳使用能隔声的金属板，隔声金属板的隔声效果达 10 ~ 20 dB。

（4）消声降噪。即主要采用安装消声器的方法，消声器是一种既允许气流通过，又能有效阻止或减弱声能沿管道或向外传播的装置，如电机靠近出入风口处加装的消声器、电机尾部和机壳上加装的阻性消声筒，并在消声筒内放置吸声锥，吸声锥做成可调式，管道安装阻性或抗性消声器等。消声器分为阻性消声器、抗性消声器、阻抗复合式消声器、微穿孔板消声器 4 类。阻性消声器借助镶嵌在管道内壁上的吸声材料或吸声结构的吸声作用达到消声降噪目的，主要用于控制中、高频噪声。抗性消声器借助共振原理将声能消耗掉，用于控制低、中频噪声，抗性消声器分扩张室和共振腔消声器，扩张室消声器是借助管道截面的突然扩张，截面发生突变使声波在该界面反射回去；共振腔消声器则借助管道壁面上的共振腔来控制噪声。阻抗复合式消声器、微穿孔板消声器主要用在宽带噪声场所。

（5）个体防护。采用上述措施仍未能达预期效果时，采取个体防护，如耳塞、耳罩、头盔等。耳塞通常用软橡胶或者软塑料制成，如氯丁橡胶、聚氯乙烯树脂等。佩戴防噪音耳塞时要与人的外耳紧密接触，以免声音从隔音耳塞和外耳之间的缝隙进入中耳和内耳。耳罩外壳用硬质材料，内用软质材料，内装吸声材料。帽盔的优点是隔声量大，对高频的隔声量可达 40 ~ 50 dB（A），而且可以减少对内耳的损伤，对头部又有防震和保护作用，缺点是笨重、不透气。

9.2.2 振动控制技术

控制振动的措施主要为减少扰动、防止共振、采取隔振等。减少扰动的措施主要指减少或消除振动源的激发，如提高安装质量、对薄壁结构设置阻尼等；防止共振是指防止或减少设备、结构对振动源的响应，如改变振动系统扰动源频率、增大阻尼、减少振动振幅等；隔振措施主要指采取措施减小或隔离振动的传递，如在水泵与需要防振的设备间安装弹性隔振装置，水泵基础采用橡胶隔振器，使振源的大部分振动被隔振装置吸收，减小振源对设备或场所的干扰。

隔振装置有钢弹簧减振器、橡胶隔振器、橡胶隔振垫、软管连接等。钢弹簧减振器可分为螺旋弹簧减振器和板条式减振器，实际应用时，需另加勃滞阻尼器或采用钢丝外包敷橡胶的方法增加阻尼，或在弹簧下铺设橡胶垫或软木等阻尼较大的材料；橡胶隔振器根据受力形式分为压缩式、剪切式、压剪复合式等几种；橡胶隔振垫主要有平板橡胶板、肋形橡胶垫、三角槽橡胶垫、圆筒橡胶垫、凸台橡胶垫等；软管连接主要用于管道隔振，即将机械设备与管道的刚性连接改为软连接，如水泵两端进出水管各安装一个橡胶挠性接管，所有较低的管道安装隔振支架，较高的管道安装防振吊架，所有穿墙的管道都必须与墙剥离，并用玻璃丝棉和岩棉将管道包裹，不留缝隙，以增强隔声效果。

阻尼减振是指在金属结构上涂敷一层阻尼材料，是抑制结构振动、减少噪声的一种措施，如管道外壁包覆阻尼材料，安装管道吸振器。阻尼材料可以配制，其成分由基料、填料和溶剂三部分组成，基料是阻尼材料的主要成分，常用的基料有沥青、氯丁橡胶、烯酸酯等，填料被用来增加阻尼材料的内部损耗，如膨胀珍珠岩、膨胀蛭石、软木粉、石棉绒、碳酸钙、铅料等，溶剂的作用是溶解基料，如汽油、醋酸乙脂、乙酸乙酯、乙酸丁酯等。阻尼方式有两种：其一是非阻尼材料，如固体摩擦阻尼器、液体摩擦阻尼器、电磁阻尼器、动力吸振器等；其二是阻尼材料，如弹性阻尼材料、阻尼金属、附加阻尼结构等。阻尼减振能够抑制共振频率下的振动峰值，减少振动沿结构的传递，降低结构噪声，有利于机械系统受到瞬态振动后尽快恢复到稳定状态。阻尼对共振区的振动抑制最为有效，而对于非共振区，其作用则不大明显。

9.2.3 电焊烟尘控制技术措施

电焊烟尘控制技术措施主要有：

（1）提高焊接技术，改进焊接工艺和材料。如采用单面焊、双面成型新工艺，合理设计焊接容器结构，避免焊工在通风极差的容器内进行焊接，选择无毒或低毒的焊条，放弃使用含锰量高的高锰焊条，采用低锰、低氟、低尘的焊条。

（2）改善作业环境。进行手工电弧焊接的工作场所不宜过于狭小，一般面积不小于 4 m^2，作业场所要有一定的高度，墙壁不用易燃材料构筑，应有良好的天然采光或人工照明，这样可降低焊工的眼睛疲劳，提高劳动效率，防止发生灼伤等意外事故。

（3）加强机械通风。电焊作业主要采用局部通风系统，焊接大型电机时采用大型摇臂式抽风装置或固定悬吊式抽风装置，并安装能左右上下移动的抽风口，使之调位方便；焊接中、小件时，采用固定式侧吸抽风装置，此时，吸风管道固定，抽风装置的位置固定于操作台旁，集风器采用马鞍圆弧形，可以近位移动，风量可自行调节；多数情况下使用移动式抽风装置。

（4）对于氩弧焊和等离子焊，除应对焊区实行密闭、通风、净化，消除放射性物质和烟气外，其作业场所应坚持湿式清扫、饭前用肥皂洗手。

（5）加强个人防护。作业人员使用相应的防护眼镜、面罩、口罩、手套，穿白色防护服、绝缘鞋，绝不能穿短袖衣或卷起袖子，若在通风条件差的封闭空间工作，还要佩戴有送风性能的防护头盔。

9.2.4　高温控制技术措施

高温场所的控制技术措施主要有：

（1）普通风扇。风扇是一种较常见又很简单的局部送风装置，分为落地式和墙壁式电风扇、台扇、吊扇等几种。它利用室内空气进行循环，对空气不进行处理，只增加空气流速，帮助人体散热。这种局部送风装置构造简单，价格便宜，使用较方便。但它的缺点是容易吹起有害物污染空气，不能起到降温的作用，而且只有在工作地点的空气温度低于 35 ℃、热辐射强度小于 300 W/m² 的场合才适用。

（2）喷雾风扇。在普通的轴流风机上加装甩水盘，由供水管把水引至甩水盘上，靠甩水盘的高速旋转，把水甩成雾状，随空气一起喷出。这种喷雾风扇成雾率稳定、雾量调节范围较大，制作简单，使用方便。喷雾装置的用水量，每小时在 20 ~ 50 kg 之间，水源要求洁净，对水源压力无要求。喷雾风扇吹出的气流中含有雾滴，起到降温效果，其降温原理是，水滴蒸发时从液态变成气态，吸收周围空气中的热量，使工作区空气温度降低。同时，工作区周围的热设备散发出的热辐射穿过含有水滴的气流时会被水滴吸收，使人体的热辐射减小。在选用喷雾风扇时，雾滴直径应小于 100 μm，局部工作地点的风速控制在 3 ~ 5 m/s 范围内。它只适用于高温、热辐射大于 300 W/m² 的场所，而且工艺过程不忌细小雾滴的中、重作业场所。

（3）空气幕。这是一种局部送风装置，它是利用变截面均匀送风的空气分布器送出一定速度和温度的幕状气流，用来封住办公场所、控制室、操作室等建筑物的大门，也称大门冷空气幕，主要用于夏季空调房间的外门，防止室外热空气的侵入。通常在送风装置内设置冷却器，将空气冷却到一定温度后送出。

（4）隔热设施。采用隔热设施把热源和工人隔开，以减少辐射热对人体的危害。隔热装置同时还可以防止和减少由热源散到工作地带的热量，从而降低工作地带的温度。隔热设施分为热绝缘和隔热屏两类。热绝缘是在热设备表面包裹岩棉制品、超细玻璃棉制品、膨胀珍珠岩制品及硅酸铝棉制品等制成的隔热层，使隔热后设备外表面温度不超过 60 ℃，如驾驶室等；隔热屏包括纯水幕、铁丝网水幕、隔热水箱等。

（5）使用空调机。使用空调降温，是一种效果明显的降温方式，如用在起重机械操作室、控制室等。

（6）个体防护。如：夏季户外工作人员不要打赤膊，工作服宜宽松，应穿白色或浅色衣服、戴防护眼镜；现场供给作业人员盐开水、绿豆汤、豆浆、酸梅汤等防暑降温清凉饮料，饮水方式以少量多次为宜；现场配备毛巾、风油精、清凉油、藿香正气水以及仁丹等防暑降温用品。

9.2.5 高频设备的电磁辐射防护技术措施

高频设备的电磁辐射防护技术措施主要有：

（1）屏蔽。高频设备电磁辐射的屏蔽须采用合适的屏蔽材料，如铜、铝丝（板）以及铁网（板）材等，以隔离磁场和屏蔽电场。

（2）接地技术。将在屏蔽体（或屏蔽部件）内由于感应生成的射频电流迅速导入大地，使屏蔽体（或屏蔽部件）本身不致再成为射频的二次辐射源，从而保证屏蔽作用的高效率。

（3）滤波。线路滤波的作用就是保证有用信号通过，阻截无用信号通过，电源网络的所有引入线在进入屏蔽室之外装设合适的滤波器，若导线分别引入屏蔽室，则对每根导线都必须进行单独滤波。

（4）时间防护。减少作业人员直接进入强电磁辐射区的次数或工作时间。

（5）个体防护。即对在高频辐射环境内的作业人员的防护，防护用品有防护眼镜、防护服和防护头盔等。这些防护用品一般用金属丝布、金属膜布和金属网等制作。

（6）其他防护。包括采用电磁辐射阻波抑制器；尽可能使用低辐射产品或进行低辐射设计；对各种电磁辐射设备进行合理安排和布局，均衡电磁辐射空间密度特性，特别是对射频设备集中的地段，要建立有效防护范围。

9.2.6 SF_6 的安全防护技术措施

纯净的 SF_6 气体是无毒的，但设备运行中的 SF_6 气体会在电弧作用下分解出多种有毒的低氟化物组分，如 SF_4、S_2F_2、SF_2、S_2F_{10}、SOF_2、SO_2F_2 等，这些气体均为有毒或剧毒性物质，对人体的皮肤、黏膜、呼吸系统有强烈的刺激性作用，并能引起肺水肿、肺炎等，严重的可危害生命。

（1）设备运行中 SF_6 气体的安全防护。由于 SF_6 气体的相对密度大，约为空气的5倍，能在下部空间积聚引起缺氧窒息，因此，室内 SF_6 电气设备应有良好的通风装置，抽风口应设在室内下部，并定期检测室内 SF_6 气体浓度和 O_2 含量，空气中的含氧量应 >18%，SF_6 浓度不应超过 1000 $\mu L/L$。要求工作人员在进入 SF_6 设备室内工作前，设备室需通风 20 min，不允许工作人员单独和随意进入设备室。设备解体前需要排放和处理使用过的 SF_6 气体，其中可能会有较大量的有害杂质，解体前首先需要对设备内 SF_6 气体做全面分析测定，以确定其有害成分含量，或用气体生物毒性试验的方法确定其毒性的程度，制定防毒措施。设备内的 SF_6 气体不得直接向大气中排放，应使用回收车回收，回收的气体应装入有明显标记的容器内，分析其气体成分和湿度，如成分和湿度能达到合格要求（一般按新气标准）则可再使用；对不能再使用的气体，需净化处理后方可排放。

（2）设备解体检修时的安全防护。应注意以下方面：一是在 SF_6 电弧分解气体净化中使用过的吸附剂吸附的有害物质主要有 SF_4、S_2F_2、SF_2、S_2F_{10}、SOF_2、SO_2F_2 等，这样的吸附剂由于吸附了大量的电弧分解产物而具有毒性，因此，检修人员在设备解体时，必须穿戴防护用品，要小心地取出吸附剂，并将吸附剂放入碱液中处理待其为中性后深埋处理；二是设备解体时应仔细地清扫这些金属粉末，可用专用吸尘器处理，注意吸尘器排出的气体应通到远离工作现场的地方，吸尘器难于清理的地方，可用抹布小心擦洗，用于清理的物品需要在浓度为20%的碱性溶液中处理至其中性后深埋处理；三是设备解体后，检修人员应立即离开作业现场到空气新鲜的地方，工作现场需要强力通风，以清理残余气体，至少通风30~60 min后再进行工作，检修人员与分解气体和粉尘接触时，应该穿耐酸原料的衣裤相连的工作服，戴塑料式软胶手套和专用的防毒呼吸器，操作人工作完毕后，应彻底清洗全身；四是设备解体检修中使用的下列物品应作为有毒废物处理，如吸尘器的过滤纸袋、抹布、防毒面具中的吸附剂、气体回收装置中使用过的活性氧化铝或分子筛、设备中取出的吸附剂、严重污染的工作服等，处理方法是将废物装入双层塑料袋中，再放入金属桶内密封埋入地下，或用苏打粉与废物混合后再注入水，放置48 h，再做普通垃圾处理，防毒面具、塑料手套、橡皮靴及其他防护用品必须用肥皂洗涤后晾干备用。

（3）采取安全防护用品。毒性工作中使用防护用品是一种有效的保护措施，防护用品包括工作手套、工作鞋、密闭式工作服、防毒面具、氧气呼吸器等。工作人员佩戴防毒面具或氧气呼吸器进行工作时，要有专门监护人员在现场进行监护，以防止出现意外。对SF_6的防护用品应具有特殊性，如工作服要求不能使低氟化物进入，滤毒灌要求可吸附低氟化物等。

9.3 职业健康管理

9.3.1 职业危害告知与申报

9.3.1.1 岗前告知

水利工程单位与职工签订合同（含聘用合同）时，应将工作过程中可能产生的职业病危害及其后果、职业病危害防护措施和待遇等如实告知，并在劳动合同中写明。未与在岗职工签订职业病危害劳动告知合同的，应按国家职业病危害防治法律、法规的相关规定与职工进行补签。在已订立劳动合同期间，因工作岗位或者工作内容变更，职工从事所订立劳动合同中未告知的存在职业病危害的作业时，单位应向职工如实告知目前所从事的工作岗位存在的职业病危害因素，并签订职业病危害因素告知补充合同。因未如实告知职业病危害的，从业人员有权拒绝作业。不得以从业人员拒绝作业而解除或终止与从业人员订立的劳动合同。

9.3.1.2 现场告知

各有关部门应及时在有职业危害告知需要的工作场所醒目位置设置公告栏，公布有关职业病危害防治的规章制度、操作规程、职业病危害事故应急救援措施及作业场所职业病危害因素检测和评价的结果。在有职业病危害的作业岗位的醒目位置，设置警示标识和中文警示说明，警示说明应当载明产生职业病危害的种类、后果、预防和应急处置措施等内容。

9.3.1.3 检查结果告知

如实告知职工职业卫生检查结果，发现疑似职业病危害的及时告知本人。职工离开用人单位时，如索取本人职业卫生监护档案复印件，应如实、无偿提供，并在所提供的复印件上签章。安全生产委员会定期对各项职业病危害告知事项的实行情况进行监督、检查和指导，确保告知制度的落实。

9.3.1.4　职业病危害申报

作业场所职业危害每年申报一次，下列事项发生重大变化的，应当按照规定向原申报机关申报变更：进行新建、改建、扩建、技术改造或者技术引进的，在建设项目竣工验收之日起 30 日内进行申报；因技术、工艺或者材料发生变化导致原申报的职业危害因素及其相关内容发生重大变化的，在技术、工艺或者材料变化之日起 15 日内进行申报；单位名称、法定代表人或者主要负责人发生变化的，在发生变化之日起15 日内进行申报。

申报职业危害时，应提交《作业场所职业危害申报表》和下列有关资料：单位的基本情况；产生职业危害因素的生产技术、工艺和材料的情况；作业场所职业危害因素的种类、浓度和强度的情况；作业场所接触职业危害因素的人数及分布情况；职业危害防护设施及个人防护用品的配备情况；对接触职业危害因素从业人员的管理情况；法律、法规和规章规定的其他资料。

9.3.2　职业危害警示标识和培训教育

9.3.2.1　职业危害警示标识内容

职业危害警示包括图形标识、警示线、警示语句和文字等。图形、警示语句和文字设置在作业场所入口处或作业场所的显著位置。

图形标识。图形标识分为禁止标识、警告标识、指令标识和提示标识。禁止标识是禁止不安全行为的图形，如"禁止入内"标识；警告标识是提醒对周围环境需要注意，以避免可能发生危险的图形，如"噪声有害"标识；指令标识是强制做出某种动作或采用某种防范措施的图形，如在产生粉尘的作业场所设置"注意防尘"警告标识和"戴防尘口罩"指令标识，在产生噪声的作业场所设置"噪声有害"警告标识和"戴护耳器"指令标识，在高温作业场所设置"注意高温"警告标识，在可引起电光性眼炎的作业场所设置"当心弧光"警告标识和"戴防护镜"指令标识；提示标识是提供相关安全信息的图形，如"救援电话"标识。

警示线。警示线是界定和分隔危险区域的标识线，分为红色、黄色和绿色三种。按照需要，警示线可喷涂在地面或制成色带设置。

警示语句。警示语句是一组表示禁止、警告、指令、提示或描述工作场所职业病危害的词语。警示语句可单独使用，也可与图形标识组合使用。

9.3.2.2　警示标识和警示线的设置

职业病危害工作场所警示标识的设置。在可能产生职业病危害的设备上或其前方醒目位置设置相应的警示标识，对可能存在职业危害的作业岗位，在醒目位置设置公告栏，公布有关职业病防治的规章制度、操作规程、职业病危害事故应急救援措施和工作场所职业病危害因素检测结果。对产生严重职业病危害的作业岗位，在其醒目位置设置警示标识和中文警示说明，警示说明载明产生职业病危害的种类、后果、预防以及应急救治措施等内容。

职业病危害事故现场警示线的设置。在职业病危害事故现场，根据实际情况，设置临时警示线，划分出不同功能区。红色警示线设在紧邻事故危害源周边，将危害源与其他的区域分隔开来，限佩戴相应防护用具的专业人员进入此区域。黄色警示线设在危害区域的周边，其内外分别是危害区和洁净区，此区域内的人员要佩戴适当的防护用具，出入此区域的人员必须进行洗消处理。绿色警示线设在救援区域的周边，将救援人员与公众隔离开来，患者的抢救治疗、指挥机构设在此区内。

9.3.3.3　职业病防治教育培训内容和时间

对作业人员进行的上岗前和在岗期间的职业卫生培训应纳入安全生产培训计划，每年累计培训时间不得少于 8 小时。

职业健康宣传教育培训内容包括相关岗位职业健康知识、岗位危害特点、职业危害防护措施、职业健康安全岗位操作规程、防护措施的保养及维护注意事项、防护用品使用要求、职业危害防治的法律、法规、规章、国家标准、行业标准等。

9.3.3.4　职业病防治教育培训形式和考评

职业病防治教育培训形式包括内部宣传教育培训、外部委托培训。

内部宣传教育培训包括新职工上岗前、职工在岗期间、转换岗位等的教育培训。新职工进单位前，结合安全"三级教育"，对其介绍作业现场、岗位存在的职业危害因素及安全隐患，以及可能造成的危害；职工在岗期间通过定期培训或公告栏宣传，学习职业健康岗位操作规程、相关制度、法律法规及公司新设备、新工艺的有关性能、可能产生的危害及防范措施，了解工作环境检测结果及个人身体检查结果；转换岗位时，由新岗位部门负责人讲解新岗位可能产生的危害及防范措施。

外部委托培训一般是指参加安全生产监督管理部门组织的职业健康培训，参加人员一般为管理处主要负责人和职业健康管理人员。

新进职工或转岗人员经考核评定具备与本岗位相适应的职业卫生安全知识和能力方可上岗。未经培训或者培训不合格的人员，不得上岗作业。无正当理由未按要求参加职业健康安全培训的人员评定为不合格。

9.3.3　职业危害监测与监护

9.3.3.1　职业危害监测

水利工程管理单位对存在职业病危害的作业场所至少每年进行一次检测，检测结果及时公布，并上报当地安全监管部门备案。

安全生产委员会负责组织、监督、指导作业场所职业危害因素的分布、监测和分级管理。相关部门明确监测人员，确保监测系统、设备处于正常运行状态，对数据的准确性负责，监测数据可溯源。

按照国家有关标准，明确对尘、毒等化学有害因素和高温、噪声、振动等物理因素监测的合理布点，确定监测办法，明确监测时间，做好记录。监测点的设定和监测周期应符合相关规程规范的要求，由安监科和具有相关资质的职业卫生技术服务机构共同确定。监测点可根据实际需要进行调整，监测点的变更和取消应由确定单位共同审核认可。

按规定委托在省安全监管局注册备案、具有资质的职业健康技术服务机构定期对作业场所危害因素浓度或强度进行检测和评价，提供检测评价报告。接到《职业病危害因素日常检测结果告知书》后，相关部门应立即组织对监测结果异常的作业场所采取切实有效的防护措施，落实专人进行整改。对暂时不能整改或整改后仍不能达标的，应向安委会申请立项，进行整改。监测结果应予公示。

9.3.3.2 职业健康监护

职业健康监护主要包括职业健康检查和职业健康监护档案管理等内容。健康检查包括上岗前的健康检查、接触危害因素从业人员的定期健康检查、离岗健康检查。检查项目及周期按所接触的职业危害因素类别和国家规定的《职业健康检查项目及周期》进行，检查中发现有职业禁忌者，不得从事所禁忌的作业或应调离所禁忌的作业，对需要复查和医学观察者，按要求进行复查和医学观察；发现疑似职业病患应按规定报告，并安排职业病诊断或医学观察，用人单位及时将健康检查结果如实告知本人。职业卫生档案包括用人单位基本情况，职业卫生防护设施的设置、运转和效果，职业危害因素浓（强）度监测结果及分析，职业健康检查的组织及检查结果评价等，内容应定期更新。职业健康监护档案包括劳动者姓名、性别、年龄、籍贯、婚姻、文化程度、嗜好等情况，劳动者职业史、既往病史和职业病危害接触史，历次职业健康检查结果及处理情况，职业病诊疗资料，以及需要存入职业健康监护档案的其他有关资料。

应建立健全职业卫生档案和职工健康监护（包括上岗前、岗中和离岗前）档案，做到一人一档，档案内容齐全，在处档案室设立档案专柜。职业卫生档案应包括职业卫生记录卡、接触职业病危害因素人员作业人员登记卡、职业病危害记录卡、职业病危害因素检测资料、职业危害事故报告与处理记录、职业病防护设施和防护用品档案、职业卫生培训教育资料、职业病事故应急救援预案及演练等有关资料。职工离开单位时，有权索取个人健康档案资料并复印，人事科应如实、无偿地提供，并在所提供的个人复印件上签章。

档案室对各部门移交来的职业卫生档案，要认真进行质量检查，归档的案卷要填写移交目录，双方签字，及时编号登记，入库保管。档案工作人员对档案的收进、移出、销毁、管理、借阅、利用等情况要进行登记，档案工作人员调离时，必须办好交接手续。

存放职业卫生档案的库房要坚固、安全，做好防盗、防火、防虫、防鼠、防高温、防潮、通风等项工作，并有应急措施。职业卫生档案库要设专人管理，定期检查清点，如发现档案破损、变质要及时修补复制。使用职业卫生档案的人员应当爱护档案，职业卫生档案室严禁吸烟，严禁对职业卫生档案拆卷、涂改、污损、转借和擅自翻印。

9.3.4 防护设施维护检修和防护用品管理

9.3.4.1 防护设施维护检修管理

自行或委托有关单位对存在职业病危害因素的工作场所设计和安装非定型的防护设施项目的，防护设施在投入使用前应当经具备相应资质的职业卫生技术服务机构检测、评价和鉴定，未经检测或者检测不符合国家卫生标准和卫生要求的防护设施，不得使用。

落实防护设施管理责任，定期对防护设施的运行和防护效果进行检查。告知卡和警示标识应至少每半年检查一次，发现有破损、变形、变色、图形符号脱落、亮度老化等影响使用的问题时应及时修整或更换。

及时对防护设施进行定期检查、维修、保养，保证防护设施正常运转，每年对防护设施的效果进行综合性检测，评定防护设施对职业病危害因素控制的效果。及时进行使用防护设施操作规程、防护设施性能和使用要求等相关知识的培训，指导相关工作人员正确使用职业病防护设施。

健全防护设施技术档案，包括防护设施的技术文件（设计方案、技术图纸、各种技术参数等），防护设施检测、评价和鉴定资料，防护设施的操作规程和管理制度以及防护设施使用、检查和日常维修保养记录。

9.3.4.2 防护用品管理

（1）劳动防护用品的采购及入库。劳动用品使用部门、单位根据工作性质及需求，按照国家有关标准对劳动防护用品的种类、数量进行统计，按时按量采购。采购时应选择合格的劳动防护用品的供货方，要求供货方提供产品的质量检验证书、生产厂商的资质证书、安全鉴定证及专用发票；采购的劳动防护用品按规定存放，设立防护用品仓库。仓库保管员须核对入库防护用品的生产许可证、产品检验合格证、安全鉴定证，并按要求办理入库手续，登记产品名称、数量、包装等内容，并定期检查储存情况。

（2）劳动防护用品的发放与监督。仓库保管部门应对防护用品的进出库进行严格管理，防护用品仓库应建立发放台账，作为发放防护用品的原始资料，各相关单位（部门）应按规定建立个人防护用品登记卡，由仓库保管员按规定发给个人防护用品；职工岗位调动时，应按规定交回劳动保护用品至原单位劳保仓库，并由新岗位单位（部门）按规定发放防护用品；实习人员、进入生产区的参观人员等，接待部门应提供必要的个人防护用品；项目实施前应与施工方签订安全生产协议，协议中应注明对劳动防护用品的要求，项目实施部门在项目实施过程中应经常检查相关方人员的执行情况。相关部门对劳动者进行劳动防护用品的使用、维护等专业知识的培训，督促劳动者在使用劳动防护用品前，对劳动防护用品进行检查，确保外观完好、部件齐全、功能正常，应当定期对劳动防护用品的使用情况进行检查，确保劳动者正确使用。

（3）劳动防护用品的使用。工作人员应根据工作场所的危害因素及其危害程度，正确合理地使用劳动防护用品，进入岗位作业时必须穿戴好本工种应配置的劳动防护用品，未按规定佩戴和使用者不得上岗作业，劳动防护用品每次使用前应由使用者进行安全防护性能检查，发现其不具备规定的安全、职业防护性能时，使用者应及时提出更换，不得继续使用。如：进入施工现场人员必须佩戴安全帽，穿工作鞋和工作服，应按作业要求正确使用劳动防护用品。在 2 m 及以上的无可靠安全防护设施的高处、悬崖和陡坡作业时，必须系挂安全带。对于具体工种，起重机操作人员应配备灵便紧口的工作服，系带防滑鞋和工作手套；维修电工应配备绝缘鞋、绝缘手套和灵便紧口工作服；安装电工应配备手套和防护眼镜；高压电气作业时应配备相应等级的绝缘鞋、绝缘手套和有色防护眼镜；在密闭环境中或通风不良的环境下，应配备送风式防护面罩；从事电钻、砂轮等手持电动工具作业时，应配备绝缘鞋、绝缘手套和防护眼镜。劳动防护用品每次使用前，应由使用者进行安全防护性能检查，发现用品不具备规定的安全、职业防护性能时，使用者应及时提出更换，不得继续使用。

（4）劳动防护用品的保管和维护。防护用品仓库保管员按照有关要求妥善保管劳动保护用品，及时清理过期、失效的劳动防护用品。劳动防护用品的采购、验收、入库、发放要有明确的记录；对应急劳动防护用品进行经常性的维护、检修，定期检测劳动防护用品的性能和效果，保证其完好有效；劳动防护用品使用人员应妥善使用各自的防护用品，不得破坏防护用品结构及影响其使用功能，并按要求定期保养。公用的劳动防护用品应当统一保管，定期维护。

（5）劳动防护用品的检测和报废。劳动防护用品有定期检测要求的应按照其产品的检测周期进行检测，如安全帽、安全带一年进行一次检查试验，绝缘手套和绝缘鞋每次使用前应做绝缘性能的检查和每半年做一次绝缘性能复测，保证劳动防护用品质量稳定可靠。劳动防护用品的使用年限应按国家现行相关标准执行，劳动防护用品破损或变形、影响防护性能、达到使用年限或报废标准的，应予以报废和补发，并做好相关记录。

另外，外来施工人员在管辖范围内施工的，按照"相关方及外用工（单位）安全管理制度"进行管理，有关负责单位（部门）负责对外来施工人员是否配备正确的劳动防护用品情况进行检查监督，禁止未佩戴劳动防护用品的人员进入施工场地。

9.3.5 职业病管理

职业病是指企事业单位和个体经济组织等用人单位的劳动者在职业活动中，因接触粉尘、放射性物质和其他有毒、有害因素而引起的疾病。职业禁忌证是指劳动者从事特定职业或者接触特定职业病危害因素时，比一般职业人群更易于遭受职业病危害和罹患职业病或者可能导致原有自身疾病病情加重，或者在作业过程中诱发可能导致对他人生命健康构成危险的疾病的个人特殊生理或病理状态。如恐高症、高血压对于电力工、架子工；高血压、心脏病对于巡道工、调车人员等均属职业禁忌证。《用人单位职业健康监护监督管理办法》等法规办法明确规定不得安排有职业禁忌的劳动者从事其所禁忌从事的作业。按照国家有关规定，安排职业病患者进行治疗、康复和定期检查；用人单位对不适宜继续从事原工作的职业病患者，应当调离原岗位，并妥善安置。严格按照规定对疑似职业病的患者及时检查诊断，对已确诊患职业病的患者应及时治疗、疗养，对患职业病和职业禁忌证的职工要妥善安置，调整到合适的岗位，做好有关记录并及时归档。职业病危害事故管理及其应急救援同第8章叙述。

10 安全生产标准化和信息化建设

10.1 安全生产标准化概述

安全生产标准化是生产经营单位通过落实安全生产主体责任，全员全过程参与，建立并保持安全生产管理体系，全面管控生产经营活动各环节的安全生产与职业卫生工作，实现安全健康管理系统化、岗位操作行为规范化、设备设施本质安全化、作业环境器具定置化，并持续改进。

安全生产标准化建设通过建立健全安全生产责任制，制定有效的安全管理制度和规范的操作规程，对一系列安全隐患进行排查治理，对生产运行过程中的重大危险源进行监控，建立预防机制，规范生产行为，使各生产环节符合有关安全生产法律法规和标准规范的要求，促使人—机—环境处于良好的生产状态，并持续改进，不断加强安全生产规范化。从某种意义上讲，安全生产标准化工作涵盖了安全生产工作的全局，从管理方面来说，安全生产标准化的建设是对安全生产规章制度的建立与健全；从设备方面来说，安全生产标准化的建设有利于改善设备设施状况；从工作人员方面来讲，安全生产标准化的建设对规范作业人员行为等方面提出了具体要求。

水利安全生产标准化建设是水利工程单位夯实安全管理基础、提高设备本质安全程度、加强人员安全意识、落实水利工程单位安全生产主体责任、建设安全生产长效机制的有效途径，是创新水利安全监管体制的重要手段。

水利生产经营单位开展安全生产标准化工作，应遵循"安全第一、预防为主、综合治理"的方针，落实安全生产主体责任。应以安全风险管理、隐患排查治理、职业病危害防治为基础，以安全生产责任制为核心，建立安全生产标准化管理体系，实现全员参与，全面提升安全生产管理水平，持续改进安全生产工作，不断提升安全生产绩效，预防和减少事故的发生，保障人身安全健康，保证生产经营活动的有序进行。

水利安全生产标准化工作应采用"策划、实施、检查、改进"的 PDCA 动态循环的模式，依据标准要求，结合单位自身特点，建立并保持以安全生产标准化为基础的安全生产管理体系；通过自我检查、自我纠正和自我完善，构建安全生产长效机制，持续提升安全生产绩效。

10.2 安全标准化建设主要过程

10.2.1 建立组织机构

安全生产标准化建设系统性强，工作任务重，要求也较高。为便于协调处理相关事务，整合资源、集中力量推进建设工作，水利工程管理单位需先建立安全生产标准化建设组织机构，包括领导小组、执行机构、专业组，并以文件正式印发。

安全生产标准化建设领导小组统一组织、领导安全生产标准化达标工作，对安全生产标准化运行进行整体管理、决策和协调，明确目标和要求，布置工作任务，审批安全标准化建设方案并确保方案的有效推进，协调解决重大问题，保障相应资源的支持。领导小组由单位主要负责人为组长、领导班子成员为副组长、职能部门及工程管理单位负责人为成员。

领导小组下设办公室，为安全生产标准化建设的执行机构，办公室主任由上级安全生产委员会办公室主任担任，办公室成员由上级安全生产监督科及相关单位（部门）安全管理人员组成，负责制定安全生产标准化建设方案和标准化自评工作计划，按照水利行业安全生产标准化评审要求和标准，策划建立、实施并保持安全生产标准化建设工作，组织安全生产标准化建设的检查、整改、监督验证，对安全生产标准化细则的宣传教育，部署各职能部门工作任务，负责安全生产标准化查评项目和内容的具体落实，协调解决工作中的具体问题，提出解决问题的办法报领导小组同意后实施。同时，全面执行安全生产标准化达标职责，负责对各部门、单位安全生产标准化工作进行验收、考核、考评，做到全员、全方位、全过程参与安全标准化建设。

专业组由单位行政分管副职、责任部门负责人和相关部门成员组成，分解落实单位布置的创建工作任务，负责权限范围内安全生产标准化的检查、督促问题整改及整改结果的验证。专业组划分如表 10-1 所示。

表 10-1 专业组划分

序号	专业组	责任部门	职责范围
1	综合管理组	安全主管部门	目标、组织机构及职责、安全生产投入、法律法规与安全管理制度、安全教育培训危险源监控、现场控制、消防安全、交通安全、隐患排查治理、重大应急管理、事故管理、绩效评定和持续改进
2	设备管理组	设备管理部门	设备设施管理
3	现场控制组	安全主管部门 工程管理部门	现场作业行为控制
4	职业健康组	人力资源部门	职业健康管理

10.2.2 初始状态评审

初始状态评审又称现状摸底，是水利工程单位进行安全生产标准化建设前，对自身安全生产管理现状进行的一次全面系统的调查，以获得组织机构与职责、业务流程、安全管理等现状的全面、准确的信息，并对照评审标准进行评价。初始状态评审的目的是系统全面地了解水利工程单位安全生产现状，为有效开展安全生产标准化建设工作进行准备，是安全生产标准化建设工作策划的基础，也是有针对性地实施整改工作的重要依据。

10.2.2.1　评审主要内容和方式

评审内容主要包括对现有安全生产机构、职责、管理制度、操作规程的评价；适用的法律、法规、标准及其他要求的获取、转化及执行的评价；调查、识别安全生产工作现状，审查所有现行安全管理、生产活动与程序，评价其有效性，评价安全生产工作与法律、法规和标准的符合程度；管理活动、生产过程中涉及的危险、有害因素的识别、评价和控制的评价；过去事件、事故和违章的处置，事件、事故调查及纠正、预防措施制定和实施的评价；相关方的看法和要求；安全生产标准化建设工作的差距。

初始状态评审通过现场调查、问询、查阅文件资料、专业小组审查等方式，获取有关安全生产状况的信息，提出安全生产标准化建设工作目标和优先解决事项。办公室依据评审标准要求，依据各专业组职责分要素设计安全生产标准化检查表并进行汇总。设计安全生产标准化检查表时应注意以下几点：安全生产标准化检查表应依据有关规程、规范、标准的要求和本单位的实际进行编制，安全检查中的内容要求不应低于标准条款的要求；安全生产标准化检查表所列的检查项目应齐全、具体、明确、突出重点、抓住要害；各类安全生产标准化检查表都有适用对象，各有侧重，是不宜通用的；根据每个检查人员的不同分工，分开编制安全生产标准化检查表；量化检查，必须采用打分的形式。

10.2.2.2　评审过程

初始状态评审分为 4 个阶段。

（1）第一阶段为评审准备。评审准备包括成立评审小组、制订计划、收集相关信息等。评审小组由本单位安全生产管理人员组成，亦可联合安全咨询专家组成，小组成员应具备必要的专业知识和安全生产法律法规知识，具有较强的分析评估能力。评审小组人员应经过适当培训，了解初始状态评审工作目的、要求和自身的职责。评审计划根据水利工程单位的类型、规模、覆盖范围，并考虑安全生产标准化建设工作时间进程而制订；初始状态评审计划应经单位领导审核后下发，要求各部门准备好相关文件资料，并配合开展评审；初始状态评审计划由领导小组下设的办公室制订，内容包括评审目的、范围、依据、方法和时间安排。收集的信息包括识别和获取安全生产法律法规、标准规范及我国已经加入的国际公约，安全生产规章制度、安全操作规程、安全措施、应急预案、台账、记录表格等。其中，安全生产法律法规、标准规范识别获取的范围主要是国家安全生产法律、行政法规、规章、标准规范，行业安全生产规章、标准规范，地方性安全生产法规。国家安全生产法律法规、标准规范可从专业报纸、杂志、互联网及上级主管部门发文等渠道获取；行业安全生产规章、标准规范可从水利部、水利厅、行业协会等处获取；地方性安全生产法规、规章、标准规范可从当地安全生产监督管理局、环境保护局、消防局、总工会等部门获取。安全生产法律法规及标准规范识别和获取的流程是：先通过各种途径识别、获取安全生产法律法规、标准规范，并建立适用的安全生产法律法规、标准规范的清单；再建立和更新本单位适用的安全生产法律法规、标准规范的目录清单（台账）和文本库（含电子版），并经主要负责人签字批准后，定期通过文件、网络等形式发布；再将识别、获取的安全生产法律法规、标准规范融入本单位安全生产管理制度和操作规程的修订中，并及时下发到基层单位、部门和相关岗位；并将识别、获取的安全生产法律法规、标准规范及时传达给单位员工和相关方，并通过宣传、培训和考试等方式，使单位员工和相关方熟悉新的法律法规的要求，以便规范安全生产行为，保障安全生产；最后督促单位员工和相关方严格执行安全生产管理制度和操作规程，切实将安全生产法律法规、标准规范的要求贯彻到各项工作中。同时，获取的适用的安全生产法律法规、标准规范发生修改或更新时，及时对本单位获取的安全生产法律法规、标准规范清单进行更新，水利工程单位每年至少组织一次对适用的安全生产法律法规、标准规范符合性评价，确保在用安全生产法律法规、标准规范的有效性。

（2）第二阶段是现场调查。先是到各部门、基层单位调研访谈，了解有关安全生产情况；再是部门、基层单位负责人一起对安全生产情况进行初评；最后是评审小组进行复查认定。

（3）第三阶段是分析评价。即根据获取的信息，对照评审标准进行分析，找出差距。

（4）第四阶段是初始状态评审报告。评审小组编制形成初始状态评审报告，基本内容包括水利工程单位基本概况，评审的目的、范围、时间、人员分工，评审的程序、方法、过程，水利工程单位现行安全生产管理状况，法律法规的遵守情况，以往事故分析，急需解决的优先项，对安全生产标准化建设工作的建议及相关附件，附件包括安全生产法律法规清单、安全生产技术标准清单、文件评审意见汇总。

10.2.3　制定建设实施方案

安全生产标准化建设是一项系统工程，涉及各职能部门、各级组织和全体员工，为确保安全生产标准化建设顺利推进并实现建设目标，水利工程单位需对照评审标准及相关法规要求，编制安全生产标准化建设实施方案。

方案主要内容：制定安全生产标准化建设目标；明确工作内容，并分解落实安全生产标准化建设责任，确保各部门及基层单位在安全生产标准化建设过程中任务职责清晰；明确组织机构，及其职责及责任人；制订时间进度计划等，安全生产标准化建设实施方案经领导机构审批后以文件正式印发。

建设实施方案的基本框架包括指导思想、工作目标、工作内容、组织机构和职责、工作步骤、工作要求和安全生产标准化建设任务分解表附件。

编制实施方案的关键点在于确定目标和任务分解，水利工程单位需充分了解、熟悉水利安全生产标准化建设的具体要求，认真研究评审标准，结合单位实际情况确定可达到的目标。安全生产标准化建设注重建设过程，寻求持续改进，不可盲目追求评审等级。标准化建设涉及生产经营单位各个环节，任务重、工作量大，必须按安全生产标准化要素编制任务分解表，将各要素的建设责任分配、落实到各职能部门和基层单位，涉及多个部门的，明确责任部门和协助部门。

10.2.4　标准化宣传培训

安全生产标准化建设强调全员、全过程、全方位、全天候监督管理原则，进行全员安全生产标准化培训是安全生产标准化建设工作的重点内容之一，需精心组织相关培训，提高全员参与意识，帮助员工掌握安全生产标准化相关知识。

宣传培训要结合本单位自身特点，运用多样化的宣传方法和手段，如印发学习小册子、利用单位内部网站宣传、开展安全生产标准化知识竞赛等，使本单位领导和员工对安全生产标准化建设内容、意义等有全面认识，夯实安全生产标准化建设的思想基础。

培训可分层次、分阶段、循序渐进地进行，可采取走出去、请进来等多种形式，强化培训效果。走出去，是指组织单位相关人员到水利安全生产标准化达标单位学习考察；请进来，是指聘请水利工程安全标准化专家对本单位领导班子、中层以上干部、安全员、标准化文件编写人员等进行安全生产标准化相关法律法规知识、评审办法、评审标准解读培训，提高他们对安全生产标准化的认识和理解，聘请安全咨询机构提供技术支持，指导安全生产标准化的策划、实施和自评工作。可通过安全工作例会、班组安全活动、宣传图册、学习材料、印发《水利安全生产标准化文件汇编》、网站宣传等方式及时向员工宣传安全标准化建设情况，形成良好的安全生产标准化建设氛围。建设过程中，可按照不同时间段的需要进行相关知识培训，如策划培训、流程图绘制培训、法律法规和技术标准辨识培训、文件编写培训、运行实施培训、自主评定知识培训等。

10.2.5　制定和修订管理文件

安全生产标准化对安全管理制度、操作规程等的核心要求在其内容的符合性和有效性，而不是其名称和格式。要对照评审标准，对主要安全管理文件进行梳理，结合初始状态评审所发现的问题，准确判断管理文件有待加强和改进的薄弱环节，确定制（修）订文件清单，拟定文件制（修）订计划；以各部门为主，自行对相关文件进行制（修）订，由安全标准化领导小组进行把关。按照评审标准对所对应的一级要素和二级要素进行分析，整理要素大纲，确定适用于本单位的有关条款，根据水利安全生产标准化相关规定，逐条对照，完善单位的管理文件。

（1）文件清单。水利工程单位在安全生产标准化文件适用性评审的基础上进一步确定安全生产标准化制（修）订文件清单，文件清单包括安全生产目标、责任制，安全生产制度，安全操作规程，施工组织设计、专项施工方案、专项安全技术措施，综合应急预案、专项应急预案、典型现场处置方案等。

（2）文件制定与修订原则。一是系统性，安全生产标准化文件在其范围所规定的界限内按需要力求完整，覆盖所有的生产活动；二是合法性，安全生产标准化文件应贯彻国家有关政策、法律法规和标准规范，与同级有关文件相协调，下级要求不得与上级要求相抵触；三是准确性，安全生产标准化文件的文字表达要准确、简明、易懂、逻辑严谨，避免产生不易理解或不同理解的可能性，管理制度的图样、表格、数值和其他内容要正确无误；四是统一性，安全生产标准化文件中的术语、符号、代号应统一，并与其他相关管理制度内容一致，已有国家标准的应采用国家标准，同一概念与同一术语之间应保持唯一对应关系，类似部分应采用相同表达方式和措辞；五是适用性，安全生产标准化文件应尽可能结合单位的事实编写，同时应结合本单位的战略规划，力求具有合理性、先进性和可操作性。

（3）文件制定与修订流程。一是搜集整理相关资料，搜集整理的相关资料主要包括国家相关的法律法规、标准规范等，上级单位相关的安全管理体系、制度、规范等文件，同行业相关的安全管理体系、制度、案例等，本单位以往的体系、制度、规范等，分析不足和差距，查找死角和漏洞，确定、制定制度的重点和方向，本单位职工提出的合理化建议、相关会议决定等；二是文件编制，安全生产标准化文件各层次的文件由承担其管理职能的部门组织编制，完整的文件包含文件名称、文号、编制时间、版次等；三是文件审核签发，各层次文件审核签发由相应管理部门的负责人、相关领导会签，并对会签内容负责；四是文件发布培训与实施；五是检查评估，每年至少对安全生产法律法规、规程规范、规章制度、操作规程的执行情况进行一次全面检查评估，检查评估可以采取检查评估表的形式落实；六是修订，当出现安全生产法律法规、标准规范、其他要求发生变化，安全生产标准化文件执行过程中出现问题，本单位内、外部环境变化，安全生产标准化检查评估发现问题，造成原有文件条款无法适应和满足安全工作要求时，要进行修订完善，及时发放到相应部门、岗位，并组织学习，建立并保存文件的修订记录，作废的文件应标识，以免工作中引用了不适用的文件。

（4）文件编写要求。水利工程单位依据确定的制（修）订文件计划，以各职能部门为主，组织对相关文件进行制（修）订；在满足要求的前提下追求最小化，包括文件数量、文件栏目数量、段落、文字；尽量避免重复，同样的内容不应在多个文件中重复，同样的语句尽量不要在一个文件中重复；对需要补充制定的文件，按照单位实际情况及评审标准要求编写，要避免笼统、缺乏操作性。建立文件体系时，采用流程管理的理论方法，以流程为主线编制管理文件；通过 SWZH 的管理思想，对管理文件的编制内容进行审核并提出修改建议；同时注意审核是否实现了管理文件和相关技术标准的有效结合。安全生产标准化对安全管理制度、操作规程、应急预案（综合预案、专项预案、现场处置方案）的核心要求在于其内容的符合性和有效性。

（5）文件审查要求。文件审查目的是审查文件内容是否具有操作性、适宜性、充分性，是否符合有关法律、法规、规章和安全生产标准化评审标准。审查可由安全生产标准建设领导小组办公室，人员包括单位主要负责人或主管安全生产工作的负责人、各职能部门主要领导、各岗位人员代表参加。文件审查形式为会议审查和函审两种。以会议方式审查的，要形成书面的"文件审查意见表"；以函审方式审查的，要形成"文件会审流转单"，文件编制部门按照审查意见修改后形成最终文件，经领导批准后以正式文件形式发布。

10.2.6　运行准备和实施

安全生产标准化制定和修订后，要根据安全生产标准化实施方案，对照考评标准的内容，在日常工作中进行实际运行实施，并根据运行情况，对照评审标准的条款，及时发现问题。

10.2.6.1 运行准备

安全生产标准化文件主要有安全生产管理文件和安全生产工作过程文件，两部分文件同时运行实施。文件编制（修订）后，要以正式文件发布实施，将这些新文件和标准及时下发到各部门、各基层单位、各岗位，保证全体员工持有现行有效的本岗位责任制度及相关操作规程等文件，更换已不适用的旧文件，明确实施时间和实施要求，组织全体人员接受培训，说明实施运行的要求、特点和难点，强化全体员工的安全意识和对安全生产标准化文件的重视，必要时应向文件的执行人员进行安全技术交底，使相关部门和人员都了解文件的作用和意义，掌握其内容与要求。有些文件在实施前还需要做好技术储备和设备、物资等条件准备，如文件信息内容涉及与信息管理系统程序不一致的，则需要在实施前对相应的信息系统进行升级改造。

10.2.6.2 运行实施

运行实施就是在生产经营过程中严格贯彻执行纳入安全生产标准化文件中的法律法规、部门规章、政策性文件、安全标准，以及上级文件和水利工程单位自行制定的安全生产目标、安全生产责任制、规章制度、操作规程、专项作业方案、安全技术措施及应急预案等文件，及时发现问题，找出问题的根源，采取纠正和改进措施，并在执行过程中注意认真做好监控和记录，以验证各项文件的适宜性、充分性和有效性，并以监控和记录为依据，对文件进行改进。

为保证本单位运行中危险有害因素处于受控状态，消除或有效控制人的不安全行为、物的不安全状态及管理缺陷，提升安全标准化水平，应同时开展下列活动：一是安全生产设施或场所进行危险源辨识、评估，确定危险源或重大危险源，并加强对重大危险源的监控；二是按照隐患排查治理方案，排查所有与生产经营相关的场所、环境、人员、设备设施和活动中存在的隐患并进行治理；三是对生产现场管理和生产过程进行控制，对现场作业环境进行监控，对作业人员行为进行管理，确保人员作业安全；四是结合本单位实际情况开展职业健康管理、应急救援管理等工作。

实施中同时要做到以下几点：法律法规、部门规章、政策性文件及强制标准必须执行；采用的国家、行业推荐标准必须执行；单位标准、制度、操作规程、专项作业方案、安全技术措施必须执行；按要求建立规范的记录并保存记录；对实施中发现的问题要及时采取纠正措施，对可能发生的问题应采取预防措施。

10.2.7 检查评定考核与持续整改

为最大限度地保证与评审标准的一致性，要对安全生产标准化文件贯彻执行情况进行监督检查，及时发现实施过程中存在的问题，并要求相应责任部门及时整改。

10.2.7.1 监督检查

要建立监督检查制度，明确组织形式，编制检查方案，规定检查方法，必要时还要规定检查时间和频次，使监督检查工作制度化、常态化。检查人员主要为安全生产标准化各专业组成员，也可聘请外部专家或专业技术服务机构协助检查。检查方案至少包括检查目的、检查人员及分工、检查频率、时间安排、检查对象、检查内容、奖罚办法等。监督检查一般结合月、季度、半年、年度计划的完成情况进行，也可实施专项监督检查。监督检查结果应与经济责任挂钩，特别强调要按照执行的情况实行奖惩。

10.2.7.2 绩效评定

安全标准化绩效是实施安全标准化管理后，单位及职工在安全生产工作方面取得的可测量结果。安全生产标准化绩效评定就是在绩效评定组织的领导下，按照规定的时间和程序，依据安全标准化评审标准，运用科学的方法与技术对安全生产各个方面进行考核和评价。

（1）组织机构及职责。安全标准化领导小组全面领导安全生产标准化绩效评定工作，安全生产标准化领导小组下设的办公室具体负责实施绩效评定，制订安全标准化绩效评定计划，编制安全标准化绩效评定报告，负责标准化绩效评定工作，负责对绩效评定工作中发现的问题和不足提出纠正、预防的管理方案，对不符合项纠正措施进行跟踪和验证，绩效评定结果向领导小组汇报，并将最终的绩效评定结果向所有部门和从业人员进行通报。绩效评定专业组由单位分管安全领导担任。

（2）时间与人员要求。安全标准化实施后，每年至少应组织一次安全标准化绩效评定。在安全标准化实施初期，可以适当缩短安全标准化绩效评定的周期，以及时发现体系中存在的问题。办公室在安全标准化绩效评定前一个月向领导小组提交安全标准化绩效评定工作计划，经批准后施行。绩效评定人员须参加过相应的培训和考核，有较强的工作责任心，熟悉相关的安全、健康法律法规、标准，接受过安全标准化规范评价技术培训，具备相关的技术知识和技能，具备操作安全标准化绩效评定过程的能力，具备辨别危险源和评估风险的能力，具备安全标准化绩效评定所需的语言表达、沟通及合理的判断能力。

（3）绩效评定方法。一般采用三种方法，第一是尽可能询问最了解所评估问题的具体人员，提出开放式的问题，即尽量避免提对方能用"是""不是"回答的封闭性问题，提问可以用（5w＋1h）做疑问词，即什么（what）、哪一个（which）、何时（when）、哪里（where）、谁（who）和如何（how），其他关键词包括出示、解释、记录、多少、程度、达标率、情况等；采用易被理解的语言；使用事先准备好的检查表；采取公开讨论的方式，激发对方的思考和兴趣。在面谈时应注意交谈方式，尽可能避免与被访者争论，仔细倾听并记录要点。第二是通过记录进行回顾，绩效评定员必须调阅相关审核内容的记录，对记录进行回顾。第三是现场检查，针对现场检查中发现的问题，再对相关的文件或记录进行回顾，查明深层次的原因，为制定纠正与预防措施奠定基础，达到体系持续改进的目的。

（4）绩效考核。绩效考核由安委会每年进行一次，验证各项安全生产制度措施的适宜性、充分性和有效性，检查安全生产工作目标、指标的完成情况，提出改进意见，形成评价报告。如果发生死亡事故或工程管理业务范围发生重大变化，重新组织一次安全生产标准化绩效评定工作。

（5）绩效评定报告与分析。安全标准化绩效评定报告的内容包括安全标准化绩效评定的目的、范围、依据、评定日期；工作小组、责任单位名称及负责人；本次安全标准化绩效评定情况总结，管理体系运行有效的结论性意见；工作小组组长根据不符合项及纠正措施报告进行汇总分析，填写安全标准化绩效评定不符合项矩阵分析表。不符合项及纠正措施报告、矩阵分析表作为安全标准化绩效评定报告的附件。评定结果分析包括系统运作的效力和效率、系统运行中存在的问题与缺陷、系统与其他管理系统的兼容能力、安全资源使用的效力和效率、系统运作的结果和期望值的差距、纠正行动等。责任单位在接到安全标准化绩效评定报告及不符合项及纠正措施报告15日内，应针对不合格项进行原因分析，制定切实可行的纠正措施和期限等，经工作小组组长确认后，由责任单位组织实施。评定工作小组负责对责任单位纠正措施完成情况进行跟踪和验证，确认不合格项得到关闭，将跟踪、验证、关闭情况向领导小组汇报。对实施纠正措施所取得的实效和引起文件的更改，按《文件和档案管理制度》中的有关规定执行。

10.2.7.3　持续改进

为及时、有效纠正检查所发现的问题，应重视问题整改及监督验证工作，按照PDCA循环模式，实现闭环管理。安全生产标准化整改工作内容主要包括编制并下发整改计划、整改实施、整改情况的验证等。

（1）整改计划。整改计划是针对检查发现的问题制订整改、落实计划，由安全主管部门编制，经主要负责人审批后下发。整改计划应包括问题描述、整改措施、完成时间、计划资金、整改部门（班组）、责任人、配合部门（班组）、重点问题等内容。其中，整改措施主要是问题的具体解决方案，是整改计划的核心内容，包括制定和完善有关文件、制度、方案、规定、预案等，制定和完善有关安全记录、台账、表单等资料，配备设备设施等，编制整改工作的有关安全措施、实施方案和工作安排等。整改完成时间应根据问题类别、性质，以及问题项的"轻、重、缓、急"程度来确定。

（2）整改实施。各基层部门（班组）负责人要结合本部门（班组）实际情况，将整改工作列入本部门（班组）工作计划，与日常安全生产工作有机结合、合理安排、及时落实。整改责任人结合整改计划，编制具体的整改方案，经部门负责人审核批准后实施。整改方案的内容应包括整改项目、整改部门（班组）和责任人、完成时间、配合部门（班组）、整改方案、安全措施。整改中要注意下列问题：一是举一反三，不可"指哪打哪"，应全面排查、治理同类问题；二是整改工作以消除隐患为主，尽量不要出现全面拆除、更换的现象；三是结合安全生产例会、班组会议，讨论问题整改情况，保存相应的会议纪要；四是短期内不能整改的问题，必须采取临时的组织措施和技术措施，防止隐患扩大，做到可控在控，同时申请延期整改。

（3）整改情况的验证。整改完成后，责任人填写"问题整改结果回复单"，由安全生产标准化各专业组对各部门（班组）的问题整改情况进行验证。

10.2.8　单位自评

经过一段时间安全生产标准化运行后，单位要开展自评工作，对标准化运行以来安全生产的改进情况做出评价，对不足之处持续改进。自评是判定安全生产活动和有关过程是否符合计划安排，以及这些安排是否得到有效实施，并系统地验证水利工程单位实施安全生产方针、目标和安全生产标准化文件的重要环节，应每年至少进行一次安全生产标准化自评，提出进一步完善的计划和措施。自评前，要对自评人员进行自评相关知识和技能的培训。

自评准备。安全生产标准化自评首先应组建评审组，评审人员要从事过所评审的安全、技术工作，熟悉工艺过程、活动、卫生、安全要求，产品形成过程中存在的典型危险源，风险控制的技术、安全方面的监测数据，行业的特殊规定、要求和术语等。

在自评阶段前，首先编制并下发自评计划，要求相关部门做好准备。评审前，评审人员在组长组织下根据评审计划进行准备，编写检查表；评审组长在进入现场评审前要安排评审组的内部会议。

自评实施。评审主要是搜集证据的过程，方式以抽样为主。抽样应针对评审项目或问题，确定所有可用的信息源，并从中选择适当的信息源；针对所选择的信息源，明确样本总量；从中抽取评审样本，在抽取样本时应考虑样本要有一定数量，样本要有代表性、典型性，并能抓住关键问题；不同性质的重要活动、场所、职能不能进行抽样。评审采用面谈、现场观察、查阅文件等方式查验与评审的、范围、准则有关的信息，包括与职能、活动和过程间接有关的信息，并及时记录在评审记录表中。

编写自评报告。自评结束后，由自评组长组织编写自评报告。自评报告基本内容主要包括单位概况，安全生产管理及绩效，基本条件的符合情况，自主评定工作开展情况（包括自评组织、评审依据、评审范围、评审方法和评审程序等），安全生产标准化自评打分表，发现的主要问题、整改计划和措施、整改完成情况、自主评定结果、附录部分等。

10.3 安全标准化建设主要举措

10.3.1 建立完善工作架构和组织体系

设立由主要负责人、部门负责人等相关人员组成的安全生产委员会（简称"安委会"），安委会下设安委会办公室，负责单位安全生产日常管理工作。下属各基层单位及相关部门分别成立安全生产领导小组，配备专（兼）职安全生产管理人员，建立健全单位和基层单位安全生产管理网络体系。

安委会主要负责贯彻落实党和国家安全生产方针政策、法律法规；研究部署、指导协调、监督检查安全生产工作；根据上级安全生产工作要求和安全生产形势，研究制定安全生产规划、计划，完善安全生产规章制度；组织、指导、协调工程运行管理和维修养护工作中安全事故的应急救援和调查处理；总结分析本季度安全生产情况，评估存在的风险，研究解决安全生产工作中的重大问题，全面领导和指挥安全生产工作并对重要安全生产问题进行决策。

安委会办公室负责安委会日常工作，按照上级安全生产监督管理工作机构的工作部署，开展安全生产相关工作；检查督促安委会决定事项的落实，沟通协调成员部门安全生产监督管理工作；组织或参与拟订安全生产规章制度；组织或参与安全生产教育培训和应急救援演练；组织开展安全生产检查和安全生产专项治理活动，督促落实安全生产整改措施；组织开展安全标准化建设；组织开展安全生产监督管理工作考核；协助有关部门做好安全生产事故调查处理；负责安全生产统计和信息报送工作；负责安委会会议组织和领导交办的其他安全生产监督管理事项。

10.3.2 完善安全目标和投入管理，层层落实安全生产责任

按照现代化目标规划总体要求，对工作对象加以详细分析，包括工程项目本身的分析、组织情况的分析、人员机械的分析、专项方案的分析，根据分析的情况制定出具有时效性、针对性、可操作性的工作方案，结合工作实际安排计划，制定《安全生产中长期发展规划》和《安全文化建设中长期规划》，确立安全生产管理的中长期战略目标，制定"安全生产目标管理制度"，明确目标管理体系、目标的分类和内容、目标的监控与考评，以及目标的评定与奖惩等，制定工作秩序、完善标准化体系，并按各部门在安全生产中的职能进行层层分解，根据目标计划和目标管理制度，定期开展目标检查和考核。

制定安全生产投入管理制度，明确安全生产投入的内容、计划实施、监督管理等内容，建立安全台账。安全生产投入主要用于安全技术和劳动保护措施、应急管理、安全检测、安全评价、事故隐患排查治理、安全生产标准化建设实施与维护、安全监督检查、安全教育及安全月活动等与安全生产密切相关的其他方面。每年年初，下属各单位部门上报安全投入计划，财供部门进行汇总分类，安委会进行审核，工程管理部门负责向上级单位上报安全投入项目，通过上级批准下达维修养护项目有计划地组织实施。

建立健全安全生产责任制，坚持"安全第一、预防为主、综合治理"的安全生产方针，以国家法律、法规和行业标准为依据，切实落实"管生产的必须管安全、管业务的必须管安全、谁主管谁负责"的安全管理原则，强化各级安全生产责任，制定单位安全生产"党政同责、一岗双责"暂行规定。着重解决"谁来管？管什么？怎么管？承担什么责任？"的问题，使岗位性质、管理职责协调一致，做到明确具体、有针对性、可操作性，让每一位员工明晰自己的目标和责任。

逐级签订安全生产目标责任书，每年，单位主要负责人与上级部门签订安全生产目标责任书，单位主要负责人与其他负责人签订，其他负责人与所分管业务部门和单位签订，各部门、单位与职工签订。涉及相关方管理的与相关方单位签订安全生产责任书，做到安全生产责任层层分解、层层落实。

10.3.3 强化安全管理制度建设，严格安全操作规程

一是建立健全安全管理制度和操作规程。围绕"时间、地点、人物对象、工作内容、工作程序"五要素，将适用的安全生产法律法规、标准规范及其他要求及时转化为本单位的规章制度，与工程项目的实际成效相匹配，相适应。不断修订完善工程安全运行管理的各项规章制度、操作规程、运行管理工作流程并汇编成册，明确各岗位职责；将工程安全运行管理在运行值班、设备操作、船舶通航、巡视检查、维修保养及故障处置等各个时期及环节的工作逐项分解，明确管理内容和责任，制订工作标准、流程，规范各方面的工作行为，并建立和完善内部考核监督机制，抓好制度的

执行，切实做到各项工作有章可循，规范有序。

二是严格规范制度实施。对落实过程中出现的偏差及时调整完善，切实做到内业指导外业（内业指制度、标准、文件、台账、资料、档案等软件，外业指现场场地布设及各类设施、设备等）、内业控制外业、外业验证内业，并在此基础上采用"策划、实施、检查、改进"的动态循环模式，推动建设成果。下属各单位部门按制度规定进行相关安全生产工作，对实施过程中遇到的有关情况，采取相应的措施保证制度的落实。针对如何对相关方人员进行安全告知及告知的内容，统一策划告知书，明确告知的流程及相关内容要求。对职业病防治、如何界定职业危害、是否要进行职业病防治，聘请地方有资质的职业病防治机构，对全处职业危害因素进行筛查，对可能产生职业危害的机组运行噪音、工频电场进行检测，并根据检测结果进行必要的安全告知。

三是制度实施检查。在制度实施一段时间后，安委办应对各部门实施过程中出现的情况进行总结，对一些操作性不具体的，要求各单位部门根据自身工作特点，进行文件的进一步分解、落实。对一些新工作程序与原有工作程序有冲突的，按新的工作流程执行。在实施运行之中，组织各制度归口部门对制度实施情况进行检查、指导，对重点工程单位（如泵站管理所、水闸管理所等）进行重点联系、指导。在制度实施的同时，对安全资料按标准项目要求进行归类整理，形成一套安全标准化评审档案资料。建立法律法规、标准规范的识别、获取制度，根据制度要求，及时获取、补充、更新法律法规、标准规范，并根据获取的最新法律法规、标准规范修订相关管理制度，操作规程。

10.3.4 结合安全文化建设，培育安全文化氛围

一是建立安全教育培训管理制度，制订教育培训计划，并把安全教育培训纳入单位的教育培训体系，由组织人事部门统一实施；二是通过持续强化安全生产法律法规、标准规范知识的宣贯、安全手册、制度汇编、教育讲义、培训班、安全简报等形式，保证员工具备必要的安全生产知识，熟悉有关的安全生产规章制度和操作规程，掌握本岗位的操作技能；三是与时势安全结合起来，有计划地开展"安全生产月"、安全警示、召开专题会议、安全宣誓签名、安全知识竞赛等系列活动，普及安全知识，营造安全氛围，同时，利用信息化平台开展宣传活动，联合地方政府相关部门开展"安全宣传咨询日"活动；四是将标准化体系和6S活动（整理、整顿、清扫、清洁、素养、安全）有机整合，善于发现"人、机、物、法、环"生产要素中最容易忽视的薄弱环节，时刻绷紧安全这根弦；五是定期组织消防、触电、度汛等专项应急救援演练，提高员工防灾、逃灾、避灾和自救、互救能力，并加强相关方人员的安全教育培训；六是鼓励员工发现身边的安全隐患，可随时用手机拍摄下来，提交给项目管理层，促使有针对性的整改，增强职工主人翁意识，落实员工安全生产参与权和监督权；七是在作业班组提倡"4小"工作法（即以"小制度"激活班组，以"小会议"提神醒脑，以"小评语"紧贴实际，以"小达标"跟踪考核），实现班组"四无"安全管理目标（即安全无事故、生产无隐患、职工无"三违"、管理无缺陷），形成"人人重安全，个个讲安全，处处保安全"的良好氛围。引导每一个员工的安全意

识、观点、态度、行为向科学化、系统化、规范化方向发展，培育全体员工共同认同、共同遵守的安全价值观，形成安全自我约束机制，使其养成正确的工作习惯，使标准成为习惯，让习惯更加安全。

10.3.5 强化设施设备管理，确保设备运行安全

建立健全工程设备管理制度。严格按照国家及本省水利工程技术规程规范进行工程设施设备管理，并结合自身工程特点，编制相关工程设备管理细则。按规定对水利工程进行注册、安全鉴定，按规范对工程进行日常检查、经常检查、汛前汛后检查。

严格工程设备维修养护。按照水利工程维修养护工作要求，有计划地对泵站、水闸、船闸、工作桥梁、河道堤防等工程及相关设备设施进行养护与维修。制订、修订水利工程维修养护项目管理办法，工程维修方案实行审批制，维修项目实行招标制、公开采购制、合同管理制。项目实施中，加强质量管理、安全管理、经费管理、档案管理和进度控制，加强资金使用监管，实行专账核算，确保专款专用；并加强对新技术、新材料、新结构、新工艺的应用，开展关键技术的研究，不断提高工程运用的可靠性和技术水平；同时加强项目绩效管理，充分发挥项目资金效力。

认真开展对工程的检查观测，确保工程设备状态良好。认真组织开展水利工程设施检查工作，按照"查全、查细、查实"的原则，从责任、内容、方法、手段、措施等方面全面开展对工程设施设备的检查维护，发现问题和隐患立即整改或采取措施，按照工程设备等级评定要求和相关规程规范及省厅下达的观测任务书要求，认真做好工程设备的评级工作，认真开展水利工程观测工作，加强对观测成果进行整理分析，确保能及时发现工程出现的异常，保证工程设施始终处于良好状态。

依靠科技进步，提高安全自动化水平。相关做法：一是加强信息化建设，实现闸站等运行状况实时监视和管理系统集成，实现闸站建筑物的安全监测与预警；改造视频监控系统为全数字化系统，研发适合高港船闸运行管理需要的综合收费调度运行管理系统，实现船舶过闸自动化管理，使管理和服务有机结合，并最大限度地体现"以人为本"的服务理念，提升船闸业务管理水平，提高通航效率；大力推进无人飞机监测技术、通信技术、遥测遥感技术等在湖荡管理中的运用，实现重要地区水利要素的空间信息化管理，构建湖泊湖荡管理与保护信息服务平台。

加强工程安全设施管理。严格工程安全设施规范化、标准化要求，工程运行设备防护设施齐全，机械运转部位防护栏、防护罩安全可靠。工程周边、临水边按照景区要求，改造防护栏杆，加高翼墙，在工程引水危险区域水面设置大型水面防护网，在上下游引水口设置拦河设施。

规范备用电源管理。为保证通航，配备柴油发电机组，按照备用电源管理要求，由专人进行维护保养，并定期进行试运行，使发电机组始终处于完好状态。

强化特种设备管理。严格按照特种设备管理要求，经常对特种设备进行检查，定期进行检测，并建立特种设备档案。

10.3.6 加强生产过程控制，规范作业安全管理

（1）严格执行上级单位下达的水情调度指令，加强防汛值班管理，实行24小时值班制，每天由单位领导带班，下属各相关部门都有相应值班人员，保证防汛调度指

令执行的即时性，接受与下达、执行均有详细记录。

（2）严格防洪度汛管理。高度重视防汛工作，认真贯彻"安全第一、常备不懈、以防为主、全力抢险"的工作方针，从思想、组织、制度、措施等方面狠抓防汛抢险各项工作，确保安全度汛。每年新年伊始部署安排防汛工作，召开动员大会，深化员工对防汛工作重要性的认识，切实增强员工做好防汛工作的责任感，全面布置落实各项防汛工程措施和非工程措施，做到居安思危，未雨绸缪，确保遭遇洪水和强降雨时工程及管理设施不出问题。成立以单位领导为组长的防汛工作领导小组，明确各成员及单位工作职责，并根据人员变动情况及时调整。建立健全防汛工作的相关规章制度，包括汛期工作制度、汛期值班制度、汛期巡视检查制度、汛前汛后检查工作制度等。每年年初分别与各科室、站所签订责任状，明确各单位的防汛职责，落实防汛责任。编写完善各类防汛预案，全面开展工程设备设施汛前检查，加强防汛培训及演练。

（3）加强工程保护，严格水行政执法和安全保卫工作。建立健全水政工作规章制度，加强水政监察人员学习培训，认真履行水政监察职能，充分发挥水政监察作用。同时，加强巡查执法，枢纽范围内每日巡查2遍，依法管理水利工程，及时制止损坏水利工程的行为，确保工程安全。

（4）落实交通、危化品及仓库管理。对交通安全实行统一管理，建立完善的交通管理制度，驾驶人员及车辆使用由办公室实行统一调配，下属各使用部门按车船保养要求定期对车船进行维护保养，做到驾证齐全，车船性能优良。车船的用油是到加油站加油，使用时做好安全防护工作，有专人监护，并在周边放置灭火器。严格仓库管理制度，下属各工程单位仓库有专人管理，仓库物资管理采用仓库管理系统统一管理，物品储备符合规范要求。

（5）加强消防安全管理。严格消防管理制度，消防值班室实行24小时值班，值班人员持证上岗，每日进行消防巡查，做好消防记录，并通过社会单位消防安全管理系统进行上报；加强消防培训，举办消防安全知识讲座，邀请地方公安水上消防大队专业人员讲授火灾的危害性、常用灭火器材和消防设施使用、如何进行防火检查、怎样正确使用灭火器材扑救各类初起火灾、火场如何逃生和安全疏散等内容；开展消防演练，实际操作移动式消防泵和灭火器扑灭大火。

（6）严格特种作业行为管理。规范执行"两票三制"，泵站运行人员及从事电工作业人员全部持电工特种作业证上岗，定期对"两票三制"执行情况进行检查。工程管理实行管养分离，高处作业、起重吊装作业等特殊作业由具有资质的施工企业承担，处属各单位严格按管理处相关要求进行监督管理。

（7）严格相关方管理，按照项目实施管理办法和采购管理办法，对工程维修养护及小型工程实行网上招标，采购小组严格审查投标企业资质，项目实施单位与中标单位签订《安全生产合同》，明确双方安全职责，并报安办备案以便接受项目实施督查。对有特种作业的项目，要求相关方提供特种作业证原件，并列入项目招标文件，施工人员进场前再进一步确认，施工过程中处安办组织抽查。项目实施前进行必要的安全生产教育，提高相关方人员的安全意识。

（8）警示标志管理规范。加强安全可视化建设，在工程管理范围内设置符合国家标准的安全警示标志、标牌，主要有道路交通、航运类警示、机电设备危险区域警示、工程临水边警示、施工现场警示等。标志标牌按国家标准规定，由管理处统一定制、安装整齐并定期维护。

10.3.7　开展隐患排查治理，强化重大危险源、应急救援和职业健康管理

（1）认真开展安全检查，重点检查水利工程项目设计、项目施工建设、工程运行管理、工程保护、水上水下作业、危险化学品等方面，对检查出来的问题及时落实整改。

（2）认真开展重点场所消防安全专项治理。认真贯彻落实重点场所消防安全专项治理实施方案，对泵站厂房、办公大楼、职工文体活动中心、机关食堂、职工宿舍等重点场所消防安全隐患进行全覆盖、全方位检查，开展消防安全专项治理宣传教育活动，排查重点场所消防安全隐患，层层分解落实实施方案，齐抓共管责任到人，确保专项治理取得实效。对排查出的隐患能及时整改的应立即整改，整改有难度的应上报上级部门。

（3）制定危险物品及重大危险源监控管理制度。明确辨识与评估的职责、方法，根据《水电水利工程施工重大危险源辨识及评价导则》，对工程管理区、物资仓储、生活办公区等范围进行全面评估。对危险化学品实行严格管理，除设备中使用的油料外，不储存备用油料，设备检修的废油及时处理。在工程规定的经常检查、定期检查、专项检查中，特别加强对危险源的检查，包括检查建筑物、构筑物的变形对设备的影响，检查施工项目存在的重大危险源部位。

（4）成立应急救援领导小组以及相应工作机制。主要领导担任应急工作领导小组组长，其他领导班子成员担任分管业务相应的副组长，相关部门负责人担任组员。根据安全事故的类别，应急领导小组具体划分成若干专业应急工作组，分别成立应急指挥部、指挥部办公室、现场安全应急处置组、综合安全应急处置组、现场专业处置工作组。按照"分级储备、分级管理"的原则，加强各类应急防汛器材、工具的管理，编制防汛物资储备规划和分年度实施计划。同时与当地防汛防旱指挥部签订《防汛抢险应急物资调用协议》，可在紧急时随时调用其储备的抢险物资。

（5）职业健康管理。建立职业健康管理制度，包括职业危害防治责任、职业危害告知、职业危害申报、职业健康宣传教育培训、职业危害防护设施维护检修、防护用品管理、职业危害日常监测、职业健康监护档案管理等；按国家有关规定为职工提供相应的劳动保护用品，并定期检测绝缘靴、绝缘手套等特种劳动保护用品，劳动保护用具的保管、领用管理规范；每年组织职工体检，特殊工种上岗前组织体检，夏季开展送清凉活动，对涉及高温天气岗位人员发放人丹、风油精、冰茶等防暑降温用品，冬季运行岗位人员配发防寒服；聘请具有资质的职业病评估机构，对管辖范围内可能产生职业病危害的工作场所噪音、工频电场进行排查检测，依据评估结果，对接触人员进行体检；改进机组运行检查流程，减少接触时间，办理工伤保险，并做到全员保险。

10.4 安全生产标准化注意事项

实施安全标准化过程中，水利工程管理单位要注意实施安全标准化管理的难点、安全生产标准化建设的基础保障工作、安全生产标准化达标建设要点，并在安全生产标准化建设过程中逐一解决。

10.4.1 实施安全标准化管理难点

（1）只关注眼前的经济利益，搞形式主义，表面上搞得风风火火，实际上劳民伤财。

（2）领导不重视安全生产标准化建设。

（3）缺乏专业人才，短期内主要推进人员的能力很难达到要求。

（4）直接抄袭别人的资料，脱离本单位实际，谈不上实效。

（5）缺乏交流、宣传、培训，多数员工不了解安全生产标准化的要求和与自身的关系。

（6）没有动态的、系统化的认识机制，不符合水利生产经营单位动态发展变化。

10.4.2 安全生产标准化的基础保障工作

（1）领导重视。只有领导高度重视，才能在人、物、财方面给予支持和保障，才能保证目标的实现。因此，水利生产经营单位的主要负责人应对安全生产标准化建设持正确的态度，并通过会议等形式公开、明确态度，让各级人员从上到下树立高度统一的认识。

（2）安全生产投入。保证必要的安全生产投入是实现安全生产的重要基础。水利工程单位必须安排适当的资金，用于改善安全设施，进行安全教育培训，更新设备设施，以保证达到法律法规、标准规范规定的安全生产条件。

（3）责任落实。安全生产标准化是一项复杂的系统工程，涉及部门众多，且安全生产标准化考评标准覆盖了与安全生产相关的所有内容，因此，建立健全、落实各级安全生产责任制尤为重要。

（4）动态管理。由于现场危险有害因素、隐患都是发展变化的，水利生产经营单位必须监控这种发展变化，遵循"策划、实施、检查、改进"的模式实行安全生产标准化的动态管理，并经常性地开展"回头看"活动。

（5）切合实际。在安全标准化建设过程中，要注重制度与本单位实际相结合，可以按照"先简单后复杂、先启动后完善、先见效后提高"的要求，统一规划，分步实施，切实抓好安全标准化建设工作。

10.4.3 安全生产标准化达标建设要点

（1）注意评审得分要点。在安全生产标准化建设中，应注意避免出现不得分项，以免徒劳；避免出现扣分值高的问题，尤其是出现一次（项）扣分值高的问题。

（2）防止走入误区。水利工程单位在日常检查、自评的过程中，往往出现遮掩问题的现象，呈现表面形势大好的假象，导致问题不易被发现，工作无法持续改进。

外部评审时却暴露大量问题，多处扣分，达不到预期要求。因此，水利工程单位应正确看待建设过程中发现的问题，及时采取措施整改。

（3）记录要全面。安全生产标准化注重"痕迹"管理。安全生产标准化评审标准中规定的单位应建立的各项安全生产规章制度、记录和台账是安全生产标准化日常检查、自评和外部评审的重点内容，因此水利工程单位应保存各项工作相应的记录，确保记录的全面性。

（4）注意整体水平提高。"木桶原理""蝴蝶效应"告诉我们安全生产中任何一点小的隐患都可能导致事故的发生。因此，各职能部门、班组要通过安全生产标准化的运行不断地提高自己的管理水平，不要出现"木桶原理"中所说的"短板"，注意整体水平的提高。

10.5　安全生产信息化建设

10.5.1　安全生产信息化建设的目的和意义

安全生产信息化建设的目的和意义有以下两方面：

（1）提升安全生产管理水平。

应用安全生产管理信息系统，各级领导和管理人员依据电子流程进行数据传递和审批，既为管理者履行安全生产职责保留了记录，又消除了人为因素的影响，从根本上保证了各项规章制度和流程得到有效落实。通过信息化系统，可以实现各级的安全管理信息互联、传递和共享，便于各项业务表单、数据的上传、统计，减少安全生产管理人员用于数据统计、分析的时间和精力，提高了安全生产管理的效率和水平。

（2）用"大数据"快速有效开展安全管理决策。

实施安全生产信息化建设，可及时采集、存储各类安全生产管理数据，形成安全管理的"大数据"，并通过多维度分析，以趋势图、饼状图、条形图、雷达图等展示各项指标，可直观易懂地看出所需要的安全管理数据，分析安全管理是否异常及存在的问题，并对存在的安全风险提出预警，方便管理层快速做出安全管理决策。

10.5.2　典型安全信息系统总体架构和应用支撑平台

10.5.2.1　总体架构

安全生产信息系统总体构架按照分层逻辑模型设计，由 4 个中间核心层、3 个支持与管理体系构成，如图 10-1 所示。

（1）中间 4 层核心体系自下而上划分为网络基础层、数据支撑层、应用支撑层、应用层。网络基础层包括管理处的网络环境、服务器、应用软件、手机 PDA 等应用基础环境。数据支撑层即安全数据库，由物态安全信息和行为安全信息构成。应用支撑层提供安全生产信息平台的运行支撑环境，并用于直接构建安全生产信息平台，包括应用支撑服务、业务组件和基础服务。应用层由安全生产信息平台的实际应用业务功能组成，是业务系统面向最终用户的层面。

（2）在核心层的周围，分别由安全保障体系、技术支持及服务管理体系、标准规范体系构成系统的支持与管理体系。安全保障体系从网络及操作系统安全、数据库安全、应用安全、用户安全、系统访问安全等多个层次立体地保障整体系统。技术支持及服务管理体系则是针对于各层的管理规章制度、管理工具、管理人员。标准和规范体系是规范安全生产信息化系统建设的必不可少的基础，各项系统技术及数据结构遵循相关的国家标准及行业标准。

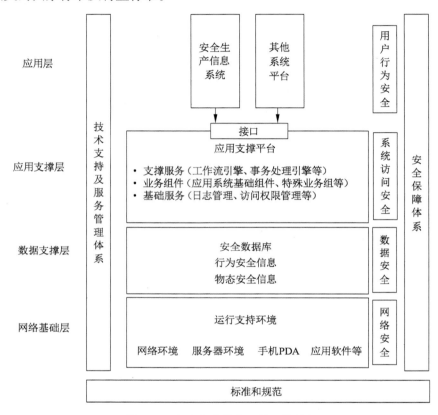

图 10-1　安全生产信息系统总体构架

10.5.2.2　应用支撑平台

应用支撑平台是安全生产信息平台应用的基础支撑平台，是以安全生产数据中心为基础，通过调用、解释由数据支撑层形成的数据资源和业务规则，驱动核心业务层各项业务操作；同时创建、使用、修改业务数据库和调用基础数据库，实现业务的流转和处理，其技术架构如图 10-2 所示。

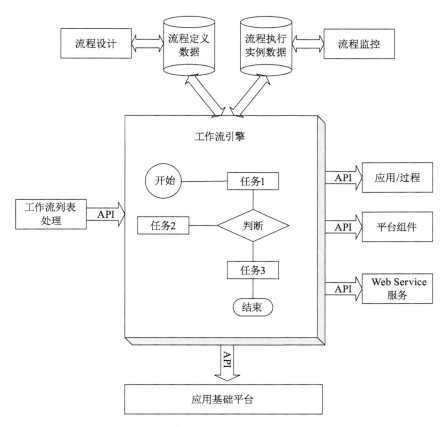

图 10-2 应用支撑平台技术架构图

10.5.3 基础数据中心

安全生产数据中心是整个安全生产管理信息系统的核心，包含数据库、系统整合、接口等，实现了多终端的协同应用。安全生产信息化各子系统通过它实现数据交换和集成，安全生产数据通过它实现高效、安全储存，单位内其他业务管理系统通过它实现数据读取和写入，监控系统通过它实现数据的规范和保存，形成安全生产管理核心数据库，实现数据的分析挖掘。它具备系统基础数据维护、业务数据管理、应用数据分析、移动终端管理、流程配置等功能。

10.5.4 安全业务管理

安全业务管理模块主要包括目标职责、制度化管理、教育培训、现场管理、安全风险管控及隐患排查治理、应急管理、事故管理、持续改进、现场移动管理 9 个安全管理体系要素。

10.5.4.1 目标职责

1. 目标

系统实现年度、月度、临时计划的分级分类管理，通过对计划制订、执行、检查、调整、考核的流程管理，如图 10-3 所示，形成目标计划管理体系，有效保障目标计划的执行。

259

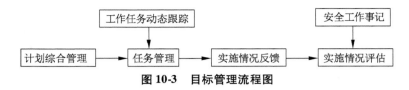

图 10-3　目标管理流程图

2. 组织机构

系统实现对安全生产组织机构和人员的维护、查询功能以及系统角色和权限的设置，录入安全生产委员会、安全生产监督管理部门、各部门、班组及安全生产责任人、兼职安全员等相关信息，生成树状的安全生产组织机构网络图。同时可以批量导入员工基本信息（单位、部门、姓名、职务、岗位、安全资质等），并依据员工的岗位和职责，划分不同的系统功能操作权限，建立具体的纵向、横向系列责任制。

3. 安全文化建设

倡导"人人安全"的文化，做到人人都以安全作业、安全出行为目标，将身边的隐患或风险提交至管理人员，由管理人员协调处理。安全系统通过网络技术可实现员工人人安全隐患上报功能，并且可以下达安全通知宣传安全文化。

通过微信平台，系统可以向订阅用户发送安全生产信息。同时，用户可以通过信息平台提交隐患或疑似隐患、未遂事件等。

4. 安全生产投入

系统可实现安全生产投入的信息化管理，确保按照安全生产投入管理制度要求，保证安全生产投入资金专款专用，并做好使用情况及台账记录。按制度要求及安全生产监督检查办法进行定期检查，发现的问题及时告知相关部门并落实整改。系统可实现定期对安全费用使用情况进行公布，并对全年安全费用使用情况进行记录和总结。

10.5.4.2　制度化管理

系统对安全管理制度、安全操作规程、相关培训资料等进行收集和分类保存，便于使用者随时查询，实现基层单位和职能部门的文件共享，在修改文件时实现对旧版本的保存，更新追踪可以提醒下载者获取最新的安全知识资料，保证每位现场岗位都能获取实时有效的版本。

10.5.4.3　教育培训

系统对安全培训进行统一管理，可以制订安全培训的详细计划，包括培训时间、地点、培训内容，录入培训效果、人员到位情况、发证情况、培训小结等信息，还可上传培训相关资料文件，汇总培训的相关信息，形成台账，用户可通过培训单位、培训时间等检选条件对所有培训信息进行筛选，快速查询到某一培训的具体情况。系统可对各类培训的信息进行统计分析，并提供各类统计图表，辅助领导决策。该模块流程如图 10-4 所示。

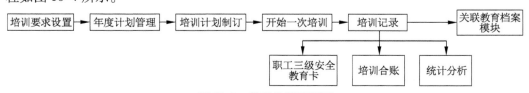

图 10-4　教育培训流程图

10.5.4.4 现场管理

1. 设备设施管理

建立设备设施档案。制订设备设施检修计划、维护保养要求，记录设备设施维护保养情况、检修结果、验收意见、停用/复用/报废等信息，对一些特种或大型设备形成点检管理，记录点检情况。

2. 危险作业管理

危险作业许可管理用于对单位内部的危险作业实现网上备案和网上审批，如动火作业、交叉作业、水上作业、水下作业、临时用电作业、高空作业等，建立完整的危险作业实施档案，实现对临时危险作业的有效控制，降低作业风险。该模块管理流程如图 10-5 所示。

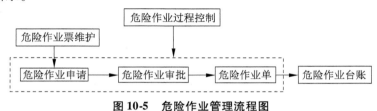

图 10-5 危险作业管理流程图

3. 相关方管理

相关方档案包括相关方的资质、安全生产协议、风险告知、进场证等，施工企业的信息（包括企业名称、中标通知书、资质信息、组织机构信息、项目经理、专职安全员等）、人员的信息（包括施工人员名单、人员基本信息、特种作业人员证书等），先填报，后进行审核，则相关方填报的信息进入人员教育档案数据库进行管理，系统可向施工单位发送风险提示信息，通过系统输出和打印施工人员的进场证。相关方管理流程如图 10-6 所示。

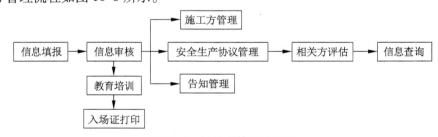

图 10-6 相关方管理流程图

4. 职业健康管理

系统可对职业危害因素、员工职业健康档案、劳动防护用品等职业健康信息进行管理，如图 10-7 所示。

图 10-7 职业健康管理流程图

5. 现场移动管理

系统后台对安全管理人员、生产管理人员、岗位作业人员的检查内容进行维护，明确岗位职责，形成现场安全检查的分级管理，自动匹配人员的岗位以及检查区域的信息，在 PDA 端记录有效的人员检查的过程信息，并将检查结果通过系统及时上报相关人员，当发生漏检时能自动向相关人员发布漏检警示信息，根据巡检频率的不同，优化巡检路线，减少巡检人员工作量，提高巡检效率。现场移动管理流程如图 10-8 所示。

图 10-8 现场移动管理流程图

10.5.4.5 安全风险管控及隐患排查治理

1. 风险管理

系统建立了危险源辨识评价流程，包括树形的危险源辨识评价、表单审批、风险评价、重大危险源风险管控等主要功能，可以输出符合体系要求的危险源清单，建立统一危险源档案，管理人员和现场作业人员对危险源管理情况可随时了解和查看。风险管理流程如图 10-9 所示。

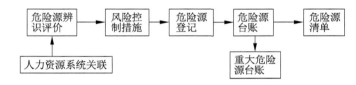

图 10-9 风险管理流程图

2. 隐患排查治理

隐患排查按照上报、整改与复查的管理流程，在系统，流程中对"整改措施、责任、资金、时限、预案"五到位情况进行严格控制，管理人员可以在平台中即时查询隐患的发现和治理情况，对发现的问题进行复查；系统可以输出符合国家安监系统要求的隐患报告单和统计报表，实现隐患排查治理的闭环管理，如图 10-10 所示。

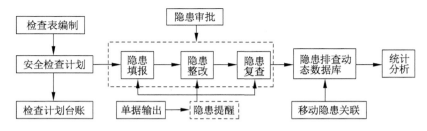

图 10-10 隐患排查治理管理流程图

3. 预测预警

系统将日常安全管理工作中形成的多项关键业务数据进行综合分析，应用数学建模的方法及预测理论将可能造成的事故后果量化并计算得出当期安全生产预警指数。

安全生产预警指数曲线图可直观、动态地反映当前安全生产现状，警示生产过程中将面临的危险程度，以便有针对性地进行问题整改、预防和控制，预测预警管理流程如图 10-11 所示。

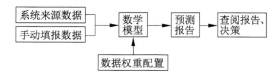

图 10-11 预测预警管理流程图

10.5.4.6 应急管理

应急管理流程如图 10-12 所示，系统按照不同事故类型、等级等要求进行预案信息分类管理，在预案推送时，不同的救援小组可接收到各自工作内容范围内的应急预案信息，简单明了地指导救援工作开展。

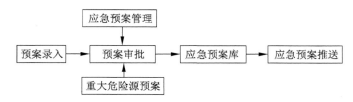

图 10-12 应急管理流程图

10.5.4.7 事故管理

系统建立了规范的事故表单和台账，可以快速自动传报事故信息，并按时间节点逐步传递至上级机关。事故调查功能允许调查组在平台中陈述事故调查记录，保存相关图片、文件资料数据。事故管理流程如图 10-13 所示。

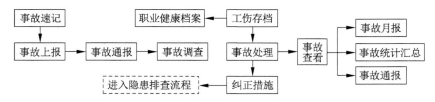

图 10-13 事故管理流程图

10.5.4.8 持续改进

系统通过关联信息实现考核相关参考数据的自动获取，例如巡检时间、巡查发现的问题、出勤率、所管辖区域事故发生率、隐患整改率等，可以设定具体的考核计算方式和方法，形成安全绩效考核标准。持续改进流程如图 10-14 所示。

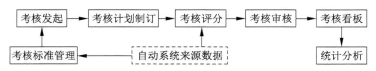

图 10-14 持续改进流程图

参考文献

［1］ 陈敏. 泵站工程安全评价指标体系及评价指标重要性分析方法研究［D］. 扬州：扬州大学，2013.

［2］ 杨国庆，李珉，孙纯军. 500 kV 无人值班变电站安全监测信号采集［J］. 华东电力，2008，36（1）：16－19.

［3］ 王兴华. 大中型泵站工程运行风险分析研究［D］. 扬州：扬州大学，2012.

［4］ 曹邱林，许文婷. 泵站建筑物遗传模糊安全评价模型［J］. 排灌机械工程学报，2013，31（1）：41－45.

［5］ 程洪霞. 层次分析法在水泵机组安全检测中的应用［J］. 科学之友，2010，（2）：26－28.

［6］ 王昭升，盛金保，李雷，等. 大型水利工程实时安全评价技术研究［C］. 2007 重大水利水电科技前沿院士论坛暨首届中国水利博士论坛学报，2007.

［7］ 王浩杰. 基于 Android 平台的闸站工程安全监测系统的研究与实现［D］. 扬州：扬州大学，2016.

［8］ 司春棣. 引水工程安全保障体系研究［D］. 天津：天津大学，2007.

［9］ 郑杨. 引水工程安全运行的模糊综合评价［D］. 天津：天津大学，2006.

［10］ 郭庆. 在役水利水工闸门与启闭机的安全评价［D］. 武汉：武汉大学，2005.

［11］ 高建初，朱国祥. 做好河道工程水上作业安全管理工作的思考［J］. 江苏水利，2014，（11）：15，17.

［12］ 钱福军，杨鹏，蒋步军，等. 高港泵站水利枢纽自动化系统［J］. 排灌机械，2001，19（5）：32－34，38.

［13］ 刘岩，马建新，石青泉. 水利生产安全事故隐患排查治理探讨［J］. 黑龙江水利，2016，2（12）：27－29.

［14］ 徐年根. 探讨水工钢闸门和启闭机的安全运行管理［J］. 水能经济，2017，（6）：340，342.

［15］ 卜新宇. SF_6 电气设备运行、试验及检修人员的安全防护［C］. 中国电机工程学会可靠性、城市供电专委会 2008 年学术年会论文集，2008.

［16］ 陈红. 堤防工程安全评价方法研究［D］. 南京：河海大学，2004.

［17］ 中华人民共和国水利部. 泵站安全鉴定规程 SL 316 - 2004［A］，2004.

［18］ 臧英平，江玉报，徐影. 基于故障树法的水闸工程安全预警体系研究［J］. 水

资源与水工程学报，2015，26（4）：163-168.

［19］ 都吉庆. 基于物元可拓模型的泵站安全综合评估研究［J］. 中国水能及电气化，2016，（8）：63-66.

［20］ 郝宏亮. 水利工程的除险加固设计［J］. 水利科技与经济，2013，19（3）：33-34.

［21］ 郭峰. 水利工程除险加固技术探讨［J］. 民营科技，2014，（1）：174.

［22］ 田水承，景国勋. 安全管理学［M］. 北京：机械工业出版社，2009.

［23］ 曹小云. 解码安全文化 企业安全文化理论与实践［M］. 杭州：浙江人民出版社，2016.

［24］ 徐江，吴穹. 安全管理学［M］. 北京：航空工业出版社，1993.

［25］ 周德红. 现代安全管理学［M］. 武汉：中国地质大学出版社，2015.

［26］ 吴甲春. 安全文化建设理论与实务［M］. 乌鲁木齐：新疆科学技术出版社，2006.

［27］ 水利部监督司，中国水利工程协会. 水利安全生产标准化建设与管理［M］. 北京：中国水利水电出版社，2018.

［28］ 钱宜伟，曾令文. 水利安全生产标准化建设实施指南［M］. 北京：中国水利水电出版社，2015.